Die Zellulose

Die Zelluloseverbindungen und ihre technische Anwendung
– Plastische Massen –

von

L. Clément und C. Rivière

Ingenieur-Chemiker E. P. C. J., Preisträger der
Société d'Encouragement pour l'Industrie nationale

Deutsche Bearbeitung von

Dr. Kurt Bratring

Mit 65 Textabbildungen

Springer-Verlag Berlin Heidelberg GmbH
1923

ISBN 978-3-662-27372-2   ISBN 978-3-662-28859-7 (eBook)
DOI 10.1007/978-3-662-28859-7

Vorwort des französischen Originals

Abgesehen von der Nitrozellulose, die seit etwa 50 Jahren für die Herstellung technischer Produkte wie Zelluloid, rauchloses Pulver, Kollodium usw. als Ausgangsmaterial diente, blieb die Zellulose als Rohstoff lange Zeit (in ihrer natürlichen Form) auf das Gebiet der Textil- und Papierindustrie beschränkt. Durch tiefgreifende chemische Spaltung oder trockene Destillation kann man allerdings auch Oxalsäure, Alkohol, Azeton, Essigsäure und Holzgeist aus Zellulose gewinnen. Erst durch die denkwürdigen Arbeiten von M. de Chardonnet über die erste Kunstseide wurde die Aufmerksamkeit der Fachleute von neuem auf diesen Stoff gelenkt, der durch sein reiches Vorkommen in der Natur und seine Eigenschaften die verschiedensten Verwendungsmöglichkeiten zuläßt. Von dem Augenblick an, wo die Chardonnetseide zur technischen Tatsache wurde, sind die Forscher unablässig bemüht gewesen, direkte Lösungsmittel für Zellulose wie ammoniakalisches Kupferoxyd, Zinkchlorid in Anwendung zu bringen oder andere lösliche Zelluloseverbindungen wie Xanthogenate oder Sulfokarbonate zu entdecken.

Ammoniakalische Kupferlösung wie auch Thiokarbonate sind Hilfsmittel zur Erzeugung anderer Zellulosekunstseiden geworden, die zwar im Vergleich zu der von Chardonnet weniger glänzend, aber billiger sind.

Zu der Zeit, als diese neue Industrie entstand, setzten andere Forscher Untersuchungen über die Azetylierung der Zellulose fort, die schon von Schützenberger begonnen waren.

Wir kommen zu dem Zeitpunkt, wo man die Methoden der Nutzbarmachung und Verwertung der Zellulose in der Form künstlicher Seiden zu vervollkommnen suchte und die Fabrikation der Zelluloseazetate zur Anwendung als plastische Massen, photographische Filme und Lacke an Bedeutung gewann.

In ihrem Buch haben Clément und Rivière die schwierige Aufgabe unternommen, zunächst festzustellen, bis zu welcher Entwicklungsstufe die Industrie, welche Nitrozellulose, Xanthogenate usw. als Grundstoff anwendet, gelangt ist. Sie widmen dann den verschiedenen Zelluloseazetaten einen besonderen Abschnitt, in welchem sie eine Menge persönlicher Erfahrungen niederlegen.

Wenn die Nitrozellulose, deren Studium schon vor langen Jahren weit vorgeschritten war, als Pulver eine Hauptrolle im Laufe des Krieges gespielt hat, so sind die Zelluloseazetate soeben erst zu technischem Leben erwacht. Viele Fragen über ihre Herstellung, ihre verschiedenen Arten und ihre Verwendungsmöglichkeiten waren noch ungeklärt. Erst dank einer intensiven Arbeit und vielfacher Versuche ist es gelungen, die Arten festzustellen, welche am besten für die speziellen Zwecke brauchbar sind. Als eine der wichtigsten Verwendungsarten sei die Herstellung von Überzügen für Flugzeuge hervorgehoben. Den Bemühungen zahlreicher Chemiker, welche ihre Dienste dem Flugzeugwesen widmeten, ist es zu verdanken, daß die wertvollen Eigenschaften der Zelluloseazetatlacke zur Geltung kommen.

Außer einer vollständigen Geschichte der Azetylzellulose haben die Verfasser noch andere plastische Stoffe behandelt, die in gewissen Fällen als Ersatz für Zelluloid oder Zelluloseazetat dienen können. Hierzu gehören Galalit und Bakelit, neue Produkte, deren Ursprung und Zusammensetzung in keinem Zusammenhang mit den Stoffen stehen, die Zellulose als Grundlage haben. Galalit ist geformtes Kasein und Bakelit ist Phenol, das durch seine Verbindung mit Formaldehyd unlöslich und plastisch geworden ist.

In seiner gedrängten Form wird das Buch von Clément und Rivière allen denen große Dienste leisten, die sich für die fesselnde und aussichtsreiche Industrie der plastischen Massen interessieren.

A. Haller, Mitglied der Akademie.

Vorwort des deutschen Bearbeiters

Bei der ständig wachsenden Bedeutung, welche die Zelluloseverbindungen und plastischen Massen in der Industrie gewinnen, schien mir das Werk von Clément und Rivière besonders darum größtes Interesse zu verdienen, weil es außer einer eingehenden Darstellung der Literatur auch zahlreiche Versuchsergebnisse und Mitteilungen aus der Praxis enthält.

Als ich an die Übersetzung des Werkes ging, ergab sich sehr bald die Notwendigkeit, die in Deutschland während der Kriegs- und Nachkriegsjahre gemachten Erfahrungen mehr zu berücksichtigen, als es in dem französischen Original geschehen ist. Mit Ausnahme der ersten Kapitel, welche den Techniker in das Gebiet der Zellulosechemie einführen sollen, erfuhren dann mit dem Fortschreiten der Arbeit fast alle Abschnitte eine mehr oder weniger eingehende Bearbeitung nach dem gegenwärtigen Stande der deutschen Technik.

Es liegt wohl in der Natur dieses durch exakte Forschung zum Teil schwer zu bearbeitenden Gegenstandes, daß meine Darstellung zuweilen wesentlich von derjenigen der französischen Verfasser abweichen mußte. Besonders deutlich tritt dies bei Besprechung des sogenannten unentflammbaren Kinematographenfilms aus Azetylzellulose zutage; während nämlich die französischen Autoren warm für den Film aus Azetylzellulose eintreten, habe ich die in Deutschland mehr und mehr Boden gewinnende Anschauung zum Ausdruck gebracht, daß die leichte Entflammbarkeit des Zelluloidfilms wohl einen Mangel darstellt, der aber — bei Beachtung und weiterem Ausbau der Sicherheitsmaßnahmen — in Kauf genommen werden kann und zurücktritt hinter dem viel größeren wirtschaftlichen Mangel, den die allgemeine Einführung des Azetylzellulosefilms für Deutschland bedeuten würde.

Bei Bearbeitung des letzten Kapitels über Kunstharze mußte ich mir, schweren Herzens, im Interesse des Buchumfangs starke Beschränkung auferlegen.

Neu hinzugefügt wurde ein Kapitel über die Äther der Zellulose, dessen Fehlen in dem französischen Werke mir, bei der wachsenden Bedeutung dieser neuen Zelluloseverbindungen, als Lücke erschien.

Sollte es mir gelungen sein, dem in der Technik stehenden Chemiker eine Orientierung über Fragen auf dem Gebiete der Zelluloseverbindungen und plastischen Massen zu ermöglichen und ihm seine erfinderische Tätigkeit zu erleichtern, so wäre der Zweck meiner Arbeit erfüllt.

Frau Margarete Franz-Hengstenberg, Dessau bin ich für die tatkräftige Mitarbeit bei der Übersetzung des französischen Werkes zu Dank verpflichtet.

Dessau, im August 1923.

Dr. Kurt Bratring.

Inhaltsverzeichnis

I. Die Zellulose

II. Ester der Zellulose mit anorganischen Säuren

III. Organische Ester der Zellulose

IV. Gemischte Ester

V. Analyse der Zelluloseester

VI. Allgemeine Anwendung der Zelluloseester

X. Die mechanische Prüfung plastischer Massen

XI. Eiweißstoffe

XII. Kunstharze

1. Die Zellulose.

Die Zellulose bildet den wichtigsten Baustoff der Pflanzenzellen. Sie findet sich hier nicht in reinem Zustande, sondern in Mischung mit anderen Substanzen, wie Pektinen und Farbstoffen.

1. Aufbau.

Wir wollen kurz die Arbeiten zusammenfassen, welche den Aufbau der Zellulose sowie ihre Haupteigenschaften behandeln.

Die Zellulose gehört in die Klasse der Kohlehydrate. Die Bruttoformel ist $(C_6H_{10}O_5)^n$, wobei der Exponent n unbekannt ist.

Die Angaben über das Molekulargewicht der Zellulose sind unsicher. Es gibt eine Menge natürlicher Abarten der Zellulose; um das Verständnis zu erleichtern, wollen wir festsetzen, daß im folgenden von der reinsten Form der Zellulose, der Baumwolle (Watte), die Rede ist.

Skraup hat 5508 (n = 34) als Molekulargewicht der Zellulose angegeben und 7440 als das der Stärke. Nastukoff gibt n = 40 an, was einem Molekulargewicht von 6480 entspricht. Die einfachste Grundformel ist $C_6H_{10}O_5$, entsprechend der prozentualen Zusammensetzung C = 44,2; H = 6,3; O = 49,5; Green und Perkin haben dafür folgende Strukturformel aufgestellt[1]):

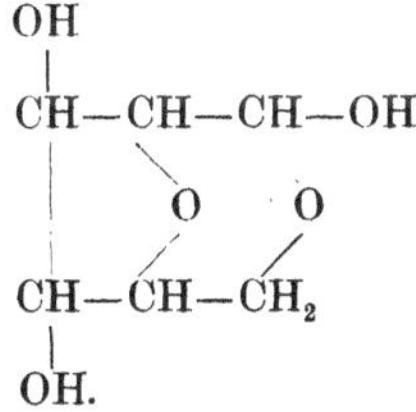

Dies würde eine innere Anhydritbildung eines Zuckers $C_6H_{12}O_6$ darstellen.

Durch die Formel von Green wird die Reaktion von Fenton und Gossling[2]) erklärlich, nach welcher man durch Einwirkung trockener, gasförmiger Bromwasserstoffsäure Brommethylfurfurol erhält:

---

[1]) Journ. of the chem. soc. 81, S. 811 [1906].

[2]) Journ. of the chem. soc. 79, S. 361 und 807 [1901]. Chem. Zentralbl. 1901, I, 679.

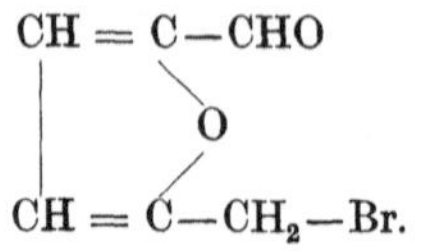

$$CH = C - CHO$$
$$\diagdown$$
$$O$$
$$\diagup$$
$$CH = C - CH_2 - Br.$$

Die Dehydrierung der Zellulose führt zunächst zu einem Körper $C_6H_6O_3$, welcher, der Formel nach, dem Lignin entspricht; dieser Körper gibt durch Addition von HBr und Abspaltung von Wasser ebenfalls Brommethylfurfurol.

Cross und Bevan haben folgende Konstitution angenommen:

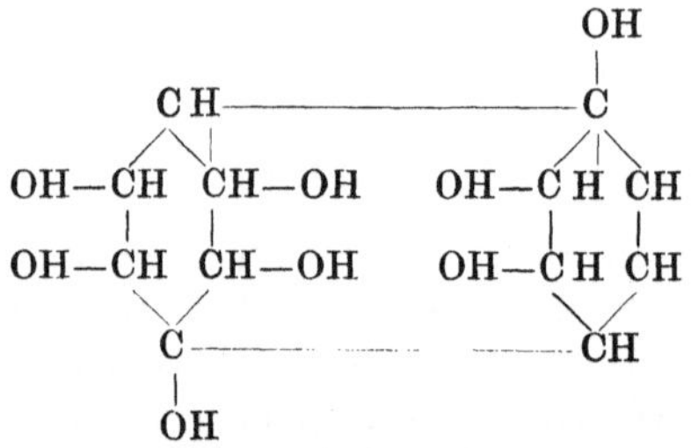

$$
\begin{array}{l}
\hspace{10em} OH \\
\hspace{10em} | \\
CH\text{———————}C \\
\diagup\ | \hspace{6em} | \diagup \\
OH-CH\ \ CH-OH \hspace{3em} OH-CH\ \ CH \\
\ \ |\ \ \ \ \ | \hspace{8em} |\ \ \ \ \ | \\
OH-CH\ \ CH-OH \hspace{3em} OH-CH\ \ CH \\
\diagdown\ \diagup \hspace{9em} \diagdown \\
C\text{————}\hspace{6em}\text{————}CH \\
| \\
OH
\end{array}
$$

womit sie darauf hinweisen, daß höchstens vier OH-Gruppen in dem Molekül von der Grundformel $C_6H_{10}O_5$ ersetzt werden können.

Es scheint festzustehen, daß das Schema von Green und Perkin den chemischen Eigenschaften des Zellulosemoleküls am besten Rechnung trägt. Die neuesten Arbeiten von Pictet über diese Fragen haben die Richtigkeit dieser Formel bestätigt.

Andere Forscher, die die verschiedenen Veresterungsstufen der Zellulose untersuchten, geben die folgenden Werte für n an:

$$(C_6H_{10}O_5)^2 \ - \ Eder$$
$$(C_6H_{10}O_5)^4 \ - \ Vieille\ und\ Lunge$$
$$(C_6H_{10}O_5)^8 \ - \ Mendelejeff.$$

Von allen Bruttoformeln, die für die Zellulose vorgeschlagen worden sind, stimmt am besten die von Vieille und Lunge mit den verschiedenen, bei der Veresterung der Zellulose erhaltenen Versuchsergebnissen überein.

Die Zellulose zeigt die Reaktionen eines Alkohols (OH); sie reagiert neutral, vermag sich jedoch mit Alkali, Metalloxyden und Säuren zu verbinden. Ihre Hydroxylgruppen haben also einerseits negativ elektrischen, andererseits positiv elektrischen Charakter.

Diese doppelseitige Reaktionsfähigkeit der Zellulose scheint auch ihr Verhalten gegen Farbstoffe zu bedingen.

Das Beizen der Baumwolle dürfte auf chemischer Bindung von Metalloxyden beruhen. Die Zellulose vermag andererseits sowohl mit starken Säuren, wie Schwefelsäure, Salpetersäure, als auch mit den schwächsten Säuren, wie Essigsäure, Benzoesäure und Oxalsäure, Ester zu bilden.

Von der chemischen Zusammensetzung der Zellulose oder der ihrer Ester hängen die Eigenschaften ihrer Lösungen ab. Wenn die hydrolysierte Zellulose in lösliche Derivate umgewandelt worden ist, gibt sie Lösungen von geringer Viskosität.

Einige Forscher, besonders Schwalbe (Kolloid-Zeitschrift 12 [1910]), sehen die Zellulose als Kolloid an. In Gegenwart von Wasser außerordentlich fein zerkleinert, gibt sie nach dem Trocknen eine hornartige, durchsichtige Masse.

2. Physikalische Eigenschaften.

Die Zellulose findet sich in der Natur in verschiedenen Reinheitsgraden. Die Baumwolle (Gossypium indicum arboreum, peruvianum, barbadense) bildet den Flaum des Baumwollsamens und stellt die reinste in der Natur vorkommende Form der Zellulose dar.

Bei der Baumwollfaser beträgt die Dicke der Wandung $1/3$—$2/3$ des Gesamtdurchmessers (ungefähr 20 μ), die Länge der Faser bis 40 mm. Flachsfasern haben eine Länge von 20—40 mm und eine Stärke von 12—26 μ.

Die unreife oder tote[1]) Baumwolle besteht aus jungen Fasern, in denen der Zentralkanal noch nicht ausgebildet ist. Sie hat unter anderem den Nachteil, sich schlecht färben zu lassen; auch zur Herstellung von Estern ist sie wenig geeignet.

Die Rohbaumwolle enthält:

$$
\begin{array}{ll}
0{,}12\,\% & \text{Asche} \\
7\quad\% & \text{Wasser} \\
91{,}35\,\% & \text{Zellulose} \\
0{,}4\ \% & \text{Fett} \\
0{,}5\ \% & \text{Stickstoffsubstanz} \\
0{,}75\,\% & \text{verschiedene Bestandteile.}
\end{array}
$$

Man findet die Zellulose im Holz und in den Pflanzen mit fremden Stoffen durchsetzt als „zusammengesetzte Zellulose". Das Holz besteht aus Zellulose, Lignozellulose und Pektose. Die Menge der Lignozellulose ist im Holz und anderen Faserstoffen, z. B. im Flachs, sehr groß. Die Adipo- und Kutozellulose finden wir in den Krusten und korkartigen Geweben der Pflanzen, wie Kork, Hanf und Jute. Das spezifische Gewicht der Zellulose ist 1,5.

Das Aufnahmevermögen der Zellulose für gewisse Metallsalze kann in physikalisch-chemischem Sinne als Adsorption aufgefaßt werden.

Wenn man z. B. Baumwolle in Lösungen von Alaun, Eisenazetat oder ähnlicher Salze badet, so wird ein Teil des Salzes von der Faser gebunden (Rosenstiehl). Auf dieser Eigenschaft beruht das Beizen und Färben der Zellulose.

---

[1]) Die tote Baumwolle löst sich schwer in ammoniakalischer Kupferlösung.

3. Chemische Eigenschaften.

Die Zellulose bindet Wasser hygroskopisch und enthält in mit Wasserdampf gesättigter Luft bis 9% davon.

Cross und Bevan geben den Wassergehalt mit 6—8% an. Er steht in Beziehung zu der Anzahl der (OH)-Gruppen im Molekül. Die Veresterung bewirkt eine Verminderung der Aufnahmefähigkeit für Wasser[1]. Die mechanischen Eigenschaften der Zellulose sind wesentlich bedingt durch diese hygroskopische Feuchtigkeit.

Der Aschegehalt schwankt zwischen 0,4—2,3%, die letzte Zahl bezieht sich auf Strohzellulose. Die Asche besteht hauptsächlich aus Kieselsäure.

Theoretisch ist die prozentuale Zusammensetzung der wasser- und aschefreien Zellulose:

$$C = 44,2\%$$
$$H = 6,3\%$$
$$O = 49,5\%.$$

Praktisch ergibt das reinste Papier bei der Analyse

$$C = 44,44\%$$
$$H = 6,17\%$$
$$O = 49,38\%$$

mit 0,03—0,05% Asche.

Die Zellulose wird chemisch verändert:

1. durch Alkalien zu Hydratzellulose,
2. durch Säuren zu Hydrozellulose,
3. durch Oxydationsmittel zu Oxyzellulose.

Die Zelluloseformen zeigen verschieden starkes Reduktionsvermögen gegen Fehlingsche Lösung.

Man versteht unter der Kupferzahl nach Schwalbe (Berichte 1907, S. 1347) die Menge Kupfer, welche 100 g Zellulose aus Fehlingscher Lösung (3 g Zellulose + 200 ccm Wasser + Fehlingsche Lösung) abscheiden.

Schwalbe hat für die gewöhnliche Zellulose eine Kupferzahl von 1,64—3,5 gefunden; für die merzerisierte Zellulose 6,9, für die Oxyzellulose, die man mit Natriumhypochlorit erhält, 34,9.

Die Zellulose vermag Natron zu binden und bildet damit (nach Vieweg) $(C_6H_{10}O_5)_2NaOH$ und $(C_6H_{10}O_5)_2(NaOH)_2$, $(C_{12}H_{19}O_{10}Na + H_2O)$, Verbindungen, welche durch Wasser gespalten werden und merzerisierte Baumwolle ergeben. Die merzerisierte Baumwolle wird durch eine Lösung von Jod in Kaliumjodid schwarzblau gefärbt (20 g Jod in 100 ccm einer gesättigten Lösung von Kaliumjodid).

Wenn man Alkalizellulose mit Schwefelkohlenstoff behandelt, so erhält man das Xanthogenat oder Dithiokarbonat der Zellulose:

---

[1] Der Wassergehalt der Nitrozellulose schwankt zwischen 0,9—4%.

$$C_6H_9O_4 \cdot ONa + CS_2 = CS \begin{matrix} \nearrow OC_6H_9O_4 \\ \searrow SNa \end{matrix}.$$

Dieses Zellulosedithiokarbonat ist sehr unbeständig; unter der Einwirkung von Wärme, Säuren, Ammonsalzen zersetzt es sich und bildet Zellulose zurück oder vielmehr eine Hydratzellulose.

Die OH-Gruppen der regenerierten Zellulose sind besonders reaktionsfähig und verbinden sich leicht mit den Erdalkalien (Wichelhaus und Vieweg: Berichte 1907, S. 441) wie auch mit anderen Metalloxyden.

Tollens hat eine Verbindung $(C_6H_{10}O_5)$PbO durch Einwirkung von PbO auf eine Lösung von Zellulose in ammoniakalischem Kupferoxyd dargestellt.

Die Zellulose löst sich in ammoniakalischer Kupferoxydlösung; kalt in einer Lösung von salzsaurem Zinkchlorid und bei 60° in einer 40%igen Lösung von Zinkchlorid[1]).

Ammoniakalische Nickeloxydlösung löst Zellulose nicht, dagegen natürliche Seide.

In Lösung scheint die Zellulose in hydratisierter, quellbarer Form von niederem Molekulargewicht vorzuliegen; sie ist in dieser Form auch leichter der Veresterung zugänglich.

Allerdings ist noch ein großer Unterschied zwischen einem Zellulosehydrat, welches sich in seiner Zusammensetzung von der eigentlichen Zellulose nur durch die Anlagerung mehrerer Moleküle Wasser unterscheidet, und einer Hydrozellulose, deren Molekül so weitgehend verändert ist, daß eine Rückbildung der ursprünglichen Form nicht mehr möglich ist.

Von anderen Lösungsmitteln für Zellulose sind noch zu erwähnen: eine hochkonzentrierte Lösung von Antimontrichlorid besonders in Gegenwart von Salzsäure, ferner Lösungen von Quecksilberchlorid oder Wismutchlorid in Salzsäure. Zinnchlorür löst in konzentrierter wässeriger Lösung bei 100°, in salzsaurer Lösung sogar schon in der Kälte; Antimonpentachlorid, Titantetrachlorid in salzsaurer Lösung lösen ebenfalls. Bromide in saurer Lösung haben eine stark lösende Wirkung, welche zum Teil auf die Gegenwart der Säure zurückzuführen ist. Die Chloride der Alkalien und Erdalkalien in salzsaurer Lösung lösen die Zellulose nicht; aber Kalziumchlorid, Kalziumbromid, Bariumchlorid, Magnesiumbromid, Lithiumchlorid in Ameisensäure oder in einer Mi-

---

[1]) Diese Reaktion wird zur Darstellung von Vulkanfiber benutzt. Die durch Merzerisierung hydratisierte Zellulose löst sich leicht in einer konzentrierten Lösung von Zinkchlorid. Lösungen von Zinkchlorid in organischen Flüssigkeiten, wie Azeton, Äthylazetat, Pyridin, lösen die Zellulose nicht, selbst nicht beim Kochen.

schung von Ameisensäure und Salzsäure wirken lösend auf die Zellulose ein[1]).

Die regenerierte Zellulose, z. B. die aus salzsaurer Lösung von Antimontrichlorid zurückgewonnene, ist in konzentrierter Salzsäure löslich.

Die hier besonders interessierende Eigenschaft der Zellulose ist ihre Fähigkeit zur Esterbildung.

Die wichtigsten Ester sind die mit Salpeter- und Essigsäure.

Theoretisch entspricht die Formel $C_{24}H_{28}O_8(NO_3)_{12}$ einem Stickstoffgehalt von 14,17%, aber in Wirklichkeit ist als höchster Grad der Nitrierung nur ein Stickstoffgehalt von 13,7—13,8% bekannt. (Vielle: Bull. de la soc. chim. 39, S. 257; Hoitsema, Zeitschr. f. angew. Chem. 11, S. 174 [1898].)

Bei der Azetylierung überschreitet der Gehalt an gebundener Essigsäure 62,5% nicht und entspricht damit der Formel $C_{24}H_{28}O_8(CH_3COO)_{12}$.

Nach Eschalier vermag Zellulose mit Formaldehyd bei Gegenwart eines sauren Kondensationsmittels zu reagieren; dieser von Eschalier als Sthénosage bezeichnete Vorgang soll die Festigkeit der Zellulose in feuchtem Zustande erhöhen, was besonders bei der Kunstseide von Bedeutung ist.

4. Hydratzellulose.

Durch Regenerierung aus ihren Lösungen und Verbindungen erhält man die Zellulose in Form von Hydraten, welchen man die Formel $C_{12}H_{20}O_{10}$, H_2O beigelegt hat. Diese unter dem Namen Hydratzellulosen zusammengefaßten Produkte sind unter 100° beständig, geben aber bei ungefähr 160° durch Kochen in schweren Kohlenwasserstoffen ihr Wasser ab.

Als verschiedene Typen der Hydratzellulose kann man anführen:

a) merzerisierte Baumwolle,

b) aus ammoniakalischen Kupferlösungen regenerierte Zellulose,

c) aus Dithiokarbonatlösung regenerierte Zellulose.

Die Chardonnetseide ist noch stärker hydratisiert; sie löst sich in alkalischen Flüssigkeiten leicht auf.

Die Hydratzellulosen sind in Lösungen von 5—30% NaOH etwas löslich. Eine 40%ige Lösung gibt eine starke Quellung[2]). Sie zeigen

---

[1]) Über die Löslichkeit der Zellulose in Salzlösungen siehe auch von Weimarn: Kolloid-Zeitschr. 11, S. 41 [1912] und 29, S. 197 [1921]; D.R.P. 275 882 [1921]; Herzog u. Beck: Zeitschr. f. physiol. Chem. 111, S. 287 [1920]; Zentralblatt 1921, I, S. 614; D.R.P. 353 662 [1920], Beck. — Ferner über Erhöhung der Zerreißfestigkeit von Zellulosefasern durch Behandlung mit Salzlösungen siehe D.R.P. 357 972 [1919], Beck und D.R.P. 338 437 [1921], Krais u. Biltz.

[2]) Über ein Verfahren zur Herstellung von Kunstseide aus Lösungen von Hydratzellulose in Alkalien siehe D.R.P. 155 745 [1902], Vereinigte Kunstseidefabriken A.-G.

schwaches Reduktionsvermögen und werden durch basische Farbstoffe etwas angefärbt.

a) Merzerisierte Baumwolle.

Die Zellulose wird durch verdünnte Lösungen von kaustischem Alkali nicht angegriffen; selbst bei 100° widersteht sie einer 2%igen Lösung von NaOH vollständig. Wässerige Lösungen von konzentriertem Ammoniak sind ohne Wirkung, auch bei erhöhter Temperatur. Unter Druck wirken jedoch alkalische Laugen heftig ein. So gehen z. B. bei Behandlung mit 8%iger Natronlauge

$$\text{bei 1 Atmosphärendruck} \quad 22\% \text{ in Lösung,}$$
$$\text{,, 5} \qquad\qquad \text{,,} \qquad 58\% \text{ ,, \quad ,,}$$
$$\text{,, 10} \qquad\qquad \text{,,} \qquad 59\% \text{ ,, \quad ,,}$$

(H. Tauß: Journ. soc. chem. ind. 1889, 913; 1890, 883).

Konzentrierte, kalte Alkalien geben mit Zellulose ein Alkoholat.

Die Anlagerung von Natron an die Zellulose durch Behandlung mit 16—25% NaOH ist tatsächlich ein rein chemischer Vorgang.

Es bildet sich Alkalizellulose von der Formel

$$C_6H_{10}O_5 \cdot NaOH \quad \text{oder} \quad C_{12}H_{20}O_{10} \cdot 2\,NaOH.$$

Das flache Band mit weitem Innenkanal, aus dem die Baumwollfaser besteht, wird durch Behandlung mit Natronlauge zu einem dichten Zylinder mit mehr oder weniger verengtem Kanal; gleichzeitig tritt eine Verminderung der Länge und Dicke ein.

Die Alkalizellulose wird durch Wasser gespalten und gibt eine regenerierte Zellulose

$$C_{12}H_{20}C_{10} \cdot H_2O \ (Schwalbe).$$

Übrigens ist dies der Vorgang, welcher von Mercer unter dem Namen Merzerisierung beschrieben worden ist und welcher bei der Herstellung von Crêpe und glänzender Baumwolle als Merzerisierung unter Spannung angewandt wird.

Die Merzerisierung wird durch ein Natronbad von spezifischem Gewicht = 1,22—1,27 bewirkt. Die Verkürzung der Fasern beträgt bei einem Bad von 35,4 Bé° 26,4%. Die Reißfestigkeit wird um 40—50% erhöht.

Die Zellulosehydrate färben sich schwer; jedoch ist das Färbevermögen größer, wenn man nach der Einwirkung der Alkalien nicht erst trocknet.

Sie sind hygroskopischer als Zellulose.

Die Nitrozellulosen, die aus diesen Zellulosehydraten gebildet werden, sind leicht löslich.

b) Aus ammoniakalischen Kupferlösungen regenerierte Zellulose.

Sie ist nichts anderes als künstliche Seide von Givet oder von Pauly, Despaissis, Bronnert, welche man allgemein als Glanzstoff bezeichnet.

Das erste hierfür genommene Patent ist das von Despaissis (Franz. Pat. 203 741 [1890]).

Die Zellulose wird in Schweizers Reagens gelöst. Dieses entsteht bei der Einwirkung von Ammoniakwasser auf Kupferspäne in Gegenwart eines Luft- oder Sauerstoffstromes. Das Kupfer löst sich im Verhältnis von 40—50 g auf 1 Liter 12%iger Ammoniaklösung.

Die gewöhnliche Baumwolle löst sich nur langsam, wenn sie in diese Lösung getaucht wird. Man müßte schon bei einer Temperatur von 6° arbeiten, um eine weitgehende Spaltung des Zellulosemoleküles zu vermeiden.

Die Oxyzellulose löst sich leichter; und bei Hydratzellulose, die aus Alkalizellulose entstanden ist, geht die Auflösung unmittelbar vor sich (Franz. Pat. 345 687 Foltzer). Um die Kupferlösung fabrikmäßig herzustellen, bildet man zunächst Kupferhydroxyd, indem man auf trockenes Kupfersulfat eine Lösung von kaustischem Alkali gießt; dann löst man dieses Hydroxyd in Ammoniak[1]). Ein anderes Verfahren besteht darin, Alkalizellulose herzustellen, dann die Masse mit trockenem Kupfersulfat zu mischen und die erhaltene homogene Masse in Ammoniak zu lösen.

Die Lösungen der Zellulose in Kupferoxydammoniak sind wenig beständig; durch Hinzufügen von Alkohol, Natriumchlorid, Säuren oder Alkalien wird die Zellulose daraus gefällt, z. B. durch 50%ige Schwefelsäure oder durch 40%ige Natronlauge[2]).

Bei Koagulation durch Alkali erhält man Fäden, welche nach dem Trocknen unter Spannung große Festigkeit und hohen Glanz zeigen.

Zur Regenerierung der Zellulose durch Einwirkung von Alkalien kann man eine Lösung von Natron und Glukose verwenden. D.R.P. 208472 [1907], Vereinigte Glanzstoff-Fabriken Elberfeld.)

Bei Anwendung von Alkalizellulose kann man das Ammoniak durch aromatische Amine, z. B. Monomethylamin, ersetzen.

Die Hydrozellulose ist nach Aimé Girard fast unlöslich in Kupferammoniaklösung, wird jedoch in diesem Reagens löslich, wenn sie durch eine Natronbehandlung mit nachfolgendem Waschen in Wasser hydratisiert worden ist. (Girard: Ann. de chim. et de physique 1881, V.24/337.)

Die regenerierte Zellulose muß wie Baumwolle gebeizt werden, um basische Farbstoffe aufnehmen zu können.

---

[1]) D.R.P. 231 652 [1909]; 236 537 [1908]; 237 816 [1910]. Rheinische Kunstseide-Fabrik A.-G.

[2]) D.R.P. 186 387 [1904].

c) Aus Zellulosexanthogenat regenerierte Zellulose.

Das Zellulosedithiokarbonat, von dem wir bei Gelegenheit der Mineralsäureester der Zellulose sprechen werden, hat die Formel

$$CS \big<^{OC_6H_9O_4}_{SNa} .$$

Diese Verbindung ist nicht beständig, zerfällt vielmehr im Laufe von einigen Tagen von selbst in mehr oder weniger gequollenes Zellulosehydrat, in Alkali und Schwefelkohlenstoff.

Beim Erwärmen wird die Xanthogenatlösung zuerst dickflüssig; bei ungefähr 80—90° aber tritt eine plötzliche Zersetzung ein.

Ferner scheiden Säuren und konzentrierte Lösungen von Ammoniumsulfat und solchen Salzen, welche ein unlösliches Sulfid oder Hydrosulfid zu bilden vermögen (Fe, Zn, Mn), Zellulosehydrat aus.

Die Hydratzellulosen werden zur Azetylierung verwendet, da sie sehr reaktionsfähig sind.

Die aus Xanthogenat regenerierte Zellulose löst sich in Essigsäureanhydrid bei 100—120° unter Bildung von Zelluloseazetaten auf.

5. Hydrozellulose.

Die Hydrozellulose bildet sich durch Einwirkung von Mineralsäuren auf Zellulose.

Wir wollen die verschiedenen Herstellungsweisen der Hydrozellulose besprechen.

a) Hydrozellulose durch Einwirkung starker Säuren.

Nach dem ältesten, von Girard[1]) angegebenen Verfahren wird Baumwolle mit Schwefelsäure vom spezifischen Gewicht = 1,455 (ungefähr 55% H_2SO_4) 12 Stunden lang bei 15° behandelt.

Schwefelsäure von über 60% wirkt auf die Zellulose quellend ein und löst sie schließlich vollständig; diese Reaktion wird zur Herstellung von vegetabilischem Pergament verwandt. Man taucht das Papier sehr kurze Zeit in Schwefelsäure von 78% und dann sofort in Wasser.

Wird die Zellulose in Schwefelsäure von 78% gelöst und die Lösung mit Wasser ausgefällt, so erhält man ein Produkt, welches in Alkali löslich ist und Reduktionsvermögen zeigt.

Bei der Einwirkung verdünnter Schwefelsäure von 10% bei 80° bemerkt man erst nach 15 Minuten den Beginn einer Reaktion, welche nach 1 Stunde beendet ist und eine weiße pulverige Substanz ergibt.

---

[1]) Ann. chim. phys. (5) 24, 342 (1881]. — Tollens und Murmurow: Berichte 34, 1431 [1901]. — Büttner und Neumann, Zeitschr. f. angew. Chem. 1908, S. 2609.

Ein ähnliches Produkt wird nach 24stündiger Einwirkung einer Salzsäure vom spezifischen Gewicht = 1,17 erhalten. Salzsäure von 37,6% wirkt bei gewöhnlicher Temperatur langsam auf Zellulose; rauchende Salzsäure mit 39,9—41,4% HCl (d = 1,204—1,212) löst Zellulose in wenigen Sekunden und hydrolysiert sie zu Zellobiose und schließlich zu Dextrose[1]).

Salpetersäure von d = 1,4 wirkt auf Zellulose quellend.

Lederer (D. R. P. 163 316 [1901] und Franz. Pat. 319 848) erhitzt die Zellulose mit Essigsäure, welche etwas Schwefelsäure enthält, auf 60—70°. Auf 1 Teil Zellulose kommen etwa 5 Teile Essigsäure mit einem Gehalt von 0,5% Schwefelsäure.

Ebenso kann man die Zellulose während mehrerer Stunden der Einwirkung verdünnter Schwefelsäure aussetzen, indem man die Säure mit Essigsäure verdünnt, um die Reaktion zu mäßigen. (Little, Walker und Mork, Franz. Pat. 324 862 [1902].)

Phosphorsäure löst Zellulose, auch wenn man sie mit Essigsäure verdünnt.

Mork taucht 100 Teile Baumwolle in 400 Teile Eisessig, dem 20 Teile Benzolsulfosäure hinzugefügt wurden.

b) Hydrozellulose mit gasförmiger und feuchter Säure.

Durch gasförmige und feuchte Salzsäure erhält man eine hydrolysierte Zellulose, die außerordentlich feinpulverig ist, von der Formel $C_{12}H_{20}O_{10}: H_2O$.

Neuerdings haben Knoevenagel und Busch[2]) eine Hydrozellulose hergestellt, welche in 8%iger, kalter Natronlauge vollkommen löslich ist. Sie trocknen eine aus Viskose abgeschiedene Hydratzellulose bis zu einem bestimmten Wassergehalt und lassen darauf gasförmige Salzsäure einwirken.

Hydrozellulose oxydiert sich bei 80—100° C, indem sie braune, in Wasser lösliche Produkte gibt; durch Kochen mit Essigsäureanhydrid bei 138° löst sie sich vollständig und wird azetyliert.

Bromwasserstoffsäure hat eine intensive Wirkung. Die konzentrierte Lösung dieser Säure in Wasser löst Zellulose; die gasförmige, in Äther gelöste Säure spaltet dagegen die Zellulose in Brommethylfurfurol (Fenton und Gossling).

c) Hydrozellulose durch Befeuchten mit schwacher Säure.

Die am besten bekannte Darstellungsweise für Hydrozellulose ist folgende[3]): Die Zellulose wird mit 3% Schwefelsäure getränkt und

---

[1]) Willstätter und Zechmeister: Berichte 46, S. 2403 [1913].

[2]) Zellulosechemie: Wissenschaftl. Beibl. zu der Zeitschr. „Der Papierfabrikant“ 1922, S. 42.

[3]) Girard, Ann. chim. phys. (5) 24, 350 [1881].

ausgepreßt, dann wird die Masse möglichst fein verteilt und an der Luft getrocknet. Darauf bringt man sie in ein geschlossenes Gefäß, das in einem Trockenschrank 8—10 Stunden lang auf 35—40° oder auch 3 Stunden auf 70° erwärmt wird. Die so behandelte Zellulose zerfällt durch leichtes Schütteln in feinen Staub.

Die Hydrozellulose ist leicht azetylierbar, z. B. durch Kochen mit Essigsäureanhydrid. Ferner trennt man auf diese Weise Baumwollfaser von Wollfaser; zu diesem Zweck wird das Gewebe mit verdünnten Säuren befeuchtet und auf 100—110° erhitzt (Karbonisation).

Baumwolle, welche mit 2%iger Lösung organischer Säuren, wie Oxalsäure, Weinsäure, Zitronensäure, getränkt und bei 100° in dem Trockenschrank erhitzt wird, ist brüchig geworden. Essigsäure erweist sich ohne Wirkung.

Man hat der Hydrozellulose folgende Formel zugeschrieben:
$$2C_6H_{10}O_5 + H_2O \text{ [1]}$$
oder allgemeiner
$$(C_6H_{10}O_5)n\,H_2O.$$

Sie besitzt erhebliches Reduktionsvermögen und läßt sich leicht durch basische Farbstoffe anfärben.

Eine noch weitgehendere Hydrolyse führt zu:
$$C_6H_{10}O_5 + H_2O = C_6H_{12}O_6 \text{ Glukose [2]}.$$

Girard gibt für verschiedene Hydrozellulosen folgende Analysenwerte an:

a) und b) Durch Einwirkung von H_2SO_4 vom spezifischen Gewicht 1,45 hergestellt.

c) Durch Einwirkung von gasförmiger HCl in Gegenwart von Wasser erhalten.

d) Durch Einwirkung von H_2SO_4 von 3% bei 60° gewonnen.

	a	b	c	d	Berechnet für $2C_6H_{10}O_5 + H_2O$
C	42,10	42,60	42,04	41,80	42,1
H	6,30	6,50	6,70	6,70	6,4
O	51,60	51	51,20	51,50	51,5

[1] Girard: Cpt. rend. 81, 1005.

[2] Fabrikmäßig können Holzabfälle zur Fabrikation von Äthylalkohol benutzt werden; es genügt, sie unter Druck mit verdünnter Mineralsäure zu behandeln und dann den erhaltenen Zucker zu vergären. Diese hydrolytische Reaktion wurde in Deutschland während des Krieges angewandt, um dem Mangel an Alkohol abzuhelfen, der für die Munitionsfabrikation nötig war. Die Verzuckerung, die unter 7 Atm. Druck vorgenommen wurde, ergab 7 kg Alkohol auf 100 Teile trockenes Holz. Im Juni 1917 wurde ein staatl. deutsches Werk eingerichtet, um dort die Sägespäne zu verwerten. Man sah eine Lieferung von 50 000 hl jährlich vor. Eine Stettiner Gesellschaft mit einem Kapital von 500 000 Mark setzte sich dasselbe Ziel. (Aus: Industrie allemande et la Guerre von Jaureguy, Stephen et Froment.)

Die Werte entsprechen also annähernd der Formel $2\ C_6H_{10}O_5 + H_2O$. Nach Ost (Liebigs Ann. d. Chem. 1913, S. 312) soll Hydrozellulose bei 120—122° Wasser verlieren, welches danach nicht chemisch gebunden ist. Auch ergab die Analyse von Hydrozellulose und Zellulose keinen Unterschied; es ist demnach die Hydrozellulose das erste Abbauprodukt der Zellulose. Ost stützt sich auf die niedrige Viskosität der Hydrozelluloselösungen, sowie die der Nitrat- und Azetatlösungen gegenüber der von Lösungen reiner Zellulose. Diese Eigenschaft soll mit der relativen Kleinheit des Moleküls zusammenhängen.

Der Verfasser stellt ferner die Behauptung auf, daß die verdünnten Lösungen von Hydrozellulose und die ihrer Ester molekulare und keine kolloidalen Lösungen sind.

6. Oxyzellulose.

Bei der Einwirkung von Oxydationsmitteln auf die Zellulose entsteht Oxyzellulose.

Die Oxydation kann in Gegenwart von Alkali oder Säure vor sich gehen[1]).

Eine 1%ige alkalische Lösung von Natriumhypochlorit wirkt bei gewöhnlicher Temperatur sehr langsam ein, während bei 60° die Reaktion sehr lebhaft wird.

Das Ergebnis einer sehr weitgehenden Oxydation ist $C_6H_{10}O_6$, ein Produkt, das in schwachen Alkalien leicht löslich ist. Baumwolle, welche 10 Stunden lang bei 40° in einer Lösung von Natriumhypochlorit mit 10% aktivem Chlor gelegen hat, enthält 60—75% Oxyzellulose.

In Gegenwart von Säuren kann man Oxyzellulose auf verschiedene Weise erhalten: mit verdünnter Chromsäure in Gegenwart von Mineralsäure, besonders leicht in der Wärme; mit gasförmigem Chlor. Mit Kaliumpermanganatlösung oder Permangansäure geht die Oxydation langsam vor sich. Kaliumchloratlösung mit Chlorwasserstoffsäure ist ein energisches Oxydationsmittel. (Leo Vignon, Bull. 3, 19, 791 und 25, 135.)

Salpetersäure von 17—45% greift Zellulose bei 80—100° ebenfalls an und gibt Oxyzellulose.

Sthamer wendet Eisessig und gasförmiges Chlor[2]), oder Salzsäure und Kaliumchlorat[3]) an; in beiden Fällen will er Hydrozellulose erhalten. Es ist jedoch anzunehmen, daß Oxyzellulose oder zum mindesten eine Mischung von Oxy- und Hydrozellulose entsteht.

---

[1]) Siehe dazu: Bull. ind., Rouen 10, 447; Nastukoff: Berichte 33, 2237 [1900], Berichte 34, 719 u. 3589 [1901]; Tollens: Berichte 32, 2592 [1898]; Vignon: Bull. de la soc. de chim. 19, 796 [1898]; Girard: Annalen 5, 24, 337; Gladstone: Journ. of the chem. soc. 1852 S. 7; Schwalbe: Berichte 40, 4523 [1907].

[2]) D. R. P. 123 121 [1900].   [3]) D. R. P. 123 122 [1900].

Die Oxyzellulosen haben ein sehr starkes Reduktionsvermögen für Fehlingsche Lösung. Sie geben in wenigen Sekunden mit Neßlers Reagens einen kräftigen grauen Niederschlag, während Hydrozellulosen erst nach längerer Zeit eine schwache Reaktion geben.

Mit Schwefelsäure in Gegenwart eines Phenols erhält man eine Färbung, wie sie die Lösungen von Aldosen, Gummi usw. geben (Jandrier, Cpt. rend. 1899).

Die Oxyzellulosen werden durch basische Farbstoffe sehr stark angefärbt.

Beim Kochen mit Kalkmilch erhält man Dioxybuttersäure und Isosacharinsäure (Tollens).

Bei der Behandlung von Oxyzellulose mit Säuren in der Wärme erhält man Furfurol. Oxyzellulose wird mit einer Mischung von Schwefelsäure und Salzsäure übergossen und destilliert. Das Furfurol geht mit Wasserdampf über, scheidet sich in der Vorlage ab und wird mit Äther dem Destillat entzogen.

Zur Lösung von Oxyzellulose kann man folgende Mischung anwenden:

$$H_2SO_4 \quad s = 1,84 - 52 \text{ ccm}$$
$$HCl \quad s = 1,18 - 23 \text{ ccm}$$
$$H_2O \quad \quad 25 \text{ ccm.}$$

Die Oxyzellulosen sind für Zwecke der Esterherstellung wenig geeignet.

7. Trockene Destillation.

Die Zellulose zersetzt sich bei höherer Temperatur und ergibt, je nach Temperatur und je nach der Herkunft und dem Reinheitsgrade, verschiedene Produkte in wechselnden Mengen.

Es bilden sich im allgemeinen:

1. Gase: CO, CO_2, CH_4.
2. Flüssige Produkte: Wasser, Methylalkohol, Essigsäure, Furfurol, Kohlenwasserstoffe, Phenole.
3. Teerartige Stoffe.
4. Ein kohleartiger Rückstand.

Nachfolgend geben wir das Resultat der Destillation einer Lignozellulose:

Gas	22,0 %	Teer	5,8 %
Methylalkohol	1,2 %	Wasser	42,25 %
Essigsäure . .	3,25 %	Kohlenstoff . .	25,5 %.

Der Methylalkohol entsteht hauptsächlich durch Zersetzung des Lignins.

Die wichtige Frage der chemischen Konstitution des Zellulosemoleküls scheint durch die Arbeiten von Aimé Pictet[1]) sehr gefördert worden zu sein.

---

[1]) Bull. de la soc. chim. Bd. 27, S. 645 [1920]. Siehe auch Pictet und Sarasin: Helv. chim. Act. 1918, Heft 1, S. 87—96. Cpt. rend. 166, S. 38—39. Chem. Zentralbl. 1918, I B, S. 115. Ibid. 1918, II B, S. 71.

Pictet hat die Destillation von Zellulose unter vermindertem Druck ausgeführt. Bei 210° unter 10—15 mm Druck gehen 30—35% Wasser und 45% eines viskosen Öles über, das nach kurzer Zeit auskristallisiert. Als Rückstand hinterbleiben 10% Kohle. Das abgeschiedene und gereinigte, kristallisierte Produkt ist ein Kohlehydrat, dessen prozentuale Zusammensetzung dieselbe ist wie die der Zellulose. Dieses Spaltungsprodukt der Zellulose ist identisch mit dem Lävoglukosan von Tanret[1]), einem Körper, der bei 179,5° schmilzt und dessen Formel folgendermaßen sich darstellt: $C_6H_{10}O_5$

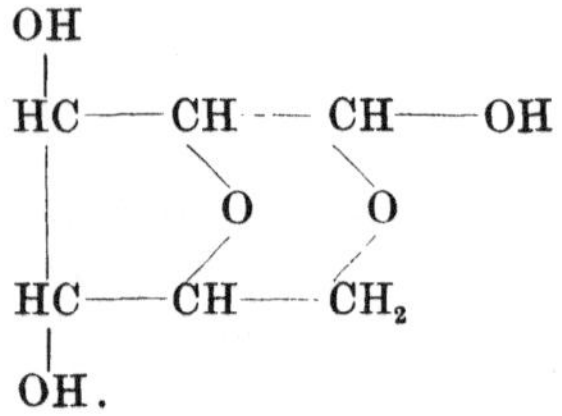

$$\begin{array}{c} OH \\ | \\ HC\!\!-\!\!-\!\!CH\!\!-\!\!-\!\!CH\!\!-\!\!-\!\!OH \\ | \quad\quad\; O \quad\; O \\ HC\!\!-\!\!-\!\!CH\!\!-\!\!-\!\!CH_2 \\ | \\ OH. \end{array}$$

Der Körper besitzt drei reaktionsfähige Hydroxylgruppen wie die Zellulose und wird durch Behandlung mit Schwefelsäure wie diese vollständig in rechtsdrehende Glukose verwandelt.

Andererseits ist bekannt, daß die Azetolyse der Zellulose 40% eines Zellobioseazetats liefert.

Diese Zellobiose liefert durch Hydrolyse ausschließlich rechtsdrehende Glukose.

Ebenso ist endgültig bewiesen, daß von den fünf OH-Gruppen der Glukose in der Zellulose noch drei vorhanden sind.

Die bekannte Reaktion von Fenton und Gossling (Behandlung der Zellulose mit trockenem HBr in Gegenwart von Chloroform) liefert bis zu 30% Brommethylfurfurol:

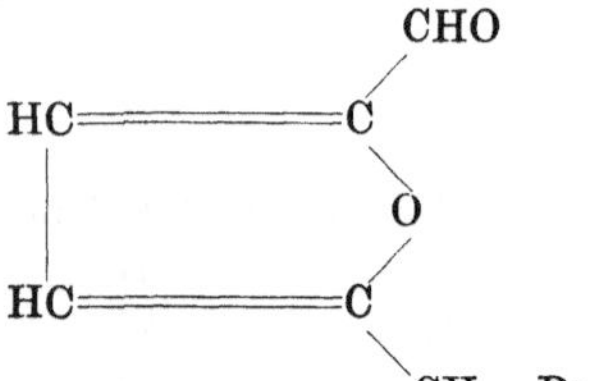

$$\begin{array}{c} CHO \\ HC\!\!=\!\!=\!\!=\!\!C \\ | \quad\quad\quad O \\ HC\!\!=\!\!=\!\!=\!\!C \\ \quad\quad CH_2\!\!-\!\!Br. \end{array}$$

Wenn diese Reaktion in der Kälte vor sich geht, kann keine intramolekulare Umlagerung stattfinden, und man muß daher das Bestehen einer Zellulosegruppierung mit einem Hydrofurankern mit zwei Seitenketten annehmen. Diese Gruppierung nennt man nach Pictet Chitosegruppe.

---

[1]) Bull. de la soc. chim. (3) 11, S. 949 [1894]. Siehe auch Vongerichten und Müller: Berichte 39, 241 [1906].

Die alte, von Green für Zellulose vorgeschlagene Formel

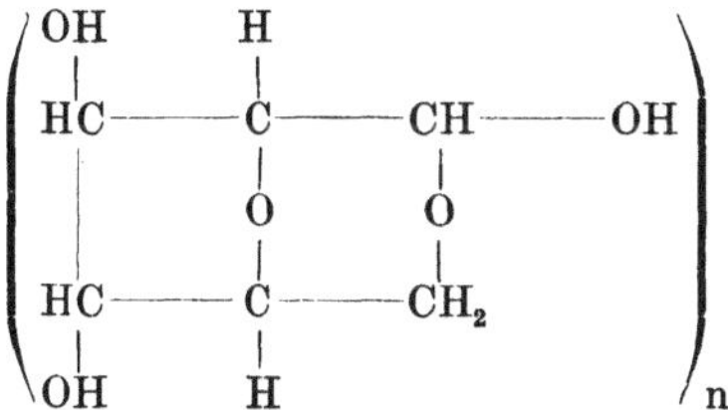

läßt sich gut mit diesen Tatsachen in Einklang bringen; aber sie gibt nicht an, auf welche Weise diese n Moleküle miteinander verbunden sind, und vor allem setzt sie voraus, daß die Moleküle alle identisch sind.

Jedenfalls beweist Pictet durch seinen Destillationsversuch, daß Zellulose regelmäßig ungefähr 50% Lävoglukosan liefert, während die andere Hälfte vollständig zerstört wird.

Es müssen demnach bestimmte Gruppierungen in dem Zelluloseaggregat vorhanden sein:

1. Die β-Glukosegruppen, die bei der Azetolysereaktion (Zellobiose) und bei der Destillationsreaktion (Lävoglukosan) in Erscheinung treten.

2. Die Chitosegruppen, die sich bei dem Versuch von Fenton und Gossling zeigen (Brommethylfurfurol).

3. Eine dritte Gruppe, deren Konstitution man, nach Pictet, erst erkennen wird, wenn die Zellobiose selbst besser erforscht ist. (Wenn man annimmt, daß dieser Zucker aus α- und β-Dextrose besteht, wahrscheinlich α-Glukose.)

Das Mengenverhältnis dieser Gruppierungen zueinander ist ziemlich schwer festzustellen; jedoch weiß man, daß

a) die Reaktion von Fenton und Gossling 30% Brommethylfurfurol ergibt, die 25% der Zellulose entsprechen,

b) daß die Azetolyse 37% Zellobiose ergibt,

c) daß die Destillation von Pictet 45—50% Lävoglukosan ergibt.

Es scheint also festzustehen, daß in der Zellulose zwei Glukosegruppen, eine Chitosegruppe und eine Glukosegruppe von anderem Typ (wahrscheinlich α) bestehen. Das Konstitutionsschema würde also sein:

β-Glukose	(Chitosegruppe)
β-Glukose	α-Glukosegruppe (?)

Durch Azetolyse geben die Gruppe α und eine der Gruppen β 50% Zellobioseazetat, die anderen Gruppen Glukoseazetat. Bei der Zersetzung durch HBr nimmt die Chitosegruppe allein an der Bildung der 25% Brommethylfurfurol teil, während die anderen die sich immer bildenden Teerprodukte liefern.

Bei der Destillation nach Pictet trennen sich die β-Glukosegruppen als 50% Lävoglukosan ab, die anderen bilden Zersetzungsprodukte, wie Wasser, Furfurol, Kohle usw.

Es bleibt noch die Frage offen, wie die vier Gruppen unter sich in der Zellulose verbunden sind; sicherlich durch die Sauerstoffatome des einen oder anderen der beiden Sauerstoffkerne (s. die Lävoglukosanformel).

8. Reinigung der Zellulose.

Zellulose, welche man für die Herstellung von Zelluloseestern verwendet, wird vorher gereinigt, und wir halten es deshalb für wichtig, die Grundzüge dieses Prozesses zu geben, um deutlich zu zeigen, daß nur zu oft bei der Herstellung der Nitro- oder Azetylzellulose vergessen wird, den Grad der Hydrolyse oder der Oxydation der Zellulose zu beachten, der durch die Reinigung selbst hervorgerufen werden kann.

A. Darstellung reiner Baumwollzellulose.

Die Reinigung der Zellulose vollzieht sich nach folgenden Prinzipien[1]):

1. Hydrolyse durch ein Alkali (Natronlauge von 1—2% NaOH) in der Wärme unter sorgfältiger Fernhaltung des Luftsauerstoffes, um pektinartige Zusätze zu entfernen.

2. Behandlung mit Natriumhypochloritlösung von 0,2% Chlor bei gewöhnlicher Temperatur, um Farbstoffe zu oxydieren.

Dem ersten Bade setzt man etwas Harz zu. Die entstehende Harzseife emulgiert die wachsartigen Körper der Baumwolle.

B. Holzzellulosen.

Die Isolierung der im Holz enthaltenen Zellulose beruht auf der hydrolysierenden Wirkung, welche gewisse Reagentien auf das Lignin ausüben.

Das durch mechanische Zerkleinerung in einen Brei verwandelte Holz bildet das Ausgangsprodukt.

Die prozentuale Zusammensetzung der Lignozellulose der Jute ist verschieden von der der reinen Zellulose:

$$C: \quad 46—47 \ \%$$
$$H: \quad 6,1— 5,8\%$$
$$O: \quad 47,9—47,2\%.$$

1. Beim Verfahren von Mitscherlich wendet man Kalziumbisulfit an. Das mechanisch zerkleinerte Holz wird bei 3—5 Atmosphären Druck 35 Stunden lang mit der Sulfitlauge gekocht, wird dann im Holländer gewaschen, zerfasert und mit Natriumhypochlorit gebleicht.

2. Nach einem anderen Verfahren wird das zerschnittene Holz mit Natronlauge von s = 1,085 2—6 Stunden lang unter 6—10 Atmosphären Druck erhitzt.

---

[1]) Siehe die genaue Vorschrift bei Schwalbe: Chemie der Zellulose 1918, S. 602 und Lehnes Färbereizeitung 1913, S. 436.

Bei diesem Prozeß bildet sich besonders viel Essigsäure und Oxalsäure, welche man durch Kalkmilch ausfällen kann. Man bleicht darauf im Holländer.

Sowohl im Sulfitprozeß wie im Natronprozeß wird die Lignozellulose gespalten. Zellulose wird frei, und andererseits gehen organische Säuren, Pektinstoffe, Zucker und Furfurol in Lösung.

9. Abbau der Zellulose durch Fermente.

Auf Zellulose wirken verschiedene Fermente zerstörend ein.

So gärt die Zellulose während des Verdauungsprozesses der Pflanzenfresser unter Einwirkung gewisser Fermente, welche die Zellulose umbilden; auch im Dunghaufen findet eine Zellulosegärung statt.

Omeliansky hat gezeigt, daß es zwei Arten der Zellulosegärung gibt: bei der einen bildet sich Wasserstoff, bei der anderen entweicht Methan. Unter anderem bilden sich bei diesen Vorgängen Kohlensäure und niedere Fettsäuren, wie Essigsäure und Buttersäure. Jede dieser Gärungen wird durch einen bestimmten Mikroorganismus hervorgerufen.

Stets geht der eigentlichen Vergärung eine durch andere Fermente bewirkte Hydrolyse in vergärbaren Traubenzucker voraus.

Der Bacillus amylobacter wirkt auf die Pektinstoffe spaltend ein (Rösten des Flachses).

10. Zusammengesetzte Zellulosen.

Fast reine Zellulose findet sich in der Natur nur in der Baumwolle. Im Holz und den anderen Vegetabilien findet sich die Zellulose mit anderen Stoffen, wie Lignin und Pektin, vereinigt.

Die zusammengesetzten Zellulosen werden eingeteilt in:
Lignozellulosen,
Pekto- und Mukozellulosen,
Adipo- und Kutozellulosen.

A. Lignozellulosen.

Die Lignozellulosen haben je nach ihrer Herkunft verschiedene Zusammensetzung. Die Jutefaser[1]) ist der Typ der Lignozellulosen; die Zellulose findet sich hier mit Lignin zusammen, das selbst eine komplexe Verbindung ist[2]).

Das Lignin $C_{19}H_{22}O_9$ reagiert mit Chlor oder Brom, wobei sich Substitutionsderivate bilden, welche beim Waschen mit Alkali und Natriumbisulfat in Lösung gehen. Es wird durch Säuren und Alkalien angegriffen.

---

[1]) Die Jutefaser färbt sich durch Jod und Schwefelsäure intensiv gelb; sie färbt sich mit basischen Farbstoffen wie Baumwolle, die mit Tannin gebeizt wurde. Anilinsalze ergeben eine tief goldgelbe Färbung; salzsaures Phloroglucin färbt die Faser fuchsinrot.

[2]) Schrauth: Zeitschr. f. angew. Chem. 1923, S. 149. Heuser und Winsveld: Berichte 56 [1923] S. 902.

Besonders wenn man unter Druck arbeitet, löst es sich in Natriumbisulfit bei einer Temperatur von 135° auf. Auf dieser Reaktion beruht das Verfahren von Mitscherlich. Auch beim Kochen mit einer 1%igen Natronlauge unter Druck löst es sich auf.

Die Lignozellulose der Jute enthält etwa 30% Lignin, während der Zelluloseanteil mehr einer Oxyzellulose ähnelt. Sie gibt mit verdünnten Säuren mehr Furfurol als Oxyzellulose.

Die hydrolytische Behandlung des Lignins, sei es durch Säuren, sei es durch Alkali, ergibt Essigsäure. Dies ist eine typische Reaktion des Lignins.

Das Holz besteht zum großen Teil aus einer Lignozellulose, welche der der Jute ähnelt. Die Stoffe, mit denen die Zellulose im Holz vereinigt sind, spielen in der Industrie eine große Rolle. Für die Herstellung von Zellulose aus Holz (Zellstoff) bevorzugt man das Holz der Koniferen, besonders das Kernholz.

Die Eiche enthält ungefähr 39—47% reine Zellulose, die Tanne 53%, die Pappel 62%.

Das Stroh der Getreidearten ist ebenfalls Lignozellulose. Weizenstroh enthält ungefähr 40% Zellulose, Gerstenstroh 38%.

Beim Kochen mit verdünnten Säuren ergeben sie größere Mengen Furfurol als die anderen Lignozellulosen.

Das Malzschrot der Brauereien ergibt nach Schulze und Tollens 16% Furfurol; Jute und Holz ungefähr 10%[1]).

Die trockene Destillation der Lignozellulose ergibt Methylalkohol und Essigsäure, deren Verhältnis je nach der Art der Lignozellulose verschieden ist.

Methylalkohol wird bei der Destillation reiner Zellulose nicht erhalten, sondern nur aus Lignozellulose. Essigsäure erhält man jedoch aus allen beiden.

B. Pekto- und Mukozellulose.

In der Pektozellulose findet sich die Zellulose mit dem Lignin und mit einem anderen Bestandteil, der Pektose, vereinigt. Die Pektose (Pektinstoff) wird durch Erhitzen mit Wasser, z. B. aus Flachs, Hanf und Ramie ausgezogen, findet sich ferner in Früchten und gewissen Wurzeln: z. B. in der Karotte. Sie ist in Alkohol unlöslich.

Die Pektose bildet sich durch Erhitzen mit angesäuertem Wasser zu Pektin um. Dieser Stoff gibt viskose Lösungen, welche in der Kälte zu einer Gallerte erstarren.

---

[1]) Durch Einwirkung verdünnter Säuren, wie 12%iger Salzsäure, auf Lignozellulose erhält man leicht ziemlich bedeutende Mengen von Furfurol. Dieses Produkt hat neuerdings eine gewisse Bedeutung in der Lackindustrie bekommen. Die Deutschen haben während des Krieges die Behandlung des Strohs mit Natronlauge versucht, um es für das Vieh verdaulicher zu machen.

Zu den Mukozellulosen gehören die Pflanzenschleime der Quitten, Flechten, Algen usw.

Mit kochendem Wasser ergeben die Schleimfasern Stoffe, deren Lösungen viskos sind.

C. Adipo- und Kutozellulose.

Die Zellulose befindet sich hier gemischt mit wachsartigen, harzartigen und öligen Produkten.

Der Kork ist der Typ der Adipozellulosen. Er enthält außer Lignozellulose Gerbstoffe, Wachse usw.

11. Analyse der Zellulose.

Die Faktoren, welche man bei der Beurteilung einer Zellulose beachten kann, sind folgende:

1. Feuchtigkeit. — Die Feuchtigkeit bestimmt man durch Trocknen bei 100° bis zum konstanten Gewicht und Abkühlen im Exsikkator.

2. Fett. — Die Fette werden durch Extraktion mit Äther bestimmt.

3. Asche. — Die Asche gewinnt man durch Verbrennen von 10 g Baumwolle.

4. Kupferzahl. — Die Kupferzahl wird auf 100 g Baumwolle umgerechnet aus den mittels Fehlingscher Lösung erhaltenen Werten.

5. Menge der Zellulose in zusammengesetzten Zellulosen.

Wenn es sich um Lignozellulosen handelt, kann man die folgende Methode anwenden:

Man läßt 5 g im Trockenschrank getrocknete Fasern ungefähr 20 Minuten mit einer 1%igen Natronlauge kochen.

Nach dem Auswaschen läßt man 30—60 Minuten lang Chlorgas darauf einwirken und wäscht, um die Salzsäure zu entfernen.

Schließlich wird kurze Zeit in einer 2%igen Lösung von Natriumsulfit gekocht, zu welcher man 0,2 g Natron hinzufügt. Dann wird filtriert und ausgewaschen.

Das Bleichen geschieht durch Eintauchen in eine Hypochloritlösung von 0,1%igem NaOCl, darauf durch eine 0,1%ige Lösung von Kaliumpermanganat und schließlich durch Einwirkung von schwefliger Säure.

Je nach dem Reagens, welches das Lignin angreift, ist die Ausbeute an Zellulose verschieden: mit Kaliumchlorat wird ein Teil der Zellulose hydrolysiert und gelöst; mit Brom ist die Ausbeute geringer als mit Chlor.

Die Bestimmung der Zellulose durch Schmelzen mit Alkali bei 200° (Lange: Zeitschr. f. Physiol. Chem.) ist nicht zu empfehlen, denn nach den Erfahrungen von Tauss, Suringer und Tollens (Zeitschr. f. angew. Chemie, 1896, S. 23) geht dabei ein Teil der Zellulose in Lösung.

II. Ester der Zellulose mit anorganischen Säuren.

Durch Einwirkung anorganischer Säuren auf Zellulose unter bestimmten Bedingungen erhalten wir Körper, welche man als Mineralsäureester bezeichnen kann.

Nur einer einzigen Gruppe dieser Derivate kommt eine, allerdings sehr große Bedeutung zu, nämlich den Salpetersäureestern, welche man fälschlich als Nitrozellulosen bezeichnet.

Die Produkte, die man durch Einwirkung anderer Säuren, wie z. B. Schwefelsäure, erhält, sind schlecht definiert; wenn man auch sulfurierte Derivate der Zellulose gelegentlich festgestellt hat, so sind diese Körper doch auf alle Fälle sehr unbeständig. Die hydrolysierende Nebenwirkung der Schwefelsäure ist eine so intensive, daß es nicht möglich ist, einen Schwefelsäureester der unveränderten Zellulose herzustellen.

1. Einwirkung von Chlor- oder Bromwasserstoffsäure.

Es gibt keine Ester der Zellulose mit Chlorwasserstoffsäure. Diese Säure scheint in ihren verschiedenen Konzentrationen eine rein hydrolysierende Wirkung auszuüben.

So wies A. Girard 1881[1]) bei seiner Untersuchung über Hydrozellulose nach, daß eine Abart davon durch einfache Einwirkung von gasförmiger Chlorwasserstoffsäure auf feuchte Baumwolle entsteht.

Er erhielt auf diese Weise einen sehr brüchigen Stoff, der in Tausende kleiner Fasern zerfällt und dessen chemische Zusammensetzung folgende ist:

$$C = 42,04\%$$
$$H = 6,70\%$$
$$O = 51,20\%.$$

Die für die Formel $C^{12} H^{20} O^{10} \cdot H_2O$ berechnete Zusammensetzung ist:

$$C = 42,10\%$$
$$H = 6,40\%$$
$$O = 51,5\%.$$

Dazu muß bemerkt werden, daß diese hydrolytische Wirkung von recht starken Nebenreaktionen begleitet wird, welche zur Bildung einer gewissen Menge von in Wasser löslichen Produkten führen.

Bromwasserstoffsäure scheint sich ganz gleichartig zu verhalten.

---

[1]) Hydrozellulose. Girard 1881.

Trockener Chlor- und Bromwasserstoff wirken nicht hydrolysierend auf Zellulose ein; vielmehr erhält man nach Fenton (Journ. of the chem. soc. Bd. 79, S. 361) Chlormethyl- oder Brommethylfurfurol in roten Prismen. Lävulose, Sorbose und Rohrzucker in Ätherlösung ergeben dieselben Körper.

Green hat sich übrigens auf diese Reaktion gestützt, als er die früher angeführte Formel für das Zellulosemolekül aufstellte.

2. Einwirkung von Schwefelsäure.

Schwefelsäure von geringer Konzentration wirkt nur hydrolysierend auf Zellulose ein.

Säure vom spez. Gew. $= 1{,}45$ ($55{,}5\,\%$ H_2SO_4) ergibt eine Hydrozellulose von der Zusammensetzung:

$$C = 42{,}1\,\%$$
$$H = 6{,}3\,\%$$
$$O = 51{,}6\,\%.$$

Auf $C^{12}H^{20}O^{10} \cdot H_2O$ berechnet, erhält man

$$C = 42{,}1\,\%$$
$$H = 6{,}4\,\%$$
$$O = 51{,}5\,\%.$$

Es ist die schon erwähnte brüchige Zellulose von Girard.

Zellulosesulfate.

Konzentrierte Schwefelsäure wirkt ganz anders. Die Zellulose löst sich darin auf und gibt sehr wahrscheinlich ein Sulfozellulosederivat, welches jedoch sehr unbeständig ist, sich sehr schnell hydrolysiert und eine Reihe verschiedener Zwischenprodukte bildet, bis schließlich Dextrinkörper übrigbleiben.

Braconnot hat nachgewiesen, daß die Zellulose durch die stufenweise hydrolysierende Wirkung der Schwefelsäure in Dextrin übergeführt wird. Er löste die Zellulose in konzentrierter Säure auf, verdünnte die Lösung dann mit Wasser und erhitzte.

Stern (Dissertation, London 1894) hat den Reaktionsverlauf der Einwirkung konzentrierter Schwefelsäure auf Zellulose eingehend untersucht. Er hat aus sulfurierter Zellulose ein in Wasser lösliches Bariumsalz isolieren können, wahrscheinlich von der Formel $C_6H_8O_3(SO_4)_2Ba$; er untersuchte auch das Drehungsvermögen dieses Salzes, wobei sich herausstellte, daß das Drehungsvermögen um so höher ist, bei je höherer Temperatur die Auflösung der Zellulose erfolgt war.

$$t = 5^\circ \quad \alpha = +24^\circ.$$
$$t = 15^\circ \quad \alpha = +54^\circ$$

Die Zellulosesulfate sind in Alkohol und in Wasser lösliche und sehr zersetzliche Körper. Die wäßrigen Lösungen hydrolysieren sich vollständig zu Glukose.

Neben diesen Estern mit hohem Säuregehalt gibt es noch solche mit weniger Schwefelsäure, welche im Gegensatz zu den ersteren viel stabiler und in Wasser unlöslich sind und nur durch längeres Kochen oder trockenes Erhitzen zerfallen.

Die Anwesenheit von Zellulosesulfaten zeigt sich deutlich bei den künstlichen Seiden von Chardonnet nach der Denitrierung der Nitrozellulosefasern.

Während der Nitrierung der Baumwolle bildet sich ein gemischter Nitratsulfatzelluloseester; nach der Denitrierung hinterbleibt eine regenerierte Zellulose, welche eine gewisse Menge Sulfatzellulose enthält. Der Beweis dafür wurde von Stadlinger erbracht[1]).

Er zeigte, daß die untersuchten Handelsseiden praktisch neutral waren, daß es aber möglich war, darin Schwefelsäureester durch einfaches Erhitzen auf 120—125° zu zersetzen; nach einstündigem Erhitzen der Seide auf 135° fand er bis zu 1,03% gebundener SO_3.

Um zu vermeiden, daß in der Kunstseide die Schwefelsäure der Sulfoester später die Farbe zerstört, muß man nach P. Weyrich[2]) zum Schluß ein Bad von Natriumazetat oder Borax, allgemeiner des Salzes einer schwachen Säure anwenden.

	Festigkeit	Verlust an Festigkeit	Dehnbarkeit	Dehnbarkeitsverlust
	g	%	%	%
Unbehandelte Seide.	178	—	10,8	—
Seide auf 140° C erhitzt	98	ungef. 45	3,3	ungef. 69
Mit 5%iger Natriumazetatlösung behandelt und auf 140° erhitzt .	160	ungef. 10	10,0	ungef. 7

Eine Untersuchung von Hervé[3]) zeigt ebenfalls klar die Anwesenheit von schwefelsauren Zelluloseestern in Nitrozellulosen, die zur Fabrikation von Zelluloid verwendet werden.

Er verseift diese Ester mit Salzsäure geringer Konzentration (5 g Nitrozellulose + 300 ccm Wasser + 1 ccm HCl von 22° Bé) durch 8stündiges Kochen und fällt die abgespaltene Schwefelsäure mit Chlorbarium.

Hervé konnte zeigen, daß die Menge der in Nitrozellulose gebundenen Schwefelsäure eine Funktion der Schwefelsäurekonzentration des Nitrierbades ist.

---

[1]) Kunststoffe 1912, S. 401 und 428. Siehe auch: Piest, Zeitschr. f. angew. Chem. 1913, S. 661. Kullgren, Zeitschr. f. Schieß. u. Sprengst. 1912, S. 89.
[2]) Lehnes Färberzeitung 1914, S. 114.
[3]) Moniteur Quesneville, September 1918.

Bei Bädern, welche möglichst genau zu dem Stickstoffgehalt von 10,9—11,2% nitrieren, beträgt die Menge gebundener Schwefelsäure 0,05—0,44%, wobei das Verhältnis der Salpeter- zur Schwefelsäure im Bade selbst zwischen $1/_2$ und $1/_3$ schwankt.

Die Menge gebundener Schwefelsäure erreicht sogar den Wert 1,80% für eine Nitrozellulose mit 10,3% Stickstoffgehalt und wird in einem Bade erhalten, das ein Salpeter-Schwefelsäureverhältnis von $1/_5$ aufweist.

Die Nitrozellulosen sind um so weniger stabil, je größere Mengen dieser Sulfoester sie enthalten.

3. Zellulosethiokarbonate.

Im Jahre 1892 entdeckten Cross, Bevan und Beadle das Zellulosexanthogenat.

Die Alkalizellulose vereinigt sich bei gewöhnlicher Temperatur mit Schwefelkohlenstoff nach der Gleichung:

$$C_6H_{10}O_5 \cdot NaOH + CS_2 = CS \Big\langle {}^{O \cdot C_6H_9O_4}_{SNa} + H_2O.$$

Praktisch behandelt man die Baumwolle mit einem Überschuß einer 15%igen Natronlauge und preßt so lange aus, bis sie nicht mehr als das Dreifache ihres Gewichts an Lauge enthält; dann bringt man sie in einem geschlossenen Gefäß mit 40% ihres Gewichts an Schwefelkohlenstoff zusammen.

Die molekularen Verhältnisse sind in Wirklichkeit folgende:

$$\begin{array}{ccc} C_6H_{10}O_5 & 2\,NaOH & CS_2 \\ 162 & 2 \cdot 40 & 76 \end{array}$$

und entsprechen der Formel:

$$NaOH \cdot C_6H_9O_4 \cdot ONa + CS_2 = CS \Big\langle {}^{OC_6H_9O_4 \cdot NaOH}_{SNa}$$

Der Masse wird ein wenig Wasser zugefügt; dadurch entsteht eine dickflüssige, gelbe Lösung, welche mit Wasser oder verdünnten Alkalien die sogenannte Viskose ergibt.

Mit Alkohol oder einer gesättigten Salzlösung fällt das Alkalizellulosexanthogenat aus, welches in Wasser löslich ist.

Bleibt die Viskose für einige Tage bei gewöhnlicher Temperatur stehen, so wird sie dickflüssiger; es tritt das ein, was man „Reife" nennt. Läßt man länger stehen, so tritt Zersetzung ein, wobei Hydrat-zellulose abgeschieden wird[1]).

---

[1]) Man nimmt an, daß sich am Anfang eine Viskose von C_6 bildet, dann nach Verlauf einiger Tage eine Viskose von C_{12}, welche zur Fabrikation von

Im Vakuum vollzieht sich diese Zersetzung bei 60 ° in 30—40 Minuten.

Diese Zelluloselösungen werden durch Säuren zersetzt, wie wir bei den Hydratzellulosen und den aus ihren Lösungen wiedergewonnenen Zellulosen gesehen haben. Über ein Zellulosethiocyanat siehe Dubosc, Kunststoffe 1913, S. 155.

Die Herstellung eines Zelluloseesters der Phenylcarbaminsäure beschreibt Goissedet in dem Engl. Pat. 130, 277 [1919].

4. Nitrozellulosen.

A. Historisches.

Im Jahre 1852 machte Braconnot die Wirkung von Salpetersäure auf Zellulose bekannt; er erhielt ein Produkt, welches er Xyloidin nannte.

Besonders aber den Arbeiten von Schönbein im Jahre 1846 (Pogg. Ann. 70—220) verdanken wir die Verwendung der Nitrozellulose als Ersatz für Schwarzpulver; er hat die Herstellung der Nitrozellulose mit Hilfe von Salpeter-Schwefelsäuregemischen angegeben. Nach Schönbein müssen die Arbeiten von Abel, Redtenbach, Schötta, Vieille usw. angeführt werden.

Die Nitrozelluloseindustrie hat sich ganz außerordentlich entwickelt.

Von vornherein dachte man an die ballistische Anwendung der Nitrozellulose; nach vielen Fehlschlägen und Zwischenfällen erlangte das Nitrozelluloseschießpulver seine jetzige, allgemein bekannte Bedeutung.

Zwischendurch beschäftigte man sich besonders viel mit der Verwendung der Nitrozellulose zur Herstellung plastischer Massen; so entstand die heute so bedeutende Zelluloidindustrie.

Gleichzeitig begann die Verwendung für dünne Folien, photographische Filme, Lacke, Kunstleder usw.

B. Theorie der Nitrierbäder.

Bei der technischen Herstellung erfolgt die Nitrierung nur durch Eintauchen der Zellulose in Mischungen von Schwefel- und Salpetersäure. Zahlreiche Theorien sind aufgestellt worden, um die Art der Einwirkung dieser Bäder zu erklären und um zu versuchen, eine Beziehung zwischen der Zusammensetzung des Bades und der Stickstoffmenge zu finden, die von der Zellulose aufgenommen wird.

Cross, Bevan und Jenks haben angenommen, daß die Schwefelsäure zu Anfang von der Zellulose gebunden wird, unter Bildung eines gemischten Schwefelsäureesters, der dann durch Hydrolyse zu Salpetersäureester sich umsetzt.

Fäden und Filmen verwendet wird und welche in wäßriger Salzlösung unlöslich ist. Das Xanthogenat von C_{24} ist in Wasser und Säuren unlöslich, aber in Natronlauge löslich.

Cullgreen schreibt der Schwefelsäure die Aufgabe zu, die Bildung der Hydrate $HNO_3 \cdot 3\,H_2O$; $HNO_3 \cdot H_2O$ zu verhindern, da diese nach seiner Ansicht die Zellulose nicht nitrieren können.

Saposchnikov stellt Beziehungen auf, welche zwischen dem Nitrierungsgrad der Zellulose und der Dampfspannung der Salpetersäure im Nitrierbad zu bestehen scheinen. (Diese Dampfspannung hängt anscheinend von dem Gleichgewicht zwischen H_2SO_4, HNO_3, H_2O ab.)

Zacharias Mueller (Berichte 13, 183) betrachtet die Zellulose als ein natürliches Kolloid, das die Salpetersäure des Nitrierbades adsorbiert, genau wie ein kolloidaler Niederschlag die Bestandteile seines Fällbades adsorbiert. Dadurch wird nach seiner Ansicht erklärlich, daß man durch Wechsel des Wassergehaltes im Nitrierbade verschiedenen Stickstoffgehalt erhält. Diese eigenartige Theorie hat keine eifrigen Anhänger gefunden.

Es scheint außer Zweifel, daß die Nitrozellulose als ein salpetersaurer Ester der Zellulose angesehen werden kann; der Vorgang der Nitrierung wäre demnach nur eine Veresterung, also eine zu einem Gleichgewicht führende Reaktion.

a) Theorie der Salpetersäureesterbildung.

Vom chemischen Standpunkt aus zeigen die Nitrozellulosen alle den Charakter von Estern. Sie sind Zellulosenitrate. Tatsächlich sind sie durch H-Ionen der Säuren und OH-Ionen der Basen verseifbar; und wenn sich auch durch die Verseifung nur schlecht definierbare Spaltprodukte rückbilden, so muß man das auf die hydrolysierende Nebenwirkung der Säuren oder Basen auf die regenerierte Zellulose zurückführen.

Über die chemische Konstitution der Nitrozellulosen ist man noch nicht im klaren. Wenn das Konstitutionsschema von Green und Perkin für Zellulose zugrunde gelegt wird, würden die nitrierten Derivate sich folgendermaßen darstellen lassen:

$$NO_2-O-CH-CH-O-NO_2$$

$$
\begin{array}{cc}
| & | \\
CH & CH \\
| \diagup | \\
O \\
OH-CH \quad CH_2 \\
\diagdown \diagup \\
O
\end{array}
$$

1. Chemische Gleichgewichtsfaktoren.

Die Nitriersäure bildet also nach obigem eine Art esterbildendes Gemisch, und die Nitrierung ist eine zu einem Gleichgewicht führende Reaktion[1]).

---

[1]) Besonders eingehend sind diese Verhältnisse von Lunge und seinen Schülern untersucht worden. Lunge und Weintraub: Zeitschr. f. angew. Chem. 1899, S. 441 und 476. Lunge und Bebie: Ibid. 1901, S. 483, 507, 537, 563. Siehe dazu auch Guttmann: Ibid. 1907, S. 262.

Im Nitrierbad haben wir H_2SO_4 und HNO_3 elektrolytisch dissoziiert, H_2O und Zellulose. Bei der Esterbildung entsteht Wasser:

$$C(OH)_p + p(NO_2OH) = p(H_2O) + C(O-NO_2)p.$$
Zellulose $\qquad\qquad\qquad$ Nitrozellulose.

Die Reaktionsgeschwindigkeit, die am Anfang groß ist, verringert sich immer mehr, bis sie gleich Null wird; denn je mehr die Nitrierung fortschreitet, desto mehr kommt die umgekehrte Reaktion, die Verseifung des Esters, zur Auswirkung. So gelangt man zu einem Gleichgewicht. Welches sind die verseifenden Bestandteile, die Gleichgewichtsfaktoren?

1. Das gebildete H_2O. — Hoitsema hat seine Bedeutung klargelegt, indem er die Zellulose durch reines N_2O_5, das Salpetersäureanhydrid, nitrierte. Man erhält so nicht eine bis zum Maximum (12mal) nitrierte Zellulose von 14,4% Stickstoff, sondern nur einen Körper mit 13,9%. Das gebildete Wasser hält die Reaktion auf, ehe sie vollständig abgelaufen ist. Ein Bad wird um so stärker nitrieren, je weniger Wasser es enthält.

2. Die H-Ionen von H_2SO_4 und HNO_3. — Berl und Klaye haben in einer sehr interessanten Arbeit gezeigt, daß man Nitrozellulosen durch einfaches Eintauchen in verschieden zusammengesetzte Nitrierbäder entweder höher nitrieren oder denitrieren kann. Diese Tatsache zeigt zur Genüge, daß die Nitrierung nur eine Gleichgewichtsreaktion zwischen Zellulose und Bad ist.

Die chemischen Faktoren des Gleichgewichts sind also:

1. Der Wassergehalt des Bades.

2. Der Gehalt an Zellulose.

3. Der Stickstoffgehalt des bereits gebildeten Esters.

Man nitriert eine Nitrozellulose weiter, indem man sie in ein Bad taucht, das eine höhere Nitrierung ermöglicht.

Man denitriert sie, indem man sie in ein Bad taucht, das eine niedrigere Nitrierung ermöglicht.

Es ist daher interessant, den Gehalt an Wasser in einem Nitrierungsbad vor und nach seiner Wirkung zu betrachten. Die Nitrierung hört auf, sobald ein bestimmter Wassergehalt des Bades erreicht ist; das Gleichgewicht zwischen den an Zellulose gebundenen und den im Bade vorhandenen NO_2-Gruppen ist erreicht.

Wir haben den Wassergehalt den „Nitrierungsmodul" genannt.

Die Folgerungen aus dieser Gleichgewichtstheorie sind folgende:

1. Da der Stickstoffgehalt vom Wassergehalt abhängt, wird man vergeblich mit wasserreichen Bädern hoch zu nitrieren versuchen.

2. Eine Nitrozellulose vom Stickstoffgehalt x wird in einem Bad höher nitriert, dessen Wassergehalt niedriger ist als derjenige, der nötig ist, um den N-Gehalt x zu erreichen.

3. Dieselbe Nitrozellulose wird in einem Bad denitriert, dessen Wassergehalt höher ist als derjenige, der nötig ist, um den N-Gehalt x zu erreichen.

Die folgenden Versuche von Berl und Klaye werden die vorhergehenden Angaben erklären:

Diese Forscher arbeiteten mit 3 Typen von Nitrozellulose:

$$1 \quad N\% = 13,5$$
$$2 \quad N\% = 12,75$$
$$3 \quad N\% = 10,93$$

und 3 Typen von Nitriergemischen:

	I	II	III
H_2O	11,5	18	19,85
HNO_3	44,88	41,60	40,64
H_2SO_4	43,62	40,40	39,51
	100,00	100,00	100,00

1. Versuch. Man verwendet die Mischsäure II.

Reaktionstemperatur	18°				40°				60°	
Zeit in Stunden	24	120	168	336	4	6	24	48	½	3
Reine Zellulose wird nitriert bis zu...	11,81	11,81	11,81	11,90	11,65	11,75	11,83	12	11,89	11,99
Nitrozellulose 1 mit 13,5% N wird denitriert zu....	12,57	12,40	12,37	12,47	12,29	12,29	12,29	12,28	12,54	12,38

Man sieht aus der vorhergehenden Tabelle, daß die Nitrozellulose mit 13,5% N in Bädern, welche für ihren Nitrierungsgrad zuviel Wasser enthalten, denitriert wird.

2. Versuch. Die Nitrozellulosen 2 und 3 werden in die Mischsäure III getaucht.

Temperatur	18°		40°	
Stunden........	24	115	6	24
Nitrozellulose 2 ...	12,17	11,86	11,47	11,53
Nitrozellulose 3 ...	11,64	11,50	11,22	11,25

3. Versuch. Die Nitrozellulosen 2 und 3 werden in die Mischsäure I getaucht.

Temperatur	18°			40°			60°	
Stunden	24	92	115	4	6	24	1	1½
Nitrozellulose 2 ...	13,48	13,60	115	4	6	24	1	1½
Nitrozellulose 3 ...	13,42	13,60	13,46	4	13,64	13,43	1	1½
Reine Zellulose ...	13,56	13,60	13,46	13,46	13,52	13,43	13,64	13,58

Eine Denitrierung kann also recht leicht eintreten. Es ist übrigens eine den Technikern, die sich mit der Herstellung von Nitrozellulose befassen, ganz bekannte Tatsache, daß eine Denitrierung im Nitrierbad selbst eintreten kann. Eine längere Berührung mit dem Nitrierbad, ein zufälliges Überhitzen, die Einführung von Wasser in das Bad (Wasseraufnahme aus der Luft) sind ebensoviele Ursachen für eine Denitrierung. Diese Erscheinungen sind in Hinblick auf ihre praktische Bedeutung bei dem Thomson-Verfahren untersucht worden.

2. Physikalische Gleichgewichtsfaktoren.

1. Zeit.   2. Temperatur.

Zeit. Die Reaktion der Stickstoffbindung verläuft in den ersten Minuten sehr rasch, dann vermindert sich die Geschwindigkeit der Reaktion allmählich. Bei der fabrikmäßigen Herstellung wird die Zellulose eine halbe Stunde lang der Einwirkung von Mischsäure überlassen, um die Masse gleichmäßig zu durchdringen. Bei längerer Nitrierungsdauer erhält man eine Nitrozellulose, deren Lösungen infolge hydrolytischer Umsetzungen nur eine niedere Viskosität haben.

Temperatur. Sie ist von geringerer Bedeutung. Es ist kaum ein Unterschied zwischen dem Stickstoffgehalt der Nitrozellulosen, welche man in der Wärme, bzw. in der Kälte erhält. In der Praxis wird manchmal in der Wärme nitriert, um die Viskosität des erhaltenen Produktes zu vermindern. Es scheint, als ob die Temperatur vor allem die Wirkung hat, eine vorherige Bildung von Hydrozellulose hervorzurufen, welche sich sehr leicht nitrieren läßt, besonders wenn der Wassergehalt hoch ist.

3. Rolle der Schwefelsäure.

Vom Standpunkt der elektrolytischen Dissoziation aus scheint es, als ob die Schwefelsäure in den Bädern den Zweck hat, den Grad der Dissoziation der Salpetersäure zu verändern. Ohne Schwefelsäure erreicht man sehr schnell das Gleichgewicht zwischen den NO_2-Gruppen der Nitrozellulose und denen des Bades, und die Nitrierung steht still.

Durch Zusatz von Schwefelsäure sind die Bedingungen der elektrolytischen Dissoziation nicht mehr dieselben; der Dissoziationsgrad wird dadurch herabgesetzt.

Tatsächlich nitriert Salpetersäure allein, vom spez. Gewicht 1,52 (98% HNO_3), bis zu 12,06% Stickstoff, während eine Mischung von Salpetersäure mit 10% Schwefelsäure vom spez. Gewicht 1,84 bis zu 13,35% Stickstoff nitriert.

Salpetersäure vom spez. Gewicht 1,48 nitriert bis zu 9%, nach Zusatz von 30% Schwefelsäure nitriert sie bis zu 13,23% Stickstoffgehalt. Salpetersäure vom spez. Gewicht 1,4 nitriert bis zu 1,46% Stickstoff, nach Zusatz von 60% Schwefelsäure nitriert sie bis zu 13,17%.

Der Einfluß der Schwefelsäure auf den Reaktionsverlauf ist also ganz klar; sie bildet Wasser.

Man kann übrigens auch mit einer Mischung von Essigsäureanhydrid, Salpetersäure und Wasser nitrieren.

Wenn die physikalische Chemie so weit vorgeschritten sein wird, daß die Dissoziationsgrade der Schwefel-Salpetersäuremischung zahlenmäßig bekannt sind, so wird man voraussagen können, bis zu welchem N-Gehalt ein Bad zu nitrieren imstande ist.

4. Begleiterscheinungen der Nitrierung.

Wichtig sind vor allem die Hydrolyse und Oxydation der Zellulose.

Von einem bestimmten Wassergehalt an bewirkt selbst reine Salpetersäure nur noch eine Hydrolysierung der Zellulose; ebenso haben die Nitrierbäder, wenn sie eine gewisse Menge Wasser enthalten, eine überwiegend hydrolytische Wirkung.

Das Verhältnis der Menge Schwefelsäure zur Menge Salpetersäure beeinflußt die Wirkung des Nitrierbades auf die Zellulose sehr tiefgehend.

Lunge gibt an, daß die hydrolytische Reaktion um so bedeutender wird, je mehr die Mischsäure mit Wasser verdünnt ist; das ist vollkommen verständlich, wenn man an die grundlegenden Beispiele für die Einwirkung der Salpetersäure denkt.

Die Mischsäuren mit hohem Wassergehalt folgen noch den Regeln der Nitrierung, greifen aber in gewissen Fällen die Zellulose sehr stark an und bringen sie vollständig in Lösung, wenn der Schwefelsäuregehalt hoch ist.

Schließlich sei nochmals erwähnt, daß die Schwefelsäure auch veresternd einwirkt und die Bildung von Sulfonitrozellulosen hervorruft, wobei die gebundene Schwefelsäure bis zu $1,8\%$ des Gewichtes der Nitrozellulose erreicht.

b) Zahlenmäßige Beziehungen zwischen den verschiedenen Bestandteilen eines Nitrierbades.

Wir werden in diesem Abschnitt einige sehr einfache Beziehungen darlegen, welche den chemischen Vorgang der Zellulosenitrierung regeln und aus denen sich interessante Schlüsse ziehen lassen[1] [2]).

Die Zusammensetzung eines frischen Nitrierbades wird ausgedrückt durch:

$$x\% \; H_2SO_4 \quad y\% \; HNO_3 \quad z\% \; H_2O.$$

---

[1]) Diese Untersuchung ist von uns unter dem Titel „Theoretische Studie über Nitrierbäder" in der Zeitschrift: Le Caoutchouc et la Gutta-Percha, Jahrgang 1909, veröffentlicht. — Ebenso ist nachzuschlagen bei Clément et Rivière: Die Nitrozellulose und die Nitrierbäder, Moniteur scientifique Quesneville Februar 1913, S. 73.

[2]) Diese Ausführungen werden hier in der kurzen Form des französischen Textes gebracht, obgleich es kaum möglich sein wird, ohne Kenntnis der unter 1) zitierten Originalarbeiten der Ableitung zu folgen. Vergleiche auch dazu: Bonwitt, Das Zelluloid. Berlin 1912. S. 22—35.

Selbstverständlich ist

$$x + y + z = 100.$$

Wir wollen das Gewicht des frischen Bades, welches auf die Zellulose zur Einwirkung kommt, B nennen und A das Gewicht der gebildeten Nitrozellulose, welche bis zu n% Stickstoff nitriert sein soll.

Nach dieser Nitrierung ist das Gewicht des gebrauchten Bades B' geworden; es hat folgende Zusammensetzung:

$$x'\% \; H_2SO_4 \quad y'\% \; HNO_3 \quad z'\% \; H_2O.$$

Auch hier hat man zu setzen

$$x' + y' + z' = 100.$$

Wir fassen die chemische Gleichung der Nitrierreaktion folgendermaßen zusammen:

$$\underbrace{H_2O + H_2SO_4 + HNO_3 + pkNO_2(OH)}_{\text{Frisches Bad vom Gewicht B'}} + \underbrace{kC(OH)p}_{\text{Zellulose}} \rightleftarrows$$

$$\underbrace{H_2O + H_2SO_4 + HNO_3 + pk(H_2O)}_{\text{Gebrauchtes Bad vom Gewicht B'}} + \underbrace{kC(ONO_2)p.}_{\text{Nitrozellulose.}}$$

Es ist leicht einzusehen, daß, wenn man die Symbole dieser chemischen Gleichung zahlenmäßig ausdrückt,

$$B - B' = 45\,pk$$

ist.

Der Unterschied im Wassergehalt des gebrauchten und des frischen Bades wird dargestellt durch:

$$\frac{B'z'}{100} - \frac{Bz}{100} = 18\,pk.$$

Wenn man pk ausscheidet, ergibt sich aus diesen beiden Gleichungen, daß

$$(1) \qquad B' = B\,\frac{z + 40}{z' + 40}$$

ist.

Es ist ganz klar, daß der Unterschied im Stickstoffgehalt zwischen dem frischen und dem gebrauchten Bade gleich der an die Zellulose gebundenen Stickstoffmenge sein muß.

Dieser Stickstoffgehalt beträgt $^{14}/_{63}$ des Salpetersäuregehaltes. Es ist also:

$$\frac{14}{63}\left(\frac{By}{100} - \frac{B'y'}{100}\right) = \frac{An}{100}.$$

Wenn wir B' durch seinen aus 1 berechneten Wert ersetzen, so ergibt sich nach Vereinfachung:

$$(2) \qquad y - y'\,\frac{(z + 40)}{(z' + 40)} = \frac{9}{2}\,\frac{A}{B}\,n.$$

Andererseits bilden sich für je 63 g verschwundene HNO_3 18 g H_2O. Die Erhöhung der Wassermenge im Bade wird also sein:

$$18 \left(\frac{By}{100} - \frac{B'y'}{100} \right) = \frac{B'z'}{100} - \frac{Bz}{100}.$$

Ersetzen wir B' durch seinen in (1) berechneten Wert, so erhält man:

$$(3) \qquad \frac{2}{7} \left[y - y' \left(\frac{z+40}{z'+40} \right) \right] = \left(\frac{z+40}{z'+40} \right) z' - z.$$

Wenn wir nun die Gleichungen (2) und (3) vereinigen, so ergibt sich eine Gleichung, die z mit n verknüpft, d. h. die Wassermenge des frischen Bades mit dem Stickstoffgehalt der Nitrozellulose.

Der Unterschied $z' - z$ soll mit a bezeichnet werden; wir wollen a den Modul der Nitrierung nennen:

$$(4) \qquad z = \frac{140a - \dfrac{9}{2}\dfrac{A}{B}\,na - 180\dfrac{A}{B}\,n}{\dfrac{9}{2}\dfrac{A}{B}\,n}.$$

Wenn man die Zellulose in den technischen Apparaten nitriert, so treten Fehlerquellen auf, die in der Berechnung nicht berücksichtigt sind. Die Bäder ziehen während des Verlaufs der Operation Wasser an und werden durch Verdampfen stickstoffärmer. Daraus ergibt sich nun eine Extrazunahme an Wasser im Bad, welche bewirkt, daß die Nitrierung aufhört, bevor sich das für die Mischung berechnete Gleichgewicht eingestellt hat.

Wir müssen also zwischen einem praktischen und einem theoretischen a unterscheiden.

1. Das Gesetz des Modul.

Nachdem die Zellulose ihren gesamten Stickstoff gebunden hat, zeigt sich eine bestimmte Wassermenge im Bad. Der Modul des Bades wird also mit dem Grad der Nitrierung zusammenhängen. Um diese Gesetzmäßigkeit festzustellen, haben wir verschiedene experimentelle Ergebnisse von Lunge, Léo Vignon, Berl und Klaye usw. zusammengestellt. Bei jeder dieser Versuchsreihen sind die entsprechenden Werte von x, y, z, $\dfrac{A}{B}$ und n aus den Versuchsdaten zusammengestellt.

Durch Einsetzen dieser Zahlen in die vorhergehende Schlußformel (4) wurde der Wert des theoretischen a errechnet, der den Versuchen entspricht.

Dann wurden alle diese Werte des theoretischen a auf einen mittleren Wert von $\dfrac{A}{B} = 0,010$ zurückgeführt. Dieser ist:

$$k = a_{0,010} = \frac{a\,\mathrm{th} \times 0,010}{\dfrac{A}{B}},$$

damit wir die Einzelwerte vergleichen und eine Gesetzmäßigkeit erkennen können.

Forscher	x	y	z	n	$\dfrac{A}{B}$	a theoretisch	$k = a_{0,010} = \dfrac{a\,\mathrm{th} \times 0{,}010}{\dfrac{A}{B}}$
Lunge	63,35	25,31	11,34	13,89	0,0181	0,417	0,230
„	41,03	44,65	14,52	12,76	0,0168	0,393	0,225
„	40,14	43,25	16,61	12,31	0,0165	0,371	0,224
„	38,95	42,15	18,9	11,59	0,0156	0,344	0,220
„	58,88	19,6	21,52	10,96	0,010	0,457	0,217
„	38,43	43,31	20,26	10,93	0,0153	0,326	0,213
„	64,85	14,9	20,55	10,59	0,0284	0,590	0,208
Berl u. Klaye	35,91	40,64	19,85	10,7	0,019	0,393	0,207
Leo Vignon	38,95	42,15	18,9	10,51	0,061	1,238	0,203
Lunge	37,20	40,3	22,5	9,76	0,0146	0,286	0,196
„	33,72	39,78	23,5	9,31	0,0143	0,272	0,190

Der Wert von k ändert sich ziemlich regelmäßig mit n. Mit den Werten von k einer großen Anzahl solcher nachgerechneter Versuche haben wir die Kurve der Werte von k als Funktion von n gezeichnet (Abb. 1).

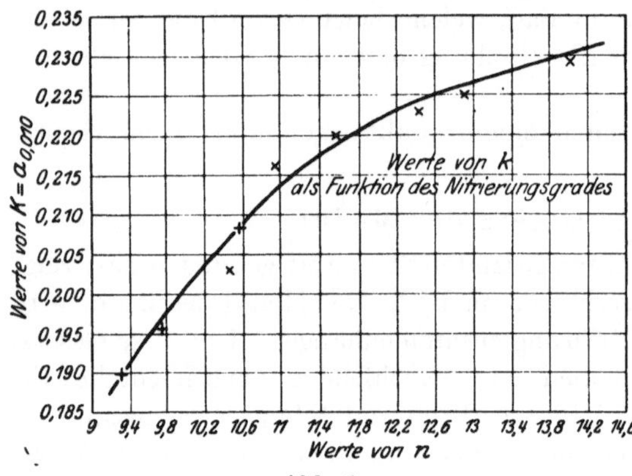

Abb. 1.

Die oben angegebenen Zahlen sind Punkte der Kurve. Der Zusammenhang von n und k scheint bei den Bädern, welche sehr geringe Mengen Wasser aufweisen, weniger regelmäßig zu sein. Diese Tatsache hat nichts Überraschendes; denn in diesen Bädern sind die Gleichgewichtsverhältnisse andere.

Schlußfolgerung: k ist eine Funktion von n, also a = f(n).

Wie wir mit der Gleichung (4) bewiesen haben, ist

$$z = \varphi \,(na),$$

also wird

$$z = F\,(n).$$

Mit anderen Worten: Der Nitrierungsgrad ist eine Funktion des Wassergehaltes im Nitrierbad.

Ist die genaue Form der Abhängigkeit bekannt, so haben wir mit Hilfe des Vorhergehenden die Möglichkeit, im voraus alle charakteristischen Zahlenwerte eines Nitrierbades zu berechnen.

Beispiel einer praktischen Berechnung.

Der Quotient $\frac{A}{B}$ ist eine Konstante, die ein für allemal festgelegt wird; sie beträgt ungefähr 0,010 für Fabriken, welche Zellulose für Zelluloid nitrieren. Dabei wird 1 kg Papier in 150 kg Mischsäure getaucht.

Wir wollen einen Nitrierungsgrad von n = 11 erhalten, wie er bei Nitrozellulose für Zelluloid vorkommt. Der entsprechende Wert für k ist 0,217.

Wir setzen nun in der Formel (4) alle Zahlenwerte ein und finden:

$$z = \frac{140 \times 0,217 - 4,5 \times 0,010 \times 0,217 \times 11 - 180 \times 0,010 \times 11}{4,5 \times 0,010 \times 11} = 21,1.$$

Das Verhältnis Schwefelsäure zur Salpetersäure $\frac{x}{y}$ ist gewöhnlich gleich 3.

Die berechnete Zusammensetzung des Bades ist also folgende:

$$x = 59,16\%$$
$$y = 19,72\%$$
$$z = 21,12\%.$$

Ein solches Bad ergibt einen wenig niedrigeren Stickstoffgehalt von n = 10,85—10,90%. Diese Verminderung entsteht durch Wasseranziehung usw. während des praktischen Prozesses im Apparat.

Man wird also bei der Berechnung der Badzusammensetzung, um n = 11 zu erhalten, in die Gleichung für n einen Wert von etwa 11,15 einsetzen und erhält dann

$$x = 59,76\%$$
$$y = 19,92\%$$
$$z = 20,32\%,$$

ein Bad, welches tatsächlich nach den vorgenommenen Versuchen bis zu 11% nitriert.

Man kann eine in der physikalischen Chemie sehr gebräuchliche Art der graphischen Darstellung wählen,

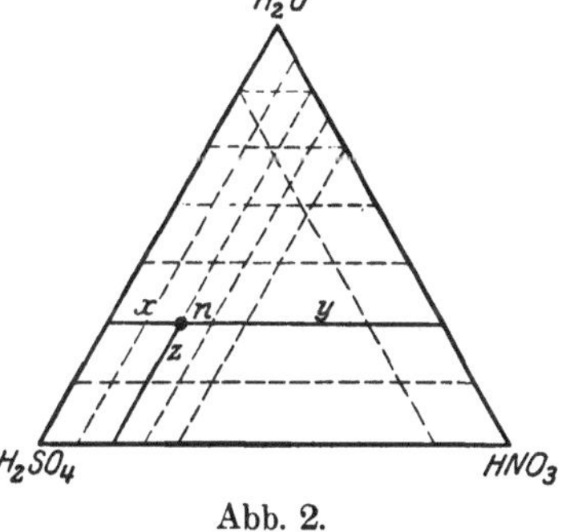

Abb. 2.

um die Ergebnisse der Nitrierung zeichnerisch festzulegen, durch Verwendung von Dreieckskoordinaten. (Abb. 2.)

Jede Seite des gleichseitigen Dreiecks stellt alle binären Mischungsverhältnisse von Wasser, Salpetersäure und Schwefelsäure dar.

Man vereinigt in der Dreiecksfläche durch eine Kurve alle Punkte gleichen Nitrierungsgrades n, die man mit Bädern verschiedener Zusammensetzung erhalten hat[1]).

---

[1]) Vergleiche den Artikel von C. de la Condamine über die graphische Darstellung und Berechnung von ternären Mischungen. Industrie chimique 1918, S. 103.

2. Allgemeiner Gang des Nitrierprozesses.

Wir verzichten darauf, die Nitrierapparate zu beschreiben, da wir dieser Abhandlung lieber ein mehr theoretisches Gepräge geben wollen.

Nachdem die Zellulose den Nitrierprozeß durchgemacht hat, wird sie getrocknet, und das erschöpfte Nitrierbad wird in besondere Behälter geleitet.

Es handelt sich jetzt darum, es „aufzufrischen“, wie man in der Technik sagt. Diese Operation hat den Zweck, es mit einer berechneten Menge von Schwefelsäure und Salpetersäure zu mischen, sodaß das Bad nach diesem Zusatz die Zusammensetzung des ursprünglichen Bades wiedererlangt.

N sei die Salpetersäuremenge, die man zu 100 kg des gebrauchten Bades hinzufügen muß, um das frische Bad zu erhalten, und S die zum selben Zweck gebrauchte Schwefelsäuremenge; dann sei n der Gehalt an HNO_3, s der an H_2SO_4 des aufgefrischten Bades.

Wir haben abgeleitet[1]):

$$N = \frac{100\left[y\left(1 - \frac{x'}{s}\right) + y'\left(\frac{x}{s} - 1\right)\right]}{n\left(1 - \frac{x}{s}\right) - y}, \quad S = \frac{100\left[x\left(1 - \frac{y'}{n}\right) + x'\left(\frac{y}{n} - 1\right)\right]}{s\left(1 - \frac{y}{n}\right) - x}.$$

Diese Formeln sind sehr bequem, um schnell die für die Auffrischung eines Bades erforderlichen Zusätze zu berechnen. Sie sind eingehend besprochen worden in der bereits erwähnten Abhandlung, die über diesen Gegenstand erschienen ist. Vom wirtschaftlichen Standpunkt aus muß die Erneuerung der Bäder mit möglichst konzentrierten Säuren erfolgen.

Um die täglich wiederkehrende Arbeit der Badauffrischung zu erleichtern und Berechnungen zu vermeiden, hat man graphische Rechentafeln dafür zusammengestellt.

Diese Tafeln sind nach folgendem Grundsatz aufgebaut:

In der Gleichung für N z. B. sind x und y, da das regenerierte Bad immer dieselbe Zusammensetzung haben soll, konstant, x′ ist veränderlich und ergibt sich aus der Analyse des Bades, n und s sind praktisch konstant.

Man kann also eine graphische Darstellung des Wertes von N als Funktion von S konstruieren und diese wieder für verschiedene Werte von x′.

Auf diese Weise ergibt sich eine Reihe von parallelen Geraden (Abb.3).

In derselben Darstellung kann man eine andere Reihe von parallelen Geraden konstruieren, welche die Werte von N als Funktion von S für verschiedene Werte von y′ angeben, wobei diese mit Hilfe der Formel für S berechnet werden.

---

[1]) Le Caoutchouc et la Gutta-Percha, Juni 1909; s. a. Bonwitt: Das Zelluloid 1912, S. 67—77.

Es ist nur die Konstruktion einer einzigen Geraden jeder Kurvenschar nötig, um die Richtung zu finden.

Wenn die Analyse die Werte von x' und y' ergeben hat, so genügt es, den Schnittpunkt der beiden Geraden zu suchen, die diesen Werten entsprechen; die Koordinaten dieses Punktes ergeben die Werte von N und S ohne Rechnung.

Jede Nitrozellulosefabrik kann auf diese Weise graphische Darstellungen für die verschiedenen speziellen Fälle ihres Betriebes aufstellen.

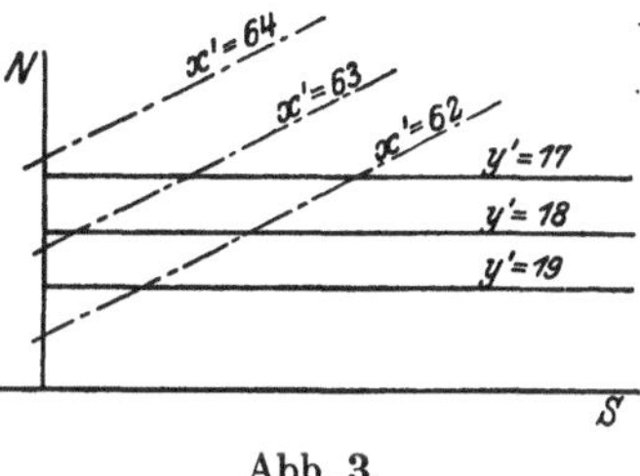

Abb. 3.

Gewichtsänderungen der Nitrierbäder.

Das Gewicht des Bades verkleinert sich, weil die Nitrozellulose Stickstoff bindet und ein Teil der Mischsäure an der nitrierten Baumwolle haften bleibt; aber es erhöht sich wieder durch Hinzufügung der Auffrischungssäure.

Man kann also das Gewicht des Bades nach p Nitrierungen berechnen.

Wir wollen die Verluste an Bad (in der Nitrozellulose und an den Apparaten usw.) α nennen. Das Gewicht des Bades nach p Nitrierungen B_p ist gleich:

$$B_p = \left[\frac{100 + N + S}{100}\right]^p (B - \alpha) - \alpha \left[\frac{\frac{10 + N + S}{100}\left[\left(\frac{100 + N + S}{100}\right)^{p-1} - 1\right]}{\frac{100 + N + S}{100} - 1}\right].$$

Das Bad reichert sich fortlaufend mit organischen Stoffen an, welche von Zeit zu Zeit bis zu einem gewissen Grade entfernt werden müssen.

3. Herstellungskosten der Nitrozellulose.

Wir wollen uns bemühen, eine Formel zu finden, die den Herstellungspreis der Nitrozellulose in Beziehung zu der von ihr aufgenommenen Stickstoffmenge bringt. Diese Beziehung ist nicht so einfach, wie man auf den ersten Blick denken sollte.

Woraus setzt sich nun der Herstellungspreis der Nitrozellulose zusammen?

1. Aus dem Preis des Stickstoffs, der an die Nitrozellulose gebunden ist;
2. aus dem Preis, der sich aus der Wasseranreicherung des Nitrierbades ergibt.

Dieser Preis wird bestimmt durch die Menge Schwefelsäure, welche zur Auffrischung des gebrauchten Bades erforderlich ist.

Wir werden diese beiden Faktoren nacheinander prüfen.

a) **Preis des an die Nitrozellulose gebundenen Stickstoffs.**
Dieser Stickstoff wird der Salpetersäure des Handels entnommen.

Wir nennen p den Preis für das Kilogramm Stickstoff, berechnet aus dem Preis der Salpetersäure, welche zur Zusammensetzung des Nitrierbades gebraucht wird.

Nebenbei wollen wir bemerken, daß der Preis p nicht streng konstant ist. Er steigt stärker bei sehr hoher Konzentration, aber praktisch verwendet man solche hoch konzentrierten Säuren nicht für Nitrierbäder. Jedenfalls können wir schon sagen, daß p sich ganz empfindlich erhöht, wenn man konzentrierte Salpetersäuren anwendet, d. h. wenn man stärker nitrieren wollte.

Wir wollen jetzt eine Formel suchen, die die Ausbeute in Beziehung zum N-Gehalt der Nitrozellulose setzt. Zunächst sind alle Formeln der Nitrozellulosen, von der Mononitrozellulose an, angegeben und das Molekulargewicht berechnet, ohne auf den Polymerisationsgrad Rücksicht zu nehmen (s. nachfolgende Tafel).

	Formel	Molekulargewicht	Ausbeute	Stickstoff $\% = n$
Zellulose	$C_{24}H_{40}O_{20}$	648	—	0
Nitrozellulose	$C_{24}H_{39}O_{19}(O.NO_2)$	693	106	2,02
,,	$C_{24}H_{38}O_{18}(O.NO_2)_2$	738	113	3,79
,,	$C_{24}H_{37}O_{17}(O.NO_2)_3$	783	120	5,36
,,	$C_{24}H_{36}O_{16}(O.NO_2)_4$	828	127	6,75
,,	$C_{24}H_{35}O_{15}(O.NO_2)_5$	873	134	8,01
,,	$C_{24}H_{34}O_{14}(O.NO_2)_6$	918	141	0,15
,,	$C_{24}H_{33}O_{13}(O.NO_2)_7$	963	148	10,17
,,	$C_{24}H_{32}O_{12}(O.NO_2)_8$	1008	155	11,11
,,	$C_{24}H_{31}O_{11}(O.NO_2)_9$	1053	162	11,96
,,	$C_{24}H_{30}O_{10}(O.NO_2)_{10}$	1098	169	12,74
,,	$C_{24}H_{29}O_9(O.NO_2)_{11}$	1143	176	13,48
,,	$C_{24}H_{28}O_8(O.NO_2)_{12}$	1188	181	14,14

Es ist nach dieser Tabelle leicht zu beweisen, daß eine k mal nitrierte Zellulose einen Stickstoffgehalt von

$$\frac{1400\,k}{648 + 45\,k}\,\%$$

hat und daß die Ausbeute R gleich

$$\frac{(648 + 45\,k)\,100}{648}\,\% \quad \text{ist.}$$

Wenn man in diesen beiden Gleichungen k ausschaltet, so erhält man eine Gleichung, welche die Ausbeute mit dem Nitrierungsgrad in Beziehung bringt:

$$n = \frac{1400}{45\,R}(R - 100).$$

Wenn wir 100 g Zellulose nehmen und diese in ein Nitrierbad tauchen, so wird sie zu $n\%$ Stickstoff nitriert, und man erhält R g Nitrozellulose.

Die in der Nitrozellulose enthaltene Stickstoffmenge vom Gewicht R ist $\dfrac{nR}{100}$ und der Preis dieser Stickstoffmenge $\dfrac{nRp}{100}$.

P sei dieser Preis. Ersetzen wir ihn durch seinen Wert als Funktion von n, so ergibt sich:

$$P = \frac{1400\,np}{1400 - 45\,n},$$

das heißt, daß der Herstellungspreis eine quadratische Funktion des Nitrierungsgrades ist.

Dies beweist, daß der Herstellungspreis der Nitrozellulose sich zwar mit dem Stickstoffgehalt erhöht, daß er aber diesem nicht proportional ist.

b) **Folge der Wasseranreicherung.**

Der Vorgang der Nitrierung hat zur Folge, daß das Bad sich mit Wasser anreichert und der Stickstoffgehalt vermindert wird. Bei der Regenerierung des Bades fügt man nun Salpetersäure hinzu, welche den Stickstoffverlust ausgleicht, ferner Schwefelsäure, die den Gehalt an Wasser herabsetzt. Alles in allem ist $z' - z = a$, das ausgeglichen werden muß.

Gehen wir auf die Tabelle für die Werte von $a_{0,010}$ zurück, so ist daraus leicht zu ersehen, daß a sich gleichmäßig mit dem Nitriergrad erhöht.

Die Kosten, die sich aus der Anreicherung an Wasser ergeben, werden also um so höher sein, je höher der Stickstoffgehalt der Nitrozellulose ist.

Aus diesen beiden Gründen zusammengenommen kann man also bestätigen, daß die Nitrozellulosen trotz der höheren Ausbeute um so teurer herzustellen sind, je höher sie nitriert werden.

Es bleibt noch hinzuzufügen, daß bei den für hohe Nitrierung bestimmten Bädern der Verlust, welcher durch Entwicklung flüchtiger Verbindungen (nitroser Gase) eintritt, ein wesentlich höherer ist.

C. Herstellung der Nitrozellulose.

1. Schießbaumwolle.

Man verwendet in Frankreich eine Mischung von zwei verschiedenen Nitrozellulosen[1].

Die eine, stark nitrierte, mit 13,5 % N (212 ccm NO) wird durch ein folgendermaßen zusammengesetztes Bad erhalten:

$$
\begin{aligned}
H_2SO_4 &\ \ldots\ldots\ \ 67\% \\
HNO_3 &\ \ldots\ldots\ \ 22\% \\
H_2O &\ \ldots\ldots\ \ 11\%.
\end{aligned}
$$

---

[1] **Florentin:** Technique moderne 1912. S. 54; P. **Carré:** Précis de Chimie industrielle 1918.

Die Nitrierung wurde früher in Töpfen mit Mengen von 650—700 g Zellulose vorgenommen. Die Dauer der Nitrierung betrug 6—8 Minuten; nach dem Abtropfen wurde die mit Säure durchtränkte Baumwolle 12 Stunden lang gewaschen.

Heute nitriert man 40 Minuten lang in der Zentrifuge vom Typ Selwig und Lange.

Zentrifugen dieser oder ähnlicher Art bewirken bei langsamem Gange eine vollständige Durchdringung der Baumwolle mit Säure; auf große Schnelligkeit umgeschaltet, ermöglichen sie das Ausschleudern der nitrierten Baumwolle.

Die andere, weniger nitrierte Baumwolle wird durch folgendes Bad erhalten:

$$H_2SO_4 \ldots \ldots 60\%$$
$$HNO_3 \ldots \ldots 24\%$$
$$H_2O \ldots \ldots 16\%,$$

welches eine Nitrozellulose von ungefähr 11,96% ergibt.

In England wendet man in Waltham Abbey das Verfahren nach J. M. und W. Thomson an, das sogenannte Verdrängungsverfahren, welches auf der fortschreitenden Verdrängung der Nitriermischsäuren durch Wasser beruht, das auch gleichzeitig das Auswaschen bewirkt. Wir weisen im übrigen auf die speziellen Ausführungen hin, die über diesen Gegenstand folgen.

2. Nitrozellulose für Kollodium.

Für die Herstellung von Kollodiumwolle gelangen Säuregemische sehr verschiedener Zusammensetzung zur Anwendung. Hier ein Durchschnittsbeispiel:

$$H_2SO_4 \ldots \ldots 62,01\%$$
$$HNO_3 \ldots \ldots 19,99\%$$
$$H_2O \ldots \ldots 18\%$$

3 St. bei 40° — Stickstoff: 11,20%.

Die so erhaltene Nitrozellulose hat eine niedrige Viskosität, und die Ausbeute ist gut; sie ist in Azeton, Äther-Alkohol, Amylazetat, Essigester, Essigsäure löslich und eignet sich gut für die Fabrikation photographischer Filme.

3. Nitrozellulose für Zelluloid.

Die Nitriermischung hat im allgemeinen eine mittlere Zusammensetzung von:

$$H_2SO_4 \ldots \ldots 60 \text{ Teile}$$
$$HNO_3 \ldots \ldots 20 \text{ „}$$
$$H_2O \ldots \ldots 20 \text{ „}$$

für eine Nitrierdauer von einer halben Stunde bei einer Temperatur von 20—22°.

Der erreichte Stickstoffgehalt ist im Durchschnitt 10,7%; oder man verwendet:

$$H_2SO_4 \quad \ldots \ldots \quad 57{,}7 \text{ Teile}$$
$$HNO_3 \quad \ldots \ldots \quad 22{,}5 \text{ „}$$
$$H_2O \quad \ldots \ldots \quad 19{,}8 \text{ „}$$

für eine Nitrierung von 10 Minuten bei 50° C.

Der erreichte Stickstoffgehalt ist 10,53%. Diese Nitrozellulosen sind speziell in Kampfersprit löslich (100 g Alkohol, 50 g Kampfer), worauf das Prinzip der Zelluloidherstellung beruht.

D. Physikalische Eigenschaften.

Die Nitrozellulosen behalten fast immer die Struktur der Baumwollfaser bei.

Die Summe aus Stickstoffgehalt und hygroskopischem Wasser ist eine Konstante, die etwa bei 14,6 liegt; nach Beadle ist das Wasserbindungsvermögen eine einfache Funktion der unverändert gebliebenen Hydroxylgruppen.

Das spez. Gewicht ist für eine Nitrozellulose vom Stickstoffgehalt $13{,}5\% = 1{,}66$.

Löslichkeit.

Lösungsmittel für Nitrozellulose sind außerordentlich zahlreich; wir teilen sie folgendermaßen ein:

1. Einfache, flüchtige Lösungsmittel.

Azeton,
Methylazetat,
Amylazetat,
Methyl- und Äthylformiat (Sdp. 34 und 55°)[1],
Amylformiat (Sdp. 116°),
Amylbutyrat (Sdp. 176°),
Amylvalerianat[2] (Sdp. 188°),
Methylalkohol[3],
Essigsäure,
Nitrobenzol (Parkes),
Methylnitrat (Sdp. 66°), spez. Gewicht 1,215 (Amerik. Pat. 269 340, Stevens),
Pyridin,
Methyläthylketon,
Butyl- und Propylazetat,

---

[1] Franz. Pat. 439 721 und Zus. 16 214, Ducloux. Anwendung für Kunstseiden.

[2] Amerik. Pat. 269 340 Stevens.

[3] Äthylalkohol von 100% ist ein Lösungsmittel für bestimmte Nitrozellulosen, zu deren Herstellung man die Zellulose auf 150—170° erhitzt. Belg. Pat. 97 110, Chardonnet; D.R.P. 199 885, Berl.

Dichlorhydrin und Epichlorhydrin (D.R.P. 91 819 [1896]. Flemming):
  Dichlorhydrin (Sdp. 176°, spez. Gewicht 1,36),
  Epichlorhydrin (Sdp. 117°, spez. Gewicht 1,19).

2. Gemischte Lösungsmittel.

Am bekanntesten ist Äther-Äthylalkohol 2 : 1. Ferner:
Anilin-Alkohol,
Lösungen gewisser Metallsalze wie Kalziumchlorid in Alkohol (Bron-
  nert: D.R.P. 93 009 [1895]).

3. Schwerflüchtige Lösungsmittel (Gelatinierungsmittel).

Kampfer-Anilin und
Kampfer-Äthylalkohol,
Ester des Cyklopentanols (D.R.P. 251 351 und 255 692) wie
Methylcyklopentanolazetat (Sdp. 56—58° bei 14 mm Druck),
Sebazinsaures Äthyl (Sdp. 250°),
Glyzerinessigester (Triazetin) (Engl. Pat. 13131 [1900], Goldsmith und
  British Xylonite Cy.),
Benzoesäureglyzerinester,
Methylphthalat (D.R.P. 127 816, Meister, Lucius und Brüning),
Kondensationsprodukte des Azetons,
Diketonalkohol (Amerik. Pat. 1 075 284 [1913], Crockett et Alco DeoCy.),
Äthylazetessigester,
Chloressigsäureäthylester,
Salizylsäuremethylester (Sdp. 224°),
Oxalsäureester (Franz. Pat. 309 963 [1901]),
Die ätherischen Öle von Lorbeer, Minzen, Zimt usw. (Amerik. Pat. 269 340,
  Stevens),
Dioxydiphenylsulfon (D. R. P. 219 918, Griesheim - Elektron, Frank-
  furt a. M.),
Benzoesäureäthylester (Sdp. 213°),
Benzylalkohol,
Benzoesäurebenzylester (Franz. Pat. 416 843, Kindsay),
Benzylazetat,
α- und β-Phenylnaphthalin (D.R.P. 140 480, Rheinische Gummi- und
  Zelluloidfabrik),
Azetyldiphenylamin, Azetylphenylnaphthylamin (D.R.P. 132 371, Deut-
  sche Zelluloidfabrik),
Formyldiphenylamin,
Azetylphenyltolylamin (Engl. Pat. 12 863 [1901]; Franz. Pat. 312 817
  [1901]),
Chloralhydrat (D.R.P. 220 226; Franz. Pat. 377 010 [1917], Lederer),
Azetamid,

Azetophenon,
Benzaldehyd,
Die aromatischen Sulfosäureester wie der Äthylester der Toluolsulfo-
    säure (Höchster Farbwerke),
Borneol (Franz. Pat. 349970 [1904], Béhal),
Isoborneol,
Naphthalin,
Nitronaphthalin,
Formanilid,
Azetanilid (Amerik. Pat. 517987 [1894], Stevens),
Methylazetanilid,
Benzanilid,
Azetodichlorhydrin, Diazetochlorhydrin,
Äthylmethyldiphenylharnstoff; Diäthyldiphenylharnstoff,
Methylbenzoylchloranilid[1]),
Isobornylazetat[2]),
Cyklohexanon[3]),
Dioxydiphenyldimethylmethan (Engl. Pat. 18822 [1912], Beatty),
Ätherische Pflanzenöle (Amerik. Pat. 269341 und 269344, Stevens),
Citral, Methylcitral,
Die Amidine, Derivate der Orthodiamine, die Halogengruppen ent-
    halten (Franz. Pat. 366106 [1906]),
Triphenyl- und Trikresylphosphat und deren Halogensubstitutions-
    produkte[4]) (Franz. Pat. 309962 [1901]; D.R.P. 128120 und 142832,
    Zühl und Eisenmann).

Von diesen gelatinierenden Lösungsmitteln[5]) werden nur sehr wenige
bei der fabrikmäßigen Herstellung tatsächlich angewendet.

Die Zelluloidindustrie benutzt z. B. Kampfer, welcher, in gewöhnlichem Alkohol gelöst, die intensive Gelatinierung einer Nitrozellulose
von 11% Stickstoff bewirkt. Im allgemeinen sind alle Versuche, den
Kampfer zu ersetzen, gescheitert und man wendet die oben angeführten
Stoffe nur sehr wenig an, ebensowenig wie die unter verschiedenen Bezeichnungen in den Handel gebrachten, wie Zelludol, Plastol, Mannol usw.

Die Schießpulver werden mit Diphenylamin oder Harnstoffsubstitu-
tionsprodukten stabilisiert.

---

[1]) D.R.P. 173020 [1904]; 176474 [1905]; 180280 [1905], Badische Anilin-
und Sodafabrik.

[2]) D. R. P. 172941, Dr. Claessen.

[3]) Amerik. Pat. 900204 [1906]; D. R. P. 174914, Raschig.

[4]) Diese Körper dienen mehr als Füllmittel als zur Gelatinierung der Nitrozellulose.

[5]) Eine tabellarische Zusammenstellung von Kampferersatzmitteln gibt
Schall, Kunststoffe 1915, S. 241 u. 267.

Die Gelatinierung der hoch nitrierten Nitrozellulose mit Nitroglyzerin gibt einen Sprengstoff von sehr großer Wirkungskraft: Die Sprenggelatine.

E. Chemische Eigenschaften.

Die Nitrozellulosen der Technik können einen sehr wechselnden Gehalt an Salpetersäure haben, den man gewöhnlich in Stickstoffprozenten (13,50—10,18%) ausdrückt.

Theoretisch entspricht der höchste Nitrierungsgrad 14,17% Stickstoff, d. h. der Formel:

$$C_{24}H_{28}O_8(O\,NO^2)^{12}.$$

Formel	N %	Zahl der ccm NO aus 1 g befreit	Löslichkeiten
$C_{24}H_{28}O_8\,(O.NO^2)^{12}$	14,17	226,2	Azeton löslich
$C_{24}H_{29}O_9\,(O.NO^2)^{11}$	13,50	215,1	Unlöslich in Alkohol-Äther Azeton löslich Amylazetat löslich
$C_{24}H_{30}O_{10}\,(O.NO^2)^{10}$	12,75	203,3	Unlöslich in Alkohol-Äther Azeton löslich Essigester löslich Amylazetat löslich
$C_{24}H_{31}O_{11}\,(O.NO^2)^{9}$	11,96	190,75	Äther-Alkohol löslich Azeton löslich Amylazetat löslich
$C_{24}H_{32}O_{12}\,(O.NO^2)^{8}$	11,11	177,1	Ebenso
$C_{24}H_{33}O_{13}\,(O.NO^2)^{7}$	10,18	162,3	Azeton löslich
$C_{24}H_{34}O_{14}\,(O.NO^2)^{6}$	9,15	145,9	Unlöslich in Alkohol-Äther durch Azeton gelatiniert durch Amylazetat gelatiniert
$C_{24}H_{35}O_{15}\,(O.NO^2)^{5}$	8,02	127,9	Unlöslich
$C_{24}H_{36}O_{16}\,(O.NO^2)^{4}$	6,76	107,8	
$C_{24}H_{37}O_{17}\,(O.NO^2)^{3}$	5,3	84	
$C_{24}H_{38}O_{18}\,(O.NO^2)^{2}$	3,8	60	
$C_{24}H_{39}O_{19}\,(O.NO^2)^{1}$	2,02	32	

Bei der praktischen Herstellung hat man niemals Ester von höherem Stickstoffgehalt erhalten als 13,7—13,8% (Vieille: Bull. Soc.Chim. 39, S. 527).

Bei allen Nitrierungen bilden sich salpetersaure Ester der Hydro- oder der Oxyzellulose[1]).

---

[1]) Vignon: Cpt. rend. 1900, S. 509; Bronnert: Bull. de la soc. ind., Mülhausen, 1900, S. 177.

In der vorstehenden Tabelle gaben wir eine Übersicht über die verschiedenen Formeln der Nitrozellulosen mit den charakteristischen Löslichkeitseigenschaften.

Die Nitrierung der Hydrozellulose ergibt ähnliche Produkte wie die der normalen Zellulose; aber die aus Hydrozellulose erhaltenen Produkte sind zerreibbar, und die Viskosität der Lösungen ist unter sonst gleichen Nitrierungsbedingungen geringer.

Die Erhitzung von Baumwolle in einem indifferenten Gase auf 100° und darüber bewirkt eine Depolymerisation der Zellulose.

So ergeben auch Nitrozellulosen, die man aus lange erhitzten Zellulosen erhält, niedrig viskose Lösungen in Äther-Alkohol (Chardonnet).

Die Nitrozellulosen werden durch verdünnte Säuren und verdünnte, kalte Alkalien wenig angegriffen.

Konzentrierte kalte Schwefelsäure spaltet fast alle Salpetersäure ab. Wenn diese Reaktion in Gegenwart von Quecksilber vor sich geht, wird Stickoxyd frei; dieser Vorgang ermöglicht eine Bestimmung des in der Nitrozellulose vorhandenen Stickstoffs (Nitrometer nach Lunge).

Mit alkalischer Lösung erhitzt erhält man eine Mischung von Alkalinitraten und -nitriten.

Die Nitrozellulosen sind gegen Einwirkung von Reduktionsmitteln, wie z. B. Alkalisulfhydraten, außerordentlich empfindlich.

Durch Kochen mit einer Ferrochlorid- oder -sulfatlösung, die mit Salzsäure angesäuert ist, wird Stickoxyd frei. (Dies ist die Grundlage der genauesten Methode zur regelmäßigen Bestimmung des Stickstoffgehalts in Nitrozellulosen.)

Die Veresterung der OH-Gruppen erklärt auch die Tatsache, daß Nitrozellulosen sich nur sehr schwach durch basische Farbstoffe färben, welche im Gegenteil Chardonnetseide sehr stark färben.

Trockene Nitrozellulose kann durch einen Schlag zur Explosion gebracht werden, oder lebhaft brennen, wenn sie mit offener Flamme entzündet wird.

Pulverisierte Schießbaumwolle, die 8% Wasser enthält, brennt langsam.

Mit 15% Wasser brennt sie sehr langsam, mit 25—30% ist sie unentflammbar.

Die Zersetzung der Nitrozellulosen ist außerordentlich exotherm, was ihre Anwendung als Sprengstoff erklärt.

Die Wärmetönung ihres Zerfalls ist beträchtlich, sie beträgt 2300 Kalorien für Schießbaumwolle (Verbrennungswasser flüssig).

Bei einer Verbrennung an der Luft entstehen als Zersetzungsprodukte:

NO	24,7%	H	7,9%
CO	41,9%	N	5,8%
CO_2	18,4%	CH_4	1,3%

100,0%

F. Industrielle Anwendung der Nitrozellulose.

1. Ausgangsmaterial.

Man geht entweder von Baumwolle oder Papier aus[1]).

Für Schießbaumwolle nimmt man oft kurzfaserige Baumwolle (Linters), besonders dann, wenn man eine stabile, stets gleichmäßige Nitrozellulose erhalten will.

Papier bietet für die Nitrierung gewisse Vorzüge, da es infolge seiner physikalischen Eigenschaften bequem zu handhaben ist; aber sein Mangel an Homogenität in chemischer Hinsicht hat zur Folge, daß es nur für die Herstellung niedrig nitrierter Zellulose (Zelluloid) brauchbar ist.

Die Verwendung von Abfällen aus Spinnereien und Webereien durch die Pulverfabriken ist nicht unbedenklich; denn die Zellulose wird oft durch die Bleiche stark verändert, und man darf nicht vergessen, daß jede Veränderung, die mit der Zellulose vorgenommen wird, die Eigenschaften des daraus hergestellten Zelluloseesters beeinflußt.

Für die Herstellung von Zelluloid wird Papier mit einem Quadrat-metergewicht von 50 g benutzt. Man läßt es automatisch in das Nitrier-bad einlaufen, oder man übergießt es mit der Schwefelsäure-Salpeter-säuremischung.

Säuren. — Man verwendet Schwefelsäure von 66° Bé und für die Regenerierung der Bäder Oleum mit einem Gehalt von etwa 70% SO_3.

Die Schwefelsäure soll mindestens 92—93% H_2SO_4 und weniger als 0,0003% Eisen enthalten.

Salpetersäure wird sowohl in Form gewöhnlicher Säure von 40° Bé als auch hochkonzentrierter Säure von 48° Bé angewendet.

In allen Fällen darf sie nur sehr geringe Mengen nitroser Gase ent-halten.

2. Nitrierung in Töpfen.

Nach dem ältesten Nitrierverfahren wird die Nitrierung in Gefäßen vorgenommen, von denen jedes 15—20 Liter faßt und worin man ungefähr 600—700 g Baumwolle pro Gefäß nitrieren kann.

Die Dauer der Nitrierung ist verschieden. Der Vorgang verläuft folgendermaßen:

Man bringt die Baumwolle in die Mischsäure, nimmt nach Verlauf von ungefähr 10 Minuten die entstandene Nitrozellulose heraus, läßt abtropfen und dann noch mehrere Stunden mit der Säure, die sie durch-tränkt, in Berührung. Man verlängert so die Nitrierung, ohne große Mengen Säure dafür zu benötigen.

Die Nitrozellulose wird schließlich abgeschleudert, gewaschen und getrocknet.

---

[1]) Strohzellulose nitriert sich weniger gut als Holzzellulose, außerdem ergibt sie ein weniger stabiles Produkt. In beiden Fällen ist die Ausbeute schlecht.

3. Nitrierung in der Zentrifuge von Selwig & Lange.
(D. R. P. 168 852.)

Dieses System hat den Vorzug, daß es die Handhabung der Säure außerordentlich erleichtert. Die mit frischer Mischsäure gefüllte Zentrifuge wird mit Baumwolle beschickt; nach der Nitrierung wird die gebrauchte Säure in ein Sammelgefäß abgelassen, wo sie regeneriert und dann durch Druck in die Gefäße für die frische Säure zurückgeleitet wird. Bei dieser Arbeitsweise entstehen im Fabrikationsraum keine schädlichen Gase; die Nitrozellulose enthält nur noch etwa 30% Säure, wenn sie nach dem Abschleudern der Zentrifuge entnommen wird. Man kann auf einmal bis zu 20 kg Baumwolle nitrieren.

4. Nitrierung im Thomsonschen Verdrängungsapparat.
(Engl. Patent 8278 [1903].)

Bei diesem Verfahren arbeitet man in der Weise, daß die Nitrierung, die Wäsche und das Trocknen in ein und demselben Apparat vorgenommen werden. Die Nitrierung geht in großen, flachen Pfannen vor sich. Man läßt von oben her auf das Gemisch von Nitriergut und Mischsäure langsam Wasser zufließen, welches die gebrauchte Mischsäure verdrängt und die Wäsche einleitet.

5. Nitrierung durch Säuredampf.

Die Deutsche Zelluloidfabrik in Leipzig gibt in ihrem D.R.P. 269 246 [1912] an, daß man Baumwolle durch Salpetersäuredämpfe nitrieren kann, welche aus 87,5%iger Säure im Vakuum von 10—20 mm Quecksilber bei einer Temperatur von 35° entstehen; nach Verlauf von $2\frac{1}{2}$ Stunden soll man eine bis zu 10,68% nitrierte Baumwolle erhalten. Wenn man die Dämpfe rauchender Salpetersäure (s = 1,52) im Vakuum von 10—20 mm Hg bei einer Temperatur von 35° anwendet, wird die Baumwolle in 1 Stunde bis zu 12,5% Stickstoff nitriert.

Dieses Verfahren hat den Vorzug, die Nitrierung zu vereinfachen; der Apparat, der die Baumwolle enthält, wird einerseits mit einer Vakuumpumpe verbunden, andererseits an ein Gefäß mit Salpetersäure angeschlossen. Nach der Nitrierung kann das Waschen im selben Apparat vorgenommen werden.

6. Das Waschen.

Nach dem Abschleudern wird die Nitrozellulose schnell mit kaltem Wasser in Holzgefäßen gewaschen, um sofort den Überschuß an Säure zu entfernen und jede Erwärmung zu vermeiden.

Die Wäsche wird etwa 10mal wiederholt.

Darauf wird die Nitrozellulose in anderen Gefäßen mit heißem Wasser ungefähr 15mal und jedesmal 2 Stunden lang gewaschen.

Die heiße Wäsche in Gegenwart von noch nicht vollständig entfernter Säure bewirkt eine sehr schwache Verseifung der Nitrozellulose, wodurch die Nitrooxyzellulosen, die unstabilen Nitrohydrozellulosen, die Sulfonitrozellulosen sowie die nitrierten harzartigen Bestandteile, die von der Baumwolle mitgeführt wurden, gespalten werden.

Ebenso werden Zucker und Dextrinester, die während der Nitrierung der Zellulose und auf Kosten dieser gebildet werden, entfernt.

Die Nitrozellulose wird in einem Holländer gemahlen, um die Fasern zu zerkleinern und die letzten Säurespuren zu entfernen, welche die Baumwolle hartnäckig zurückhält.

Dieses Zermahlen wird mit Wasser vorgenommen, das mit 0,25% Soda alkalisch gemacht wurde, und dauert ungefähr 12 Stunden.

Schließlich wird die Nitrozellulose in einem Waschholländer oder in Bottichen mit Rührwerk 6—10mal, jedesmal 1 Stunde lang, gewaschen und mit Kaliumpermanganat gebleicht.

Diese wiederholten Waschungen sind sehr wichtig, denn sie setzen die Viskosität des Kollodiums bedeutend herab und bewirken eine hohe Stabilität der Nitrozellulose.

Die Wasserentfernung geschieht entweder durch hydraulische Pressen oder durch Zentrifugen.

Abgeschleuderte Nitrozellulose enthält ungefähr 30% Wasser.

Die Waschwässer werden durch Filterpressen geleitet, um mitgerissene Nitrozellulose wiederzugewinnen. Bei Zelluloidwolle wird das Wasser noch vollständiger durch Pressen zwischen Tüchern in der hydraulischen Presse, dann durch Waschen mit Alkohol „verdrängt". Man fügt dann Kampfer hinzu.

Bei Schießbaumwolle wird die Entwässerung ebenfalls durch Waschen mit Alkohol bewirkt. Zur Herstellung von künstlicher Seide wird die nicht vollständig entwässerte Nitrozellulose in Alkohol-Äther gelöst.

5. Nitrozellulosen mit niedrigem Stickstoffgehalt.

Salpetersäure vom spez. Gewicht 1,495 gibt in 4 Tagen eine Nitrozellulose mit 11% Stickstoff. Eine Säure vom spez. Gewicht 1,1 kalt angewendet gibt eine pulverige Nitrozellulose.

Vieille hat jedoch zwischen diesen beiden Extremen andere Grade der Nitrierung durch Einwirkung von Salpetersäure allein gefunden.

S. 47 oben folgt eine Tabelle über seine Versuchsergebnisse.

Unsere eigenen Versuche ergaben Nitrozellulosen von weniger als 6,8% Stickstoff.

Wenn wir Baumwolle 30 Minuten lang bei 20° C in Salpetersäure verschiedener Konzentration tauchten, erhielten wir verschiedene stabile

HNO₃		Nitrierte Baumwolle	
spez. Gewicht	Säure in %	NO ccm per g	N %
1,562	95,08	202,1	12,63
1,497	92,6	197,9	12,36
1,496	92,1	194,4	12,15
1,492	90,4	187,3	11,7
1,490	89,6	183,7	11,48
1,488	88,8	165,7	10,35
1,483	87,1	164,6	10,28
1,476	84,48	141	8,8
1,472	83,50	140	8,75
1,469	82,60	139,7	8,7
1,463	80,85	128,6	8
1,460	79,98	122,7	7,6
1,455	78,60	115,9	7,2
1,450	77,28	108,9	6,8

% HNO₃	Nitrierte Baumwolle 30 Min. bei 20° C
76	5,85
74	4,05
72	3,2
70	2,15
68	1,1
66	0,35
64	0,1

Derivate, die wie Baumwolle aussahen und bei der Analyse die folgenden Werte für Stickstoff ergaben (s. nebenstehend):

Lunge ist zu ähnlichen Körpern gelangt, als er Schwefel-Salpetersäuremischungen anwandte, die eine ziemlich große Menge Wasser enthielten; er gibt folgende Versuchsdaten:

Nitrierbad %			N % in der Nitro-zellulose
H₂SO₄	HNO₃	H₂O	
45,31	49,07	5,62	13,65
42,61	46,01	11,38	13,21
41,03	44,45	14,52	12,76
40,66	43,85	15,49	12,58
40,14	43,25	16,61	12,31
39,45	42,73	17,82	12,05
38,95	42,15	18,90	11,59
38,43	41,31	20,26	10,93
37,20	40,30	22,50	9,76
36,72	39,78	23,50	9,31
35,87	38,83	25,30	8,40
34,41	37,17	28,42	6,50

Das Verhältnis $\dfrac{H_2SO_4}{HNO_3}$ war 0,92.

Die Zellulose bindet also Stickstoff in fast allen Konzentrationen und in sehr regelmäßiger Weise.

Es war von jeher gebräuchlich, als Nitrozellulose nur solche Körper anzusehen, die in den gewöhnlichen flüchtigen Lösungsmitteln löslich sind.

Derivate mit niedrigem Stickstoffgehalt, z. B. 2%, sind jedoch ebenfalls stabile und wohl definierbare Körper.

Wir haben solche Derivate untersucht, wobei wir von Schwefel-Salpetersäuremischungen vom Verhältnis $\dfrac{H_2SO_4}{HNO_3} = 0{,}61$ ausgingen, und haben eine ganze Reihe stabiler Derivate mit niedrigem Stickstoffgehalt von 5—0,5% hergestellt. Der Gehalt an gebundenem Stickstoff wächst übrigens, je länger die Baumwolle in der Säure verbleibt. Crane und Joyce haben sich ebenfalls mit solchen Zellulosederivaten beschäftigt.

Derivate mit niedrigem Stickstoffgehalt von Crane und Joyce.

Durch Nitrierung von Zellulose in einem wasserreichen Bade erhält man Nitrozellulosen mit geringem Stickstoffgehalt.

Die von Crane und Joyce erforschten Produkte enthalten 3,5 bis 4,5% Stickstoff.

Es sind quellbare Massen, welche in den gewöhnlichen Lösungsmitteln für Nitrozellulose unlöslich sind, sich aber sehr leicht in allen Viskositätsgraden in alkalischen Flüssigkeiten lösen. Es ist also möglich, mit Hilfe dieser Lösungen daraus Blätter, Filme und ähnliche durchsichtige Gebilde herzustellen[1]).

Diese neuen Körper entstehen, wenn die Zellulose mit verdünnten Säuren von 57—67% Schwefelsäure, 16—6% Salpetersäure und 25 bis 27% Wasser behandelt wird.

Solche Versuche sind mit vielen Zellulosearten unternommen worden. Reine Zellulose in Form von Filtrierpapier ist das geeignetste Ausgangsmaterial dafür.

Die Verfasser nennen von ihren verschiedenen Mischsäurezusammensetzungen:

$$\left.\begin{array}{ll} 65{,}5\% & H_2SO_4 \\ 9\ \% & HNO_3 \\ 25\ \% & H_2O \end{array}\right\}\ 12 \text{ Minuten Einwirkungsdauer bei } 10^\circ.$$

Unter Einwirkung dieser Säure sieht man, wie die Zellulose nach und nach ihre Struktur verliert und gallertartig wird.

---

[1]) Diese Produkte haben keinen technischen Wert.

Es ist beobachtet worden, daß bei Steigerung der Nitriertemperatur oder bei längerer Dauer der Einwirkung die Quellung der Nitrozellulose bis zur völligen Auflösung weiterschreitet; die Zellulose ist dann vollständig in lösliche Derivate, wie Dextrine usw. zerfallen.

Andererseits verzögert man die Quellung des Reaktionsproduktes, wenn man die Temperatur und die Dauer des Eintauchens vermindert.

Nach der Nitrierung wird die Masse in Wasser getaucht, sorgfältig gewaschen und getrocknet.

Um den Körper in reinem Zustand zu erhalten, wird er in verdünnter Natronlauge aufgelöst und die Lösung durch Salzsäure wieder ausgefällt.

Der Niederschlag wird von neuem gewaschen und gut getrocknet.

Die Verfasser haben nun ihre Produkte durch Alkohol und Azeton extrahiert, wodurch ein Stickstoffverlust von ungefähr 0,5% eintrat.

Die von den Autoren ausgeführte vollständige Analyse der Nitrozellulose mit niedrigem Stickstoffgehalt ergab:

Kohlenstoff	36,75	
Wasserstoff	5,45	
Sauerstoff	53,54	Der Schwefel rührt von der
Stickstoff	3,51	Schwefelsäure des Bades her.
Schwefel	0,34	
Asche	0,65	

Die gewöhnlichen organischen Lösungsmittel für Nitrozellulose sind ohne Wirkung auf die Nitrozellulosen mit niedrigem Stickstoffgehalt von Crane und Joyce.

Dagegen sind sie löslich in:

1. starken Säuren: H_2SO_4, HCl, HNO_3 usw.;
2. starken Basen: Kali- und Natronlauge, Trimethylamin;
3. einigen Phenolen: Resorzin, Phenol, Pyrogallol;
4. den gewöhnlichen Lösungsmitteln für Zellulose: Schweitzers Reagens, Zinkchlorid usw.

Die mit Natronlauge erhaltenen Lösungen sind Flüssigkeiten, welche beim längeren Stehen oder beim Erwärmen sich dunkel färben und sich dann mit Wasser nicht mehr ausfällen lassen.

Es versteht sich von selbst, daß aus frisch hergestellten Lösungen Säuren die Nitrozellulose wieder ausfällen.

Man kann diese Derivate in Essigsäure warm lösen und erhält durch Fällung mit Wasser einen Körper, welcher in nicht ganz trockenem Zustand in Chloroform unvollkommen löslich ist.

Er enthält 2,52% Stickstoff und ist als ein Nitroazetat aufzufassen.

Die Gel-Struktur erklärt sich dadurch, daß die angewendete Säuremischung hydrolysierend wirkt.

Die Nitrozellulose von Crane und Joyce ist nach alledem stark depolymerisiert und hydratisiert und kann als Nitrohydrozellulose mit niedrigem Stickstoffgehalt angesehen werden.

Andere Derivate.

Außer den beschriebenen Körpern gibt es noch andere, deren Hydratisierungsgrad geringer ist und welche nicht mehr quellbar sind; mit derartigen Produkten haben wir uns beschäftigt.

Eins davon entspricht ungefähr der Formel:

$$(NO_2-O)C_{24}H_{39}O_{19}.$$

Der Stickstoffgehalt beträgt ungefähr 2% [1]).

Solche Körper sind in allen flüchtigen Lösungsmitteln unlöslich und werden selbst durch langes Erhitzen nicht gelatiniert.

Sie brennen genau wie Baumwolle und besitzen deren physikalische Eigenschaften.

In den gewöhnlichen organischen Nitrozelluloselösungsmitteln, wie Azeton, Amylazetat, Alkohol-Äther usw. sind sie unlöslich, dagegen leicht azetylierbar.

6. Nitrite der Zellulose.

Einige Forscher haben Nitrite der Zellulose als unstabile Körper beschrieben.

So behandeln Nicolcardot und Chertier (Cpt. rend. 151, S. 717) Viskoseseide mit nitrosen Gasen in Gegenwart von Salpetersäure und wollen unter diesen Bedingungen eine Mischung von salpetrig- und salpetersauren Estern erhalten haben, woraus die salpetersauren Ester durch Azeton von den Nitriten trennbar sein sollen.

Der Charakter derartiger nitroser Ester wird angeblich am besten durch die Tatsache beleuchtet, daß durch alkalische Verseifung Alkalinitrite gebildet werden, und man mit Kobalt und Kali das bekannte Doppelsalz abscheiden kann.

Derartige Ester sollen unstabil sein und durch Wasser bei gewöhnlicher Temperatur langsam, durch 12stündiges Kochen vollständig verseift werden.

Diese Angaben sind von Marqueyrol und Florentin widerlegt worden (Bull. de la soc. chim. 1911. 24. p. 2).

Sie geben an, daß es unmöglich ist, nitrose Ester in Gegenwart von Salpetersäure zu erhalten, und daß die als nitrose Ester bezeichneten Produkte in Wirklichkeit nichts anderes als in Azeton unlösliche Nitrozellulose von niederem Stickstoffgehalt sind.

---

[1]) Die zu seiner Herstellung nötige Säuremischung hat folgende Zusammensetzung:

$$H_2SO_4 \ldots \ldots 25,9$$
$$HNO_3 \ldots \ldots 42$$
$$H_2O \ldots \ldots 31,1$$
$$\overline{ 100,0 \, .}$$

Die Reaktionsdauer beträgt 20 Minuten, die Temperatur des Bades 22°.

Wir selbst haben versucht, Zellulosenitrite auf folgende Weise darzustellen:

Nitrose Gase, welche bei der Einwirkung von Salpetersäure auf Stärke entstehen, sind reich an Salpetrigsäureanhydrid. Wenn man diese Gase in Nitrobenzol, welches auf $+5\,^{\circ}$ abgekühlt ist, einleitet, so erhält man eine Lösung, welche Zellulose gelatiniert. Die so erhaltene gallertartige Masse wurde durch Benzol ausgefällt, mit Alkohol gewaschen und im Vakuum getrocknet.

Es wurde gefunden, daß der Körper allerdings Stickstoff enthielt, aber nur in Form von Salpetersäuregruppen; Zellulosenitrit war nicht einmal spurenweise nachweisbar.

III. Organische Ester der Zellulose.

1. Zelluloseformiate.

Man hat noch keine Zelluloseformiate mit hohem Ameisensäuregehalt hergestellt.

Wenn man als Formel der Zellulose $C_6H_{10}O_5$ annimmt, so sollte man ein Derivat von der Zusammensetzung $(H.CO.O)_2OC_6H_8O_3$ mit einem Gehalt von 42,2% Ameisensäure erwarten. Dieser Körper wurde unseres Wissens bisher nicht dargestellt.

Ein Körper von der Formel

$$(HCOO)\,C_6H_9O_4$$

sollte 24,2% Ameisensäure enthalten.

Bei mehreren unserer Versuche kamen wir dem ersteren Wert nahe, indem wir ein Zelluloseformiat herstellten, das einen Säuregehalt von 38,4% aufwies und sich der Formel

$$(H.COO)_7\,C_{24}H_{33}O_{13}$$

zu nähern schien.

Dieses Formiat zeigte besondere Löslichkeitsverhältnisse, indem es in Dichlorhydrin, Pyridin und in mit wenig Wasser verdünntem Azeton löslich war.

Es muß jedoch als ein Formiat der Hydrozellulose angesehen werden[1]).

A. Herstellung der Ameisensäure.

Die Ameisensäure stellt man heute in bedeutenden Mengen her. Sie wird technisch einzig und allein auf synthetischem Wege, gewöhnlich durch Einwirkung von Kohlenoxyd auf Alkali, wie Kalzium- und Natriumhydroxyd, oder auf eine Mischung von Alkalikarbonat und Kalziumhydroxyd gewonnen (D.R.P. 212844, Meister, Lucius und Brüning, Höchst a. M.).

$$Na_2CO_3 + Ca(OH_2) + 2CO = 2HCOONa + CaCO_3.$$

Diese Reaktion wird bei 150° und unter hohem Druck ausgeführt. Durch Waschen wird das Natriumformiat vom Kalk getrennt.

---

[1]) Siehe auch **Rassow**: Chemiker-Zeit. 1922. S. 886.

B. Herstellung von Zelluloseformiat.

Man hat bei der Herstellung der Zelluloseformiate die wirksamsten Katalysatoren zur Anwendung gebracht, welche vermutlich selbst auf die Zellulose einwirken, indem sie diese zunächst in Hydrozellulose überführen.

a) Einwirkung der Ameisensäure auf Zellulose in Gegenwart von Säure.

Bemberg (Franz. Pat. 376262 und D.R.P. 189836) benutzt folgende Mischung:

Ameisensäure 88—100% . . . . . 100 Teile
Zellulose . . . . 20—30 „
gasförmige Chlorwasserstoffsäure . . 2—4 „

Zu diesem Zweck läßt man einen trocknen Chlorwasserstoffstrom durch Ameisensäure hindurchgehen, dann wird die Baumwolle in die Flüssigkeit eingetaucht. Sie quillt sofort auf und löst sich nach Verlauf von 12 Stunden. Das Reaktionsprodukt wird durch Wasser wieder ausgefällt.

Zum selben Zwecke gibt Bemberg die Anwendung von Schwefelsäure in folgender Mischung an:

Ameisensäure 100% . . . . 100 Teile
trockne Baumwolle . . . . . . 15—20 „
Schwefelsäure . . . . 3—10 „

Letztere Säure kann später den gebildeten Ester verseifen. Diese Verseifung des gebildeten Esters geht beim Zelluloseformiat sehr schnell vor sich, und die beiden Vorgänge: Bildung des Esters und Verseifung folgen sehr rasch aufeinander, derart, daß man oft als Endresultat der Reaktion eine Hydratzellulose erhält. Manchmal geht die Hydrolyse sogar noch weiter bis zu Dextrinen und Zuckern.

Das Sulfurylchlorid (D.R.P. 237765 [1910], Fr. Bayer und Co.) wird in folgender Mischung erwähnt:

Ameisensäure . . . . 100 Teile
Cl_2SO_2 . . . . 10 „
Zinkchlorid . . . . 5 „
trockne Baumwolle . . . . 20 „

Eine Mischung von 99%iger Ameisensäure und konzentrierter Phosphorsäure löst die Zellulose ebenfalls (Franz. Pat. 424621, Österr. Pat. 54819, Vereinigte Glanzstoffabriken).

b) Einwirkung von Ameisensäure auf Hydrat- oder Hydrozellulose.

Hydratzellulose, wie z. B. Kunstseideabfall, ist in heißer konzentrierter Ameisensäure löslich (D.R.P. 233589 und 254093, Vereinigte Glanzstoffabriken und Franz. Pat. 423774). Die in Schwefelsäure gelöste und dann wieder ausgefällte Zellulose ist in Ameisensäure allein löslich (Franz. Pat. 405293 [1909] und D.R.P. 219162 und 219163, Nitritfabrik A.-G.).

Diese Lösung bedeutet nicht immer eine Veresterung unter Bildung eines Formiates mit hohem Gehalt an Ameisensäure.

c) Einwirkung der Ameisensäure auf Hydrozellulose in Gegenwart von wasserentziehenden Mitteln und Säuren.

Es ist erst durch die kombinierte Einwirkung wasserentziehender Stoffe wie Zink- oder Kalziumchlorid auf gewisse Hydrozellulosen, welche mit Hilfe von Säuren gewonnen wurden, möglich gewesen, stärker mit Ameisensäure veresterte Zellulose zu gewinnen.

Diese Esterbildung geht in Gegenwart kleiner Mengen Säure, wie Salzsäure, vor sich und ergab einen Körper mit 38,4% Ameisensäure.

Wenn man jedoch die ameisensaure Lösung zu lange stehen läßt, ehe man ausfällt, wird der Ester verseift, und man erhält eine stark hydratisierte Zellulose.

C. Eigenschaften.

Die Zelluloseformiate sind farblose, nicht beständige Pulver, ähneln in chemischer Beziehung den Alkoholformiaten wie Methyl- und Äthylformiat.

Um eine Zersetzung zu vermeiden, muß man sie bei niederer Temperatur trocknen. In der Kälte verändern sie sich zunächst langsam; dann geht die Zersetzung schneller vor sich, und man erhält schließlich Produkte, welche in allen Lösungsmitteln unlöslich sind und trotzdem noch einen Gehalt von ungefähr 10,8% Ameisensäure aufweisen.

Löslichkeit.

Man kennt keine flüchtigen Lösungsmittel für Zelluloseformiate außer Ameisensäure und Pyridin, welch letzteres wohl das beste augenblicklich bekannte Lösungsmittel für Zelluloseformiate darstellt.

Schwer flüchtige Lösungsmittel:

Wässerige Phenollösung (D.R.P. 265853 [1913], Internat. Zellulose-ester-Ges.),

Chloral und Chloralhydrate (D.R.P. 265911 [1913]),

Anorganische Salze, wie Kaliumjodid, Kalziumchlorid, Zinkchlorid, Ammoniumnitrat in konzentrierter wässeriger Lösung (D.R.P. 266600 [1912]), Ammoniumkarbonat in 30%iger wässeriger Lösung (D.R.P. 267557 [1913], Internat. Zellulose-Gesellschaft),

Milchsäure (Amerik. Pat. 690211, Vereinigte Glanzstoffabriken A.-G.),

Pyridin,

Verdünnte Essigsäure, Schwefelsäure, Salzsäure (D.R.P. 189836, Bemberg)

werden als Lösungsmittel angegeben.

Lösungen von Zelluloseformiat in Flüssigkeiten wie Pyridin geben nach der Verdunstung durchsichtige, biegsame Häutchen, welche für Wasser ziemlich durchlässig sind und wie Papier brennen. Wir haben so große Bogen hergestellt, welche biegsam blieben und mit der Zeit keine Veränderung zeigten.

Die Lösungen von Zelluloseformiat in Pyridin halten sich nicht unbegrenzt; es findet eine Verseifung des Esters statt; aus der Flüssigkeit scheidet sich eine Substanz ab, welche aus Hydrozellulose besteht.

Im Gegensatz dazu geben die Lösungen der Formiate in verdünnten Säuren beim Verdampfen keine Häutchen. Es findet hier eine starke Depolymerisation des Formiates statt, welche sogar bis zur vollständigen Hydrolyse führen kann.

D. Plastische Massen aus Zelluloseformiat.

Man hat daran gedacht, die Zelluloseformiate zur Herstellung von plastischen Massen, Filmen oder Folien zu benutzen.

Als synthetisches Produkt läßt sich die Ameisensäure zu ziemlich niedrigem Preise herstellen, solange es sich nur um verdünnte Säure handelt. Ameisensäure von 98—100% ist jedoch recht teuer.

Die Fabrikation plastischer Massen wird durch die Tatsache erschwert, daß man keine flüchtigen Lösungsmittel für Zelluloseformiat mit niedrigem Ameisensäuregehalt kennt.

Ameisensäure bleibt das gebräuchlichste Lösungsmittel für derartige Körper.

Man hat daher versucht, das Zelluloseformiat aus seiner Lösung in Ameisensäure in Form einer Gallerte durch eine Mischung von Azeton und Amylazetat (Franz. Pat. 420856 und 423774, Österr. Pat. 49177 und Zusatz 60447, Vereinigte Glanzstoffabriken) oder auch durch Amylazetat allein auszufällen. Die entstehende gallertartige Masse wird mit Kampfer oder Kampferersatzmitteln geknetet (D. R. P. 249535 [1910]). Diese verschiedenen Verfahren sind noch nicht praktisch ausgeführt worden, und es ist bei einigen Laboratoriumsversuchen geblieben.

2. Zelluloseazetate.

A. Geschichtliches.

Schützenberger, einer der bedeutendsten der französischen Chemiker, hat als erster im Jahre 1869 mitgeteilt, daß Zellulose unter Einwirkung von Essigsäureanhydrid einen Ester bildet. Er arbeitete im geschlossenen Rohr bei 180° (Cpt. rend. 1869. 68. S. 814).

Nach ihm schufen Franchimont (Berichte 12. 1879. S. 2059 und 14. 1881. S. 1290) und Girard (Ann. d. Chem. et Phys., 5. Jg., Serie 24, S. 360. 1881) die Grundlagen für industrielle Forschung, indem sie wasserentziehende Mittel, wie Chlorzink und Schwefelsäure (Franchimont), nebst Hydrozellulose (Girard) zur Anwendung brachten und indem sie ferner die Veresterung stets in Gegenwart von Essigsäureanhydrid vor sich gehen ließen. Aber die so erhaltenen Produkte hatten nur theoretisches Interesse.

Cross und Bevan, die bekannten englischen Chemiker und Spezialisten auf dem Gebiete der Zellulosechemie, nahmen das Problem in anderer Form wieder auf und begannen mit der fabrikmäßigen Herstellung eines Zelluloseazetates, welches sie auf künstliche Seide weiter zu verarbeiten suchten. Das erste Patent stammt aus dem Jahre 1894. Sie verwendeten als Ausgangsmaterial für die Esterherstellung eine aus Viskose abgeschiedene Hydratzellulose.

Der Anstoß war damit gegeben. Bald setzte in Deutschland eine kräftige Bewegung ein. Wir wollen nur die ersten Patente von Henkel von Donnersmarck 1898, von Lederer 1899, von Wohl usw. erwähnen; um 1908 bis 1910 fingen die Farbwerke Friedr. Bayer & Co. in Elberfeld an, große Mengen Zelluloseazetat unter dem Namen „Cellit" auf den Markt zu bringen.

B. Die Theorie der Azetylierung.

Die Azetylierung der Zellulose[1]) beruht auf der Gegenwart von Hydroxylgruppen (OH) im Zellulosemolekül und entspricht ganz der Bildung eines Esters aus einem Alkohol und einer Säure, einem sehr gebräuchlichen chemischen Vorgang.

Die Reaktion wird durch die Gegenwart eines wasserentziehenden Stoffes wie auch durch Erhöhung der Temperatur begünstigt.

Die allgemeine Reaktionsformel ist

$$C(OH)_n + CH_3COOH = n(H_2O) + C(CH_3COO)_n.$$

Die Azetylierung ist eine bimolekulare Reaktion, deren Reaktionsgeschwindigkeit durch die Formel

$$\frac{dC_1}{dt} = KC_1C_2$$

ausgedrückt wird.

C_1 ist die Konzentration der Säure.
C_2 ist die Konzentration des Alkohols.
t ist die Zeit.

Durch Integrierung dieser Differentialgleichung folgt daraus die Formel

$$\frac{C_1(C_0 - C_{00})}{C_1 - C_{00}} = C_0 ekC_{00}t,$$

wobei C_0 die Konzentration der Säure zur Zeit 0 bedeutet.

---

[1]) Clément et Rivière: Die Zelluloseester und ihre technische Anwendung. Caoutchouc et Guttapercha, 15. Nov. 1909. Revue de chimie industrielle 1911. S. 215. Bull. de la soc. d'encouragement 1913. S. 53.

Auf diese Weise erhält man das Gesetz der Esterbildung. Das Gleichgewicht wird homogen sein, wenn die Azetylzellulose sich in der Reaktionsflüssigkeit löst; heterogen dagegen, wenn die Baumwolle eine Änderung ihrer Faserstruktur nicht erleidet. Letzteres ist der Fall bei Azetylierungen, die in Gegenwart einer fällenden Flüssigkeit, wie z. B. Benzol, vor sich gehen.

Das homogene Gleichgewicht wird durch das Massenwirkungsgesetz bestimmt, welches auf diesen Fall angewandt, folgendermaßen lautet:

$$C_{wasser} \cdot C_{ester} = RC_{alkohol} \cdot C_{säure}.$$

Wenn $C_{alkohol}$ oder $C_{säure}$ erhöht wird, so erhöht sich auch C_{ester}.

Aus diesem Gesetz geht also hervor, daß die Gegenwart einer großen Wassermenge bei der Reaktion die Ausbeute an gebildetem Ester vermindert, bis sich ein Gleichgewicht einstellt.

Aus diesem Grunde hat man versucht, das Wasser, das sich im Verlauf der Azetylierung selbst bildet, zu binden.

Man gebraucht Essigsäureanhydrid als Azetylierungsmittel; in einigen Fällen fügt man noch, wie wir später sehen werden, wasserentziehende Stoffe hinzu, wie Zink- und Aluminiumchlorid.

Schon seit langer Zeit hat man beobachtet, daß die Gegenwart gewisser Körper den Ablauf solcher Reaktionen, welche an sich außergewöhnlich lange Zeit erfordern, stark begünstigen.

Deshalb fügt man einer Mischung von Alkohol und Essigsäure kleine Mengen Salzsäure zu und kommt so nach 6 Stunden an die Grenze der Esterbildung, nämlich: 73,6% für eine molekulare Mischung von Alkohol und Säure, welche 1,77 g Salzsäure enthält; während man ohne Säure mehrere Jahre braucht, um die Grenze von 66,6% zu erreichen[1]).

Diese kleinen Mengen von Körpern, wie Säuren, sauren Salzen, Halogenen usw., wirken einzig als Katalysatoren. Sie finden sich nach der Reaktion unverändert wieder; nach einem sehr treffenden Ausdruck werden sie die „Schmiermittel der Reaktionen" genannt.

Für den besonderen Fall der Azetylierung der Zellulose sind sie unerläßlich, besonders wenn man Essigsäureanhydrid auf Zellulose oder Hydrozellulose einwirken läßt, was meistens geschieht.

Wir werden weiter sehen, welch große Zahl von Patenten auf dem Gebiet der Katalysatoren genommen worden ist. Das Ausgangsprodukt der Azetylierung kann Zellulose oder Hydrozellulose sein; Schwalbe (Zeitschr. f. angew. Chemie 1910. 23. S. 133) gibt an, daß beide identische Produkte ergeben.

Dies ist richtig, soweit es die Werte für die gebundene Essigsäure betrifft; aber es ist unrichtig in bezug auf die Eigenschaften der erhaltenen Azetate.

---

[1]) Sabatier: Die Katalyse in der organischen Chemie, S. 195.

Das Azetat einer stark hydrolysierten Zellulose ist chemisch viel mehr depolymerisiert als dasjenige einer wenig hydrolysierten Zellulose und ergibt Lösungen von niedriger Viskosität und einen wenig festen Film.

Wir müssen noch eine Nebenreaktion erwähnen, welche die als Katalysator angewendeten Säuren im Verlauf der Azetylierung bewirken; es erfolgt eine Hydrolyse der Zellulose selbst und später des gebildeten Azetats.

Derartige Nebenreaktionen spielen bei der technischen Herstellung eine große Rolle und führen z. B. bei Anwendung von Schwefelsäure als Katalysator zur Bildung von gemischten Zelluloseestern, wie der Sulfazetate der Zellulose; das sind unbeständige Körper, welche dem Zelluloseazetat beigemischt sein können.

C. Verfahren zur Azetylierung der Zellulose.

Im folgenden werden wir die verschiedenen Azetylierungsmethoden besprechen, wie sie von zahlreichen Forschern vorgeschlagen worden sind[1]). Später werden wir die Verfahren zur technischen Herstellung beschreiben.

a) Das homogene Gleichgewicht.

1. Azetylierung mit Azetylchlorid.

Bei der Veresterung entsteht in diesem Falle Salzsäure, welche entweder durch Hinzufügung eines basischen Produktes oder eines neutralen Salzes gebunden werden kann.

Anwendung von Zink- oder Magnesiumazetat. Durch Einwirkung von Azetylchlorid auf ein Gemisch von Hydratzellulose und Zink- oder Magnesiumazetat erhält man bei niedriger Temperatur ein in Chloroform lösliches Azetat. Cross und Bevan (D.R.P. 85329 [1894] und 86368 [1895]) fügen dem Gemisch, um die Reaktion gleichmäßiger zu gestalten, Chloroform oder Äthylnitrat hinzu.

Hydratzellulose wird durch Abscheidung der Zellulose aus Viskoselösungen erhalten.

Donnersmarck (D.R.P. 105347 [1898]) nimmt 3 kg einer äquimolekularen Mischung von Hydratzellulose und Magnesiumazetat; dazu kommen 1,8 kg Azetylchlorid und ungefähr 1 kg Essigsäureanhydrid. Das Magnesiumazetat wird in konzentrierter Lösung mit der Hydratzellulose vermischt. Man trocknet diese Mischung und läßt dann Azetylchlorid einwirken.

Wenn die Reaktion begonnen hat, fügt man zur Verdünnung 72 kg Nitrobenzol hinzu. 70° C dürfen nicht überschritten werden.

Der Vorgang dauert 3 Stunden; dann werden 40 Liter Alkohol hinzugefügt, welche das Reaktionsprodukt in Flocken ausfällen.

---

[1]) Siehe darüber Becker: Die Kunstseide. Halle: Wilh. Knapp 1912.

Eine Mischung von Azetylchlorid und Essigsäureanhydrid wird auch nach dem Patent von Cross und Bevan (Engl. Pat. 18 283) angewandt.

Als Verdünnungsmittel kann man auch Epichlorhydrin oder Dichlorhydrin anwenden (Engl. Pat. 18 283 [1892], Weber, Cross und Frankenberg).

Anwendung basischer Stoffe. Boesch läßt nach seinen amerikanischen Patenten 708 456 und 708 457 [1902] Azetylchlorid auf Viskose selbst einwirken, d. h. auf das Gesamtprodukt: Zellulose $+ CS_2 +$ Natronlauge.

Man fügt Nitrobenzol oder Essigsäure als Verdünnungsmittel hinzu; nach beendeter Reaktion wird mit Alkohol ausgefällt[1]).

Anwendung von Pyridin. Pyridin wird bei der organischen Synthese sehr häufig angewandt. Es vermag Säure zu binden und begünstigt daher Reaktionen, in deren Verlauf Salzsäure entstehen kann. Daher spielt es eine ähnliche Rolle wie Chlorzink oder Aluminiumchlorid. Das Chlorhydrat des Pyridins ist in Alkohol und in Wasser löslich.

Wohl (D.R.P. 139 669 [1899]) gibt folgende Mischung an: 10 Teile Papierbrei, 20 Teile Pyridin, 60 Teile Nitrobenzol; man fügt langsam 20 Teile Azetylchlorid hinzu; nach 2stündigem Umrühren bei 80—90° läßt man die Masse in einen Überschuß von Alkohol fließen.

All diese verschiedenen Verfahren haben keine praktische Anwendung gefunden.

2. Azetylierung mit Essigsäureanhydrid.

Die Zellulose löst sich in Essigsäureanhydrid bei 180° im zugeschmolzenen Rohr auf; Hydrozellulose löst sich in Essigsäureanhydrid schon bei einer Temperatur von 110—120°.

Um eine zu starke Depolymerisation der Zellulose zu vermeiden, ist es besser, bei niederer Temperatur zu arbeiten; um dies zu erreichen, fügt man dem azetylierenden Reagens noch einen katalytisch wirkenden Körper bei, welcher die Esterbildung schon bei einer Temperatur von 40—70° bewirkt[2]).

Anwendung von Säuren als Katalysatoren. Lederer (D.R.P. 118 538 [1899] und Zusatzpatent 120 713) erhitzt Hydrozellulose nach Girard auf 60—70° mit Essigsäureanhydrid und Schwefelsäure:

Hydrozellulose . . . . . 125 Teile
Essigsäureanhydrid . . . 500   „
Schwefelsäure (66° Bé) . 25   „

Man kann in Gegenwart indifferenter Lösungsmittel, wie Essigester, arbeiten[3]). Der Zelluloseester wird schließlich durch Wasser oder Alkohol gefällt.

---

[1]) Der Gedanke, in der alkalischen Xanthogenatlösung Zellulose mit Azetylchlorid in Reaktion bringen zu wollen, ist sonderbar.

[2]) Siehe Ost: Zeitschr. f. angew. Chem. 1906, S. 993 und 1919, S. 66 ff.

[3]) Franz. Pat. 368 738, Akt.-Ges. für Anilinfabrikation.

Ebenso geben Bayer & Co. in dem franz. Patent 317007 [1901] und in ihrem deutschen Patent 195524 [1901] die Herstellung eines in Alkohol leicht löslichen Derivates an, wozu sie folgende Mischung anwenden:

Hydrozellulose . . 125 g
Eisessig . . . . . 500 g
Essigsäureanhydrid 500 g
Schwefelsäure . . 25 g

und zwar bei einer Temperatur unter 50°[1]).

Einen Monat nach Erteilung des letztgenannten Patentes meldete Lederer ein Verfahren zur gleichzeitigen Ausführung der Azetylierung und der Hydrolyse in einem Bade an[2]).

Dr. Sthamer (Franz. Pat. 304723 und 308306 [1900]) stellt sich zunächst Hydrozellulose her, indem er Zellulose mit Eisessig behandelt, welcher freies Chlor enthält; dann mischt er 100 Teile Hydrozellulose mit 350 Teilen Eisessig und 350 Teilen Essigsäureanhydrid. Sobald die Reaktion nachläßt, fügt er kleine Mengen konzentrierter Schwefelsäure hinzu und erhitzt auf 60—70°.

Phosphorsäure wird in dem franz. Patent 316500 [1901] von Landsberg erwähnt: Man mischt Hydrozellulose nach Girard mit einer drei- oder vierfachen Menge Essigsäureanhydrid in Gegenwart von Ortho-, Meta- oder Pyrophosphorsäure.

Die aromatischen Sulfosäuren wie Phenol- oder Naphtholsulfosäure haben den Vorteil, eine weniger hydrolysierende Wirkung auf die Zellulose während der Bildung des Zelluloseesters auszuüben.

Little, Walker und Mork (Amerik. Pat. 709922 und Franz. Pat. 324862 [1902]) fügen der Mischung von Essigsäureanhydrid, Phenolsulfosäure und Zellulose eine gewisse Menge eines Natriumsalzes oder eines anderen geeigneten Körpers hinzu, dessen Gegenwart die Anwesenheit freier Schwefelsäure verhindert.

Dimethylsulfat ist durch Corti und durch die Chemische Fabrik Flora (Franz. Pat. 345704) angegeben worden.

Sulfoessigsäure, das Reaktionsprodukt der Einwirkung von Schwefelsäure auf Essigsäureanhydrid, wird von der Société Anonyme d'Explosifs angewandt (Franz. Pat. 385180 [1907]).

Die Mono- und Trichloressigsäuren werden in folgenden Patenten erwähnt: D.R.P. 198482 [1905] und Franz. Pat. 368738 der Akt.-Ges. für Anilinfabrikation und im D.R.P. 203642 [1906] von Knoll.

---

[1]) Das franz. Pat. 473399 der Société chimique des Usines du Rhône schützt die vorhergehende Behandlung der Zellulose mit Essigsäure, welche etwas Essigsäureanhydrid enthält. Z. B. 40 kg Baumwolle, 60 kg Eisessig, 4 kg Essigsäureanhydrid, 0,5 kg Schwefelsäure. Nach einigen Stunden, in denen die Stoffe bei 30° miteinander in Berührung waren, fügt man 21 kg Essigsäureanhydrid hinzu, wodurch die umgewandelte Zellulose dann sehr schnell verestert wird.

[2]) D.R.P. 163316.

Die Sulfinsäuren wurden zuerst von Franchimont angegeben und dann für Knoll & Co. patentiert (D.R.P. 180666 [1907] und Zusatz 180667). Mit Sulfinsäure gewonnene Lösungen behalten lange dieselbe Viskosität. Nach den Angaben des Patentes genügen zur Bildung von Zelluloseazetat sehr geringe Mengen der Sulfinsäure. Beispiel: Auf 1 kg Watte nimmt man 5 kg Essigsäureanhydrid, 4 kg Eisessig und 0,100 kg Benzolsulfinsäure; man läßt das Gemisch 24 Stunden bei 40° stehen, wobei die Baumwolle sich zu einer viskosen, klaren Masse auflöst.

Ferner führen wir als Derivate der Schwefelsäure an: Sulfofettsäure (Franz. Pat. 409465 und 466009, Pauthonnier), Nitrosylschwefelsäure (Franz. Pat. 413671 [1910], Dreyfus).

Flüchtige Mineralsäuren sind angegeben worden durch:

Lederer, Franz. Pat. 319848 [1902], Knoll, D.R.P. 201233 [1906]. Beispiel: 100 Teile Zellulose und 0,1—0,2 Teile Salzsäure bei 70° 20—40 Stunden lang oder 0,2—0,3 Teile Salpetersäure von 96% 4—8 Tage lang.

Fink gibt den Gebrauch der Mischung einer Halogensäure und eines Salzes derselben Säure an.

Schweflige Säure wird durch Knoll empfohlen (D.R.P. 180666 und 180667).

Florentin (Franz. Pat. 445798 [1912]) gibt als katalytische Mischung kleine Mengen von Schwefel-Salpetersäuremischungen an.

Eine solche Mischung wirkt durchaus nicht wie jede einzelne Säure für sich, da die Schwefelsäure sozusagen maskiert ist und ihr elektrolytischer Dissoziationsgrad in der Mischung von dem Gehalt des Bades an Salpetersäure abhängt.

Der Erfinder gibt an:

Salpetersäure d = 1,38 . . . . . 65 g
Schwefelsäure d = 1,84 . . . . . 35 g.

Diese Schwefel-Salpetersäuremischung wird in einer Konzentration von 2% des Azetylierungsbades angewandt.

Durch den Gebrauch dieses Katalysators wird die Azetylierung sehr erleichtert.

Das Franz. Pat. 478495 [1914] der Usines du Rhône erwähnt als Katalysator Methylensulfat, einen Körper, der bei der Einwirkung von rauchender Schwefelsäure auf Trioxymethylen entsteht. 10% vom Gewicht der Baumwolle, Azetylierungstemperatur 40°.

Säurechloride als Katalysatoren. Phosphoroxychlorid, Posphorpentachlorid (Engl. Pat. 10243 [1903], Balston und Briggs), ferner SO_2Cl_2 und $S_2O_5Cl_2$ im Verhältnis von 1 Teil auf 10 Teile Zellulose (Engl. Pat. 24382 [1910], Heyden; und D.R.P. 269193 [1909]) können auch katalytisch wirken.

Halogene als Katalysatoren. In Gegenwart von Jod löst sich die
Zellulose leicht bei etwa 120—130° in Essigsäureanhydrid.

Wir haben den Gedanken ausgesprochen, die sauren Kondensationsmittel durch Katalysatoren wie Chlor, Brom oder Kombinationen dieser
Halogene zu ersetzen (Franz. Pat.435507[1911], Engl. Pat.22237[1911]).

Diese katalytische Wirkung tritt besonders hervor, wenn man als
Ausgangsmaterial eine Hydrozellulose anwendet, welche geringe Mengen
Stickstoff enthält (Franz. Pat. 449253 und Engl. Pat. 10706 [1912];
Engl. Pat. 1156 [1914]; Franz. Pat. 469040, 470384, 470726).

Auf diese Weise kann man die Depolymerisation, welche sowohl
Zellulose wie auch Zelluloseazetat durch Säuren erleiden, vermindern.

Die gewonnenen Körper enthalten keine unstabilen gemischten
Ester, wie Zellulosesulfoazetat, führen vielmehr zu plastischen Massen
von hoher Elastizität, großer Stabilität und zeigen hohe dynamometrische Festigkeit, welche sie beibehalten.

Neutralsalze als Katalysatoren. Die Firma Knoll (D.R.P. 203178
[1905] und Zusatz-D.R.P. 206950 [1907]) gebraucht an Stelle starker
Säuren Neutralsalze als Kondensationsmittel, z. B.: Eisenchlorid, Zinkchlorid, Dimethylanilinchlorhydrat, Ammoniumchlorid usw.

Auf 1 Teil Zellulose 4 Teile Essigsäure, 5 Teile Anhydrid, 0,1—0,2
Teile Neutralsalz, 10—24 Stunden bei 70°.

Cross und Briggs (D.R.P. 224330, Amerik. Pat. 960826) nehmen:

Zinkchlorid. . . .   20 Teile
Essigsäure . . . .   80 „
Essigsäureanhydrid 100 „

Ferner erwähnt die Firma Knoll in dem D.R.P. 196730 und 201910
[1907] den Zusatz von Basen oder von Salzen einer schwachen Säure,
z. B. Natriumazetat, um die Lösungen nach der Azetylierung haltbar
zu machen.

Für denselben Gedanken hat Dr. Lederer das franz. Patent 371357
[1906] erhalten.

Zinkchlorid war schon seit längerer Zeit von Franchimont erwähnt
worden, aber die Reaktion ging bei zu hoher Temperatur (120—140°)
vor sich. Die Société Anonyme d'Explosifs et de Produits Chimiques
erwähnt ebenfalls den Gebrauch von Zinkchlorid und einer Säure (Franz.
Pat. 385179).

Ester als Katalysatoren. Die Firma Knoll hat sich Ester der
Schwefelsäure patentieren lassen (D.R.P. 272121 [1911]), Dreyfus
saures Äthylsulfat (Franz. Pat. 430606).

Organische Salze als Katalysatoren. Hydrazinsulfat oder Hydr-
oxylaminsulfat wird in folgender Vorschrift angegeben:

Essigsäure . . . . 100 Teile	Hydrazinsulfat . . 0,5 Teile
Essigsäureanhydrid 100 „	Zellulose . . . . . 20 „

Man kann z. B. die Zellulose mit einer Lösung von Hydrazinsulfat anfeuchten, dann trocknen und in das Azetylierbad bringen (Franz. Pat. 450 890).

b) Heterogenes Gleichgewicht.

Bei der Azetylierung in heterogener Mischung läßt man Essigsäureanhydrid in Gegenwart eines Katalysators und einer neutralen Flüssigkeit, in welcher jedoch die gebildete Azetylzellulose unlöslich ist, auf die Zellulose einwirken. Bei diesem Verfahren verändert die Zellulose ihr Aussehen nicht. Beispiel:

Hydrozellulose oder durch Säuren umgewandelte Zellulose 50 g
Essigsäureanhydrid . . . . 250 g
Benzin . . . . 600 g
Saurer Katalysator . . . .   5 g

Es können alle möglichen Katalysatoren angewendet werden. Verschiedene geeignete neutrale Flüssigkeiten sind: Benzol, Toluol, Äther (Badische Anilin- und Sodafabrik, D. R. P. 184 201 [1904] und Franz. Pat. 347 906), Tetrachlorkohlenstoff (Lederer, D. R. P. 200 916 [1905] und Franz. Pat. 374 370)[1]).

Ferner ist das amerik. Patent 854 474 [1905] von Mork erwähnenswert. Als Beispiel eines Verfahrens mit heterogenem Gleichgewicht sei das Verfahren der Soc. Chimique des Usines du Rhône[2]) erwähnt, bei welchem man Essigsäureanhydrid in Dampfform auf die Zellulose einwirken läßt. Die Reaktion wird gemildert durch Arbeiten bei vermindertem Druck oder durch Verdünnung mit indifferenten Gasen.

Im franz. Patent 462 274 von Dreyfus ist angeführt, daß die mit einer verdünnten Alkalilösung getränkte Zellulose bei 50—60° mit Dimethylsulfat, das in Benzol gelöst wurde, behandelt wird.

Der Gebrauch von feuchter Zellulose erleichtert die Reaktion (Badische Anilin- und Sodafabrik, D. R. P. 184 201 [1904] und Franz. Pat. 347 906); denn bei Anwendung einer trockenen Zellulose und von Benzol, welches über Kalziumchlorid getrocknet wurde, hat man selbst beim Kochen und bei Anwendung von Schwefelsäure als Katalysator keine Azetylierung beobachtet.

Diese Azetylierungsmethoden bei heterogenem Gleichgewicht sind insofern interessant, als man durch einfaches Filtrieren oder Zentrifugieren die Azetylzellulose sofort von der azetylierenden Flüssigkeit

---

[1]) Franz. Pat. 320 714, 371 356, 385 179, 385 180; D. R. P. 120 713, 139 669, 262 289.

[2]) Koetschet, Theumann u. Soc. Chimiques des Usines du Rhône, Franz. Pat. 437 240; D. R. P. 258 879 [1908]; Amerik. Pat. 10 311 [1912]. Man läßt 3 Std. lang Dämpfe von Essigsäureanhydrid bei 40° C auf 100 g Baumwolle einwirken, die mit 20 g 3%iger Schwefelsäure getränkt ist. Die Zellulose wird in einem zylindrischen Gefäß untergebracht, welches in seinem oberen Teil einen Kondensator enthält und mit einer Saugpumpe verbunden wird.

trennen kann, welche man danach wiederum in Säure und Essigsäureanhydrid durch fraktionierte Destillation trennen kann. Die Azetylzellulose wird zuerst mit neutralen Flüssigkeiten, dann mit Wasser gewaschen und schließlich getrocknet. Trotzdem sind diese Methoden bis jetzt noch nicht so entwickelt wie die Lösungsverfahren, welche sicherer wirken. Die Azetylierung findet nicht in der Kälte statt, sondern man muß immer auf 40—50° erwärmen.

D. Hydrolyse des Zelluloseazetats.

Um die Löslichkeit und die allgemeinen Eigenschaften der Azetylzellulose günstig zu verändern, unterwirft man sie einer zweiten Behandlung, wodurch sie teilweise verseift wird. Die Azetate werden dadurch in Azeton und Methylazetat löslich[1].

1. Hydrolyse des nicht in Lösung gebrachten Zelluloseazetats.

Die Farbenfabriken Bayer & Co. (Franz. Pat. 371447 [1907]; Engl. Pat. 24067 [1906], D.R.P. 252706 [1905]) behandeln Zelluloseazetat mit Säure. Man behandelt so lange mit starken Säuren, bis man die Löslichkeit in Azeton erreicht hat, z. B.

	Salzsäure von 25° Bé . . .	500 Teile
	Wasser	1250 „
oder auch	Salpetersäure von 40° Bé .	250 Teile
	Wasser	1250 „

Nach dem franz. Pat. 455117 [1914] des Vereins für chemische Industrie erhält man ein in Äthylazetat lösliches Azetat, wenn man 50 Teile eines in Azeton oder Chloroform löslichen Azetats mit 500 Teilen einer in Wasser löslichen Säure, z. B. Ameisensäure oder Essigsäure, auf 100—110° erhitzt.

Alkalische Lösungen haben eine ähnliche Wirkung (Engl. Pat. 20672 [1900], Mork; Franz. Pat. 416752), so wird z. B. Zelluloseazetat 16 Stunden lang bei 15 oder 20° mit Ammoniak vom spez. Gewicht 0,9 in Berührung gebracht. Ähnlich wirkt Anilin auf Azetylzellulose verseifend ein[2].

2. Hydrolyse des in Lösung gebrachten Zelluloseazetats.

Die teilweise Verseifung kann man durch Zusatz von Säuren in dem Azetylierungsgemisch selber vornehmen, wie es das franz. Pat. 358079

---

[1] Eine Zusammenstellung der bis 1914 bekannten Verfahren bringt Knoevenagel: Zeitschr. f. angew. Chem. 1914, S. 505.

[2] Franz. Pat. 450890 [1912] und 452374 Zusatz 17104 [1913], Schering und Loose; Engl. Pat. 27227 [1912] und Zusatz 2178 [1913]. Zelluloseazetat wird 4—5 Stunden lang mit Anilin erhitzt, oder man nimmt auch eine Mischung von 100 Teilen Anilin und 0,2 Teilen Diäthylanilin-Chlorhydrat, in welcher das Azetat (10 Teile) 2 Std. erhitzt wird. Dasselbe Resultat erhält man mit einer Mischung von 100 Teilen Anilin und 0,3 Teilen Zinkchlorid oder Magnesiumchlorid.

[1905] von Miles vorschreibt. Man fügt 10%ige Schwefelsäure zu der azetylierenden Mischung. Auf diese Weise kann man den Gehalt an gebundener Essigsäure von ungefähr 56,4 auf 47% vermindern.

Nach dem franz. Pat. 438649 (Chem. Fabrik v. Heyden) führt man die Hydrolyse, ebenfalls im Azetylierungsbad, durch Anwendung folgenden Gemisches aus:

Zellulose . . . . . 20 Teile
Schwefelsäure. . . 1 „
Essigsäureanhydrid 35 „
Essigsäure . . . . 150 „

Dabei entsteht im Verlauf von 24 Stunden mit 30—60 Teilen 70%iger Schwefelsäure eine klare Lösung.

Auch verdünnte Salpetersäure kann bei der Hydrolyse angewandt werden (Franz. Pat. 421010, Parkin und William).

Schließlich kann man auch eine Hydrolyse herbeiführen, indem man einfach Wasser anwendet. Nach dem franz. Pat. 441864 (Dr. Lederer) bringt man:

Baumwolle . . . . 5 Teile
Essigsäureanhydrid 20 „
Schwefelsäure . . 1 „

bei 20—25° in Lösung, fügt 20 Teile Wasser hinzu und läßt das Ganze einige Tage lang stehen. Dann gibt man $1\frac{1}{2}$ Teil Natriumazetat hinzu.

Auch wird der Zusatz von Alkohol empfohlen (Franz. Pat. 428554, Danzer); der Alkohol reagiert mit dem Überschuß von Essigsäureanhydrid unter Bildung von Äthylazetat.

Schließlich gibt man auch schwache Katalysatoren hinzu mit oder ohne Zusatz von Wasser (Franz. Pat. 453835 [1913], Knoll).

Durch jede der erwähnten Methoden der Verseifung erreicht man außer einer leichten Löslichkeit in Chloroform oder in Tetrachloräthan mit oder ohne Zusatz von Alkohol:

1. Die Löslichkeit in Azeton, Essigester und einer heißen Mischung von Alkohol und Benzol.

2. Bei stärkerer Verseifung ist das erhaltene Produkt nur in verdünntem Azeton, Äthylalkohol und verdünntem Methylalkohol und verdünnter Essigsäure löslich. Derartige Produkte ergeben bei der Analyse ungefähr 42% Essigsäure.

Als letzte Stufe der Verseifung erhält man eine schwach azetylierte Zellulose, die in konzentrierter Salzsäure und verdünnter Sodalösung löslich ist.

Durch längere Einwirkung des Azetyliergemisches bei Gegenwart des gebräuchlichsten Katalysators, der Schwefelsäure, erhält man in Essigsäure unlösliche Azetylzellulosen, welche jedoch in Tetrachloräthan löslich sind (Franz. Pat. 442512 [1913] und D. R. P. 203178, Knoll),

Augenblicklich wird der Hauptteil der Handelsazetate in der in Azeton löslichen Form verkauft; sie sind also alle einer Hydrolyse unterworfen worden.

E. Physikalische Eigenschaften.

Die Azetylzellulose kann, je nach der Art der Herstellung, verschiedene physikalische Eigenschaften zeigen.

Sie behält die ursprüngliche Form der Baumwollfaser bei, wenn sie durch die sogenannten „Nichtlösungsmethoden" erhalten wurde.

Wenn sie dagegen durch eine der sogenannten „Lösungsmethoden" erhalten wurde, erhält man sie in einer harten, körnigen und schwach gelblichen Form, oft auch als schwammiges, brüchiges und sehr schön weißes Produkt. Diese Formen, hart oder brüchig, in welchen die Azetylzellulose erhalten wird, stellen Polymerisationsstufen ihres Moleküles dar und hängen durchaus nicht von der Natur der Fällflüssigkeit ab, welche man zur Abscheidung des Azetates aus seiner Lösung angewendet hat.

Es gibt verschiedene Zelluloseazetate, wie es verschiedene Nitrozellulosen gibt, wobei nicht allein der Gehalt an Essigsäure bei Anwendung desselben Fabrikationsverfahrens schwankt, sondern auch der Grad der Hydrolyse, d. h. die Größe des Exponenten n in der Formel

$$[(CH_3COO)_3C_6H_7O_2]n.$$

Wenn man bei Anwendung von Schwefelsäure als Katalysator keine besonderen Vorkehrungen trifft, so gelangt man ohne weiteres zu einem Azetat von der Formel des Triazetats:

$$(CH_3COO)_3C_6H_7O_2.$$

Weniger energisch wirkende Kondensationsmittel führen dagegen zu einem Produkt, dessen Formel einem höheren Polymerisationsgrade entspricht.

Die Kolloideigenschaften der Lösungen von Zelluloseazetaten schwanken tatsächlich sehr, je nach dem Wert des Exponenten n. Sie sind an bestimmte Gesetze gebunden, von denen vermutlich auch die mechanischen Eigenschaften der daraus hergestellten Produkte abhängen.

Die Löslichkeit hängt dagegen einzig und allein von der prozentualen Zusammensetzung und nicht von dem Grad der Depolymerisation ab.

So kommt es, daß es zwei große Klassen von Zelluloseazetaten ähnlicher, aber verschiedener prozentualer Zusammensetzung gibt, welche sich voneinander scharf unterscheiden:

1. Zelluloseazetate, welche nur in Chloroform, Tetrachloräthan und Methylformiat löslich sind, mit einem Essigsäuregehalt von 59,4—52,6%.

2. Zelluloseazetate, die außer in den unter 1. genannten Lösungsmitteln noch in: Azeton, Methyl- und Äthylazetat löslich sind und
deren Säuregehalt zwischen 52,6 und 48,7% Essigsäure liegt.

In jeder Klasse wird der Polymerisationsgrad besonders durch die
Viskosität der Lösungen gekennzeichnet.

Die Azetylzellulose ist ein für Wasser ziemlich undurchlässiger Stoff;
je höher der Azetylierungsgrad ist, d. h. je mehr OH-Gruppen verestert
sind, desto größer ist die Undurchlässigkeit. Anderseits sind aber die
besonders weitgehend veresterten Azetate in den von der Industrie
gebrauchten Lösungsmitteln unlöslich, was ihre Anwendung sehr
beschränkt.

Die geringe Durchlässigkeit der Azetylzellulose für Wasser hat lange
Zeit bei ihrer Anfärbung Schwierigkeiten bereitet. Man kann diese
Schwierigkeit umgehen, indem man dem Färbebad Quellungsmittel, wie
Azetin (Donnersmarck, D.R.P. 228 867), Azeton, Essigsäure, Methyl-
alkohol (Aktien-Gesellschaft für Anilinfabrikation [A. G. F. A.], D.R.P.
193 135 und andere Patente) zusetzt.

Ein anderer Weg ist der, daß man dem Azetylierungsgemisch direkt
einen gegen Säuren widerstandsfähigen Farbstoff, wie Bismarckbraun
oder Metanilgelb zusetzt und dann durch Fällung ein bereits gefärbtes
Zelluloseazetat erhält (Franz. Pat. 444 588, D.R.P. 237 210, Borzy-
kowski); oder man kann auch die Azetylzellulose teilweise verseifen
(Franz. Pat. 416 752 [1910], Mork).

Das spez. Gewicht des Zelluloseazetats beträgt ungefähr 1,4.

Löslichkeit.

Die Zelluloseazetate, die wir nach irgendeiner der vorher beschriebenen
Methoden hergestellt haben, zerfallen, wie schon gesagt, in zwei Gruppen:

1. Die Gruppe der Zelluloseazetate, deren Gehalt 52,6% Essigsäure
übersteigt.

Diese Produkte sind löslich in:

Ameisensäure,

Essigsäure,

Alkohol + Chloroform (10% Alkohol),

Tetrachloräthan allein und mit Alkohol gemischt (D.R.P. 175 379
[1904], Franz. Pat. 352 897 und D.R.P. 188 542 [1905], Lederer;
Zusatz 13 237 zum franz. Pat. 419 530, Eichengrün),

Methylformiat (Franz. Pat. 425 900 und D.R.P. 246 657 [1910],
Dr. Wohl; Amerik. Pat. 972 464 [1910], Mork),

Phenol,

Chloralhydrat[1]),

---

[1]) D.R.P. 152 111 und 189 703 [1902], Lederer.

Azetamid (Franz. Pat. 319 724 [1902], Lederer),
Guajakol und den anderen Destillationsprodukten des Holzes (Amerik.
Pat. 774 713, Walker).

2. Die Gruppe der Zelluloseazetate mit geringerem Gehalt als 52,6% Essigsäure.

Diese Azetate, die durch teilweise Hydrolyse der Produkte der ersten Gruppe erhalten werden, lösen sich außer in den bereits erwähnten Lösungsmitteln noch in folgenden anderen, die wir in 3 Klassen einteilen:

1. Einfache, flüchtige Lösungsmittel,
2. Gemischte, flüchtige Lösungsmittel,
3. Schwer oder gar nicht flüchtige Lösungsmittel (Gelatinierungsmittel).

1. Einfache, flüchtige Lösungsmittel.

Wir erwähnen hier
Azeton,
Methylazetat,
Methyl- und Äthylformiat,
Diazetonalkohol (D.R.P. 246 967 [1910] und 251 351 [1911], Dörflinger),
Methylchlorazetat (Amerik. Pat. 1 039 782, Mork und Chemical Products Cy.),
Nitromethan (D.R.P. 201 907 [1907], Fischer).

Warmer Alkohol für bestimmte, sehr weitgehend deazetylierte Azetate (D.R.P. 153 350 [1901] und 185 837 [1901], Franz. Pat. 317 007 [1911], Farbenfabriken Bayer & Co.).
Pyridin,
Azetessigester,
Methyläthylketon,
Benzylalkohol,
Benzylazetat,
Furfurol.

2. Gemischte, flüchtige Lösungsmittel.

Diese bestehen aus Mischungen von zwei Nichtlösungsmitteln oder auch einem Nichtlösungsmittel mit einem Lösungsmittel.

Wir führen an:
Äthylalkohol mit Zusatz von Chlorzink oder von Sulfozyanaten, die in der Hitze ausgezeichnete Lösungsmittel sind und in der Kälte eine sehr viskose Lösung ergeben (D.R.P. 256 922 [1911], Farbenfabriken Bayer & Co.),
Methyl- oder Äthylalkohol und Benzol zu gleichen Teilen lösen in der Wärme Azetylzellulose (Franz. Pat. 411 126, Engl. Pat. 12 976 [1909], Reeser),
Alkohol- und Kohlenwasserstoffe (Eichengrün, D.R.P. 254 385 [1909] und Franz. Pat. 412 799 und Zusatz 12 388), welche in der

Wärme Lösungsmittel für Azetate sind und welche die Gewinnung
flüssiger Massen bei gewöhnlicher Temperatur ermöglichen, wenn
man Dichlorhydrin oder Triazetin hinzufügt,

Pentachloräthan und Alkohol (Franz. Pat. 417 250, Engl. Pat. 14 364
[1910], Farbenfabriken Bayer & Co.; Amerik. Pat. 1 041 112,
Lindsay und Celluloid Cy.) ist nur in der Wärme im Verhältnis
von 2 Gewichtsteilen Pentachloräthan und 1 Gewichtsteil Äthyl-
oder Methylalkohol ein Lösungsmittel. Das entspricht ungefähr
gleichen Volumina Pentachloräthan und Alkohol,

Dichloräthylen und Alkohol im Verhältnis von 80 Teilen Dichloräthylen
und 20 Teilen Alkohol (Franz. Pat. 418 309),

Trichloräthylen oder Perchloräthylen, mit geringem Zusatz von Mono-
oder Polyphenolen (Franz. Pat. 440 143, Koller),

Trichloräthylen mit Methyl- oder Äthylalkohol zu gleichen Volumen
gemischt, bringen Zelluloseester in der Kälte sehr stark zur Quellung.
Es genügt, irgendein Lösungsmittel zuzusetzen, um sehr schnell eine
vollständige Lösung zu erhalten (Franz. Pat. 432 364 und 432 047,
Soc. du Cellit),

Äthylazetat mit einem Zusatz von 15% Alkohol löst Zelluloseazetat.

3. Schwerflüchtige Lösungsmittel (Gelatinierungsmittel).

Hierher gehören:

Glyzerinester, Mono- und Dichlorhydrin, Trichlorhydrin (Amerik. Pat.
1 041 114, Lindsay und Celluloid Cy.) und Epichlorhydrin; Mono-,
Di- und Triazetin (Franz. Pat. 440 955, Cie. Française du Celluloid);
Diphenylglyzerinäther (Engl. Pat. 13 239 [1912] und Franz. Pat. 443 031
[1911], Danzer); Glyzerinbenzoat (Franz. Pat. 461 544, Dreyfus),

Nelkenölessenz,

Glykolchlorhydrin (Bad. Anilin- u. Sodafabrik),

Resorzindiazetat (Engl. Pat. 8945 [1909], Lederer),

Äthyllaktat,

Methylazetanilid (Mannol) (Franz. Pat. 418 744, Eichengrün),

Chloralhydrat,

Azetodichlorhydrin und Alkohol,

Äthylenazetochlorhydrin, die substituierten Azetanilide, wie Tetra-
chloräthylazetanilid (Amerik. Pat. 1 027 486, 1 027 614, 1 027 619,
1 041 117 [1911], Lindsay und Zelluloidfabrik),

Alkohol und Antimontrichlorid (D.R.P. 268 627 [1911], Bayer & Co.,

Hydrierte Phenolester und die Ester des Zyklopentanols, wie das Methyl-
zyklopentanolazetat (D.R.P. 251 351 und 255 692, Bad. Anilin-
u. Sodafabrik),

Chloressigsäureäthylester,

Methyloxalat,
Guajacol,
Butyl- und Amyltartrat,
Eugenol.

Als Mittel zur Herabsetzung der Entflammbarkeit und nicht als Lösungs- und Gelatinierungsmittel für Azetate erwähnen wir die Ester der Phenole, Kresole usw. (Franz. Pat. 414680 [1910], Merkens und Manissadjean); Triphenylphosphat; Harnstoff (Franz. Pat. 415518 [1910], Lindsay).

Azetylzellulose ist in Methyl- und Äthylalkohol unlöslich, jedoch sind gewisse Zelluloseazetate nach starker Hydrolyse in heißem Alkohol löslich (D.R.P. 153350 [1901], D.R.P. 185837 [1901], Franz. Pat. 317007 [1911] und Zusatz 1425, Farbenfabriken Bayer & Co.).

Alle diese Patente leiten sich ab von dem allgemeiner gehaltenen Patent der Farbenfabriken Bayer & Co. (Franz. Pat. 317008 [1901]), in welchem der Zusatz von Kampfer oder eines Kampferersatzmittels zur Azetylzellulose zum Zwecke der Herstellung einer plastischen Masse geschützt wird.

Alle Lösungen von Zelluloseazetat in irgend einem seiner Lösungsmittel sind Kolloidlösungen. Die Pseudolösungen des Zelluloseazetats bestehen in Wirklichkeit aus Suspensionen von Mizellen, die in der Flüssigkeit schweben. Die Eigenschaft, die das Zelluloseazetat als Kolloid charakterisiert, ist ihre Fähigkeit, mit zahlreichen Lösungsmitteln Gallerten zu bilden. So ist z. B. eine Alkoholbenzolmischung (1 : 1) in der Wärme ein ausgezeichnetes Lösungsmittel, während in der Kälte nur eine Quellung eintritt. Zelluloseazetat dialysiert nicht, man kann also diese Eigenschaft benutzen, um aus Azetatlösungen dialysierbare Körper abzuscheiden, die darin enthalten sein können.

F. Chemische Eigenschaften.

Die Zelluloseazetate können wechselnde Mengen von Essigsäure enthalten. Die Handelsprodukte enthalten 52,6—48,7% Essigsäure.

Wir stellen in der folgenden Tabelle (siehe S. 71) die wichtigsten Eigenschaften der verschiedenen Zelluloseazetate zusammen.

Azetylzellulose wird durch Säuren und verdünnte Alkalien nicht angegriffen. Mit Säuren und Alkalien mittlerer Konzentration von etwa 40—60% tritt in der Kälte zuerst langsame Verseifung, dann Lösung ein; in der Hitze geht die Spaltung des Esters schneller vor sich.

So erhält man mit alkoholischem Kali Zellobiose, $C_{12}H_{22}O_{11}$.

Zelluloseazetate sind nicht immer stabil, was sich dadurch erklärt, daß manche der angewandten Katalysatoren am Schluß der Reaktion eine teilweise Verseifung bewirken, wodurch eine langsame rückläufige Bewegung zu niedrigeren, weniger stabilen Körpern eintritt.

Formel	% Essig-säure	Ausbeute	Löslichkeit
$(CH_3COO)_{12}C_{24}H_{28}O_8$	62,5	176 %	Unlöslich in Chloroform Tetrachloräthan Azeton
$(CH_3COO)_{11}C_{24}H_{29}O_9$	59,4	—	Löslich in Chloroform Tetrachloräthan Ameisensäuremethylester
$(CH_3COO)_{10}C_{24}H_{30}O_{10}$	56,2	164	Unlöslich in Azeton Essigsäuremethylester Essigsäureäthylester
$(CH_3COO)_9C_{24}H_{31}O_{11}$ $(CH_3COO)_8C_{24}H_{32}O_{12}$	52,6 48,7	158 151	Löslich in Chloroform Tetrachloräthan Ameisensäuremethylester Azeton
$(CH_3COO)_4C_{24}H_{36}O_{16}$ $(CH_3COO)_2C_{24}H_{38}O_{18}$	29,4 14,7	— —	Unlöslich

Zelluloseazetat ist als organischer Körper nicht völlig unverbrennbar; mit einer Flamme in Berührung gebracht, brennt es mit kleiner, schwacher Flamme und schmilzt zu Produkten, die seine Selbstlöschung herbeiführen.

Die Temperatur der völligen Zersetzung bis zum Kohlenstoff liegt bei 255°.

Diese Zersetzung ist exotherm, aber die durch den Zerfall entstehenden Gase bestehen zum großen Teil aus Kohlensäure. Man kann die aus Zelluloseestern hergestellten Produkte leicht vollständig unverbrennbar machen, indem man verschiedene Körper zusetzt, z. B. Phosphorsäureester des Phenols oder seiner Homologen; Triphenyl- und Trikresylphosphat.

G. Die Industrie der Zelluloseazetate.

1. Allgemeines Herstellungsverfahren.

Das Prinzip der Herstellung von Zelluloseazetaten beruht auf der Azetylierung von bestimmten Hydrozellulosen mit Essigsäureanhydrid.

Die sehr lebhafte Reaktion wird durch den Zusatz von Eisessig gemildert. Dennoch verläuft die Azetylierung nur glatt bei Gegenwart geringer Mengen von Katalysatoren, wie Schwefelsäure, Sulfosäuren, Schwefelsalpetersäuremischungen, Brom usw., welche die Esterbildung begünstigen.

Auf diese Weise wird die Zellulose azetyliert, und das entstandene Zelluloseazetat bleibt in der Reaktionsmasse infolge seiner Löslichkeit in Essigsäure in Lösung. Wenn man dann mit Wasser verdünnt, so fällt ein Zelluloseazetat mit einem Gehalt von 62,5% Essigsäure aus.

Aber die Löslichkeitseigenschaften des so gewonnenen Azetates würden es kaum verwendbar machen, weil das Produkt infolge seines zu hohen Azetylierungsgrades in Azeton oder Methylazetat unlöslich ist.

Um es löslich zu machen, muß man seinen Essigsäuregehalt, wie schon erörtert, teilweise wieder abspalten, d. h. den Ester verseifen, bis er nicht mehr als 52,6% Essigsäure enthält.

Diese teilweise Entazetylierung kann sich in der Reaktionsmasse und vor der Ausfällung des Azetats vollziehen. Sie erfolgt durch die Einwirkung gewisser saurer Zusätze unter bestimmten Temperatur- und Zeitbedingungen.

Die essigsaure Lösung wird darauf durch Mischen mit Wasser gefällt und das Zelluloseazetat durch Zentrifugieren von der verdünnten Essigsäure getrennt. Es wird darauf vollkommen ausgewaschen, getrocknet und gemahlen.

In einigen Fabriken nimmt man das vollständige Auswaschen mit Hilfe eines Waschholländers vor, ähnlich wie er in der Papierfabrikation gebraucht wird.

Die Herstellungsmethode, die wir soeben beschrieben haben, kann als „Lösungsmethode" bezeichnet werden.

Sie wird wohl am meisten angewandt und ergibt sehr gleichmäßige Produkte, wenn das Verfahren exakt durchgeführt wird.

Es gibt noch ein anderes Fabrikationsverfahren nach der sogenannten „Nichtlösungsmethode". Dieses Verfahren wird in der Weise ausgeführt, daß die Azetylierung der Hydrozellulose in Gegenwart einer Flüssigkeit vor sich geht, welche Zelluloseazetat nicht löst, z. B. Benzol oder Tetrachlorkohlenstoff.

Das azetylierende Bad besteht dabei aus einem Gemisch von Essigsäureanhydrid und Benzol, dem eine geringe Menge eines die Reaktion beschleunigenden Katalysators wie Schwefelsäure beigemischt wird.

Nach der Azetylierung hat die Baumwollfaser ihre Form beibehalten; sie ist nur ein wenig gequollen. Durch Zentrifugieren trennt man in einfacher Weise das erhaltene Azetat von dem Azetylierungsbad.

Das Auswaschen geschieht genau wie bei dem vorher beschriebenen Verfahren.

Dieses bei flüchtiger Betrachtung durch seine einfache Ausführung gewinnende Verfahren (leichte Abscheidung des Azetats von dem Entstehungsbade und sehr einfache anschließende Erneuerung des Bades) wird dennoch nicht oft angewandt. Der Grund dafür liegt in der Schwierigkeit, die teilweise Entazetylierung des Azetats in einem solchen nicht homogenen Gemisch gleichmäßig durchzuführen; die auf diesem Wege erhaltenen Azetate sind gewöhnlich in Azeton oder Methylazetat schlecht löslich.

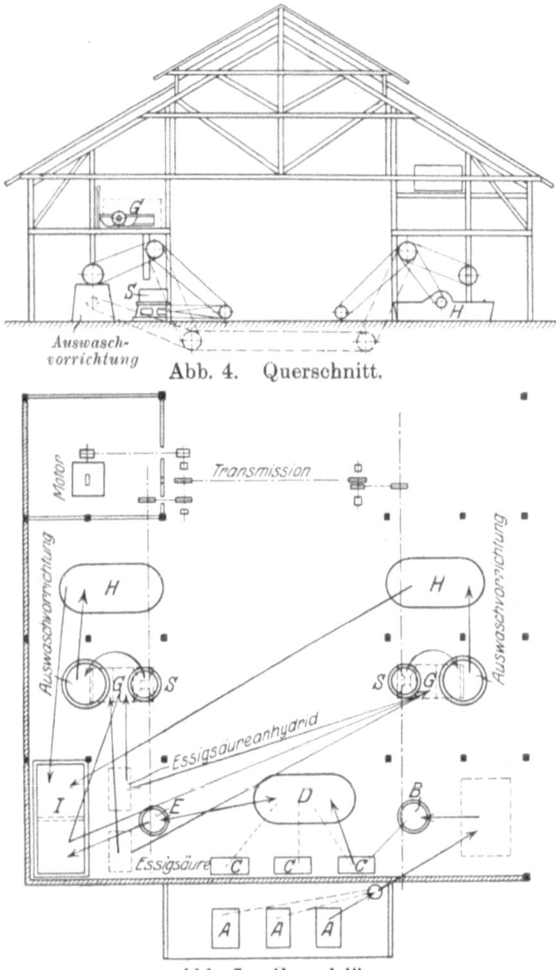

Abb. 4. Querschnitt.

Abb. 5. Grundriß.

Abb. 4 und 5. Schema einer Anlage zur Herstellung von Zelluloseazetat.
A Vorratsbehälter für Hydrolysiersäure. *B* Apparat zur Hydrolyse von Baumwolle. *C* Waschgefäß für die hydrolysierte Baumwolle. *D* Holländer zum Mahlen der hydrolysierten Baumwolle. *E* Trockenzentrifuge für hydrolysierte Baumwolle. *G* Knetmühle. *H* Holländer zum Waschen des Zelluloseazetats. *I* Trockenkammer.

2. Spezielle Herstellungstechnik.

Nachdem wir das Prinzip des Herstellungsverfahrens kennengelernt haben, wollen wir uns der speziellen Arbeitsweise der Technik zuwenden.

Aus dem vorher Gesagten geht hervor, daß die Herstellung des Zelluloseazetats sich in mehreren Stufen vollzieht:

1. Herstellung der Hydrozellulose.
2. Azetylierung dieser Hydrozellulose.
3. Teilweise Entazetylierung des gebildeten Azetats.
4. Abscheidung des erhaltenen Azetats, Auswaschen und Trocknen. Konzentration der Waschwässer.

Jede dieser Phasen erfordert besondere Apparaturen, mit denen wir uns kurz beschäftigen wollen. Einen Überblick über die Herstellung erhält man durch Abb. 4 und 5.

1. Herstellung der Hydrozellulose.

Das allgemein angewandte Ausgangsmaterial für die Herstellung von Zelluloseazetat ist die Baumwolle, entweder langfaserige Baumwolle (Hydrophile Baumwolle) oder die mit dem Namen Linters bezeichnete Baumwolle, die kürzere Fasern hat.

Auch reines Leinenpapier hat man angewandt; nicht ohne bedeutende Fabrikationsschwierigkeiten.

Holzzellstoff ist bei dem gegenwärtigen Stand der Technik nicht zu verwenden wegen der Verunreinigungen, die er enthält.

Die Baumwolle wird in eine besondere, chemisch wenig depolymerisierte Hydrozellulose umgewandelt. Zu diesem Zwecke wird sie mit einer Mischung geeigneter Säuren durchgearbeitet, z. B. in einer Mischung von Essigsäure und Schwefelsäure oder auch in einer Mischung von Salpeter- und Schwefelsäure in passendem Verhältnis usw.

Diese Behandlung wird in einem Knetapparat oder in einer Zentrifuge vorgenommen. Als Metall für die Apparatur wählt man gewöhnlich Aluminium.

Die erhaltene Hydrozellulose kann leicht gewaschen und getrocknet werden, wenn die gewählte Mischung keine Essigsäure enthält.

2. Azetylierung der Hydrozellulose.

Man stellt sich eine Mischung von Eisessig, Essigsäureanhydrid und einem geeigneten Katalysator her.

In diese Mischung trägt man die Hydrozellulose in kleinen Portionen ein. Dieses Einarbeiten geschieht in einer Knet- und Mischmaschine, wie sie die bekannte Firma Werner u. Pfleiderer in Cannstatt-Stuttgart baut. (Abb. 6.)

Die Anwendung des Knet- und Mischapparates zur Azetylierung der Hydrozellulose bedingt die Verwendung eines geeigneten, den chemischen Einflüssen entsprechend Widerstand bietenden Materials. Für diese Zwecke sind Bronzen besonderer Legierung in Gebrauch. Auch Silber ist sehr widerstandsfähig. Die Knetmaschine ist mit einem Hohlmantel versehen, wodurch eine Erwärmung oder Abkühlung ermöglicht wird.

Allmählich löst sich die Hydrozellulose in dem Säuregemisch auf, und man erhält eine vollkommen durchsichtige, homogene Masse.

Abb. 6.   Knet- und Mischmaschine.

3. Teilweise Verseifung.

Wenn die Azetylierung beendet ist, nimmt man in demselben Apparat eine teilweise Verseifung vor.

4. Abscheidung des erhaltenen Azetates.

Die dickflüssige Masse wird nach und nach mit Wasser gemischt, entweder in derselben Knetmaschine oder auch in einer anderen Knetmaschine von größeren Dimensionen.

Das Zelluloseazetat fällt in farblosen, gequollenen Flocken aus, welche allmählich erhärten. Nachdem es in der Zentrifuge von dem wässerigen Säuregemisch getrennt worden ist, wird es in einem Bottich mit Rührwerk oder in einem großen Holländer mit kaltem und heißem Wasser gewaschen und schließlich im Trockenschrank getrocknet.

Das mit Wasser verdünnte Säuregemisch wird entweder destilliert oder mit Kalk neutralisiert, um die Essigsäure wieder zu gewinnen.

Ausbeute: 1 kg Baumwolle ergibt ungefähr 1,5 kg Zelluloseazetat. Dazu sind 3,5 kg Essigsäureanhydrid und 4 kg Eisessig erforderlich.

Man kann 13 kg wässerige Essigsäure von 45% zurückgewinnen.

5. Azetylierung nach der Nichtlösungsmethode.

Dieses Verfahren scheint sich nicht in demselben Umfange entwickelt zu haben wie das vorher beschriebene. Die Azetylierung wird in einem einfachen heizbaren Gefäß vorgenommen, welches mit einem gut wirkenden Rührwerk versehen ist, wodurch eine vollständige Durchdringung der Zellulose mit dem Azetylierungsgemisch bewirkt wird. Durch Zentrifugieren erhält man das Azetat, welches dann gewaschen und getrocknet wird.

Das Azetylierungsgemisch wird schließlich durch Zugabe einer gewissen Menge Essigsäureanhydrid aufgefrischt.

H. Die zur Fabrikation von Zelluloseazetat nötigen Rohstoffe.

Nach dem vorhergehenden sind die zur Fabrikation von Zelluloseazetat unerläßlichen Rohstoffe:

Baumwolle,
Essigsäureanhydrid,
Eisessig.

Baumwolle.

Man verwendet am besten Baumwolle von derselben Qualität, welche zur Herstellung des B-Pulvers dient.

Ohne Frage ist auch das reine Leinenpapier verwendbar, welches die Zelluloidfabriken auf Nitrozellulose verarbeiten.

Wie wir schon hervorhoben, kommt dagegen gereinigte Holzfaser für die Azetylierung nicht in Frage.

Essigsäureanhydrid.

Essigsäureanhydrid

$$CH_3 - CO - O - CO - CH_3$$

wurde zuerst von Gerhardt durch die Einwirkung von Phosphoroxychlorid auf Natriumazetat erhalten (1852).

$$POCl_3 + 3\,CH_3CO_2Na = PO_4Na_3 + 3\,CH_3COCl$$
$$CH_3COCl + CH_3COONa = (CH_3CO)_2O + NaCl.$$

Nach Broughton erhält man es bei 165° nach folgender Gleichung:
$$2(CH_3COO)_2Pb + CS_2 = 2(CH_3CO)_2O + CO_2 + 2PbS.$$

Auf folgende Reaktionen sind Patente erteilt worden: Einwirkung von $COCl_2$ auf Natriumazetat oder $SOCl_2$ auf ein Azetat (D. R. P. 63 593 und 244 602), Einwirkung von schwefliger Säure und Chlor auf Natriumazetat. Nach dem D. R. P. 210 805 (A. G. F. A.) läßt man 256 Teile schweflige Säure und 284 Teile in 100 Teilen Essigsäureanhydrid gelöstes Chlor auf 1212 Teile Natriumazetat einwirken. Man läßt die Flüssigkeit auf das Salz fließen und destilliert.

Die Reaktion einer Mischung von Natriumazetat und Schwefel in Gegenwart von Chlor bei niedriger Temperatur (— 24°) ergibt ebenfalls Essigsäureanhydrid nach folgender Reaktion:
$$8\,CH_3COONa + S + 3\,Cl_2 = 6\,NaCl + SO_4Na_2 + 4(CH_3CO)_2O$$
(D. R. P. 222 236, Goldschmidt).

Einwirkung von Chlor auf eine Mischung von Natriumazetat und einer Chlor-Schwefelverbindung (D. R. P. 273 101, A. G. F. A.).

Essigsäureanhydrid hat das spez. Gewicht 1,079 bei 15°; sein Siedepunkt liegt bei 137,9°.

Es ist in kaltem Wasser unlöslich. Seine Dämpfe greifen die Schleimhäute stark an.

Man kann folgendes Herstellungsverfahren anwenden:

Das aus Kalziumazetat erhaltene Natriumazetat wird getrocknet und gemahlen. Gleichzeitig löst man in wenig Essigsäureanhydrid Chlor und schweflige Säure auf und erhält so eine Lösung von Sulfurylchlorid in Essigsäureanhydrid, welche man auf das trockene Natriumazetat fließen läßt. Dadurch bildet sich Essigsäureanhydrid, welches abdestilliert wird. Es gibt natürlich außer diesem noch andere Herstellungsverfahren, welche jedoch ganz ähnlich verlaufen.

Die notwendigen Rohstoffe würden also sein: Kalziumazetat, Chlor, schweflige Säure oder ähnliche Körper.

Man rechnet auf 1000 kg Essigsäureanhydrid: 2000 kg Kalziumazetat, 800 kg Sulfurylchlorid und 38 kg flüssiges Chlor.

Azetylchlorid.

Azetylchlorid CH_3COCl erhält man entweder durch Einwirkung von Phosphortrichlorid auf Essigsäure,
$$3\,CH_3COOH + 2\,PCl_3 = 3\,CH_3COCl + 3\,HCl + P_2O_3,$$
oder man läßt gasförmiges Chlor auf ein Gemisch von Schwefel und Essigsäure bis zur Sättigung einwirken:
$$4\,Cl_2 + 4\,CH_3COOH + S_2 = 4\,CH_3COCl + 4\,HCl + 2\,SO_2.$$

Azetylchlorid ist in Wasser unlöslich, aber, in Berührung damit, zersetzt es sich allmählich. Sein spez. Gewicht ist 1,105 bei 20°, sein Siedepunkt liegt bei 50,9°.

Essigsäure.

Aus verdünnter Essigsäure stellt man 100%ige kristallisierte Essigsäure (Eisessig) durch Überführung in das Kalziumsalz, Umsatz mit konzentrierter Schwefelsäure und Destillation her.

Auch hier bildet also wieder das Kalziumazetat das Ausgangsmaterial.

Synthetische Essigsäure.

Wir wollen noch eine andere Quelle zur Gewinnung von Essigsäure außer der Holzdestillation anführen. Es handelt sich um die synthetische Herstellung von Essigsäure aus Azetylen. Dieses Verfahren, welches in Deutschland neuerdings sehr viel angewandt wird und welches man jetzt auch in Frankreich einzuführen versucht, gründet sich auf folgende Reaktionen:

1. Azetaldehyd bildet sich bekanntlich aus Azetylen in Gegenwart eines Quecksilbersalzes nach folgender Gleichung:

$$C_2H_2 + H_2O = CH_3COH.$$

2. Durch bekannte Oxydationsverfahren kann man das nach Gleichung (1) erhaltene Azetaldehyd in Essigsäure überführen

$$2\,CH_3COH + O_2 = 2\,CH_3COOH.$$

Schließlich kann man auch, vom Azetylen ausgehend, nach dem Verfahren von Boiteau Essigsäureanhydrid nach folgender Gleichung herstellen:

$$C_2H_2 + 2\,CH_3CO_2H = (CH_3CO_2)_2O + CH_3COH.$$

Man bringt Azetylen mit Essigsäure durch katalytische Wirkung eines Quecksilbersalzes in Reaktion. Es bildet sich Essigsäureanhydrid und Äthylidendiazetat, welch letzteres man durch eine weitere Reaktion in Essigsäureanhydrid umwandeln kann.

Wenn man die Anwendung dieses Verfahrens in großen Zügen angeben will, so würde die Herstellung des Zelluloseazetats an folgende Ausgangsmaterialien gebunden sein:

       Baumwolle,

       Kalziumkarbid,

       Oxydationsmittel,

Dieser Reaktionskreis verdient größtes Interesse und kann die Grundlage einer neuen, vollständig selbständigen Industrie werden.

I. Gegenwärtiger Stand der Industrie des Zelluloseazetats.

Die ersten Kilogramm Zelluloseazetat, welche vollständig in Azeton löslich und somit für die Technik brauchbar waren, wurden im Jahre 1908 hergestellt und unter dem Namen „Cellit" durch Friedrich Bayer & Co. in Elberfeld in den Handel gebracht. Für die Jahre 1908—1913 behielten die Deutschen das Monopol für diese Fabrikation. Außer

Bayer brachten die Aktien-Gesellschaft für Anilinfabrikation in Berlin (A. G. F. A.), die Firma Heyden und der Verein für Chemische Industrie ebenso gut brauchbares Zelluloseazetat auf den Markt.

Im Jahre 1913 fingen die Société Chimique des Usines du Rhône in Saint Fons in Frankreich und die Société du Cellonit Dreyfus in Basel an, eine beträchtliche Menge Zelluloseazetat herzustellen.

Ende 1913 konnte man unserer Schätzung nach die jährliche Höhe der Weltproduktion auf 200 Tonnen angeben.

Zu dieser Zeit hat die Agfa ihren unentflammbaren Film aus Zelluloseazetat mit gutem Erfolg in den Handel gebracht.

In Frankreich war die Firma Pathé inzwischen eifrig bemüht, die Frage des unentflammbaren Films zu studieren und bestrebt, die allgemeine Einführung solcher Filme durchzusetzen.

Gleichzeitig begannen auch Zelluloidfabriken mit der Herstellung plastischer Massen aus Zelluloseazetat.

Seit 1914 hat sich die Lage geändert: Wir wissen nichts Sicheres über die deutsche Fabrikation von Zelluloseazetat, doch scheint sie sich weiter entwickelt zu haben. Bedeutend hat sich jedenfalls die französische Produktion, dank der Anstrengungen der Société Chimique des Usines du Rhône, erhöht. Man konnte die französische Produktion im Jahre 1918 auf 600000 kg einschätzen. Auch führt die Société du Cellonit in Basel eine bedeutende Menge dieses Produktes in Frankreich ein. Amerika und England haben ebenfalls Werke, welche anscheinend Zelluloseazetate auf den Markt bringen können; bisher scheinen sie ihre Produktion direkt in verschiedenen Fabrikationszweigen weiter verarbeitet zu haben.

Der Bedarf an Zelluloseazetat für die Bedürfnisse der nationalen Verteidigung war ganz bedeutend, für Flugzeuglack, unentflammbare, durchsichtige Scheiben, Gasmaskeneinsätze usw.

Wenn auch im Kriege die große Nachfrage der Industrie für kinematographische Filme und unentflammbares Zelluloid nicht berücksichtigt werden konnte, so ist doch durch den heutigen Verbrauch ein vollständiger Ausgleich geschaffen.

Ohne Zweifel wird die jährliche Produktion an Zelluloseazetat auch jetzt nach dem Kriege Absatz genug finden, da der Verbrauch bei der Herstellung von Kunstseide und plastischer Massen ganz beträchtlich zugenommen hat.

Die Erwartungen, die sich an die Verwendung von Azetylzellulose für unentflammbare Kinematographenfilme knüpften, haben sich nicht erfüllt, weil dem einzigen Vorteil der Unentflammbarkeit sehr schwerwiegende Nachteile (höherer Preis, minderwertige Qualität, geringere Haltbarkeit) gegenüberstehen, so daß an einen Ersatz des Zelluloidfilms durch Azetylzellulosefilm in nennenswerter Menge nicht zu denken ist, besonders da die Sicherheitsmaßnahmen bei Zelluloidfilm sehr wirksam vervollkommnet worden sind.

J. Abbauprodukte des Zelluloseazetats, Zellobiose $C_{12}H_{22}O_{11}$ und Zellobioseazetat.

Durch längere Einwirkung der azetylierenden Mischung, welche Schwefelsäure als Kondensationsmittel enthält, auf Zellulose entstehen Abbauprodukte des Zellulosemoleküls; im Zusammenhang damit geht die Viskosität der Lösung stark zurück.

Die nach beendeter Azetolyse erhaltenen Produkte sind Zellobioseazetat mit einem Gehalt von 70,8% Essigsäure, Dextrosepentazetat mit 76,9% Essigsäure.

Nach Klein und Schliemann[1]) führt die Azetylierung bei Verwendung folgender Mischung:

Filtrierpapier oder Watte 10 g
Essigsäureanhydrid . . . 40 g
konz. Schwefelsäure . . 10 g

bei einer Temperatur von 30° zu einer Mischung von Zelluloseazetat und Zellobioseazetat mit 70,8% Essigsäure.

Ost erhielt mit folgender Mischung:

Zellulose. . . . . 5 g
Essigsäureanhydrid . . . 25 ccm
Essigsäure . . . . 25 ccm
Schwefelsäure . . . . . 5,5 g,

nachdem er 2 Tage lang auf 40—45° erwärmt hatte, dann mehrere Monate stehen lassen und schließlich mit Wasser ausgefällt hatte, ein Produkt, welches von neuem azetyliert das α-Pentazetat der Dextrose mit 76,9% Essigsäure ergab.

Eine größere Menge Schwefelsäure würde zu humusartigen Substanzen führen.

3. Zellulosebutyrate.

Zellulosebutyrat entsteht durch Einwirkung von Buttersäureanhydrid in Gegenwart saurer Katalysatoren auf Hydrozellulose, welche mit Hilfe von Säuren hergestellt wurde.

Hydrozellulose . . . . . 20 g
Buttersäureanhydrid . . 150 g
Buttersäure . . . . . . 40 g
Bromwasserstoffsäure . . 2 g.

Die verwendete Buttersäure ist hauptsächlich Isobuttersäure.

Die Mischung wird 5 Stunden lang auf 80—90° erwärmt.

---

[1]) Schliemann: Über Zellobiose und Azetolyse der Zellulose, Dissertation (Druck H. Osterwald, Hannover 1910).

Die Hydrozellulose wird durch Tränken von Baumwolle mit einer Mischung starker Säuren hergestellt.

Zellulosebutyrat wird aus dem Veresterungsgemisch durch Alkohol ausgefällt.

Seine Eigenschaften sind: Weiße Flocken, schwammig, ohne merkbaren Buttersäuregeruch, löslich in Chloroform, Azeton, Dichlorhydrin.

Soviel wir wissen, wird das Zellulosebutyrat industriell nicht angewendet. Es ist aber möglich, daß ein solches Produkt plötzlich an Interesse gewinnt, z. B. von dem Tage an, wo die Buttersäure in großen Mengen und zu niedrigem Preise im Handel erscheint. (Dadurch, daß Effront ein brauchbares Herstellungsverfahren ausgearbeitet hat, ist Aussicht dafür vorhanden.)

4. Zellulosebenzoate.

Bekannt sind: Mono-Benzoat $(C_6H_5 — COO)C_6H_9O_4$ mit einem Gehalt von 45,9% Benzoësäure, Dibenzoat $(C_6H_5COO)_2C_6H_8O_3$ mit 66% und das Tribenzoat $(C_6H_5COO)_3C_6H_7O_2$ mit 77,2%[1]).

Zur Herstellung der Zellulosebenzoate sind verschiedene Verfahren angegeben worden.

1. Die Einwirkung von Benzoylchlorid auf Alkalizellulose.

Die Hydrozellulose wird zuerst mit einer 20%igen Ätznatronlösung, dann mit einer Lösung von Benzoylchlorid in Benzol behandelt (Briggs, Markirch und Fife: Zeitschr. f. angew. Chem. 1913. S. 255).

2. Einwirkung von Benzoylchlorid auf Zellulose in Gegenwart von Pyridin.

Die Baumwolle wird mit einer Lösung von Pyridin in Nitrobenzol, dann mit einer Lösung von Benzoylchlorid in Nitrobenzol behandelt. Das Pyridin absorbiert die durch die Benzoylreaktion entstehende Salzsäure.

Man setzt schließlich der erhaltenen Lösung Alkohol zu, um das Zellulosebenzoat auszufällen.

3. Einwirkung von Benzoësäureanhydrid auf eine besondere Art von Hydrozellulose in Gegenwart von Säuren.

Wir haben experimentell festgestellt, daß Hydrozellulose, welche durch Behandlung von Baumwolle mit einer wasserreichen Mischung von Schwefelsäure und Salpetersäure erhalten wurde, in Gegenwart eines Halogens als Katalysator mit Benzoësäureanhydrid reagiert. Um die Masse zu verdünnen, setzten wir Eisessig zu. Das erhaltene Tribenzoat war in folgenden Lösungsmitteln löslich: in Chloroform, Dichlorhydrin und Pyridin; in Azeton quillt es stark.

---

[1]) Klein: Die Benzoylierung der Zellulose, Dissertation (Druck Thomas & Hubert, Weida i. Th. 1912.

Aus den Lösungen entstehen beim Verdunsten weiche, wenig brennbare Filme. Es ist ein vollständig stabiles weißes Pulver.

Die Zellulosebenzoate werden augenblicklich nicht fabrikmäßig hergestellt, denn der Preis des Benzoësäureanhydrids ist ein Hindernis für jede industrielle Verwertung.

5. Phenylzellulose und Toluolsulfozellulose.

Eine Tetraphenylzellulose soll entstehen, wenn man Zellulose in der Kälte in konzentrierter Schwefelsäure auflöst und der erhaltenen Lösung Benzol zusetzt. Als Gewichtsverhältnis wird angegeben:

1 g Papier
10 ccm Schwefelsäure
5 „ Benzol.

Wenn man auf Hydratzellulose in Gegenwart von Salzsäure und Zinkchlorid ein aromatisches Sulfochlorid einwirken läßt, so erhält man p-Toluolsulfozellulose[1]), ein weißes Pulver, das in Essigsäure, Chloroform, Epichlorhydrin und Äthylazetat löslich ist.

Diese Körper haben, soviel wir wissen, noch keine Verwendung gefunden. Ihre chemische Konstitution ist vollständig ungeklärt.

6. Einwirkung von Oxalsäure auf Zellulose.

J. F. Briggs hat die Fixierung von Oxalsäure auf Zellulose studiert.

Ein Stück trockenes Baumwollgewebe wurde mit einer 10%igen Oxalsäure getränkt, dann ausgepreßt, getrocknet und 24 Stunden bei 95° C erhitzt. Es hatte danach eine gewisse Menge Oxalsäure fixiert, welche durch Waschen nicht entfernt werden konnte; nur durch Verseifung mit Hilfe einer 1%igen warmen Sodalösung war die Säure abspaltbar.

Man fand wechselnde Werte von 1,6, 3,7—6,4% des Zellulosegewichtes an gebundener Oxalsäure.

Der Verfasser glaubt daraus auf die Bildung eines Zelluloseoxalates schließen zu dürfen.

Diese Angaben erscheinen uns als nicht genügend bewiesen, da die Fixierung der Oxalsäure auch anders, z. B. als einfache kolloidale Adsorption erklärt werden kann.

---

[1]) D.R.P. 200334. Agfa.

IV. Gemischte Ester.

1. Formonitrozellulosen

sind infolge der reduzierenden Einwirkung der Ameisensäure auf die Nitrogruppen unbeständige Körper. Wenn man 100%ige Ameisensäure in Gegenwart eines wasserentziehenden Mittels und eines Katalysators auf schwach nitrierte Zellulose einwirken läßt, so tritt stets eine Entwicklung von nitrosen Gasen ein, und man erhält schließlich ein mehr oder weniger hoch verestertes Zelluloseformiat.

2. Azetonitrozellulosen.

In Gegenwart von Essigsäureanhydrid oder von Azetylchlorid und Schwefelsäure verliert die Nitrozellulose allmählich ihre Nitrogruppen und nimmt dafür Azetylgruppen auf. Diese Substitution kann eine fast vollständige sein. Durch leichtes Erwärmen wird die Reaktion begünstigt (D.R.P. 179947 [1905] und Zusatzpatent 200149 Lederer).

Man erwärmt z. B.:

Nitrozellulose. . .	1 Teil
Essigsäureanhydrid	4 Teile
Essigsäure	4 „
Schwefelsäure . .	0,2 „

mehrere Stunden lang auf 20—30°.

Wenn man von einer Nitrozellulose ausgeht, deren Formel

$$(NO_3)_9 C_{24} H_{31} O_{11}$$

ist, so erhält man ein Zelluloseazetonitrat von der Formel

$$(CH_3 \cdot COO)_7 (NO_3) C_{24} H_{32} O_{12}.$$

Der Stickstoffgehalt ist ungefähr 1,8%.

Bei Behandlung mit einem schwachen Katalysator in der Kälte würde ein Körper von der Formel

$$(NO_3)_8 (CH_3 COO) C_{24} H_{31} O_{11}$$

entstehen, dessen Stickstoffgehalt ungefähr 10,6% beträgt.

Die Substitution der Nitrogruppen durch Azetylgruppen erfolgt also stufenweise.

Umgekehrt können auch Azetylgruppen durch Nitrogruppen ersetzt werden; man hat bis zu 11,5% Stickstoff in Azetylzellulose einführen können.

In der Kälte wird durch Einwirkung rauchender Salpetersäure auf Azetylzellulose nur wenig Stickstoff aufgenommen. Wir haben auf diesem Wege

$$(CH_3COO)_9(NO_3)C_{24}H_{30}O_{10}$$

und

$$(CH_3COO)_{11}(NO_3)C_{24}H_{28}O_8$$

hergestellt; eine Schwefel-Salpetersäuremischung wirkt viel lebhafter ein unter Substitution von Azetyl- durch die Nitrogruppen; allerdings ist die Ausbeute schlecht.

Von einer Nitrozellulose mit niedrigem Stickstoffgehalt ausgehend, erhält man durch Azetylierung Azetonitrozellulosen in verschiedenem Verhältnis, deren Eigenschaften wir in der folgenden Tabelle zusammengestellt haben:

	Unlöslich in	Löslich in
$(NO_3)\,(CH_3COO)_9\,C_{24}H_{30}O_{10}$	Azeton	Chloroform
$(NO_3)\,(CH_3COO)_8\,C_{24}H_{31}O_{11}$	—	Azeton Chloroform
$(NO_3)_4\,(CH_3COO)_4\,C_{24}H_{32}O_{12}$	Chloroform Amylazetat	Azeton
$(NO_3)_8\,(CH_3COO)\,C_{24}H_{31}O_{11}$	Chloroform	Azeton Amylazetat

Man hat versucht, Azetonitrozellulosen durch Einwirkung von Mischungen von Schwefelsäure, Salpetersäure und Essigsäureanhydrid auf Zellulose herzustellen, und es sind dabei Körper entstanden, deren Stickstoffgehalt zwischen 3,9 und 11,8% schwankt. Fabrikmäßig haben wir Azetonitrozellulosen mit einem Stickstoffgehalt von 1—1,8% hergestellt. Wir sind dabei von Nitrozellulosen mit niedrigem Stickstoffgehalt von ungefähr 2% ausgegangen und haben Produkte erhalten, welche gute plastische Eigenschaften hatten, die sogar denen reiner Zelluloseazetate überlegen waren. Der niedrige Stickstoffgehalt vermehrte die Brennbarkeit des Azetylzellulosekomplexes kaum. Diese Derivate sind stabil und durch Wasser durchaus nicht verseifbar, selbst bei 24stündiger Erhitzung nicht[1]).

3. Butyronitrozellulosen

erhält man leicht durch Behandlung einer schwach nitrierten Zellulose mit Buttersäureanhydrid.

---

[1]) D.R.P. 295 889 [1911] und Zusatz 299 036 [1913] Agfa.

Wir stellten z. B. einen Körper von der Formel

$$C_{24}H_{28}O_8(NO_3)(CH_3{-}CH_2{-}CH_2{-}COO)_{11}$$

in folgendem Reaktionsgemisch her:

schwach nitrierte Zellulose . . . 20 g
Buttersäure . . . . 40 g
Buttersäureanhydrid . . . . . . 150 g
Bromwasserstoffsäure . . . . . . 1 g

4. Benzonitrozellulosen

erhält man analog durch Behandlung einer schwach nitrierten Zellulose mit Benzoësäureanhydrid.

So haben wir

$$C_{24}H_{28}O_8(NO_3)(C_6H_5COO)_{11}$$

hergestellt.

5. Azetoformiate der Zellulose.

Eine Mischung von Essigsäureanhydrid und 100%iger Ameisensäure ist leicht zersetzlich; dennoch kann man damit, wenn man mit großer Vorsicht arbeitet, einen gemischten Ester der Zellulose herstellen.

6. Azetopropionate der Zellulose

entstehen durch Einwirkung einer Mischung von Propionsäureanhydrid und Essigsäureanhydrid in Gegenwart eines Kondensationsmittels auf Zellulose oder Hydrozellulose.

Im franz. Pat. 368738 wird eine Mischung von Zellulose (2,5 Teile), Monochloressigsäure (8 Teile) und Propionsäureanhydrid (8 Teile) vorgeschlagen; das erhaltene Produkt ist in Essigester, Methyläthylketon, Benzol und Xylol löslich.

7. Azetobutyrate der Zellulose und höhermolekulare Ester.

Erstere kann man durch Einwirkung einer Mischung von Essigsäure und Buttersäureanhydrid auf Zellulose erhalten; oder auch durch Einwirkung von Magnesiumbutyrat, Azetylchlorid und Essigsäureanhydrid auf Zellulose in der Wärme.

Um das Azetopalmitat der Zellulose zu erhalten, mischt man Magnesiumpalmitat innig mit Zellulose und fügt dem gut getrockneten Gemisch Essigsäureanhydrid und Palmitylchlorid hinzu; um die Reaktion abzuschwächen, verdünnt man mit Nitrobenzol.

Die einfachste allgemeine Methode zur Herstellung gemischter Zelluloseester beruht auf der Anwendung von zwei Säureanhydriden in Gegenwart eines Kondensationsmittels.

Für die Technik kommt keiner dieser Körper in Betracht.

8. Nitrosulfozellulosen

entstehen bei der Nitrierung.

Man vermeidet ihre Bildung nach Cross, Bevan und Jenks durch Erhöhung der Nitrierungsdauer, da sie durch Salpetersäure gespalten werden.

Diese Ester sind ziemlich stabil. Erst durch langdauerndes Erhitzen mit Wasser werden sie verseift. Wir haben sie schon bei Besprechung der Zellulosesulfate erwähnt, und wir betonen hier nochmals, daß sie in fast allen Nitrozellulosen, selbst noch in den nach dem Chardonnetverfahren hergestellten Kunstseiden vorhanden sind. Die Menge an gebundener H_2SO_4 kann zwischen 0,05 und 1,8% Gewicht der Nitrozellulose schwanken.

9. Azetosulfate der Zellulose.

Die Schwefelsäureester der Zellulose entstehen stets in mehr oder weniger großer Menge, wenn man Schwefelsäure oder eines seiner Derivate als Kondensationsmittel verwendet.

Cross, Bevan und Briggs haben im Jahre 1905 die unerwünschte Nebenwirkung der Schwefelsäure besprochen (D.R.P. 196730 und 201910 [1907], Knoll; Franz. Pat. 371357 [1906], Lederer.)

Nach den Erstgenannten hat man gefunden, daß man mehrere Azetosulfate der Zellulose herstellen konnte, wenn man die Menge der Schwefelsäure im Azetylierungsbad variierte. Es entstanden:

1. Ein Azetosulfat, welches 5% eines Schwefelsäureesters enthält, in Alkohol unlöslich, in Azeton dagegen löslich.

2. Ein Azetosulfat, welches 8—9% eines Schwefelsäureesters enthält, in verdünntem und heißem Alkohol löslich (in der Kälte entsteht gallertartige Quellung).

3. Ein Azetat, welches 25% eines Schwefelsäureesters enthält, in Wasser löslich.

Oft üben Nebenreaktionen, welche zur Bildung solcher Körper führen, einen außergewöhnlich großen Einfluß auf den Verlauf der Azetylierung aus, indem sie einen weitgehenden Abbau des Zellulosemoleküls herbeiführen.

Die Zellulosesulfoazetate ergeben keine plastischen Massen, da sie spröde und zersetzliche Produkte darstellen, ebenso wie die Nitrozellulosen durch die Gegenwart von Zellulosesulfonitraten unstabil werden.

Wenn man ein Zelluloseazetat, welches Schwefelsäureester enthält, mit Wasser längere Zeit erhitzt, so reichert sich das Wasser nach und nach mit Schwefelsäure an, wie leicht nachweisbar. Die entstandene Schwefelsäure bewirkt dann ihrerseits eine fortschreitende Verseifung des Azetates.

So zeigte z. B. ein an Zelluloseazetosulfat reiches Zelluloseazetat, welches 56,7% Essigsäure enthält, nach längerem Kochen mit Wasser nur noch einen Gehalt von 49,5%.

V. Analyse der Zelluloseester.

A. Analyse der Nitrozellulosen.

1. Bestimmung des Stickstoffs.

Besonders werden zwei Methoden angewandt:

a) Lunges Methode mit dem Quecksilbernitrometer,

b) Methode von Schloesing und Schulze-Tiemann mit salzsaurer Eisenchlorürlösung.

Diese beiden Methoden sind so bekannt, daß wir sie hier nicht zu beschreiben brauchen.

2. Bestimmung der Löslichkeit.

Man löst 2 g Nitrozellulose in einer Mischung

von Alkohol, spez. Gew. = 0,816 . . . 215 ccm
Äther, spez. Gew. = 0,720 . . . . 285 ccm
<u>   </u>
500 ccm

auf und verdampft nach Umrühren und 12stündigem Stehenlassen 250 ccm der dekantierten Lösung.

Der Rückstand wird bei 80° eine halbe Stunde lang getrocknet.

3. Aschebestimmung.

Man zerstört 10 g Nitrozellulose durch Behandlung mit überschüssiger konzentrierter Salpetersäure, verdampft die Salpetersäure vorsichtig, glüht und wiegt die Asche.

4. Messung der Viskosität der Lösungen.

Diese Bestimmung führt man mit dem Viskosimeter von Cochius oder dem von Engler aus.

1. Luftblasenviskosimeter. Viskosimeter von Cochius. Bei Besprechung des Zelluloseazetats werden wir eine Beschreibung des Cochiusschen Apparates geben (Abb. 9). Es wird besonders für hoch viskose Lösungen angewandt, wie z. B.:

Nitrozellulose . . . . 100 g
Äther-Alkohol (4 : 3) . . . 900 g.

2. Ausflußviskosimeter. Das Viskosimeter von Engler ist für dünnflüssige Lösungen geeignet, wie z. B.:

Nitrozellulose . . . . . . 20 g
Alkohol-Äther (4 : 3) . . . 1000 ccm.

Die Messung wird bei 20° vorgenommen.

Die Durchflußgeschwindigkeit in diesem Apparat ist z. B.:

Wasser . . . 200 ccm = 52″ · 100 ccm = 23,5″
Azeton . . . 200 ccm = 45″ · 100 ccm = 21,0″
Äther-Alkohol 200 ccm = 47″ · 100 ccm = 22,0″.

Man füllt den Apparat mit 240 ccm Flüssigkeit und bestimmt die Zeit in Sekunden, die zum Ausfluß von 200 ccm Nitrozelluloselösung nötig ist, und vergleicht mit der Ausflußzeit des gleichen Volumens Wasser.

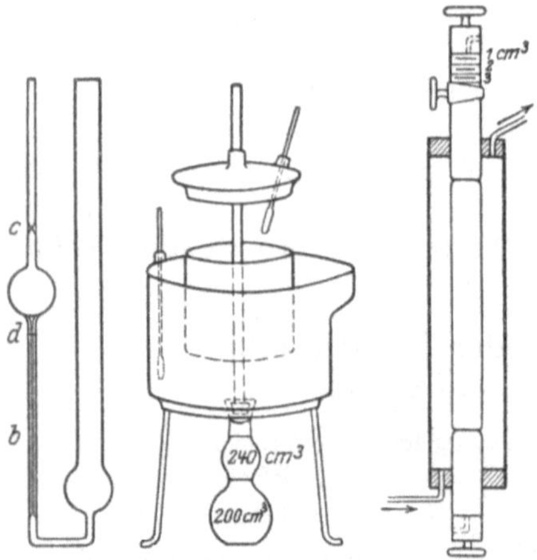

Abb. 7 bis 9.   Viskosimeter.

Die Ausflußzeit von 200 ccm Nitrozelluloselösung dividiert durch die Ausflußzeit von 200 ccm Wasser gibt den Viskositätsgrad an (Abb. 8).

Bei sehr hochviskosen Lösungen braucht man nur 100 ccm durchfließen zu lassen.

Berl und Klaye haben die Viskosität von Nitrozelluloselösungen mit Hilfe eines Ostwald-Viskosimeters bestimmt. Der Apparat ist in der folgenden Zeichnung (Abb. 7) dargestellt.

Die dünnflüssige Lösung wird von a aus in das Kugelrohr gedrückt, bis ihr Meniskus die Marke c erreicht hat.

Nun läßt man zurückfließen und bestimmt die Zeit, welche die durch die Marken c und d begrenzte Flüssigkeitsmenge braucht, um durch das Kapillarrohr b zu fließen, bis ihr Meniskus die Marke d erreicht hat.

Man benutzt 2%ige Kollodiumlösungen in Azeton und wiederholt denselben Versuch mit Wasser. Die Messungen werden bei einer Temperatur von 18° C im Thermostaten ausgeführt.

3. Kugelviskosimeter. In einem Versuchsrohr, das mit dem zu untersuchenden Kollodium gefüllt ist, läßt man eine Stahlkugel niederfallen, wobei die Temperatur mittels eines Thermostaten konstant gehalten wird. Man bestimmt die Dauer des Falles zwischen zwei Marken mit Hilfe eines Chronographen.

4. Aufstiegviskosimeter. Dieses von Baume, Masson und Nicolardot beschriebene Viskosimeter ermöglicht es, die Viskositäten hochviskoser Lösungen zu messen. Man erzeugt in einem mit dem

Viskosimeter verbundenen Gefäß ein konstantes, bekanntes Vakuum und saugt dadurch die zu untersuchende Flüssigkeit in einem Kapillarröhrchen von bestimmtem Durchmesser empor. Dabei wird die Zeit des Aufstiegs bestimmt.

Aus den Viskositätsmessungen kann man sehr wichtige Schlüsse ziehen:

In reinem Lösungsmittel ändert sich die Viskosität einer Nitrozellulose mit der Zeit, ohne daß man bisher die Ursachen dieser inneren Veränderungen feststellen konnte.

Um die Viskosität zu verringern, kann man folgende Mittel anwenden:

1. Die Baumwolle bei hoher Temperatur nitrieren, wodurch jedoch die Ausbeute an Nitrozellulose infolge Oxydation der Baumwolle durch die Salpetersäure verschlechtert wird.
2. Die Dauer der Nitrierung erhöhen.
3. Die Baumwolle stark bleichen oder merzerisieren, in welchem Falle es jedoch nötig wird, die erhaltene Nitrozellulose sehr oft mit heißem Wasser zu waschen.
4. Dem Lösungsmittel eine Mineralsäure zuzusetzen.
   Die Säuren können später z. B. bei der Denitrierung der Kunstseide, wieder ausgewaschen werden.
5. Dem Lösungsmittel Essigsäure oder eine andere organische Säure zusetzen. Auch diese Säuren werden leicht bei der Denitrierung der Kunstseide wieder entfernt.
6. Häufige heiße Wäschen der Nitrozellulose sind für die Stabilität der Nitrozellulose von hohem Nitrierungsgrad günstig und setzen die Viskosität der Nitrozelluloselösungen herab.

Kalte Bäder vermindern die Viskosität nicht.

Zusatz von Kampfer ändert die Viskosität der Kollodiumlösungen kaum, scheint sie höchstens leicht zu verringern.

Ein Zusatz von Metallsalzen oder Harnstoff soll, nach Angabe verschiedener Forscher, die Viskosität von Kollodium erhöhen; für Harnstoff konnten wir diese Wirkung nicht feststellen.

Hohe Viskosität erreicht man ferner mit wasserarmen Nitrierbädern und durch kurze Nitrierungsdauer.

5. Bestimmung der Nitrozellulose.

a) Die Nitrozellulose kann im Zelluloid durch Entfernung des Kampfers mit Wasserdampf bestimmt werden. Das Zelluloid wird geschabt und gesiebt, wobei man sehr vorsichtig vorgehen muß, denn bei der großen Flüchtigkeit des Kampfers darf keine Erhöhung der Temperatur der Masse stattfinden; daher muß die Operation möglichst schnell ausgeführt werden.

5 g geschabtes Zelluloid werden mit wenig Wasser in einen Kolben von 250 ccm gebracht. Durch einen Dampfstrom wird der Kampfer abgetrieben und kondensiert sich in dem vorgelegten Kühler. Nachdem aller Kampfer übergegangen ist, wird der Inhalt des Kolbens durch ein gewogenes Filter gegeben. Aus dem Gewicht des wieder getrockneten Filters ergibt sich die Nitrozellulosemenge.

b) Bestimmung der Nitrozellulose durch Extraktion des Kampfers mit Lösungsmitteln.

Als Lösungsmittel wird Benzol angewandt.

Man wiegt ungefähr 5 g geschabtes Zelluloid in einer Papierhülse für den Soxhletapparat ab, welche im Trockenschrank bis zum konstanten Gewicht getrocknet worden ist.

Das Ganze wird in die Aufsatzröhre des Soxhlet gebracht und mit Benzol ausgelaugt. Es sind 2—3 Stunden im Rückflußkühler nötig, um allen Kampfer zu entfernen. Erneutes Wiegen nach dem Trocknen ergibt das Gewicht der Nitrozellulose.

Die erhaltene Zahl ist immer etwas zu hoch.

Man kann auch in der Weise vorgehen, daß man ungefähr 5 g Zelluloid abwiegt und in 50 ccm einer Mischung von gleichen Teilen Alkohol und Äther auflöst. Aus einer Pipette läßt man das Kollodium in reines Benzol einfließen und entfernt den Kampfer vollständig, indem man das Benzol mehrere Male erneuert.

c) Bestimmung des Kampfers im Zelluloid. Polarimetrische Methode[1]).

Man extrahiert Zelluloid mit Benzol, oder besser, man nimmt den mit Wasserdampf übergetriebenen Kampfer mit Benzol auf und bringt die erhaltene Lösung auf ein bestimmtes Volumen, z. B. 100 ccm.

Wenn x die beobachtete Drehung ist, so ist für 100 ccm Lösung bei einer Temperatur von 20° der Kampfer durch folgende Gleichung gegeben:

$$C = 2{,}51536 \frac{\alpha}{1} - 0{,}02746 \left(\frac{\alpha}{1}\right)^2,$$

wobei die Länge des Polarimeterrohres 1 ist.

Refraktometrische Methode. Diese Methode ist durch Utz beschrieben worden und beruht auf folgendem Prinzip: Der Kampfer wird im Soxhlet mit Petroläther von niedrigem Siedepunkt extrahiert, der Petroläther wird vorsichtig verdampft und der Kampfer mit Methylalkohol in Lösung gebracht. Man mißt den Brechungsexponenten, z. B. im Immersionsrefraktometer nach Zeiss. Der Unterschied zwischen dem Brechungsexponenten des Methylalkohols und demjenigen der zu

---

[1]) Diese Methode ist nur anwendbar, wenn der verwendete Kampfer natürlicher rechtsdrehender Kampfer ist, da der synthetische Kampfer ein sehr wechselndes Drehungsvermögen, und zwar meist links hat.

bestimmenden Lösung ergibt eine Zahl, welche mit Hilfe einer passenden Tabelle den Kampfergehalt angibt.

Diese verschiedenen Methoden sind nur dann anwendbar, wenn das Zelluloid als Gelatinierungsmittel nur Kampfer enthält. Aus diesem Grunde möchten wir ihnen keinen allzugroßen Wert beilegen.

6. Stabilitätsproben.

Stabilitätsproben, welche hauptsächlich bei Nitrozellulosen für ballistische Zwecke angewendet werden, können in verschiedener Weise ausgeführt werden.

Abel-Test. Man beobachtet, wann ein mit Kaliumjodid und Stärke getränktes Papier sich blau färbt, wenn man 1 g Nitrozellulose in einem geschlossenen Versuchsrohr auf 65° erhitzt. Unter diesen Bedingungen darf bei Schießbaumwolle vor Ablauf von 20 Minuten keine Färbung zu beobachten sein.

Beständigkeitsprüfung bei 110°. Man erhitzt in einem geschlossenen Versuchsrohr ungefähr 2 g Nitrozellulose in Gegenwart von blauem Lackmuspapier auf 110° und stellt die Zeit fest, die bis zum vollkommenen Rotwerden verstreicht. Schießbaumwolle muß mindestens 6 Stunden beständig bleiben.

Die Bergmann-Jung-Probe. Diese in Deutschland gebräuchliche Methode wird in der Weise ausgeführt, daß man die Nitrozellulose auf 135° erhitzt und die entweichenden Gase in Wasser eintreten läßt. Nach 2 Stunden bestimmt man die mit Wasser aufgenommenen Stickoxyde nach der Schulze-Tiemann-Methode.

Verpuffungspunkt. Man bringt 0,1 g Nitrozellulose in ein sehr starkwandiges, 15 mm weites Reagensrohr und erhitzt im Ölbade, indem man, von 100° an, die Temperatur um je 5° in der Minute steigen läßt. An einem Thermometer, welches bis auf den Boden des Reagensglases reicht, stellt man die Verpuffungstemperatur fest. Sie soll zwischen 170—180 liegen.

B. Analyse der Azetylzellulosen.

1. Feuchtigkeitsgehalt.

Die Azetylzellulose wird im Trockenschrank bei 105° bis zum konstanten Gewicht getrocknet. Der Wassergehalt darf 6% nicht übersteigen.

2. Gehalt an Essigsäure.

Die Bestimmung der Essigsäure wird entweder durch schwefelsaure oder durch alkalische Verseifung vorgenommen[1]).

---

[1]) Siehe dazu: Ost, Zeitschr. f. angew. Chem. 1919, S. 67.

a) Schwefelsaure Verseifung: 2 g Azetylzellulose werden mit 100 ccm verdünnter Schwefelsäure (2 Vol. Säure von 66° Bé + 1 Vol. Wasser) versetzt und 24 Stunden sich selbst überlassen. Die vollständig gelöste Masse wird in einem Kolben mit 100 ccm Wasser verdünnt und dann die Essigsäure mit Wasserdampf abgetrieben, und zwar leitet man die Destillation so, daß in der Stunde etwa $1/_2$ Liter Destillat übergeht. Nach 2 Stunden titriert man das Destillat mit $\frac{1}{2}$n Sodalösung.

b) Alkalische Verseifung: 2 g Azetylzellulose werden mit 20 ccm 75%igem Alkohol und 50 ccm $\frac{1}{4}$ n Kalilauge versetzt; nachdem vollständige Lösung eingetreten ist, titriert man mit $\frac{1}{1}$n Schwefelsäure und Phenolphthalein als Indikator. Es kommt sehr oft vor, daß eine gelbe Färbung auftritt, welche die Titration stört; in diesem Falle neutralisiert man die Pottasche mit Schwefelsäure, fügt 5 g Weinsäure hinzu und destilliert mit Wasserdampf.

3. Asche.

Man zerstört 10 g Substanz mit einem starken Überschuß von konzentrierter, reiner Salpetersäure.

4. Versuche über Löslichkeit.

Die Bestimmung der Löslichkeit stellt man mit verdünnten Lösungen an, indem man z. B. 2 g in 100 ccm auflöst und nach längerem Umrühren 12 Stunden stehen läßt. Nach Ablauf dieser Zeit nimmt man mit einer Pipette 50 ccm der Lösung heraus, verdampft das Lösungsmittel, trocknet 1 Stunde lang bei 80° im Trockenschrank und wiegt den Rückstand.

Das Azetat muß sich vollständig in folgenden Lösungsmitteln auflösen:

1. in Tetrachloräthan mit Zusatz von 10% Methyl- oder Äthylalkohol von 99 bzw. 96%,
2. in Azeton oder einem seiner Ersatzstoffe, wie Methylazetat.

Die Lösungen in diesen verschiedenen Lösungsmitteln müssen vollkommen klar durchsichtig sein.

Breitet man einen Tropfen Azetylzellulose-Kollodium auf einer Glasplatte aus und prüft ihn mit der Lupe, so dürfen keine Baumwollfäserchen darin erkennbar sein.

Bei konzentrierten Lösungen prüft man auch die physikalischen Eigenschaften; man löst dazu 100 g Azetat in 900 g Azeton auf.

Wir halten es für überflüssig, eine Methode zu bringen, durch welche man erkennen kann, ob die Löslichkeit in einem Lösungsmittel eine vollkommene ist; nur darf man sich durch gewisse Azetate nicht täuschen lassen, welche in Azeton nur quellbar sind. Ein Glasstab, der in ein gut gelöstes Azetat getaucht wird, muß beim Herausnehmen aus der Flüssigkeit einen viskosen zusammenhängenden Faden ziehen. Das Kollodium darf weder Staub noch weiße Knoten oder durchsichtige gequollene Massen absetzen. Am sichersten prüft man in der Weise, daß man auf einer Glasplatte eine Schicht des Kollodiums ausbreitet und in heißer, trockener Luft verdampfen läßt; wenn die Lösung vollständig war, erhält man einen durchsichtigen, homogenen Film.

5. Bestimmung der Viskosität.

Die Viskosität von Azetatlösungen darf bei den verschiedenen Lieferungen des Azetats nicht schwanken und muß bei längerem Stehen der Lösungen konstant bleiben.

Um die Viskosität zu bestimmen, werden 100 g Azetat in 900 g Azeton gelöst, wobei man sich praktisch eines mechanischen Rührwerkes bedient.

Vergleichende Bestimmungen der Viskosität verschiedener Lösungen werden im allgemeinen mit dem Luftblasenviskosimeter von Cochius ausgeführt. Dieser Apparat besteht aus einem Glasrohr von 16 mm Weite, dessen beide Enden durch Glasstopfen verschlossen sind und in welches außerdem noch ein Hahn mit ziemlich weiter Öffnung eingesetzt ist. Das Glasrohr wird mit der Versuchslösung gefüllt. Man zählt die Zeit in Sekunden, welche eine Luftblase von 2 ccm braucht, um von einer Marke zur anderen zu steigen, wenn man den Apparat umdreht (s. Abb. 9, S. 88).

Für dünnflüssige Lösungen beträgt der Abstand der beiden Marken praktisch 50 cm, für hochviskose Lösungen 25 cm. Die Messung wird bei 18° vorgenommen.

In dem Apparat von Cochius braucht die Luftblase bei 18° für:

Wasser . . . . 4,2 Sek.
Azeton . . . . 3,8 „
Äther-Alkohol (4 : 5) . . . 4,0 „

Eine sehr niedrige Viskosität des Kollodiums bei bestimmtem Gehalt an Zelluloseazetat und bei vollkommener Löslichkeit würde ein Anzeichen dafür sein, daß man es mit einem stark depolymerisierten Produkt zu tun hat, das niemals eine feste plastische Masse ergeben wird; stark hydrolysierte Zellulosen ergeben allgemein Produkte von geringer Viskosität.

Wenn man Schwefelsäure als Katalysator anwendet, so vermindert sich die Viskosität der erhaltenen Azetate:

1. mit der Azetylierungstemperatur,
2. mit der Azetylierungsdauer.

Azetylzellulose-Kollodium muß gut verschlossen aufbewahrt werden; wenn die Viskosität mit der Zeit abnehmen sollte, so wäre dies ein sicherer Beweis für eine langsame Zersetzung des Zelluloseazetats, eine Erscheinung, welche vielen Azetaten zum Vorwurf gemacht wird. Da die Viskosität für ein- und dasselbe Azetat bei verschiedenen Lösungsmitteln wechselt, ist es nötig, beim Vergleich der Viskosität immer dasselbe Lösungsmittel zu verwenden.

6. Versuche über Plastizität.

Zu einem Teil des vorher erwähnten Kollodiums setzt man ein schwer flüchtiges Lösungsmittel hinzu, und zwar der Menge des in Lösung zu bringenden Azetats entsprechend.

Das von Luftblasen befreite Kollodium wird auf einer Glasplatte ausgebreitet und durch trockne Luft getrocknet. Der Film oder auch die erhaltene Platte wird darauf im Trockenschrank getrocknet, bis die letzten Spuren des flüchtigen Lösungsmittels vollständig verschwunden sind. Danach nimmt man Biegungsversuche vor.

Wenn die Platte biegsam und geschmeidig ist und den Anschein hat, als ob sie sich mit einem Taschenmesser schneiden ließe, ohne zu brechen, so gilt das Azetat für die Herstellung plastischer Massen als geeignet.

Falls man über eine Gießmaschine für Filme verfügt, kann ein dynamometrischer Versuch mit einem darauf gegossenen Film ausgezeichnet Aufschluß über die plastischen Eigenschaften des Azetats geben.

7. Neutralitätsprobe.

Diese Probe umfaßt:

1. Die Bestimmung der freien Säure. Die Azidität kann von Essigsäure oder freien Mineralsäuren wie Schwefelsäure herrühren. Ein Gehalt an freier Säure ist ein Zeichen dafür, daß das Azetat nicht genügend ausgewaschen wurde oder sich zersetzt hat.

2. Die Bestimmung von Mineralsäure, wie Schwefelsäure in gemischten Estern, z. B. in Sulfozetaten der Zellulose. Diese Produkte sind oft unstabil und erzeugen, wenn sie in zu großer Menge im Zelluloseazetat vorhanden sind, saure Stoffe, welche das Produkt mit der Zeit brüchig und zersetzlich machen.

Die beste Prüfungsmethode besteht in diesem Falle darin, die gemischten Ester zu verseifen, indem man das zu untersuchende Zelluloseazetat mit destilliertem Wasser 24 Stunden lang kocht. Man titriert dann die im Wasser enthaltene Schwefelsäure mit Bariumchlorid. Selbstverständlich muß das Zelluloseazetat vorher von freien Säuren oder löslichen Salzen durch wiederholtes Waschen befreit worden sein.

Die Auffindung und die Bestimmung geringer Mengen freier Schwefelsäure ist besonders in Gegenwart von Sulfaten sehr schwierig. Vulquin und Entat (Ann. et Rev. de chim. analytique vom 15. April 1907. 22. S. 61) sind die Entdecker einer außerordentlich eleganten Methode, welche die Bestimmung von Schwefelsäure in geringen Mengen (bis zu

0,0004 g) selbst in Gegenwart von Sulfaten, Mineralsäuren oder organischen Säuren gestattet. Sie haben diese Methode angewandt, um in
den Zelluloseazetaten des Handels die durch Kochen mit Wasser aus
den Sulfoazetaten abgespaltene Schwefelsäure zu bestimmen[1]).

	Ausführung der Hydrolyse	Abgespaltene Schwefelsäure in %
Azetat Nr. 1	6 Stunden bei 100°	0,0226
„ „ 2	5 „ „ 125°	0,0327
„ „ 3	6 „ „ 100°	0
„ „ 4	5 „ „ 125°	0,0113
„ „ 5	6 „ „ 100°	0
„ „ 6	5 „ „ 125°	0,0192
„ „ 7	6 „ „ 100°	0
„ „ 8	6 „ „ 125—130°	0
„ „ 9	5 „ „ 130—150°	0,0130
„ „ 10	6 „ „ 100°	0
„ „ 11	6 „ „ 125—150°	0,0045
„ „ 12	6 „ „ 100°	0
„ „ 13	2 „ „ 140°	5,0074

[1]) Man mißt die Potentialdifferenz zwischen einer Platinelektrode, die in
die zu untersuchende Lösung taucht, und einer in dieselbe Lösung getauchten
Normalelektrode. Man fügt Barytlösung von bekanntem Gehalt hinzu und
zeichnet eine Kurve, indem man auf der Abszisse die Menge Baryt abträgt, die
nötig ist, um die Schwefelsäure auszufällen, und auf den Ordinaten die Potentialdifferenz. Im Augenblick der Neutralisation macht sich ein plötzliches Fallen
des Potentials und ein Knick in der Kurve bemerkbar.

VI. Allgemeine Anwendung der Zelluloseester.

1. Schießbaumwolle.

Das wichtigste Verwendungsgebiet für Nitrozellulose ist das der Sprengstoffe.

Der erste, welcher die explosiven Eigenschaften der Nitrozellulose entdeckte, war Schönbein (1846). Ein erster fruchtloser Versuch zur Anwendung der Nitrozellulose als Schießpulver wurde im Jahre 1862 von Lenk gemacht.

Das Studium der Schießbaumwolle ist mit der vieler anderer Sprengstoffe verknüpft und auf dem Wege zu den zahlreichen Erfindungen, die auf diesem Gebiet gemacht worden sind, erwähnen wir die Forscher Nobel, Abel und Vieille.

Wenn man bedenkt, daß der französische Haushaltsplan für 1912 die Herstellung von ungefähr 1660 Tonnen B-Pulver für das Landheer und 1964 Tonnen für die Marine vorsah, so kann man sich von der Bedeutung dieses Staatsmonopols ungefähr eine Vorstellung machen.

Während des Weltkrieges war die tägliche Produktion zeitweise bei 350 Tonnen Nitrozellulose angelangt.

a) B-Pulver.

Das französische Militärpulver, B-Pulver genannt, ist eine aus Nitrozellulsoe, einem Stabilisator (Amylalkohol oder Diphenylamin) und geringen Mengen Lösungsmittel (Alkohol-Äther) zusammengesetzte plastische Masse.

Im folgenden geben wir in großen Zügen ein Bild von seiner Herstellung.

Baumwollzellulose oder deren Abfälle: Linters oder Spinnabfälle werden nach dem Trocknen bis zu zwei verschiedenen Stickstoffgehalten nitriert.

Es entsteht einmal eine hochnitrierte Baumwolle, das CP_1 (205 bis 215 ccm Stickstoff) und zweitens eine weniger nitrierte Baumwolle, das CP_2 (185—196 ccm Stickstoff)[1].

Die Mischung dieser beiden Nitrozellulosen wird mit Alkohol-Äther (4 : 3) gelatiniert, wobei nur das CP_2 vollständig in Lösung geht. Auf 100 kg Nitrozellulose nimmt man 135 kg Lösungsmittel.

---

[1] Florentin: Technique moderne 1912. S. 4.

Die unbehandelte nitrierte Baumwolle würde zu brisant sein, während Nitrozellulose, welche durch ein Lösungsmittel gelatiniert und zu Platten von größerer oder geringerer Dicke ausgewalzt worden ist, einen Explosivstoff ergibt, der weniger brisant und dessen Verbrennungsgeschwindigkeit in weiteren Grenzen regulierbar ist (Vieille)[1].

Die Mischung nimmt man am besten in einem Knetapparat vor, dessen Arbeitsprinzip durch die Abb. 6 auf S. 75 dargestellt ist. Nach gründlicher Durchmischung wird die gelatinierte Masse durch Mundstücke verschiedener Form gepreßt, wodurch man Streifen, Schnüre oder Röhren erhält. Zu diesem Zweck werden hydraulische Pressen benutzt, welche für direkten Pumpenantrieb oder auch für Akkumulatorbterieb eingerichtet sind, deren Prinzip in dem Abschnitt über Herstellung von Zelluloid auf S. 102 durch Abb. 11 veranschaulicht wird. Die durch Pressen erhaltenen Pulverstränge werden vorgetrocknet und auf Schneidemaschinen spezieller Konstruktion zu Blättchen oder Stücken beliebiger Größe zerschnitten; dann wird das Pulver getrocknet, wobei sich sein Volumen verringert.

Früher wurde das Lösungsmittel selten wiedergewonnen; seit dem Kriege beschäftigt man sich viel mit dieser Frage. Das Trocknen wird zunächst an der Luft vorgenommen, dann im Heißwassertrockenschrank bei 60°.

Das Pulver wird niemals vollkommen trocken; die Entfernung der letzten Spuren der Lösungsmittel ist schwierig.

Um langsam verbrennende Pulver herzustellen, welche im Augenblick der Entzündung im Geschützrohr keinen zu starken Gasdruck ergeben, muß man die Pulverkörner polieren, d. h. die Oberfläche des Korns weniger schnell entflammbar machen. In Deutschland gelatiniert man sie zu diesem Zwecke mit Hilfe von Dimethyldiphenylharnstoff. Es sind auch andere Gelatinierungsmittel, ähnlich dem Kampfer, versucht und vorgeschlagen worden. Es sei noch bemerkt, daß das B-Pulver bei einer Temperatur von 180° C entflammt, daß es die Eigenschaft besitzt, durch eine Zündkapsel, z. B. Knallquecksilberkapseln, detonierbar zu sein.

---

[1] Die Verbrennung geht langsam vor sich (1 cm pro sek), wenn es sich um eine feste homogene Masse handelt; wenn dagegen die Masse locker und inhomogen ist, so ist die Geschwindigkeit, mit der die Explosion fortschreitet, größer durch die Wirkung der heißen Gase, welche bei der Verbrennung entstehen. Diese Fortpflanzungsgeschwindigkeit kann man durch die Größe der Pulverkörner regeln; sie ist gewöhnlich 1000 m in der Sek. Die Verbrennung kann an einem Punkte durch Initialzündung eingeleitet werden, d. h. durch Entzündung eines anderen Explosivstoffes. Die Zündwirkung kommt durch die große Geschwindigkeit der Explosionswelle des Initialzünders zustande, die mehrere 1000 m in der Sek. beträgt.

b) Kordit.

Dieses von Nobel (1887) erfundene Pulver ist in mehreren Ländern unter verschiedenen Namen eingeführt (Ballistit, Filit).

Es stellt eine feste Gallerte von Nitrozellulose in Nitroglyzerin dar; der Mischung wird Azeton als Lösungsmittel beigefügt:

Dinitroglyzerin . . . 58 Teile
Nitrozellulose . . . . 37 „
Azeton . . . . 15 „

Aus dieser Mischung erhält man eine Paste, welche im Knetapparat durchgemischt und dann zu Strängen ausgezogen wird; darauf trocknet man, um das Azeton zu entfernen.

Die Verbrennungsenergie dieses Pulvers ist größer als die reiner Nitrozellulosepulver. Allgemein geht das Bestreben dahin, den Nitroglyzeringehalt zu verringern[1]).

c) Stabilisatoren.

Nitrozellulosen von hohem Nitrierungsgrad sind weniger stabil als andere.

Die langsamen Zersetzungen infolge der Einwirkung von Hitze und Feuchtigkeit oder die Berührung des Pulvers mit seinen Zersetzungsprodukten[2]) können manchmal eine große Geschwindigkeit annehmen und Selbstentzündungen hervorrufen.

Diese Zersetzung vollzieht sich natürlich unter Entwicklung von Stickstoffdioxyd.

In Frankreich hat man lange Zeit Amylalkohol als Stabilisator angewandt, aber wenn dieser zu Amylnitrit, einem unstabilen Körper, umgewandelt wurde, entstand schließlich salpetrige Säure und Salpetersäure, so daß die Zersetzung nur anfangs verzögert wurde.

Diphenylamin, eine Base, ist dagegen ein wirklicher Stabilisator, weil es die nitrosen Dämpfe absorbiert und sich dann zu Nitrosoderivaten und später zu nitrierten Derivaten umbildet. Man setzt 2% davon zu. Auch andere Amine und Harnstoffe sind als Stabilisatoren gebräuchlich.

---

[1]) Trinitroglyzerin wurde im Jahre 1848 durch Sobrero entdeckt. Es detoniert durch Schlag und durch Erwärmung auf 150°. Sprenggelatine ist eine dem Kollodium analoge Lösung von Nitrozellulose in Nitroglyzerin. (Franz. Pat. 185179 [1887] und 199091 [1899]). Es gibt Dinitroglyzerin, eine Flüssigkeit vom spez. Gew. 1,52 und Trinitroglyzerin, der stärkste aller bekannten Sprengstoffe.

[2]) Die Zersetzungsprodukte wirken als Autokatalysatoren. Die Zersetzung geht besonders in feuchter Atmosphäre sehr rasch vor sich.

2. Herstellung plastischer Massen.

A. Herstellung plastischer Massen aus Nitrozellulose. Zelluloid.

a) Geschichtliches.

Die ersten Patente über die Fabrikation plastischer Massen mit Nitrozellulose als Grundlage gehen auf das Jahr 1865 zurück, zu welcher Zeit Parkes ein plastisches Produkt aus Nitrozellulose herstellte. Er nannte den aus Nitrozellulose, Alkohol, Kampfer und vegetabilischen Ölen zusammengesetzten Stoff „Parkesin". Dieses Produkt wurde auf der französischen Ausstellung im Jahre 1867 durch eine Medaille ausgezeichnet.

Im Jahre 1867 stellte Spill, der ehemalige Mitarbeiter Parkes, ähnliche Stoffe her, welche er „Xylonit" nannte; im Jahre 1877 wurde die englische Xylonitgesellschaft gegründet, welche noch heute eine der bedeutendsten Gesellschaften der englischen Industrie ist.

Im Jahre 1869 arbeitete John W. Hyatt, ein amerikanischer Buchdrucker, gemeinsam mit seinem Bruder an der Lösung einer in Amerika gestellten Preisaufgabe: Die Fabrikation von Billardkugeln aus künstlichem Elfenbein. Unter Mithilfe seines Bruders Smith stellte er Kugeln aus Harzmassen her und kam auf den Gedanken, sie mit Nitrozelluloselösungen zu lackieren. Später nahm er gepreßte Papiermasse und lackierte sie ebenfalls mit einer Nitrozelluloselösung (Amerik. Pat. 89582 [1869]).

Die Gebrüder Hyatt nahmen dann die Arbeiten Parkes wieder auf und stellten Mischungen von Kampfer und Nitrozellulose her, indem sie jedoch erheblich größere Mengen Kampfer nahmen als ihr Vorgänger; auch ließen sie die vegetabilischen Öle fort. Ihr Patent vom 15. Juni 1869 (Amerik. Pat. 91341) schützt die Anwendung von Druck, um die Nitrozellulose mit wenig Lösungsmittel plastisch zu machen.

Nach dem amerik. Pat. 105338 [1870] stellten sie eine Mischung von 1 Teil Kampfer und 2 Teilen Nitrozellulose her.

Durch gute Erfolge angespornt, stellten sie weiter eingehende Versuche zur Fabrikation plastischer Massen an und schufen so die wichtigsten, bis zum heutigen Tage noch angewandten Arbeitsmethoden der Technik.

Im Jahre 1872 gründeten sie die erste Zelluloidfabrik in Newark (New-Yersey), die Celluloid Manufacturing Co., später die Celluloid Co. Im Jahre 1878 entstand in Stains (Seine) die Compagny française du Celluloid als erste europäische Fabrik. Seitdem hat sich diese Industrie machtvoll entwickelt.

Die Gebrüder Hyatt werden mit Recht als die eigentlichen Erfinder des Zelluloids angesehen. Wenn sie auch nicht als erste darauf gekommen sind, Kampfer anzuwenden, so haben sie doch die ganze Industrie mit ihren verschiedenen Fabrikationsverfahren ins Leben gerufen.

b) Herstellung von Zelluloid.

Im Prinzip besteht die Fabrikation von Zelluloid in der Herstellung einer Paste aus Nitrozellulose, Kampfer und Alkohol, wobei der Alkohol als Lösungsmittel des Kampfers wirkt.

Die Masse, welche durch das Lösungsvermögen der Kampfer-Alkoholmischung ungefähr die Konsistenz von zähem Mastix bekommt, wird in Platten ausgewalzt und unter der Presse warm zu Blöcken zusammengeschweißt.

Die so gebildeten festen Blöcke werden in Blätter geschnitten, aus welchen man später die gewünschten Gegenstände formt.

Wir wollen noch erwähnen, daß man dem Zelluloid oft noch $^1/_2$ bis 1% Harnstoff zusetzt, um Spuren nitroser Gase zu binden.

Nitrierung. Wir haben in dem Abschnitt „Nitrozellulose" die gebräuchlichsten Nitrierverfahren besprochen.

Die Nitrozellulose für Zelluloid wird gewöhnlich aus Papier in Nitrierzentrifugen hergestellt. Sie hat einen Gehalt von ungefähr 11% Stickstoff.

Nach dem Waschen wird sie gebleicht, wieder gewaschen und an der Luft unter Anwendung von Druck getrocknet.

Das Mischen. Die Nitrozellulosekuchen werden in der Mühle zerkleinert und in einer Knet- und Mischmaschine mit horizontal angeordneten Mischflügeln mit der Alkohol-Kampferlösung innig durchgeknetet.

Gewöhnlich wählt man folgendes Verhältnis:

<pre>
 Nitrozellulose . . . . 100 kg
 Kampfer . . . .   40 kg
 denaturierter Alkohol . . . 80 kg.
</pre>

Am zweckmäßigsten benützt man für diese Arbeit einen Vakuumkneter (Abb. 10), welcher mit Doppelmantel für Heizung bzw. Kühlung und mit einem dicht aufsitzenden Vakuumdeckel in Pyramidenform versehen ist. (Patent Werner u. Pfleiderer.)

Bei Verwendung dieser Maschine kann die Zelluloidmasse je nach Bedarf auf einen größeren oder geringeren Gehalt an Lösungsmittel abgedampft werden. Diese Apparatur ermöglicht außerdem bei Anwendung geeigneter Kondensatoren eine leichte Wiedergewinnung des Alkohols.

Das Walzen. Die zähe Paste wird mit einem auf 60° erwärmten Walzwerk, dessen Zylinder ungefähr 15 mm voneinander entfernt sind, ausgebreitet, wobei der Alkohol verdunstet.

Auf der Walze werden auch oft Farbstoffe beigemischt und Mischungen verschieden gefärbter Pasten hergestellt (Schildpatt).

Auch während dieser Operationen kann man einen Teil der entweichenden Alkoholdämpfe wiedergewinnen.

Pressen. Die gewalzten Blätter werden gleichmäßig beschnitten, aufeinander gelegt und die Stapel zu Blöcken warm gepreßt.

2 Stunden bei 60° . . 50 kg Druck pro qcm
2 „ „ 80—86°. . 150 „ „ „ „

Abb. 10. Vakuum-Knet- und Mischmaschine.

Man läßt den Block unter dem Druck der Presse erkalten.

Das Schneiden. Der abgekühlte Block wird mit einer Hobelmaschine in Blätter gleichmäßiger Dicke von $^3/_{100}$ mm bis 3 cm geschnitten. Man kann auch runde, viereckige oder ovale Stücke aus diesen Blocks mit Hilfe von Hobelmaschinen schneiden, welche mit besonderen Werkzeugen ausgerüstet sind. Schildpattstücke sind zur Herstellung von Haarschmuck sehr begehrt.

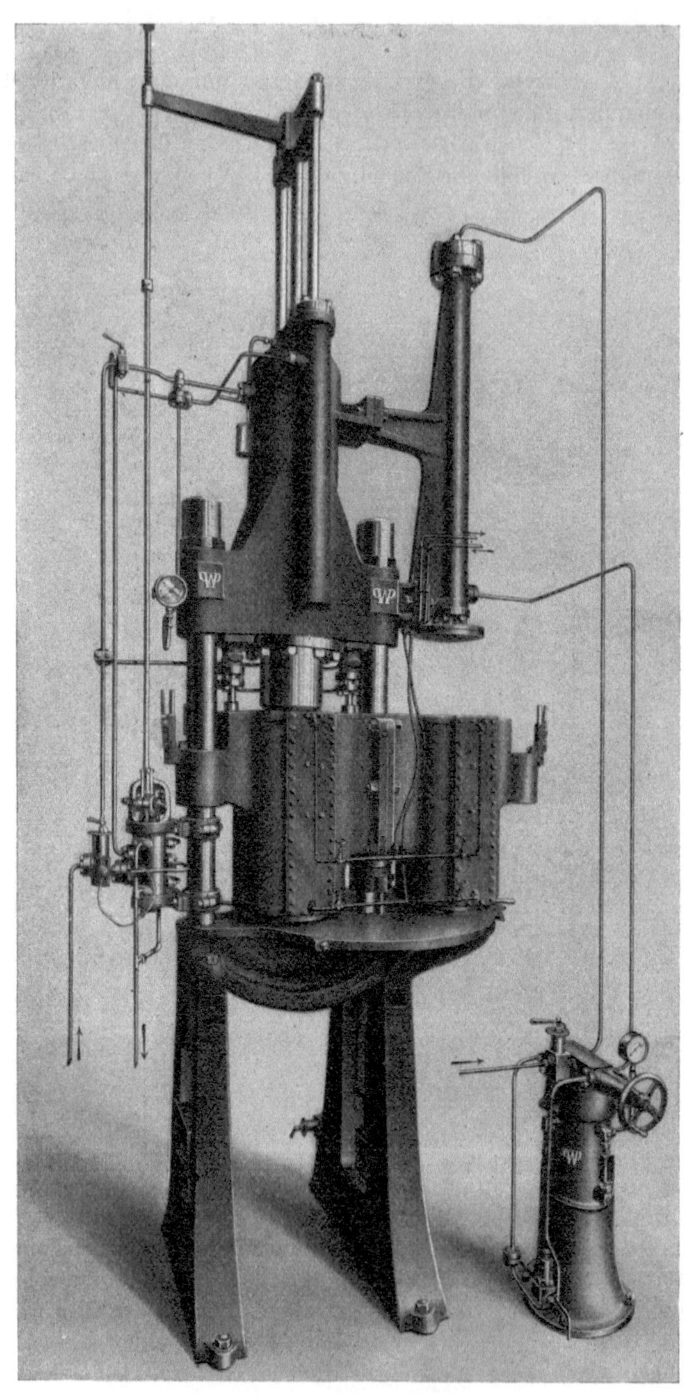

Abb. 11.   Hydraulische Filterpresse.

Das Trocknen. Die Blätter oder Stücke werden in Kammern durch strahlende Wärme oder heiße Luft getrocknet. Man rechnet auf 0,1 mm Dicke bei 35° 12 Stunden Trockendauer.

Die getrockneten Stücke liegen nicht plan, sondern sind mehr oder weniger stark verzogen.

Das Abrichten. Man formt die Stücke von neuem unter der Presse $^1/_4$ Stunde lang bei 85—90° und einem Druck von ungefähr 100 kg.

Das Polieren. Die Blätter, die poliert werden sollen (durchsichtig oder elfenbeinfarben), werden zwischen zwei vernickelten polierten Kupferplatten gepreßt.

Man erwärmt dabei auf 80—90° und übt einen Druck von 600 kg aus. Um die Form zu erhalten, läßt man die Abkühlung unter Druck vor sich gehen.

Röhren und Bänder. Für die Formung der Zelluloidmasse zu Röhren, Bändern usw. verwendet man hydraulische Pressen spezieller Konstruktion. Wie aus Abb. 11 ersichtlich ist, besitzt eine derartige Presse zwei schwenkbare Massebehälter. Während der eine Behälter unter dem Druck des Hauptpreßkolbens steht, wird der andere gefüllt. Nach Rückzug des Preßkolbens wird der eben gefüllte Massebehälter für Preßstellung unter dem Hauptpreßkolben eingestellt. —
. Man bedient sich bestimmter Matrizen, deren wechselnde Form durch die herzustellenden Preßartikel (Röhren, Bänder u. dgl.) bedingt ist.

Wenn als Matrize eine starke gelochte Platte mit darüber liegendem Sieb gewählt wird, so kann man die Presse auch zur Entfernung von etwa nicht gelösten Nitrozelluloseteilchen oder sonstigen Fremdkörpern, deren Anwesenheit bei der Weiterverarbeitung störend sein können, vorteilhaft verwenden.

Der Antrieb derartiger hydraulischer Pressen erfolgt entweder einzeln durch eine Druckpumpe oder von einer Kraftspeicheranlage aus, dem sog. Akkumulator. Man verwendet entweder Gewichtsakkumulatoren oder besser Druckluftakkumulatoren. (Pat. Werner und Pfleiderer.)

Die Blätter, Röhren oder Bänder werden an die verschiedenen Fabriken geliefert, welche durch Zerschneiden, Ausstanzen, Zusammenschweißen usw. die zahlreichen Gegenstände herstellen, welche man heute aus Zelluloid erhält:

Kämme,
Haarschmuck,
Schildpattimitationen,
Griffe aus imitiertem Elfenbein,
Zifferblätter,
Rahmen,
Winkelmaße und Lineale,
Knöpfe,

Armbänder, Broschen, Korallenimitationen,
Spielzeug, Bälle usw. usw.

Die durchschnittliche Jahresproduktion an Zelluloid betrug vor
dem Kriege:

Deutschland . . .	12 700 000 kg
Frankreich	3 600 000 „
England	300 000 „
Amerika	9 300 000 „
Japan	1 950 000 „

Eine große Fabrik ist in Japan am Ursprungsort des Kampfers entstanden.

c) Eigenschaften des Zelluloids.

Das spez. Gewicht eines nicht mit Füllstoffen versehenen Zelluloids
beträgt 1,3. Es bildet eine feste, schwer zerbrechliche Masse, welche
beständig, besonders wenn sie gerieben wird, einen ausgeprägten
Kampfergeruch besitzt. Wenn es auf 80—90° erwärmt wird, z. B. in
heißem Wasser, so wird es weich und läßt sich dann sehr leicht biegen,
weshalb es sich besonders gut formen und sogar blasen läßt. Wasser,
Säuren und verdünnte Alkalien greifen es nicht an; konzentrierte
Basen und Säuren lösen es leicht, besonders in der Wärme. Beim
Erhitzen auf 195° tritt eine lebhafte Zersetzung ein.

Zelluloid ist in allen Lösungsmitteln für Nitrozellulose löslich.

Sogar 90%iger Alkohol quillt es leicht und löst es, da der Kampfer
des Zelluloids sich in dem Alkohol auflöst und ihn zu einem Lösungsmittel für Nitrozellulose macht.

d) Bedeutung des Kampfers im Zelluloid.

Man kann nicht von einer eigentlichen Lösung der Nitrozellulose in
Kampfer, sondern eher im kolloid-chemischen Sinne von einer Quellung
sprechen.

Niemals kann man eine Entmischung von Kampfer und Nitrozellulose beobachten, vielmehr bleibt selbst im festen Zustande die
innige Mischung beider Komponenten bestehen. Die Kampferersatzmittel sind dagegen sämtlich unvollkommen und verursachen entweder
schon in der Gallerte oder beim Übergang in die feste Form eine Entmischung der Bestandteile, wobei die Masse nicht homogen bleibt; das
erhaltene Zelluloid ist dann milchig weiß und undurchsichtig, hart und
brüchig und verliert in der Kälte seine Elastizität vollständig. Immerhin kann man diese Ersatzmittel dazu benutzen, um wenigstens einen
Teil des Kampfers zu ersetzen.

Eine geringe Menge Kampfer ergibt ein sehr hartes Zelluloid[1]). Der
Kampfer wird aus dem Holze des Kampferbaumes (Laurus camphora)

---

[1]) Franz. Pat. 446 270 [1912], Düsseldorfer Zelluloidfabrik.

gewonnen, welcher besonders in Japan wächst. Aus der Rinde dieses Holzes wird der Kampfer mit Wasserdampf abgetrieben und dann durch Sublimation gereinigt.

Er ist ein farbloser, kristallisierter Körper, der bei gewöhnlicher Temperatur in 700 Teilen Wasser und sehr stark in vielen organischen Lösungsmitteln löslich ist. Schmelzpunkt 175°. Siedepunkt 204°. Er sublimiert leicht und brennt mit heller Flamme.

Der Kampfer ist ein zyklisches Keton, dessen Zusammensetzung nach Bredt folgende ist:

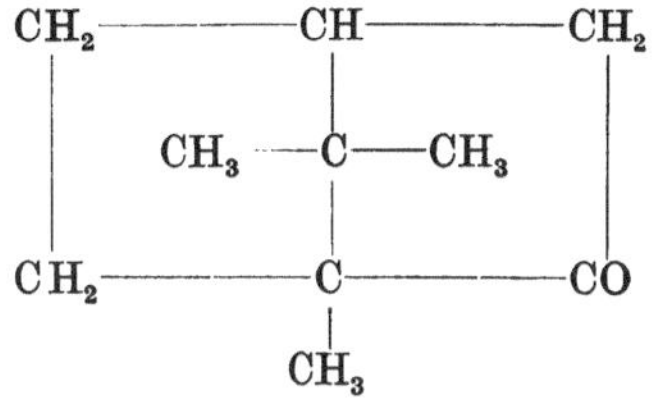

$$
\begin{array}{c}
CH_2 \!-\!\!-\!\!-\! CH \!-\!\!-\!\!-\! CH_2 \\[4pt]
|\qquad\quad\ CH_3\!-\!C\!-\!CH_3\quad\ | \\[4pt]
|\qquad\qquad\quad |\qquad\qquad\ | \\[4pt]
CH_2 \!-\!\!-\!\!-\! C \!-\!\!-\!\!-\! CO \\[4pt]
|\\
CH_3
\end{array}
$$

Er dreht die Ebene des polarisierten Lichtes nach rechts.

In der Wärme löst Kampfer Nitrozellulose sehr gut; in der Kälte aber wirkt er nur dann lösend, wenn eine Flüssigkeit, wie Alkohol, zugegen ist. Die Synthese des Kampfers ist vollkommen gelungen, und es kommt besonders seit dem Russisch-Japanischen Kriege eine bedeutende Menge synthetischen Kampfers auf den Markt. Bei der Synthese geht man vom Pinen aus, welches über mehrere Zwischenstufen zum Kampfer führt.

Als Beispiel sei folgendes Schema gegeben:

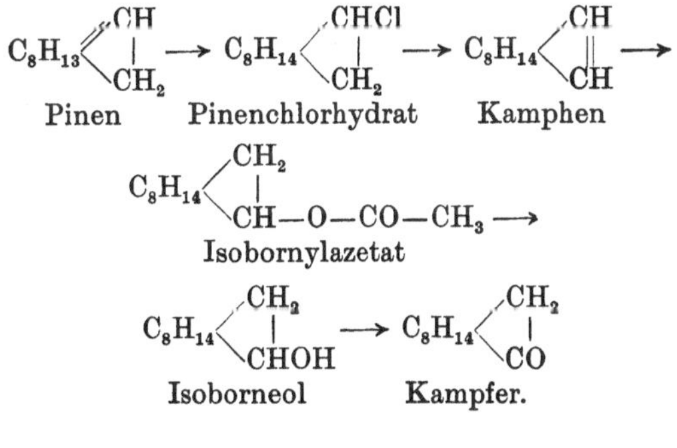

$$
C_8H_{13}\!\!\begin{array}{c}{}^{CH}\\ |\\ {}_{CH_2}\end{array}\!\!\longrightarrow\ C_8H_{14}\!\!\begin{array}{c}{}^{CHCl}\\ |\\ {}_{CH_2}\end{array}\!\!\longrightarrow\ C_8H_{14}\!\!\begin{array}{c}{}^{CH}\\ ||\\ {}_{CH}\end{array}\!\!\longrightarrow
$$

Pinen · · · Pinenchlorhydrat · · · Kamphen

$$
C_8H_{14}\!\!\begin{array}{c}{}^{CH_2}\\ |\\ {}_{CH-O-CO-CH_3}\end{array}\!\!\longrightarrow
$$

Isobornylazetat

$$
C_8H_{14}\!\!\begin{array}{c}{}^{CH_2}\\ |\\ {}_{CHOH}\end{array}\!\!\longrightarrow\ C_8H_{14}\!\!\begin{array}{c}{}^{CH_2}\\ |\\ {}_{CO}\end{array}
$$

Isoborneol · · · Kampfer.

e) Kampferersatzmittel.

Es sind zahlreiche Kampferersatzmittel zum Patent angemeldet worden; sie haben meist nur geringen Wert und werden selten angewandt.

Wir führen beispielsweise an:

Azetanilid, welches in alkoholischer Lösung Nitrozellulose gelatiniert (Schmp. 112°). Es ergibt ein weiches Zelluloid und wird zuweilen in Mischung mit Kampfer angewandt.

Manol oder Äthylazetanilid (Schmp. 50°), wird ebenfalls mit Kampfer gemischt angewandt, z. B. 1 Teil Kampfer und 3 Teile Manol.

$$C_6H_5-N\begin{cases} CO-CH_3 \\ C_2H_5 \end{cases}$$

Ferner sind Zelludol und Metazelludol zum Patent angemeldet worden (Schmp. ungefähr 130° und 115°). Letzteres löst sich besonders leicht in Alkohol und wird in Mischung mit gleichen Teilen Kampfer verwandt.

Das Zelludol der Société des Usines du Rhône ist ein p-Toluolsulfamid. Naphthalin (Franz. Pat. 292983) ist kein Gelatinierungsmittel.

Triphenylphosphat, das wir später noch bei Besprechung der Azetylzellulose erwähnen werden, findet in letzter Zeit auch für Nitrozellulose in steigendem Maße Anwendung.

f) Füllmittel.

Füllmittel wendet man an, um dem Zelluloid das Aussehen von Elfenbein, Koralle usw. zu geben.

Unter diesen Füllmitteln, die meist anorganischer Natur sind, erwähnen wir: Zinkoxyd, Kaolin, Talkum, Eisenoxyd usw.

Auch der Zusatz von Maltodextrin sei erwähnt, z. B.

Nitrozellulose	60 Teile	⎫	Soc. Ind. du Celld.
Kampferalkohol . . .	60 „	⎬	D. R. P. 221081.
Maltodextrin	18 „	⎭	

Durch Zusatz von Borax soll die Auflösung erleichtert werden.

g) Entflammbarkeit des Zelluloids.

Die Zersetzung der Nitrozellulose ist ein exothermer Vorgang, welcher an freier Luft zur lebhaften Verbrennung, in geschlossenem Gefäß zur Explosion führt. Die Zersetzung geht mit einer Geschwindigkeit von 1 mm in der Sekunde vor sich.

Ähnlich verhält sich Zelluloid, welches eine große Menge von Nitrozellulose, etwa 70—75% enthält.

Der Kampfer, welcher der Nitrozellulose von 11% Stickstoff gegenüber die Rolle eines Stabilisators spielt, verzögert zwar die Entflammung, aber er hindert die Zersetzung nicht, wenn diese erst einmal begonnen hat; diese Erscheinung bezeichnet man als flammenlose Verbrennung.

Flammenlose Verbrennung. Unter dem Einfluß des Lichtes und einer geringen Temperaturerhöhung tritt manchmal eine Zersetzung des Zelluloids ein. Es wird Stickstoffdioxyd frei und die Zersetzung kann, da sie stark exotherm verläuft und durch die Gegenwart der entstehenden Gase beschleunigt wird, so stark werden, daß die Temperatur nach und nach auf 170—190° steigt. Nun entzünden sich die Gase plötzlich, und die Zersetzung wird außerordentlich heftig.

Diese Tatsache ist von vielen Forschern geleugnet worden, und man hat die Entzündung immer wieder auf die Gegenwart einer Flamme oder eines glühenden Körpers zurückgeführt.

Clément u. Rivière sind aber selbst Zeugen eines Vorganges gewesen, der keinen Zweifel übrig läßt, daß eine explosionsartige Zersetzung des Zelluloids auch ohne Gegenwart einer Flamme eintreten kann. Am 26. Juni 1914 entzündeten sich gegen 1 Uhr nachmittags in einem von der Sonne voll bestrahlten Schaufenster in Paris Avenue Jean Jaurès dort ausgelegte Zelluloidkämme. Diese Beobachtung wurde durch offizielle Bekanntmachung des Polizeipräsidenten bestätigt[1]).

Wenn man bei der Verbrennung des Zelluloids die Flamme ausbläst, so hört die Zersetzung nicht auf, vielmehr entstehen weiter große Mengen Gas, und wenn die Entflammungstemperatur dieser Gase infolge der Erhöhung der Temperatur des sich zersetzenden Stoffes erreicht wird, so entzünden sie sich von neuem.

Diese flammenlose Zersetzung ist wegen der Natur der dabei ausgeschiedenen Zersetzungsprodukte und wegen ihrer Häufigkeit sehr gefährlich; sie kann tatsächlich einfach durch Erwärmen des Zelluloids auf die Zersetzungstemperatur eintreten.

Die flammenlose Zersetzung ergibt für je 100 g Zelluloid in einer Kohlensäureatmosphäre:

1. Gase,
2. flüssige Produkte,
3. einen kohleartigen Rückstand.

$$
\begin{array}{lll}
NO & 12,4\ g \\
N_2O & 1,9\ g \\
CO_2 & 2,4\ g & \Big\} = 24,8\,\% \\
CO & 7,0\ g \\
N_2 & 1,1\ g \\
Kampfer & 24,2\ g \\
HNO_3 & 13,1\ g & \Big\} = 58,4\,\% \\
\text{verschiedene Zersetzungsprodukte} & 20,9\,\% \\
\text{kohleartiger Rückstand} & 16,8\ g & = 16,8\,\% \\
\hline
& 100,0\ g & 100,0\,\%.
\end{array}
$$

Die Menge der gasförmigen Produkte ist tatsächlich sehr groß.

Will hat bei einem Versuch in der Bombe aus 1 g Zelluloid durch Entzündung mit einem rotglühenden Platindraht 583 ccm einer gasförmigen Mischung von folgender Zusammensetzung gefunden:

---

[1]) Nach Demaret (Chimie et Industrie 8 S. 559 [1922]) kann dieser — wohl einzig dastehende — Vorgang besser durch Brennglaswirkung eines linsenförmigen Fehlers im Glase der Schaufensterscheibe erklärt werden. —

$$CO_2 \ldots \ldots 14{,}8\% \qquad CH_4 \ldots \ldots 19{,}4\%$$
$$CO \ldots \ldots 45{,}7\% \qquad H_2 \ldots \ldots 10{,}5\%$$
$$N_2 \ldots \ldots 9{,}6\%.$$

Auch Zelluloidstaub kann, ebenso wie die Gase, die bei der flammenlosen Zersetzung entstehen, mit Luft gemischt, ein explosives Gemisch ergeben.

In Deutschland hat man folgende Versuchsmethode vorgeschlagen: 1 g Zelluloid wird in ein starkwandiges Reagensglas gebracht und in ein Ölbad von 100° getaucht; man erhitzt das Ölbad derart weiter, daß die Temperatur in jeder Minute um 5° steigt; wenn das Zelluloid gut ist, darf es nicht unter 150° verpuffen.

Stabilität des Zelluloids.   Das mit schlecht stabilisierter Nitrozellulose hergestellte Zelluloid besitzt natürlich auch keine hohe Stabilität.   Hervé[1]) macht folgende Angaben:

	Zersetzungs- temperatur
Nicht stabilisierte Nitrozellulose	144°
daraus hergestelltes Zelluloid .	129°
stabilisierte Nitrozellulose . . .	183°
daraus hergestelltes Zelluloid .	157°.

Die Stabilisierung der Nitrozellulose nimmt man durch Waschen und durch längere Behandlung mit kochendem Wasser entweder in Gegenwart von Säure oder von Alkali vor.   Die Zeit des Waschens mit kochendem Wasser kann auf 80—100 Stunden ausgedehnt werden. Wenn man reines Wasser zum Waschen verwendet, so wird es nach Verlauf von 10—12 Stunden nur noch schwach sauer.   Das Waschen in Gegenwart von Alkali nimmt man mit karbonathaltigem Flußwasser vor.

h) Schwer entflammbares Zelluloid[2]).

Bevor die Industrie der Azetylzellulose Bedeutung gewann, hat man versucht, das Zelluloid schwer entflammbar zu machen. Wir wollen vorwegnehmen, daß alle diese Versuche insofern gescheitert sind, als sie dazu führten, die Plastizität, die wichtigste Eigenschaft des Zelluloids, zu beeinträchtigen, wenn nicht gar gänzlich zu zerstören.

Eine ganze Anzahl von Erfindern haben auf diesem Gebiet ihr Können auf die Probe gestellt und die unwahrscheinlichsten Mischungen vorgeschlagen.

Anwendung von Gelatine.   Glyzerin löst Gelatine; man hat nun Massen vorgeschlagen, welche aus Nitrozellulose, Kampfer, Gelatine und Glyzerin hergestellt werden sollen.   Glyzerin macht die an sich spröde Gelatine plastisch.   Um das Produkt für Wasser unlöslich zu

---

[1]) Moniteur Quesneville, September 1918.

[2]) Schall: Tabell. Übers. über die Verfahren zur Herst. von schwer entflammbarem Zelluloid.   Kunststoffe 1915, S. 207.

machen, setzt man noch Formaldehyd zu. Übrigens ist das so erhaltene Produkt durchaus nicht unentflammbar.

Anwendung von Kasein. Zahlreiche Erfinder haben dem Zelluloid Kasein zugesetzt, ohne daß diese Versuche Erfolg gehabt hätten. Dagegen ist die Verwendung von Kasein allein bei der Herstellung von zelluloidähnlichen Massen in sehr vollkommener Weise geglückt (Galalith).

Anwendung verschiedener organischer Stoffe. Folgende Zusätze zur Nitrozellulose sind patentiert worden:

Eine Mischung von Zucker, Stärke und Gummi (D.R.P. 56946, Güttler),

Fischleim und Gummiarabikum (D.R.P. 178428, Franz. Pat. 344048, Woodwards),

Kasein und Glyzerin (Franz. Pat. 339081, Proveux),

Ätherische Öle,

Vaselinöl,

Gelatine (D.R.P. 110012, Engl. Pat. 11927 [1898] usw., Bethisy),

Harzöle (Koller).

Diese Patente haben scheinbar alle keinen bemerkenswerten Erfolg gehabt.

Anwendung von Metallsalzen. Der Zusatz von Metallsalzen hat schon größere Bedeutung erlangt, jedoch wird das Nitrozellulose-Kampferkolloid, wenn diese Salze in großer Menge zugesetzt werden, wie es sich als notwendig erweist, um die Unentflammbarkeit zu bewirken, zerstört, und man erhält brüchige und trübe Produkte.

Von den vorgeschlagenen Metallsalzen führen wir an:

Magnesium und Aluminiumchlorid (Engl. Pat. 28212 [1903], Franz. Pat. 344501, Stevens; Engl. Pat. 4390 [1908], Williams und Parkin),

Eisenchlorid (Franz. Pat. 317884, Mabille und Lecelerg),

Ammoniumphosphat, Ammoniumbikarbonat (Franz. Pat. 349292, Germans),

Zinnchlorür (D.R.P. 45024, Stocker),

Ammoniumchlorid (Franz. Pat. 351555, Rost & Michey),

Kalziumsulfat (Franz. Pat. 337080, Bachrach; Franz. Pat. 364690, Planchin),

Aluminiumsalze (Franz. Pat. 328054, Noguès & Proveux; Engl. Pat. 9087 [1910], Plaisetty).

Kalziumchlorid (Franz. Pat. 322457, Beau; Franz. Pat. 347446 [1905], Parkin und William),

Natrium- und Magnesiumhyposulfit (Engl. Pat. 21485 [1892], Caturte und Degraide),

Magnesiumsulfat (Franz. Pat. 360912, Langneaus, Nebels und Vigues),

Zinkchlorid, Kalziumchlorid (Franz. Pat. 347313, Bethisy, Rose & Co.),

Zinkchlorid und Magnesiumazetat (Franz. Pat. 410 973, Labbès),
Borsäure (D.R.P. 171 694 und Franz. Pat. 347 446, Parkes,)
in Alkohol lösliche Metallsalze (Franz. Pat. 376 399, D.R.P. 206 471,
    Marino),
Metallrizinate in alkoholischer Lösung (Franz. Pat. 374 375 [1906],
    Peyrusson).

Organische Körper. Die Ester der Kieselsäure (D.R.P. 149 764,
Franz. Pat. 325 336, Pillon; Franz. Pat. 402 569, Clément-Botrelle),
wie Methyl- und Äthylsylikat. Trikresyl- und Triphenylphosphat
(Amerik. Pat. 700 885 und 700 884 [1902], Zühl) sind, wenn sie in
solcher Menge angewandt werden, daß die Geschmeidigkeit und Durchsichtigkeit nicht beeinträchtigen, ebenfalls keine genügend wirksamen
Feuerschutzmittel.

B. Herstellung plastischer Massen aus Zelluloseazetat.

Die Industrie der plastischen Massen aus Azetylzellulose ist noch
ziemlich neu; und wenn auch viele Fachmänner der Zelluloidindustrie
erkannt haben, daß die mit Zelluloseazetat erhaltenen Produkte ebenso
gut sind, wie die aus reinster Nitrozellulose, so hat doch der Vorteil der
Unentflammbarkeit die Zelluloidfabriken nicht dazu bestimmen können,
ausschließlich mit dem neuen Zelluloseester zu arbeiten.

Die Kostenfrage spricht hier erheblich mit. Der Herstellungspreis des
Zelluloseazetats ist höher als der der Nitrozellulose; Massen aus Cellu-
loseazetat und aus Nitrozellulose zum selben Preise zu verkaufen, ist
kaum möglich. Aber wenn man zu den Kosten der Rohstoffherstellung
die Kosten der Verarbeitung für die Herstellung von Kämmen und
anderen Gegenständen hinzurechnet, so beträgt die Gesamterhöhung
des Preises bei einem Objekt aus Zelluloseazetat gegenüber demselben
Objekt aus Zelluloid nicht mehr als 10%.

Wir fügen noch hinzu, daß das Zelluloseazetat nicht immer wie jetzt
erhältlich war, und auch heute noch muß man unter den Handelspro-
dukten eine vorsichtige Auswahl treffen.

Man hat recht viele Arbeitsmethoden für die Verarbeitung von
Azetylzellulose vorgeschlagen; wir wollen hier nur zwei davon in großen
Zügen schildern.

Beide unterscheiden sich wenig von der für Nitrozellulose üblichen
Arbeitsweise und haben sich in Frankreich in einigen Fabriken bewährt.

Herstellung plastischer Massen.

Eine plastische Masse mit Zelluloseazetat als Grundlage setzt sich
aus zwei Körpern zusammen: dem Zelluloseazetat und einem Gelatinierungsmittel oder schwer flüchtigem Lösungsmittel.

Die innige Vermischung dieser beiden Körper und die Herstellung der Rohprodukte aus Zelluloseazetat (Platten und Stücke) geht unter Mitwirkung eines flüchtigen Lösungsmittels vor sich.

Zelluloseazetat ist selbst eine plastische Masse, d. h. es wird unter dem Einfluß von Wärme und Druck weich und bei Gegenwart geringer Mengen eines flüchtigen Lösungsmittels knetbar. Man kann Platten und Blocks aus reinem Zelluloseazetat genau wie aus reiner Nitrozellulose herstellen; aber die Geschmeidigkeit, Elastizität und Zähigkeit erhält man nur durch Zusatz eines anderen Körpers, dessen Rolle identisch mit der des Kampfers im Zelluloid ist; die Ähnlichkeit der beiden Ester in dieser Beziehung ist erstaunlich.

<h3 style="text-align:center">a) Gelatinierungsmittel</h3>

nennt man Verbindungen, welche auf Zelluloseazetat lösend wirken und damit eine feste, elastische Masse geben, wobei das Zelluloseazetat seine Zähigkeit und Beständigkeit behält.

In der Praxis besteht das Gelatinierungsmittel aus einer Mischung zweier Körper; der eine wirkt als Lösungsmittel, während der andere nur zugesetzt wird, um die unbedingte Unentflammbarkeit zu gewährleisten.

Ein Gelatinierungsmittel im eigentlichen Sinn ist das sehr häufig verwendete Triazetin[1]).

$$CH_2-OCOCH_3$$
$$|$$
$$CH\ \ -OCOCH_3$$
$$|$$
$$CH_2-OCOCH_3$$

mit einem Siedepunkt von 258°; es ist in Wasser wenig löslich.

Als Feuerschutzmittel gebraucht man mit Vorliebe Phenolphosphorsäureester, Triphenylphosphat oder Trikresylphosphat[2]).

Triphenylphosphat

$$P\begin{cases} =O \\ -OC_6H_5 \\ -OC_6H_5 \\ -OC_6H_5 \end{cases}$$

ist ein fester Körper mit sehr niedrigem Schmelzpunkt (Schmp. 48°), es siedet unter 11 mm Quecksilberdruck bei 245°.

Trikresylphosphat ist ein flüssiger Körper, der im Vakuum ebenfalls über 200° siedet; beide sind in Wasser unlöslich. Die Menge des verwendeten Phenolesters ist je nach dem Grad der Unentflammbarkeit, den man erreichen will, verschieden.

---

[1]) Franz. Pat. 440955 [1911]. Companie française de Celluloid. Clément et Rivière: Kongreß für angew. Chemie in Washington u. New York, Sept. 1912. Arbeit über Zelluloseazetat.
[2]) Amerik. Pat. 1050065 [1909], Celld. Co.

Man hat viele Gelatinierungsmittel vorgeschlagen, von denen jedoch nur wenige den Ansprüchen der Praxis genügen; andere sind mehr Füllstoffe[1]).

Zwei Verfahren können bei der Herstellung von Blöcken angewendet werden; wir wollen sie in großen Zügen schildern.

b) Verarbeitung mit Tetrachloräthan-Alkohol.

Das zu Pulver vermahlene Zelluloseazetat wird in Anfeuchtungsbottiche gebracht. Man setzt Tetrachloräthan und das Gelatinierungsmittel zu und rührt kräftig durch.

Die angewandten Mengen sind:

$$
\begin{array}{llr}
\text{Zelluloseazetat} & \ldots & 100 \text{ kg} \\
\text{Tetrachloräthan} & \ldots & 300 \text{ „} \\
\text{Methylalkohol} & \ldots & 30 \text{ „} \\
\text{Gelatinierungsmittel} & \ldots & 25 \text{ „}
\end{array}
$$

Die Bottiche bestehen aus Holz, sind mit galvanisiertem Eisenblech ausgeschlagen und mit Deckeln versehen. Sie fassen ungefähr 500 Liter. Wenn eine innige Durchmischung erreicht ist, schließt man den Deckel und läßt 48—60 Stunden stehen. Diesem Verfahren ist die Anwendung einer Knetmaschine vorzuziehen; denn oft wird durch den physikalischen Zustand des Azetats das Eindringen des Lösungsmittels in das Innere harter Klumpen aus Zelluloseazetat verhindert, so daß der Lösungsprozeß ziemlich lange dauert. Bei ausschließlichem Gebrauch der Knetmischmaschine spart man sowohl an Tetrachloräthan wie auch an Arbeitszeit. Wenn man die Masse auf 70° erwärmt, so erhält man in 5—6 Stunden eine homogene Masse. Diese Zeit richtet sich nach dem physikalischen Zustand des verwendeten Azetats. Auch beim Gebrauch von Anfeuchtungsbottichen sollte man die Operation lieber in einer erwärmten Knetmaschine zu Ende führen.

Man darf sich nicht über die verhältnismäßig große Menge von Tetrachloräthan wundern, wenn man diese mit dem Mengenverhältnis von Nitrozellulose und Alkohol vergleicht. Azetylzellulose ergibt mit demselben Lösungsmittel eine höhere Viskosität als eine bei der Herstellung von Zelluloid verwandte Nitrozellulose mit durchschnittlich 11% Stickstoff. Tetrachloräthan ist im Vergleich zu Alkohol ein sehr schwerer Körper; an Volumen ist daher die Tetrachloräthanmenge kaum größer als die Menge Alkohol, die man zum Durchtränken der Nitrozellulose braucht. Jedenfalls erhält man nach obiger Vorschrift äußerst zähe Massen, welche nicht die geringste Körnung aufweisen.

Das Walzen. Nun geht man zum Walzen über, wodurch nicht etwa die Auflösung vollendet werden, sondern die Masse für die weitere Bearbeitung vollkommene Homogenität erhalten soll.

---

[1]) Chlorbenzol und andere Halogenderivate des Benzols, Nitroderivate des Benzols, Phenoläther usw. (Franz. Pat. 432264, Dreyfus.)

Man nimmt die Paste aus der Knetmischmaschine und bringt sie zwischen die Walzen eines Kalanders.

Dieser Apparat besitzt gewöhnlich zwei Horizontalzylinder von 40 cm ⌀, deren Entfernung verstellt werden kann und welche in entgegengesetztem Sinne in Drehung versetzt werden. Die Drehung soll ungefähr 15 Touren in der Minute betragen.

Die Zylinder werden mit Dampf auf 65—70° erwärmt. Die Entfernung der beiden Walzen kann etwa 15—20 mm betragen.

Für 100 kg Zelluloseazetat braucht man etwa 8 Stunden zum Walzen.

Die erhaltene Masse darf nicht zu hart sein, da sonst das Zusammenpressen zu Kuchen in der Blockpresse schlecht von statten gehen würde.

Während des Walzens kann man Farbstoffe beimischen, welche man vorteilhaft vorher in Methylalkohol gelöst hat, wobei man nur geringe Mengen im Vergleich zu der verwendeten Menge Tetrachloräthan anwenden darf; 1% des Gewichtes von Tetrachloräthan darf nicht überschritten werden.

Man walzt schließlich ungefähr 3 cm dicke Platten aus, die man so schneidet, daß sie in den Kasten der Blockpresse passen.

Schildpatt läßt sich auf der Walze sehr gut durch Mischung von zwei Posten, von denen der eine farblos, der andere bräunlich-rot gefärbt ist, herstellen.

Das Pressen. Die Herstellung von Blöcken erfordert etwas höhere Temperatur und stärkeren Druck als beim Zelluloid, weil das Zelluloseazetat in der Presse schwerer erweicht als Nitrozellulose.

Sie erfolgt in einer hydraulischen Presse, welche mit Dampf auf mindestens 90° erwärmt wird.

Man fängt mit niedrigem Druck (50 kg) bei einer Temperatur von 65° an, hält ihn 2—3 Stunden konstant und steigert dann die Temperatur auf 90° und gleichzeitig den Druck auf 200 kg.

Nach ungefähr 8 Stunden ist der Block vollständig erweicht.

Man kühlt nun die Presse durch fließendes, kaltes Wasser ab und härtet den Block vollends, indem man ihn aus der Presse nimmt und in kaltes Wasser taucht.

Die Bildung von Blasen ist hier weniger zu befürchten als beim Zelluloid infolge der Gegenwart des Alkohols.

Das Schneiden. Man zerschneidet den Block mit einer Hobelmaschine in starke Blätter oder runde Stäbe, welche an der Luft Lösungsmittel abgeben und daher noch erheblich schrumpfen. Statt dessen kann man einen Rundblock auch zunächst in Spirallinie zu einer zusammenhängenden Folie aufschneiden, welche dann in Blätter zerteilt wird.

Das Trocknen. Das Trocknen hat den Zweck, die letzten Spuren von Tetrachloräthan bis zur völligen Geruchlosigkeit zu entfernen, was leicht gelingt.

Die Trockenschränke werden durch längs den Wänden angebrachte Dampfschlangen erwärmt.

Ein Ventilator führt von außen her Luft zu, während ein zweiter die mit Tetrachloräthandämpfen gesättigte Luft absaugt.

Die Temperatur des Trockenschrankes soll 40° betragen; bei 10 mm starken Platten braucht man ungefähr 24 Stunden zum Trocknen.

Bei Stücken von sehr großer Stärke zieht man es vor, auf Hürden in einem nicht geheizten Raum zu trocknen, um eine zu starke Deformation zu vermeiden.

Abrichten und Polieren. Die Blätter werden nach dem Trocknen unter einer hydraulischen Presse bei einem Druck von 150 kg auf 1 qcm und einer Temperatur von 90° gerichtet. Das Abkühlen der Presse geht unter konstantem Druck vor sich, um Deformierung zu vermeiden.

Das Polieren nimmt man mit einem Druck von 500 kg auf 1 qcm vor.

c) Verarbeitung mit Alkohol-Benzol.

Dieses Verfahren beruht auf der Löslichkeit von Zelluloseazetat in einer warmen Mischung von Methylalkohol und Benzol.[1])

Methylalkohol von 99% oder Äthylalkohol von 95% zu gleichen Teilen mit reinem Benzol gemischt, ist in der Kälte weder ein Lösungs- noch ein Gelatinierungsmittel für Azetylzellulose; in der Wärme dagegen ist es bei ungefähr 60° ein ausgezeichnetes Lösungsmittel. Eine auf diese Weise warm hergestellte Lösung scheidet beim Abkühlen die Azetylzellulose in kaum gequollener From wieder aus.

Wenn man der Alkohol-Benzolmischung eine gewisse Menge Tetrachloräthan oder eines anderen Lösungsmittels zusetzt, so entsteht in der Wärme eine vollständige Lösung, und nach dem Abkühlen eine homogene durchsichtige Gallerte, welche sich hervorragend zur Herstellung von Blöcken eignet.

Ansatz:

Zelluloseazetat	125 kg
Methylalkohol	100 „
Benzol	100 „
Tetrachloräthan	75 „
Gelatinierungsmittel . .	31 „

Die Gelatinierung bewirkt man am besten bei ungefähr 60° in einer geschlossenen Knetmischmaschine, um die sich entwickelnden Dämpfe leicht wiedergewinnen zu können.

Bei der angegebenen Vorschrift kann der Methylalkohol durch 95%igen Äthylalkohol ersetzt werden, doch muß in diesem Fall die Menge des Tetrachloräthans auf 90 kg erhöht werden, um in der Kälte eine vollkommen durchsichtige Masse zu erhalten. Tetrachloräthan kann durch Azeton oder Methylazetat ersetzt werden.

---

[1]) D.R.P. 254385 [1909], Eichengrün.

Das Walzen, Pressen usw. geschieht in derselben Weise, wie schon beschrieben.

Bei diesem Verfahren trocknen die nach dem Schneiden der Blocks erhaltenen Blätter infolge der geringen Menge an Tetrachloräthan schneller und zeigen nicht die leicht gelbliche Färbung, welche man beim Arbeiten mit Tetrachloräthan allein zuweilen beobachtet.

Herstellung von Röhren. Röhren werden ebenso wie beim Zelluloid durch Anwendung des Stuffingverfahrens hergestellt.

Wiedergewinnung der Lösungsmittel. Tetrachloräthan ist ein Körper, dessen Dämpfe leicht wiederzugewinnen sind.

Besonders bei der Arbeit in der Mischmaschine und auf der Walze ist die Entwicklung von Dämpfen stark. Die Wiedergewinnung durch einfaches Ansaugen und darauf folgendes Zusammenpressen unter Kühlung der mit Lösungsmitteln beladenen Luft sichert eine ganz bedeutende Herabsetzung der Herstellungskosten. Man kann die Wiedergewinnung auch durch Auffangen der Dämpfe in einem Lösungsmittel bewerkstelligen.

d) Formen der plastischen Masse.

Der Rohstoff zur Herstellung von Gebrauchsgegenständen bietet sich also dem Fabrikanten in Form von Blättern, Stücken oder Röhren dar, welche, dank der großen Plastizität des Materials, auf die verschiedenste Weise umgeformt werden können.

Die Formbarkeit ist jedoch nur vorhanden, wenn man die Zelluloseazetatmasse auf eine Temperatur von wenigstens $90°$ erwärmt. Aus diesem Grunde ist die Arbeit mit heißem Wasser schwierig, und wenn möglich, sollte man die Bearbeitung lieber auf geheizten Tischen vornehmen. Beim Formgeben sind folgende Arbeitsmethoden üblich:

das Sägen;

das Schneiden;

in der Wärme entweder in Trögen oder auf geheizten Tischen oder auch mit Pressen zum Stanzen, Schneiden, Bördeln usw.

das Polieren,

Lackieren, Verzieren.

Man stellt Elfenbein-, Schildpatt-, Korallen-, Bernstein-, Horn-, Marmor-, Jettimitationen usw. her. Daraus ergibt sich eine unendliche Mannigfaltigkeit der Formen und Anwendungsmöglichkeiten in der Spielwarenindustrie, in der Kunsttischlerei und in allen Industriezweigen, welche früher mit Horn und Schildpatt gearbeitet haben.

Man stellt z. B. her:

Toiletten- und Schmuckgegenstände, Kämme, Haarnadeln, Kopfschmuck, Halsbänder, Armbänder, Perlen, Puderdosen, Futterale, Knöpfe, Regen- und Sonnenschirmgriffe;

für Buchdruck: Buchdecken, Albumdecken;

Rauchartikel: Pfeifenmundstücke und Zigarettenspitzen, Etuis, Tabak-
dosen;

bei der Messerfabrikation: Messer- und Rasierklingenhefte;

in der Bürstenmacherei: Bürstenfassungen;

Spielwaren: Bälle, Puppenköpfe, Spielwürfel, Dominosteine, Schach-
figuren, Billardkugeln;

Zeichengeräte: Winkelmaße und Lineale, Transporteure, Rechen-
schieber;

Chirurgische Artikel;

Verschiedene Gegenstände: Klaviertasten, Ösen für Schuhwerk, Papier-
messer, Ringe, Siegel, Gehäuse für Akkumulatoren;

Abgüsse und Medaillen;

durchsichtige Schutzhüllen für Plakate, Überzüge für Holz, Fensterscheiben für Automobile und Brillen für Kraftfahrer.

Diese letzte Art der Verwendung ist erst durch die Anwendung von
Azetylzellulose möglich geworden und hat sich bei Automobilen und in
den Gondeln von lenkbaren Luftschiffen und Freiballons als nicht
splitternde Fenster bewährt.

Ebenso hat man in Verkehrsflugzeugen Kabinen gebaut, deren
Fenster aus biegsamen Azetylzelluloseplatten bestehen.

Die Industrie künstlicher Blumen hat einen großen Fortschritt durch
die Anwendung dünner Azetylzelluloseblätter gemacht. Diese Blätter
werden in der Kälte mit der Maschine ausgestanzt, dann entweder in
der Wärme oder durch Einwirkung eines Quellungsmittels modelliert,
darauf mit dem Pinsel oder auch durch Aufspritzen eines Lackes
gefärbt. Man kann so alle möglichen Imitationen von natürlichen
Blättern und Blüten herstellen.

Kränze, Sträuße und andere dekorative Zusammenstellungen erhalten nun die wertvolle Eigenschaft, unentflammbar zu sein und überall
ohne Gefahr angebracht werden zu können.

Mit diesen dünnen Blättern kann man auch Lampenschirme, elektrische Beleuchtungskörper, Globen herstellen.

Hoffentlich wird die Unentflammbarkeit bei Gebrauchs- und
Schmuckgegenständen von den öffentlichen Behörden genügend hoch
bewertet und in Zukunft die Verwendung von Zelluloseazetat bei Fabrikationszweigen, wie Kinderspielwaren usw. gefördert.

3. Lacke und Überzüge aus Zelluloseestern.

A. Lacke und Überzüge mit Nitrozellulose als Grundlage.

Die Lacke und Überzüge mit Zelluloseestern als Grundlage sind
kolloidale Lösungen dieser Ester in gewissen organischen Flüssigkeiten,

die dazu bestimmt sind, verschiedene Gegenstände zu bedecken, zu schützen, zu färben, glänzend oder undurchdringlich zu machen, wie z. B. Metalle, Holz, Gewebe, Papier und im allgemeinen alle Körper, welche man gegen Feuchtigkeit und atmosphärische Einflüsse schützen möchte. Diese Lacke und Überzüge setzen sich hauptsächlich aus folgenden Bestandteilen zusammen:

a) aus einem oder mehreren flüchtigen Lösungsmitteln für Zelluloseester,

b) aus Verdünnungsmitteln, welche keine Lösungsmittel für Zelluloseester sein brauchen,

c) aus weniger flüchtigen Lösungsmitteln für Zelluloseester, welche in Wasser unlöslich sind.

Die Verdünnungsmittel b) sind nicht unbedingt notwendig, wohl aber die schwer flüchtigen Lösungsmittel c). Letztere haben den Zweck, die Verdunstung der Lösungsmittel besonders gegen Ende des Trockenvorganges zu verlangsamen, um eine zu große Abkühlung der überzogenen Fläche zu verhindern. Die Abkühlung würde zu einer Wasserkondensation und dadurch zu einer Ausfällung des Zelluloseesters führen, da sich das Wasser in den flüchtigen Lösungsmitteln des Zelluloseesters lösen würde.

Alle diese Lösungen sind viskos, klar und durchsichtig.

Die Streichlacke aus Nitrozellulose haben eine Konzentration von ungefähr 3—4%; Tauchlacke sind 8—15%ig.

Technische Lösungsmittel sind, wie schon erwähnt:

Methylalkohol,

eine Mischung von Alkohol und Äther,

Azeton,

Methylazetat,

Äthylazetat,

Amylazetat,

Methyl- oder Äthylformiat.

Alle diese Lösungsmittel sind mit Ausnahme von Amylazetat ganz oder teilweise in Wasser löslich.

Trotzdem kann für gewisse Lacke (medizinisches Kollodium) die Alkohol-Äthermischung ohne weiteres angewandt werden.

Methylformiat ist zu flüchtig (Sdp. 31°) und besonders zu wenig beständig, um überall verwendet werden zu können.

Äthylformiat ist ein gutes, aber ebensowenig beständiges Lösungsmittel. Bei der technischen Herstellung der Nitrozelluloselacke werden meist Amylazetat und andere Lösungsmittel, wie Alkohol oder Azeton und billige Verdünnungsmittel, wie Benzol oder vergällter Spiritus, angewandt. Die zuletzt genannten Flüssigkeiten sind Streckungsmittel, um den Gestehungspreis zu verringern.

Nitrozelluloselacke sind im Handel unter dem Namen Zaponfirnis oder Zaponlack, Kristallfirnis usw. bekannt.

a) Verschiedene Rezepte für Nitrozelluloselacke.

Äther-Alkohollack. Das medizinische Kollodium ist ein Äther-Alkohollack.

Seine Zusammensetzung ist folgende:

Nitrozellulose . . . . 10 g
Äthyl-Alkohol . . . . 30 g
Äther . . . . 210 g.

In Deutschland fügt man oft Rizinusöl hinzu[1]).

Die Alkohol- oder Äthermengen können schwanken. Statt reiner Nitrozellulose wendet man oft Zelluloidabfälle an. Rizinusöl (5 Gew.-% der Nitrozellulose) gibt dem Lack eine größere Geschmeidigkeit und Adhäsionskraft. Dieses Öl ist in Alkohol löslich.

Solche Lacke mit Äther-Alkohol sind nicht für alle Zwecke brauchbar, denn man muß sie in wenig feuchter Atmosphäre verwenden, wenn sie nicht matte oder gar weiße Überzüge ergeben sollen[2]). Wenn man größere Mengen von Rizinusöl und Kampfer zusetzt, so erhält man Lacke, welche bei der Herstellung von Glühstrümpfen (Typ Auer) gebraucht werden, um die Metalloxyde zu binden.

Ebenso werden sie bei der Herstellung von Glühlampenfäden als Bindemittel für das Metallpulver (Westore und Wilson Swan) gebraucht.

Azetonlacke. Azetonlacke sind ebenfalls sehr flüchtig und geben in feuchter Luft leicht weiße Flächen; man hilft diesem Mangel durch Zusatz von Amylazetat ab; z. B.:

Nitrozellulose . . . . 5 g
Azeton . . . . 75 g
Amylazetat . . . . 25 g.

Amylazetatlacke. Sie sind im Jahre 1882 von Stevens erfunden worden; Crane gründete im Jahre 1887 in England die Crane Chemical Cy. Nitrozelluloselacke mit Amylazetat ergeben immer außerordentlich glänzende Oberflächen und sind daher die gesuchtesten Lacke; der Preis des Amylazetats hat aber dazu geführt, diese Lacke mit billigen Stoffen zu verschneiden, z. B.:

Nitrozellulose . . . . 5 g
Amylazetat . . . . 50 g
Benzol oder Spiritus . . . 50 g.

Der Zusatz von Firnis oder Schellack erhöht das Adhäsionsvermögen auf poliertem Metall.

---

[1]) Kollodium elasticum: 97 g obiger Lösung, 3 g Rizinusöl.
[2]) D. R. P. 161213.

Es sei ein von Field angegebenes Rezept angeführt:

Amylazetat . . . . 50 l
Benzol . . . . 25 l
Methylalkohol . . . . . 25 l
Nitrozellulose . . . . . . 3,75 kg
Schellack . . . . 3,75 kg.

Schellack ergibt von allen Harzen die besten Resultate (Field). Auch Mastix, Sandarak, Kolophonium können zugesetzt werden, um das Adhäsionsvermögen des Lackes zu erhöhen.

Einige Erfinder haben versucht, Amylazetat, dessen Preis in den letzten Jahren sehr gestiegen ist, zu ersetzen. Amylazetat hat den Vorteil, ein gutes Lösungsmittel für Nitrozellulose von mittlerem Stickstoffgehalt und gleichzeitig nur wenig flüchtig und unlöslich in Wasser zu sein, wodurch man sehr blank trocknende Lacke erhält.

Diketon-Alkohol oder Dimethyl-Azetonylkarbinol ist von Dörflinger zum Patent angemeldet worden[1]). Dieses Produkt, dessen Konstitutionsformel die folgende ist

$$OH-\underset{\underset{CH_3}{|}}{\overset{\overset{CH_3}{|}}{C}}-CH_2-CO-CH_3,$$

entsteht durch Kondensation von zwei Molekülen Azeton in Gegenwart von Säuren oder Basen. Bei der Herstellung entstehen gleichzeitig Körper wie Mesityloxyd, Phoron usw.

Die Eigenschaften dieser Produkte sind:

Diketonalkohol . . Sdp. = 160°
Mesityloxyd . . . „ = 130°
Phoron . . . . . . „ = 212°

$$CH_3-CO-CH = C\begin{smallmatrix} CH_3 \\ \\ CH_3 \end{smallmatrix}$$

Mesityloxyd

$$\begin{smallmatrix} CH_3 \\ \\ CH_2 \end{smallmatrix}C = CH-CO-CH = C\begin{smallmatrix} CH_3 \\ \\ CH_3 \end{smallmatrix}$$

Phoron

Amylazetat kann auch ersetzt werden durch Zyklohexanon Sdp. 155°)[2]) oder Zyklohexanolazetat (Sdp. 175 177°)[3]).

---

[1]) D.R.P. 246967 [1910].
[2]) D.R.P. 174914 [1905], Raschig.
[3]) D.R.P. 251351 [1911], Badische Anilin- und Sodafabrik.

b) Anwendung.

Nach den gegebenen Vorschriften erhält man Metallacke, welche als Kristallack, Zaponlack, Galvanofirnis, Amyllack usw. bekannt sind.

Eine große Anzahl polierter Gegenstände aus Kupfer, Messing, Bronze, Nickel, Silber werden vor dem Einfluß von Gasen oder Flüssigkeiten durch das dünne Nitrozellulosehäutchen geschützt, welches durch den Lack bei der Verdunstung der Lösungsmittel erzeugt wird.

Die Eigenschaften des Metalles haben sich nicht geändert, dagegen ist seine Oberfläche gegen äußere Einflüsse geschützt. Andere Gegenstände erfordern dagegen einen farbigen, matten oder glänzenden Lack, welcher gegen Wärme und Kälte beständig ist. Dies ist der Fall bei Ferngläsern, Teilen von photographischen oder kinematographischen Apparaten usw., welche mit schwarzem, mattem oder auch glänzendem Lack überzogen werden.

Das Auftragen dieser Lacke wird auf verschiedene Weise ausgeführt:

1. mit dem Pinsel,
2. durch Eintauchen des Gegenstandes in ein Bad,
3. durch Zerstäuben des Lackes auf der Oberfläche des zu überziehenden Gegenstandes, besonders bei matt-schwarzen und farbigen Lacken.

Derartige Lacke werden in sehr großen Mengen in der Industrie als Schutz für polierte Oberflächen gebraucht. Durch Auflösen von löslichen schwarzen Farbstoffen ergeben sie den schwarzen Brilliantlack; wenn man einfach Ruß zusetzt, so erhält man matt-schwarze Oberflächen. Beide werden in der optischen Industrie viel gebraucht.

Um Bronzelack herzustellen, nimmt man nach Worden:

$$3\%\text{iges Kollodium} \ldots 75\text{—}80\%$$
$$\text{Bronzepulver} \ldots\ldots 25\text{—}20\%$$

Ähnliche Überzüge kann man übrigens in jeder Farbtönung herstellen, indem man den Lack mit mineralischen Farbstoffen verrührt.

c) Einwirkung von Amylazetatdämpfen auf den Organismus.

In Lackfabriken muß man besondere Vorsichtsmaßregeln treffen, da Amylazetat gesundheitsschädlich ist.

Es ruft oft nervöse Störungen, Kopfschmerzen, Brennen der Augen, Husten usw. hervor, wenn auch selten ernstliche Krankheitsfälle beobachtet wurden.

Die ersten Erscheinungen sind eine Reizung der Atmungsorgane, welche Husten hervorruft.

Nach langer Einatmung der Dämpfe bekommt man Schwindelgefühl, eine starke Müdigkeit und Atembeschwerden. Durch eine gute Ventilation der Werkstätten werden diese Störungen vermieden.

Ein Zusatz von Benzin zu Amylazetatkollodium verursacht den Arbeitern häufig Kopfschmerzen. Azeton ruft ein starkes Bedürfnis nach frischer Luft und eine Reizung der Bronchien hervor. Amylalkohol und Methylalkohol üben einen unangenehmen Einfluß auf die Schleimhäute aus und verursachen gleichfalls Kopfschmerzen.

Aus all diesen Gründen ist es unbedingt nötig, für eine gute Durchlüftung der Arbeitsräume von Lackfabriken zu sorgen, so daß durch die Ventilation eine vollständige Entfernung der Dämpfe erreicht wird.

d) Prüfung von Nitrozelluloselacken.

Neutralität. Nitrozelluloselacke müssen chemisch vollkommen neutral sein, besonders diejenigen, welche man zum Schutz von Metallen benutzt.

Der geringste Gehalt an Essigsäure (von Amylazetat) oder Salpetersäure (von der Nitrozellulose) erzeugt auf dem Metall, z. B. auf Kupfer, Färbungen; ebenso wirken basische Stoffe schädlich.

Eine Lackprobe auf einer gut polierten Kupferplatte ist deshalb sehr zweckmäßig. Nach dem Trocknen des Lackes muß die Platte 2—3 Tage lang in einem Trockenschrank bei einer Temperatur von 30—35° lagern, um eventuelle schädliche Einwirkung schneller erkennen zu können. Am besten trägt man auf dieselbe Platte nacheinander zwei Lackschichten auf, um die Wirkung deutlicher zu machen.

Durchsichtigkeit. Der Lack muß an der Luft vollkommen trocknen und sich dabei gleichmäßig ausbreiten, ohne Runzeln zu bilden und ohne zu schnell zu erstarren.

Nach dem Trocknen an freier Luft muß die Haut vollkommen klar, durchsichtig und farblos sein. Wenn sie körnig ist, so ist der Lack schlecht filtriert worden und enthält noch ungelöste Nitrozellulosefasern. Ist sie zu wenig durchsichtig, so deutet das darauf hin, daß der Gehalt an Amylazetat nicht genügt. Eine nicht klar durchsichtige Haut ist gewöhnlich brüchig.

Färbung. Der Lacküberzug soll farblos sein: Es kommt oft vor, daß man auf einem hochpolierten Metall nach dem Trocknen des Lackes eine übrigens manchmal wunderschön irisierende Farbwirkung erhält. Der Lack schillert wie ein „Taubenkropf", so lautet der Ausdruck, den die Handwerker dafür geprägt haben. Dies Irisieren rührt von Interferenzerscheinungen an den dünnen Blättchen her, welche die Nitrozelluloseschicht bilden und deren Dicke in solchem Fall nur Tausendstel von Millimetern beträgt.

Im einfarbigen Licht (gelbes Natriumlicht) erscheint eine solche Oberfläche mit schwarzen Mustern geschmückt, welche Flächen gleicher Dicke der Nitrozelluloseblättchen angeben. Von einer Kurve zur anderen wächst die Dichte der Haut um den Betrag $\dfrac{\lambda}{2\,n}$.

λ bezeichnet die Wellenlänge des Lichtes.

n gibt den Brechungsindex der Nitrozellulosehaut an.

Man hat eine Tabelle aufgestellt, in welcher die Farbe als Funktion der Schichtdicke erscheint.

Das Irisieren tritt bei Anwendung eines Lackes auf, welcher zu wenig konzentriert ist und sich zu stark ausbreitet, wodurch eine äußerst dünne Lackschicht entsteht.

Adhäsionsvermögen. Die trockene Lackschicht muß auf Metall gut haften. Durch Zusatz von Schellack oder anderen Harzen, ebenso wie durch eine Spur Säure, wird das Adhäsionsvermögen erhöht. Man untersucht das Haften, indem man die Oberfläche mit einem Messer kratzt; die Haut darf sich dann nicht als zusammenhängender Film ablösen.

Laurie und Builey bestimmten die Härte einer Lackschicht, indem sie den Widerstand gegen das Verkratzen mit einer Spitze maßen, welche mit einem bekannten Gewichte belastet ist.

Die Härte wird durch den Druck gemessen, welcher der Spitze durch Gewichte gegeben werden muß, um den Film zu kratzen.

Es wäre interessant, Fabrikationsproben von Lacken mit Hilfe eines solchen Apparates zu vergleichen; denn die Härte der Lackschicht hängt viel von der Art und Weise ab, wie die Zellulose nitriert worden ist.

B. Lacke und Überzüge aus Zelluloseazetat.

Lösende organische Flüssigkeiten für Zelluloseazetat sind sehr zahlreich, doch können nicht alle fabrikmäßig angewandt werden, entweder des Preises wegen oder auch wegen ihrer zu geringen Flüchtigkeit.

Als brauchbare flüchtige Lösungsmittel wollen wir z. B. anführen:
Chloroform mit einem Zusatz von 10% Methylalkohol,
Tetrachloräthan mit einem Zusatz von 10% Methylalkohol,
Methylformiat,
Äthylformiat,
Methylazetat,
Äthylazetat mit Zusatz von 15% Methylalkohol,
Azeton.

Eine Mischung von Methylalkohol und Benzin oder Dichloräthylen zu gleichen Teilen ist in der Wärme ein Lösungsmittel[1]).

Ebenso eine Mischung aus 2 Teilen Pentachloräthan und 1 Teil Methyl- oder Äthylalkohol.

Unter den weniger flüchtigen Lösungsmitteln nennen wir Azetessigester, Nitrobenzol, Anilin, die Phenole, Dichlorhydrin, Epichlorhydrin,

---

[1]) Damit die Lösung in der Kälte beständig bleibt, muß man viel Tetrachloräthan, Dichlorhydrin oder Triazetin zusetzen. Zusatz 12 388 zum franz. Pat. 412 797, Eichengrün; D.R.P. 254 785 [1909], Eichengrün. Überziehen von Geweben mit Hilfe von Lösungen in Azeton, Alkohol, Kohlenwasserstoffen.

Azetylentetrachlorid[1]), Pyridin, Furfurol, Benzylalkohol, Diketonalkohol, Benzylazetat, Eugenol, Butyltartrat, Triazetin und gewisse substituierte Harnstoffe.

Chloroform kommt wegen seiner anästhetischen Wirkung kaum in Betracht, Methylformiat ist zu flüchtig.

Die in Wasser ganz oder teilweise löslichen Lösungsmittel, wie Methyl-Äthylazetat und Azeton bieten eben wegen dieser Löslichkeit Schwierigkeiten. Die Verdampfung solcher Lösungen bewirkt durch die fortwährende Abkühlung die Kondensation einer erheblichen Menge atmosphärischen Wassers auf der Lackschicht; dadurch wird der Zelluloseester ausgefällt, die Haut wird mehr oder weniger trübe und verliert ihre Festigkeit. Das Trocknen solcher Lacke muß also unbedingt in sehr trockner Luft vorgenommen werden, wenn man durchsichtige Häute erhalten will; die Fabriken zur Herstellung photographischer und kinematographischer Filme arbeiten tatsächlich nach dieser Methode. Man kann auch den schädlichen Einfluß des Wassers durch Zusatz weniger flüchtiger organischer Stoffe, welche Lösungsmittel für Zelluloseazetat, aber nicht mit Wasser mischbar sind, verringern.

Für Arbeiten unter beliebigen Bedingungen an der Luft sind Lacke mit Tetrachloräthan vorzüglich.

Tetrachloräthan allein löst alle Zelluloseazetate des Handels und gibt damit viskose Lösungen, welche ziemlich schwierig herzustellen sind, da sie infolge der Feuchtigkeit, welche das Zelluloseazetat enthalten kann, manchmal milchig-opaleszierend werden. Wenn man dem Tetrachloräthan jedoch Äthyl- oder Methylalkohol zusetzt, wird die Lösung dünnflüssig, hellt sich auf und läßt sich leicht verarbeiten.

Infolge der Brennbarkeit des Alkohols sind die Tetraalkohollösungen leicht entflammbar; außerdem bieten sie die Schwierigkeit, daß ihre Bestandteile Körper von sehr verschiedener Flüchtigkeit sind. Die Anwendung einer Mischung von Tetrachloräthan und Amylalkohol beseitigt diese Schwierigkeit (Franz. Pat. 461059). Da die Dämpfe von Tetrachloräthan schädlich auf die Gesundheit wirken können, ist es vorteilhafter, dieses Produkt den Lacken nur in möglichst geringer Menge zuzusetzen, wenn man nicht in sehr gut ventilierten Werkstätten arbeiten kann.

Glanzbildner (Anti-Dépolissants). In den meisten Fällen wendet man Zelluloseazetat nicht in Lösungen mit einem einzigen Lösungsmittel an, sondern gebraucht vielmehr Mischungen. Clément und Rivière haben in ihrem franz. Pat. 479387 erwähnt, daß ein Lack oder Überzug aus Zelluloseester und besonders aus Zelluloseazetat nach einer allgemeinen Vorschrift folgende Bestandteile enthalten soll:

---

[1]) D.R.P. 175379 [1904], Lederer.

a) ein flüchtiges Lösungsmittel für Zelluloseester,

b) ein flüchtiges Verdünnungsmittel, welches Zelluloseester nicht löst;

c) ein schwer oder gar nicht flüchtiges Lösungsmittel für Zelluloseester, welches in Wasser unlöslich ist.

Azetessigester[1]) (Methyl- oder Äthyl-), Benzylalkohol, Furfurol[2]),
Diketonalkohol[3]), Äthylenchlorhydrin, Äthylenazetochlorhydrin, Azetodichlorhydrin, Azetochlorhydrin[4]), Zyklohexanolazetat[5]), Nitromethan[6]) sind z. B. solche Glanzbildner.

a) Herstellung der Lösungen.

Lösungen von Zelluloseazetat stellt man sehr einfach in der Weise
her, daß man in einem Rührwerk das Zelluloseazetat mit den Lösungsmitteln so lange durchmischt, bis es sich vollständig gelöst hat. Der
Mischapparat kann aus Holz oder aus verzinntem Metall bestehen.

Nach Verlauf von einigen Stunden erhält man eine homogene, dickflüssige, sehr klare Lösung, in der keine ungelösten Klumpen mehr vorhanden sein dürfen. Nötigenfalls nimmt man das Filtrieren dieser
Lösungen unter Druck in einer Filterpresse mit einer oder mehreren
Siebplatten vor. Man kann auch die Lösungen dekantieren; einige Tage
genügen, um vollkommen klare Lacke zu erhalten.

Um hochviskose Lösungen oder gar Pasten herzustellen, muß man
heizbare Schaufelkneter anwenden.

Wenn die Lösung vollständig ist, kann man flüchtige Verdünnungsmittel, welche Zelluloseazetat nicht lösen, zusetzen.

b) Die Anwendung der Lösungen.

Eine konzentrierte Lösung von Zelluloseazetat in einem oder mehreren
Lösungsmitteln bezeichnet man ebenso wie Nitrozelluloselösungen als
Kollodium.

Verdünntere Lösungen dienen als Überzüge oder Lacke.

Die Bestimmung der Viskosität dieser Lösungen kann man sehr gut
mit Hilfe des Cochiusschen Viskosimeters vornehmen.

Wir wollen nun die hauptsächlichsten Anwendungsmöglichkeiten
solcher Lösungen besprechen.

1. Durchsichtige Filme.

Konzentrierte Kollodien mit mehr als 10% Zelluloseazetat in irgend-
einem flüchtigen Lösungsmittel sind bei Anwendung eines vollkommen
löslichen Azetats vollständig klare, viskose Flüssigkeiten.

---

[1]) Franz. Pat. 479 387, Clément et Rivière.
[2]) Franz. Pat. D. 83 970 [1916], Clément et Rivière.
[3]) Franz. Pat. D. 89 048 [1917], Clément et Rivière.
[4]) Amer. Pat. 1 027 614, 1 027 615, 1 024 486 [1912], Lindsay.
[5]) D.R.P. 251 351 [1911] und 255 692 [1912], B.A.S.F.
[6]) D.R.P. 201 907 [1907], Fischer.

Auf einer polierten Platte erhält man durch Verdunsten solcher Lösungen einen sehr biegsamen, durchsichtigen und unentflammbaren Film. Diese Filme dienen zur Herstellung von Kinofilmen, sind für Wasser und Gase sehr wenig durchlässig und haben außerdem ein gutes elektrisches Isoliervermögen.

Ihre mechanischen Eigenschaften sind ausgezeichnet, wovon man sich an Hand folgender Tabelle überzeugen kann:

	Zugfestigkeit in kg pro qmm	Dehnung in %	Anzahl der Knitterungen
Film aus reinem Zelluloseazetat...	9,6 kg	14,4	44
Film für schwer entflammbaren Kinofilm (Zelluloseazetat mit einem Gelatinierungsmittel)	5,9 kg	39	100

Die Anzahl der Knitterungen gibt an, wie oft man einen dünnen Streifen falzen kann, ehe er bricht; dieser Wert wird mit dem Schopper-Apparat bestimmt, der in der Papierindustrie sehr viel gebraucht wird. Der Versuchsstreifen von 10 cm Länge und 15 mm Breite wird zwischen zwei Zwingen gespannt, die jede mit einer Feder verbunden sind. Die Mitte des Versuchsstreifens wird in einen Schlitz eingeführt, der am Ende einer in gerader Linie hin und her beweglichen Schieberstange angebracht ist. Ein Tourenzähler gibt die Anzahl der Falzungen vor dem Bruch an. Im folgenden geben wir Prüfungsresultate von Filmen an, welche mehrere Stunden lang im Wasser gelegen haben. Zum Vergleich führen wir die analogen Werte für reinen Zellulosefilm (Viskose) an, welcher in Wasser leicht quellbar ist. Wie man sieht, ist für den Azetylzellulosefilm die Zugfestigkeit nach langem Aufenthalt im Wasser nur um 23% ihres ursprünglichen Wertes vermindert, während die Dehnbarkeit sich nur um 2% erhöht hat.

	Zugfestigkeit in kg pro qmm	Dehnung in %	Anzahl der Knitterungen
Kinofilm aus Zelluloseazetat nach Aufenthalt in Wasser	4,5 kg	40	200
Film aus regenerierter Zellulose (Viskose) trocken...........	7,1 kg	23	außerordentlich groß
feucht	0,7 kg	größer als 100	

Diese Werte sollen zeigen, daß der Film aus Zelluloseazetat praktisch wasserundurchlässig ist. Man hat infolgedessen versucht, Filme oder durchsichtige Blätter, wie sie die Zelluloidfabriken herstellen, für

Körper zu verwenden, bei denen die Zugfestigkeit eine Hauptrolle spielt. Wir erwähnen nur die Herstellung durchsichtiger Tragflächen für Flugzeuge[1]).

Die von den Kinofilmfabriken hergestellten Filme von großer Länge haben nur eine Breite von etwa 35 mm und eine Stärke von höchstens 0,17 mm. Die beim Schneiden der Zelluloseazetatblocks entstehenden Blätter haben dagegen eine begrenzte Länge von 1,20 m; die Dicke kann von 0,1 mm an aufwärts betragen. Der einzige Vorwurf, den man diesen Blättern machen könnte, ist ihre geringe Reißfestigkeit. Wenn sie erst einmal eingerissen sind, lassen sie sich leichter zerreißen als ein Stück Leinwand bei annähernd gleicher Zugfestigkeit.

Anwendung bei Flugzeugen. Besonders während des Weltkrieges ergaben sich zahlreiche Anwendungsmöglichkeiten für Flugzeuge. Zu ihnen gehört auch der Versuch, einen unsichtbaren Aeroplan herzustellen.

Tatsächlich sind in einer gewissen Höhe die Tragflächen des mit Hilfe dieser Platten gebauten Flugzeuges vollkommen unsichtbar, während das Gestänge und der Motor nur noch als kaum erkennbare Punkte erscheinen. Allerdings bringt die Reflexion der Sonnenstrahlen auf der glatten Oberfläche der Flächen diese zuweilen, je nach der vom Zufall abhängenden Art der Beleuchtung, zu sehr glänzendem Aufleuchten.

Die Versuche wurden zunächst mit Steuer und Rumpf angestellt und ergaben gute Resultate. Dagegen wollte man die Tragflächen nicht ganz aus durchsichtigen Platten herstellen, vielmehr wollte man nur Fenster einbauen, welche aus einer Platte von Zelluloseazetat bestanden.

Auch jetzt noch haben Versuche zur Herstellung von Flugzeugen, welche ganz aus durchsichtigem Material bestehen, Bedeutung[2]).

Viele Flugzeuge sind mit Fenstern unter den Füßen des Piloten ausgerüstet worden, welche aus einer Azetylzelluloseplatte von 1 mm Dicke bestanden. Ebenso wurden oft runde Schutzscheiben, um das Gesicht des Piloten zu schützen, aus demselben Material hergestellt.

Anwendung für Wagen. Die Planen, welche die Heeresgüterwagen bedeckten, trugen eine Anzahl Fenster, die alle aus einem durchsichtigen Zelluloseazetatfilm bestanden. Besonders die großen, zum schnellen Transport der Truppen bestimmten Wagen waren mit einer Plane bedeckt, die zahlreiche solche Fenster besaß.

An Bord der lenkbaren deutschen Luftschiffe, Modell Zeppelin, sind die Fenster der Gondeln aus Zelluloseazetatfilmen hergestellt.

---

[1]) D.R.P. 217760 [1908], Cohen; Franz. Pat. 410204 [1910], Miller; Franz. Pat. 451420 [1912], Société Leduc, Heitz & Cie.

[2]) Wir haben der Société d'Encouragement pour l'Industrie nationale in einer Sitzung im Jahre 1914 ein Blériot-Modell vorgeführt, das mit Zelluloseazetatplatten ausgerüstet war.

Auch Schutzscheiben für Automobile stellt man aus diesem Material her.

Herstellung von Gasschutzgeräten. Durchsichtige Filme wurden auch bei der Herstellung von Brillen und Masken zum Schutz gegen giftige und tränenerzeugende Gase angewandt.

Runde Scheiben von ungefähr 6 cm Durchmesser wurden mit Aluminiumrand gefaßt und in die Augenöffnungen der aus gummiertem Gewebe bestehenden Masken eingesetzt.

2. Wasserdichtmachen von Geweben.

Ein großes Verwendungsgebiet ist die Herstellung wasserdichter Stoffe, Gewebe, Pappe, Papier usw.[1]). Eine mit dem Pinsel oder der Maschine auf den Stoffen aufgetragene Lackschicht hinterläßt nach dem Trocknen auf der Oberfläche dieses Stoffes eine zwar dünne, aber vollkommen undurchlässige Schutzhaut.

Besonders sei betont, daß eine solche durchsichtige, genügend dünne Haut auf dem Gegenstand selbst unsichtbar ist, wodurch die Anwendungsmöglichkeit dieses Imprägnierungsmittels außerordentlich erweitert wird.

Herstellung von Tragflächen für Flugzeuge ist eines der wichtigsten Anwendungsgebiete für Zelluloselacke.

Die Tragflächen bestehen aus Geweben, welche auf einen Rahmen aus Holz oder Stahlrohren gespannt werden. Diese Gewebe müssen eine Reihe unerläßlicher Bedingungen erfüllen, welche M. de Prat in seiner interessanten Arbeit über wasserdichte Gewebe folgendermaßen zusammengefaßt hat[2]).

1. Sie müssen fest sein, d. h. bei heftigem Wind oder bei schnellem Sturz des Apparates nicht zerreißen.

2. Sie müssen elastisch sein. Die Elastizität des Gewebes soll es dem Apparat ermöglichen, bei einem Windstoß elastisch auszuweichen.

3. Sie müssen undurchlässig sein, d. h. das Gewebe darf weder Wasser noch Luft durchlassen und muß gegen Einwirkung von Regen, Nebel, Schnee oder Wolken vollständig unempfindlich sein.

4. Sie müssen unempfindlich gegen den Einfluß der Sonnenstrahlen, gegen Hitze und Kälte sein, dürfen nicht verwittern oder brüchig werden, zumal die Flugzeuge den verschiedensten Einflüssen zuweilen schnell nacheinander ausgesetzt sind.

5. Sie müssen leicht sein, die Gewebe dürfen das Gewicht des Apparates nicht wesentlich erhöhen.

---

[1]) D.R.P. 188 542 [1905], Franz. Pat. 352 897 u. 432 388 [1910], D.R.P. 175 379, Dr. Lederer; Franz. Pat. 417 319, Walker.

[2]) De Prat: Les tissus imperméables, 1913.

6. Sie müssen eine unbedingt einheitliche und glatte Oberfläche haben. Diese letztere Eigenschaft ist, wenn auch nicht die wichtigste, so doch eine der interessantesten; denn geringe Reibung der Luft an den Tragflächen bildet einen der wichtigsten Faktoren für den leichten, gleitenden Flug des Apparates.

Die Gewebe bestehen aus Leinen, Baumwolle, Ramie oder Seide. Leinen und Seide werden besonders bevorzugt. Die Imprägnierung mit Kautschuk macht Schwierigkeiten, da die gummierten Gewebe 200—250 g auf den Quadratmeter wiegen und dennoch nicht völlig undurchlässig sind; außerdem ist gummierte Leinwand dehnbar und verursacht leicht eine Formänderung der Tragflächen. Ferner ist ihre Oberfläche verhältnismäßig rauh und setzt daher der Luft großen Widerstand entgegen. Schließlich wird sie unter dem Einfluß von Sonnenlicht, Hitze und Feuchtigkeit sehr leicht porös und brüchig.

Das Imprägnieren mit Lacken aus Zelluloseestern, besonders Zelluloseazetat bedeutet dagegen einen bedeutenden Fortschritt, der nicht wenig zu der großartigen Entwicklung der Luftschiffahrt beigetragen hat. Da das Problem der Herstellung dauerhafter Tragflächen gelöst war, konnten die Konstrukteure ihre ganze Aufmerksamkeit auf andere Fragen richten, welche ohne diese erste endgültige Lösung außerordentlich verwickelt gewesen wären.

Die Flugzeuge können durch Regenschauer und Wolken hindurchfliegen, dann wieder den Sonnenstrahlen ausgesetzt werden, ohne daß die Tragflächen an Gewicht zunehmen, ihre Spannung verlieren oder sich zusammenziehen. Außerdem ist das von dem Motor verspritzte Öl ohne Einfluß auf die Zelluloseazetatschicht, was bei gummierter Leinwand nicht der Fall ist.

Die Anwendung der Lacke ist sehr einfach. Die Fläche wird mit Leinwand bespannt, dann mit einer Bürste, Fischschwanz genannt (queue de morue), mit drei oder vier Schichten des Lackes überstrichen.

Man verbraucht für drei Schichten ungefähr 1050 g Lack auf den Quadratmeter Gewebe. Nach Auftragen der ersten Überzugsschicht ist es zweckmäßig, die Oberfläche mit Bimsstein zu polieren, um dem Gewebe eine glattere Oberfläche zu geben und die Musterung möglichst wenig sichtbar zu machen. Man kann diese Politur nach jeder Lackschicht wiederholen und erhält so eine unbedingt glatte Oberfläche; doch muß man sehr sorgfältig arbeiten, um die Festigkeit der Faser nicht zu schwächen.

Die erste Lackschicht erfordert 450 g Lack auf den Quadratmeter, die zweite 350 und die dritte 250 g.

Diese Zahlen hängen etwas von der Natur des Gewebes — ob Leinen oder Baumwolle — ab.

Anfangs hat man Chloroformlösungen von folgender Zusammensetzung angewendet:

Chloroform-Alkohol . . 1000 g
Zelluloseazetat . . . . 80 g.

Später hat man auf die Verwendung von Chloroform verzichtet, weil es sehr teuer ist und auch Gefahren für die Gesundheit der Arbeiter mit sich bringt.

Der Gedanke, Gewebe mit Überzügen zu versehen, stammt von dem Vorläufer der Luftschiffahrt Chanute[1]), welcher im Jahre 1904 schon die Anwendung von Nitrozelluloselacken für diesen Zweck empfahl.

Im folgenden geben wir eine Tabelle, welche die mechanischen Eigenschaften von Geweben aus Baumwolle, Leinen, Ramie und Seide zusammenstellt.

	Gewicht des qm in g	Stärke des Stoffes	Reißfestigkeit pro qmm	Dehnung %
Baumwollgewebe { vor dem Überziehen	180—200	0,19 mm	6,4 kg	11
{ nach dem „	212—232	0,21 „	7,8 „	14
Gewebe aus Ramie	120	0,17 „	6,2 „	—
„ „ Leinen	145	0,20 „	9,0 „	—
„ „ Seide	100	0,07 „	18,0 „	24

Die mechanische Prüfung der Gewebe läßt eine Erhöhung der Widerstandsfähigkeit durch das Überziehen erkennen. Aus der Tabelle ersieht man, daß ein Gewebe, welches eine Reißfestigkeit von 6,4 kg auf den Quadratmillimeter hatte und eine Dehnbarkeit von 11%, nach dem Überziehen auf einer Seite (drei Schichten, wobei die aufgetragene Menge 35 g Zelluloseazetat auf den Quadratmeter betrug) eine Reißfestigkeit von 7,8 kg und eine Dehnung von 14% besaß. Ein Film nur aus Azetylzellulose, 0,13 mm dick, hat eine spezifische Reißfestigkeit von 9,6 kg pro Quadratmillimeter und eine Dehnung von 14%.

Wir wollen nebenbei bemerken, daß für diesen Zweck nur Produkte von gut stabiler Qualität zu verwenden sind, da anderenfalls die eventuell in Freiheit gesetzte Säure eine verhängnisvolle Wirkung auf die Festigkeit und Beständigkeit der Leinwand ausüben könnte.

Besonders die Gegenwart von Zellulose-Sulfazetaten kann Zersetzung unter Bildung von Essigsäure oder gar Spuren von Schwefelsäure verursachen.

---

[1]) In der „Aerophile" vom März 1904 ist angegeben, daß Chanute die Verwendung eines Lackes von folgender Zusammensetzung empfahl: 60 g Schießbaumwolle, 1 Liter Alkohol, 3 Liter Äther, 20 g Rizinusöl und 10 g Kanadabalsam.

Die Flugzeuglacke sind während des Krieges in großer Menge angewandt worden. Gegen Anfang des Jahres 1918 betrug die Produktion
an solchen Lacken in Frankreich 10000 kg täglich. Auf Veranlassung
des „Service des fabrications de Chalais-Meudon" hat das Kriegs-
ministerium im Laufe des Krieges Bedingungen für die Lieferung von
Flugzeuglacken herausgegeben.

In diesen Lieferungsbedingungen ist das Tetrachloräthan nicht angeführt, weil es infolge seiner leichten Zersetzlichkeit am Licht auf das
Gewebe einwirken könnte; diese Frage ist noch heutigentages nicht
geklärt.

Clément und Rivière haben das Tetrachloräthan, das bis dahin
unerläßlich war, wenn man nicht weiß getrübte Flächen erhalten wollte,
durch Azetessigester ersetzen können und folgende Vorschrift dafür
aufgestellt[1]):

Zelluloseazetat . . . 10 g
Azeton . . . . . . 40 g
Alkohol . . . . . . 25 g
Benzol . . . . . . 25 g
Azetessigester . . . 10 g

Für diese Gewebelacke hat man neuerdings andere gute Verwendung
gefunden. Durch inniges Vermengen mit lichtbeständigen Mineralfarben
hat man farbige Firnisse hergestellt, die man wie durchsichtige Firnisse
mit dem Pinsel verstreichen kann.

Solche Lacke erhält man durch Verreiben mineralischer Stoffe wie
Ultramarinblau, Zinkoxyd, Aluminiumpulver usw., eventuell unter
Hinzufügung von Beschwerungsmitteln wie Bariumsulfat, Kalziumkarbonat mit nicht flüchtigen mit Wasser nicht mischbaren Lösungsmitteln, welche mit den vorher angeführten Körpern nicht reagieren.
Die so erhaltene Paste wird in einen farblosen Azetylzelluloselack ge-
rührt. Als nicht flüchtige Lösungsmittel für Zelluloseazetat, welche mit
mineralischen Farbstoffen nicht reagieren, führen wir an:

Triazetin[2]),
gewisse Derivate des Harnstoffs[3]),
Butyltartrat[4]),
Eugenol[5]).

---

[1]) Franz. Pat. 479387, Clément et Rivière. Dieselben haben auch noch an-
dere Rezepte für Flugzeuglacke zusammengestellt, in denen Azetessigester durch
Furfurol oder Diketonalkohol ersetzt wird. Franz. Pat. D 83970 [1916] und
D 89048 [1917].

[2]) Clément et Rivière: Bull. de la soc. d'Encouragement, August, September, Oktober 1914. Rev. Chim. Ind. Dezember 1912 und Januar 1913.

[3]) Franz. Pat. D 96,017 [1917], Clément et Rivière.

[4]) Franz. Pat. 489037 [1918], Weyler.

[5]) Franz. Pat. 492698 [1915], Nauton, Frères und de Marsac.

Diese Stoffe dienen dazu, der Überzugshaut die Biegsamkeit, welche sie durch den Zusatz der Mineralstoffe teilweise verliert, wiederzugeben.

Clément und Rivière haben die Verwendung solcher Überzüge während des Krieges in Vorschlag gebracht, um die einzelnen Flugzeuggeschwader voneinander unterscheiden zu können. Im Jahre 1915 stellten wir einen himmelblau gefärbten Überzuglack her, welcher entweder in drei oder auch nur in zwei gleichartigen Schichten aufgetragen wurde, in welch letzterem Falle eine Vorbehandlung mit einem wenig oder gar nicht gefärbten Lack vorausging; das Ganze wurde schließlich wiederum mit einem farblosen Lack oder Firnis bedeckt. Derartige himmelblaue Anstriche sind nicht zur allgemeinen Anwendung gelangt.

Schon zu Anfang des Krieges wurden die französischen Flugzeuge mit drei farblosen Lackschichten überzogen, welche noch durch eine Firnisschicht geschützt wurden. Die Deckschicht aus Firnis gab zwar nach dem Trocknen eine außerordentlich glatte und glänzende Oberfläche, welche jedoch schnell rissig wurde.

Später wurden dann Lacke verwendet, denen Aluminiumpulver beigemischt war; solche Überzüge wurden wiederum durch eine farblose Lackschicht geschützt. Das Aluminiumpulver ließ die Flächen außerordentlich glänzend erscheinen.

Schließlich hat man die Metallüberzüge wiederum durch gefärbte Lackierung ersetzt und die Flugzeuge mit Hilfe dieser Produkte „verkleidet"; auch diese Schutzfärbung wurde stets mit einer farblosen Lackschicht überzogen. Sie hat sich vorzüglich bewährt.

Wenn man besonders darauf Wert legt, die Flugzeuge unsichtbar zu machen, empfiehlt es sich, die vierte farblose Schicht fortzulassen, um eine möglichst matte Oberfläche zu erhalten[1]).

Die Knappheit an flüchtigen Lösungsmitteln, wie Azeton und Methylazetat, führte zu einer Vervollkommnung der Arbeitsweise in den Flugzeugwerkstätten. In ihrem franz. Pat. D 84 755 [1916] haben Clément und Rivière gezeigt, wie es möglich ist, die Tragflächen unter Absorption der Dämpfe des Lösungsmittels und deren Wiedergewinnung zu lackieren (Abb. 12 und 13).

Dieses Verfahren wurde in folgender Weise ausgeführt: Die zu lackierenden Flächen wurden in ein trogförmiges Gefäß gebracht, dessen Boden mit einer Absaugvorrichtung verbunden war.

Eine mit Stäben durchzogene Leinwandjalousie wurde von den Arbeitern, die das Lackieren ausführten, mit Fortschreiten der Arbeit immer mehr aufgerollt. Die Trocknung ging also in einem nahezu geschlossenen Gefäß unter ausgezeichneten hygienischen Bedingungen vor sich. Die abgesaugte Luft, die auf 1 cbm 25—50 g Lösungsmittel

---

[1]) Franz. Pat. D 104 385 [1918], Clément et Rivière.

enthielt, wurde durch den Ventilator in eine Absorptionskolonne gedrückt, dort mit einem Wasserstrom berieselt und auf diese Weise Methylazetat, Azeton, Alkohol usw. aufgefangen.

Eine einfache Destillation mit einem Kolonnenapparat ermöglichte
die Wiedergewinnung der Lösungs-
mittel in reinem Zustand. Auf
diese Weise wurden 30—35 Gew.-
Prozente der absorbierbaren
Dämpfe wiedergewonnen. Das
Verfahren wurde zuerst von der
Soc. D.R.S. ausgearbeitet und ist
während des Krieges in verschiedenen Flugzeugwerkstätten angewandt worden.

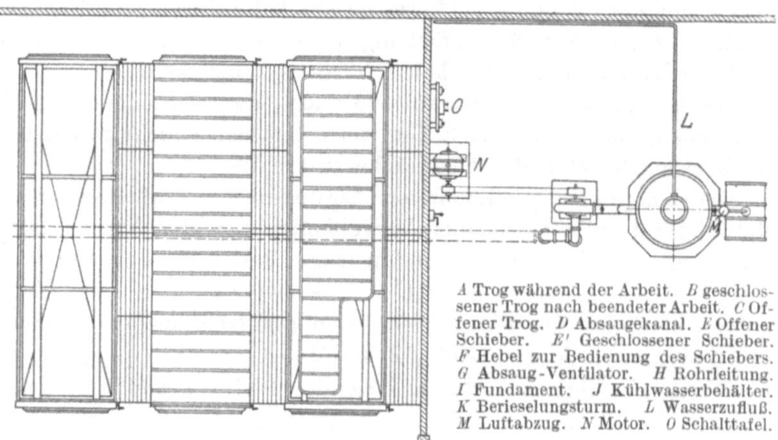

Abb. 12.   Aufriß.

Abb. 13.   Grundriß.

A Trog während der Arbeit. B geschlos-
sener Trog nach beendeter Arbeit. C Of-
fener Trog. D Absaugekanal. E Offener
Schieber. E' Geschlossener Schieber.
F Hebel zur Bedienung des Schiebers.
G Absaug-Ventilator. H Rohrleitung.
I Fundament. J Kühlwasserbehälter.
K Berieselungsturm. L Wasserzufluß.
M Luftabzug. N Motor. O Schalttafel.

Abb. 12 u. 13. Wiedergewinnung der beim Überziehen von Flugzeuggeweben ver-
dunstenden Lösungsmittel. (Verf. nach Clément & Rivière.) Einrichtungsschema.

Ballonstoffe. Die vorstehend besprochenen Überzüge haben den
Zweck, das Gewebe zu spannen und gleichzeitig undurchlässig zu machen.
Es gibt aber Fälle, in denen das Gewebe seine volle Geschmeidigkeit be-
halten und dabei für Flüssigkeiten wie auch Gase undurchlässig sein

muß. Dies ist besonders bei Geweben, die zur Herstellung von Hüllen für Freiballons oder Lenkluftschiffe dienen, der Fall. Bisher hat man für Freiballons gummierte Gewebe verwandt. Die Hülle besteht gewöhnlich aus zwei Baumwollgeweben mit einem Gewicht von je 90 g pro Quadratmeter. Diese beiden Hüllen sind durch zwei Gummischichten getrennt, von denen die eine aus reinem Paragummi, die andere aus vulkanisiertem Paragummi besteht, wobei diejenige Seite der Hülle, welche die innere Wandung des Ballons bildet, ebenfalls mit einem Überzug von vulkanisiertem Kautschuk versehen ist.

Das Gesamtgewicht dieser Hülle beträgt 330—340 g pro Quadratmeter. Die Festigkeit ist 1400—1500 kg auf den laufenden Meter, was einem Wert von 5 kg (Stärke des Gewebes 0,30 mm) pro Quadratmillimeter Querschnitt entspricht. Die Durchlässigkeit beträgt 10 Liter Wasserstoffgas in 24 Stunden (10 Teile nach der Renardschen Skala).

Die dreifache Hülle der lenkbaren Luftschiffe besteht aus einem drahtfädigen und zwei kreuzfädigen Geweben, welche ebenfalls mit Gummi überzogen sind.

Die gummierten Gewebe haben gewisse Mängel, z. B. den sehr großen, für Gas durchlässig zu sein. Der Wasserstoff wird von dem Kautschuk absorbiert und diffundiert so durch die Hülle hindurch.

Man hat besonders für Freiballonhüllen, die immer wieder entleert und gefüllt werden müssen, auch andere sehr geschmeidige Gewebe verwandt, die mit Leinölfirnis überzogen waren. Derartige Gewebe sind jedoch nicht sehr haltbar, da der Leinöl-Sikkativfirnis sich beim Trocknen oxydiert und dabei eine mit der Zeit stärker werdende chemische Einwirkung auf die Faser ausübt.

Es wurden Versuche zur Herstellung von Hüllen für lenkbare Luftschiffe mit Geweben gemacht, welche mit besonderen Zelluloseazetatlacken überzogen waren. Solchen Lacken wurden elastisch machende Substanzen, d. h. schwer flüchtige Lösungsmittel für Zelluloseazetat zugesetzt.

Aus der Prüfung der lenkbaren Zeppeline, welche in Frankreich gefangen genommen wurden, ging hervor, daß die äußeren Hüllen ebenso wie die inneren kleinen Ballons mit Zelluloseazetat überzogen waren.

Clément und Rivière machten mit gutem Erfolg die folgenden Versuche:

Das Gewebe wurde zunächst mit Glyzeringelatine[1]) überzogen und dann auf die trockne Oberfläche mit der Maschine eine Azetylzelluloseschicht aufgetragen, welche gewisse Weichmachungsmittel enthielt.

Die Durchlässigkeit, welche nach der Renardschen Skala 3,1 betrug, fiel nach längerer Knitterung des überzogenen Stoffes auf 3,7. Das Gewicht des Stoffes betrug nur 150 g auf 1 qm.

---

[1]) Franz. Pat. D 98387 [1918], Clément et Rivière.

Stoffappretur und Reservage für Stoffdruck. Die kolloidalen Lösungen von Zelluloseazetat können ähnlich wie Gummi-, Dextrin- oder Stärkelösungen beim Appretieren oder Bedrucken von Stoffen Verwendung finden[1]).

In beiden Fällen muß man, da der Überzug die Fasern des Gewebes zusammenklebt, der Lösung ein Weichmachungsmittel zusetzen, welches dem Überzug die nötige Biegsamkeit gibt, braucht dann aber den Lack nicht durch Wärme auf dem Gewebe zu fixieren; denn das Azetat bewirkt eine Verbindung zwischen Faser und Farbstoff.

Damastmatteffekte auf Geweben können mit einer Azetylzellulose von speziellen Löslichkeitseigenschaften, welche die Farbenfabriken Friedrich Bayer & Co. herstellen (Serikose L), erzielt werden. Man löst Serikose L in 40%iger Essigsäure, rührt Bariumsulfat ein und druckt auf fertig gefärbte Stoffe mattweiße Muster auf.

Appretur für Tüllgewebe. Der Schleiertüll der Damen ist gegen die Einwirkung von Feuchtigkeit empfindlich. Ein leichter Überzug mit Zelluloseazetatlack verleiht ihm einen etwas festeren Griff und macht ihn gegen den Einfluß des Wassers unempfindlich. Durch Zusatz eines Gelatinierungsmittels wird ein elastischer Überzug erhalten.

Appretur für Hüte. Einen ähnlichen Effekt erzielt man bei Filzhüten, denen man durch einen dünnen Lacküberzug auf der Innenseite eine gewisse Steifheit und Undurchlässigkeit zu geben bestrebt ist.

Appretur für Blumen. Künstlichen Blumen für Putz und Dekoration kann man mit dem Pinsel oder mit einem Zerstäuber farbige Überzüge in allen gewünschten Farbtönen und Nuancen geben. Zelluloseazetatlacke eignen sich sehr gut hierzu.

Appretur für Stroh und Federn. Man wendet sowohl farblose als auch farbige Lacke an.

Klebemittel für Gewebe. Man kann zwei Gewebe durch eine Zwischenschicht von Zelluloseazetat zusammenkleben. Die Zwischenschicht bewirkt eine durchaus geschmeidige und feste Verbindung zu einem Doppelstoff, dessen Fasern zur Erhöhung der Reißfestigkeit sich kreuzen.

3. Imitation der echten Perlen.

Ein ganz eigenartiges Verwendungsgebiet für Zelluloseazetat ist in Frankreich in der Herstellung imitierter Perlen entdeckt worden. Diese interessante Industrie ist schon alt; denn gegen Mitte des 17. Jahrhunderts kam ein Pariser Arbeiter, namens Jaquin, auf die Idee, die Schuppen der Weißfische in ammoniakalischer Emulsion zur Herstellung imitierter Perlen zu benutzen. Man sagt, daß 20—30 000 Fische nötig sind, um 1 kg zur Verarbeitung fertige Fischschuppen zu erhalten. Die Rohschuppen werden

---

[1]) Franz. Pat. 417 027, Bayer & Co.

einer längeren Behandlung unterzogen; sie werden gemahlen, um die glänzenden perlmutterartigen Flitter abzulösen, welche dann abgesiebt werden und die als „Essence d'Orient" bekannte Substanz ergeben. Sie wurde bisher in der Weise angewandt, daß man die dünne Wandung eines hohlen Glaskügelchens auf der Innenseite mit einer Suspension der Perlsubstanz in Gelatinelösung überzog und nach dem Trocknen das Innere der Glaskugel vollständig mit geschmolzenem Wachs ausfüllte. Diese Perlen haben weder das Gewicht noch das Aussehen der echten Perle, da ihre Außenfläche aus Glas besteht; überdies sind sie sehr zerbrechlich. Ein Fortschritt wurde schon dadurch erreicht, daß man keine hohlen, sondern massive Glaskugeln verwendete und dieselben mit einem äußeren Überzug der Perlsubstanz versah. Als Träger der Glanzschicht wurde Gelatine verwandt, welche jedoch, selbst nach Härtung mit Formaldehyd, zu wasserempfindlich war.

In den letzten Jahren ist man dazu übergegangen, einer Azetylzelluloselösung die „Essence d'Orient", welche vorher entwässert wurde, einzuverleiben. Die Entwässerung wird in der Weise erreicht, daß man das ammoniakhaltige Wasser nach und nach durch Alkohol oder eine andere, mit Wasser mischbare Flüssigkeit, wie z. B. Azeton, verdrängt[1]).

Mit einem solchen Kollodium werden volle Glaskugeln überzogen, und man erhält auf diese Weise feste Perlen, die gegen Feuchtigkeitseinflüsse vollkommen widerstandsfähig sind. Durch einen dünnen Überzug von Nitrozellulose, welcher Interferenzerscheinungen zeigt, erhalten die künstlichen Perlen den irisierenden Glanz echter Perlen derart vollkommen, daß es sehr schwer ist, auf den ersten Blick die echte Perle von der imitierten zu unterscheiden.

Wir fügen noch hinzu, daß dies außerordentlich subtile Herstellungsverfahren viel Scharfsinn, Sorgfalt und Geschmack erfordert: Es ist eine echt Pariser Industrie. Vielleicht wird die „Essence d'Orient" in Zukunft durch synthetische Perlmutter ersetzt, welche nach einem Verfahren von Clément und Rivière durch Fällung von kolloidalem Kalziumkarbonat hergestellt wird.

4. Verwendung in den Pulverfabriken.

Es sind Versuche angestellt worden, um Lösungen von Zelluloseazetat zum Lackieren der Pulverstränge aus Nitrozellulose zu benutzen, um dadurch die Verbrennungsgeschwindigkeit und Brisanz herabzusetzen.

Ferner führen wir die Lackierung der Kartuschbeutel zum Schutz gegen Feuchtigkeit an.

Dieses ganze Gebiet befindet sich noch im Versuchsstadium.

---

[1]) Franz. Pat. 407092 und Zusatz 12922 u. 13035; Franz. Pat. 416273 u. 416696, Jean Paisseau.

5. Regenbogenfarben.

Sehr verdünnte Lösungen von Zelluloseazetat geben nach dem Verdunsten mikroskopisch dünne Häutchen, welche Interferenzerscheinungen zeigen können. Wenn man auf die Oberfläche einer fällend wirkenden Flüssigkeit, wie Wasser, Benzin usw. eine verdünnte Lösung von Zelluloseazetat fließen läßt, so bildet sich ein irisierendes Häutchen, das man auf Papier oder auf einen vorher appretierten Stoff übertragen kann, und man erhält so die sogenannten „changierenden" Stoffe, welche je nachdem, wie das Licht auffällt, in allen Farben des Spektrums schillern.

Die ersten Studien über diesen Gegenstand sind von C. H. Henry gemacht worden, der Harzlösungen in Benzin anwandte. Die Verfasser haben ein analoges Verfahren mit dünnen Schichten von Zelluloseestern bei der Färbung von Flugzeuggeweben angewandt, welche auf diese Weise je nach der Beleuchtung in den verschiedensten Farben erscheinen.

Während des Krieges wurden Versuche zur Anwendung dieses Verfahrens gemacht[1]).

6. Photogravure.

Eine 5%ige Lösung von Zelluloseazetat in Tetrachloräthan und Alkohol hat bei Herstellung von Photogravüren Verwendung gefunden.

Es ist bekannt, daß bei gewissen Verfahren dieser Industrie das Bild als feines Häutchen übertragen werden muß, mit anderen Worten, die aus photographischem Kollodium hergestellte Bildschicht von einer Glasunterlage abzuziehen ist. Bis jetzt überzog man zu diesem Zweck die Oberfläche des abzuziehenden Negativs mit einer Lösung von Kautschuk in Schwefelkohlenstoff. Nach dem Trocknen konnte man auf diese Weise die doppelte Schicht von der Glasunterlage abziehen. Diese Operation geht auch besser vonstatten, wenn man die leicht verletzliche Schicht mit einer Lösung von Zelluloseazetat überzieht. Tetrachloräthan (welches die empfindliche Nitrozellulose-Kollodiumschicht nicht auflöst) verdunstet, und man zieht nach dem Trocknen einen doppelten durchsichtigen Film von der Platte ab, der nun weiter, z. B. auf Zink, übertragen werden kann. Dieses Verfahren besitzt vor dem Kautschukverfahren den Vorzug, daß man ein vollkommen durchsichtiges Negativ erhält, welches infolgedessen die Lichtstrahlen sehr gut durchläßt.

7. Lack für Metalle und Holz.

Die Metallacke haben eine Konzentration von 2 oder 3%.

Als Lösungsmittel verwendet man Mischungen von Tetrachloräthan, Alkohol[2]) und Azeton, wobei das letztere dazu bestimmt ist, die Ver-

---

[1]) Franz. Pat. 91 898, Clément et Rivière.
[2]) Franz. Pat. 352 897, D.R.P. 188 542 [1905], Lederer.

dunstungsgeschwindigkeit des Lackes zu erhöhen. Man kann dem Lack
auch gewisse Mengen eines flüchtigen Nichtlösungsmittels, wie Benzin,
zusetzen, um den Herstellungspreis herabzusetzen. Es sind auch Lacke
herstellbar, die kein Tetrachloräthan enthalten, wenn man dieses durch
andere wenig flüchtige Lösungsmittel für Zelluloseazetat ersetzt. Auch
Lösungen einer Mischung von Zelluloseazetat mit Harzen sind zum
Patent angemeldet worden[1]). Diese Lacke werden besonders für Metalle
angewandt. Wenn sie nicht gefärbt sind, eignen sie sich vorzüglich zum
Schutz polierter Metalle gegen atmosphärische Einflüsse. Beim Verdunsten hinterlassen sie auf der Oberfläche des Metalles ein kaum sicht-
bares Häutchen, das außerordentlich fest haftet, sehr weich und vollkommen undurchlässig ist.

Eine Färbung kann man auf zwei Arten erreichen, entweder durch
lösliche Farbstoffe oder durch Mineralfarben. Durch Lösen von Anilin-
farben erhält man durchsichtige, gefärbte Lacke, mit denen man hervorragend dekorative Wirkungen erzielen kann[2]).

Durch Beimengung mineralischer Farbstoffe stellt man „Emaille-
malereien" in allen Tönungen her. Für diesen Zweck wird der Farbstoff
in einer Zylinder- oder Kugelmühle mit dem Lack innig vermischt.

Von den in allen Nuancen hergestellten Emaillelacken werden z. B.
die schwarzen Mattlacke besonders zur Imitation von oxydiertem Stahl
in der optischen Industrie verwendet. Die anderen gefärbten Lacke
werden vielfach angewandt: z. B. bei Rahmen für Fahrräder, Metall-
bettstellen, Korsettstangen, Birnen für elektrische Beleuchtung usw.

Es sind auch erfolgreiche Versuche gemacht worden, den Lacken
oder Überzügen aus Zelluloseazetat Metallpulver beizumengen.

Aluminiumpulver läßt sich sehr leicht beimengen, jedoch darf als
Lösungsmittel in diesem Falle nicht Tetrachloräthan gewählt werden,
denn es würde mit dem Metall reagieren. Dörflinger (Amerik. Pat.
884 475 [1908]) gibt folgende Vorschrift für einen Bronzelack (Goldbronze) an:

Zelluloseazetat . . . . . 100 g
Azeton . . . . 3600 g
Na$_2$CO$_3$ (wasserfrei) . . . 250 g
Bronzepulver . . . . . 680 g.

In dieser Mischung sinkt die Bronze nicht zu Boden.

Konzentrierte, auch gefärbte Lacke sind hervorragend geeignet, um
Holz gegen Feuchtigkeit zu schützen. Zu diesem Zwecke werden sie
in der Flugzeugindustrie zum Überziehen der Propellerflügel und der
Schwimmer von Wasserflugzeugen verwendet. Auch auf anderen Ge-

---

[1]) Franz. Pat. 417 027, Bayer.
[2]) D. R. P. 243 068 [1908], 248 946 [1909], Bayer; Franz. Pat. 453 464
[1913], Debauge.

bieten haben derartige Lacke Bedeutung erlangt, so in der Spielzeugindustrie und der Holzperlenfabrikation. Wir erwähnen weiter die Lackierung der kinematographischen Entwicklungsgefäße.

Durch Mischen von Zelluloseazetat mit Harzen, wie z. B. Schellack, kann man ausgezeichnete, sehr glänzende, weiche, undurchlässige und fest haftende Holzlacke herstellen. Sie besitzen vor anderen Lacken den Vorzug, daß sie durch Öle, Petroleum, Terpentin nicht angegriffen werden, was ihre Reinigung sehr erleichtert.

8. Elektrische Isoliermittel.

Zelluloseazetat besitzt ein hohes Isolationsvermögen; so widersteht eine Platte von 1 mm Dicke einer Potentialdifferenz von 20000 Volt. Man hat deshalb daran gedacht, Drähte, Kabel, Pappe, Papier durch Überziehen mit Lösungen von Zelluloseazetat zu isolieren[1]).

Unter der allgemeinen Bezeichnung Emailledraht, erhält man im Handel dünne Kupferdrähte, welche zuweilen wie angegeben isoliert sind. Im allgemeinen verwendet man 5%ige Lösungen von Zelluloseazetat, denen man noch ein Feuerschutzmittel, wie Triphenylphosphat[2]), und ein Gelatinierungsmittel zusetzt. Eine Färbung kann durch Auflösen eines Anilinfarbstoffes erreicht werden.

Der zu isolierende Draht wird durch ein Lackbad, eventuell auch noch durch ein Fällungsbad geführt, läuft dann in zahlreichen Windungen durch den Trockenraum und wird schließlich fortlaufend aufgerollt. Man erhält so einen Draht mit glänzender, emailleartiger Oberfläche. Das langwierige Umspinnen mit Seide oder Baumwolle, das Umwickeln mit Kautschukfolien, alles leicht brennbaren Substanzen, wird auf diese Weise überflüssig.

Man hat es in der Hand, für Installationen in Wohnräumen Drähte jeder beliebigen Farbnuance herzustellen.

Ein Schwachstromdraht, welcher mit einem Überzug von $^1/_{100}$ mm Dicke versehen war, ergab einen Isolationswiderstand von 250 Volt. Wir geben folgende Daten aus einer sehr interessanten Abhandlung wieder, die in der General Electric Review von Januar 1908, Nr. 59 unter dem Namen R. Flemming erschienen ist. Der Verfasser bringt zum Schluß, nachdem er die verschiedenen gebräuchlichsten Isoliermittel beschrieben hat, eine Studie über Zelluloseazetat, welches nach seiner Meinung ein ganz hervorragendes Isoliermittel für Kupferdrähte darstellt, da es geschmeidig, haltbar und undurchlässig ist und ausgezeichnete dielektrische Eigenschaften besitzt.

---

[1]) D.R.P. 272695 [1911], A. E. G., mit Azetat überzogenes Papier als Ersatz für Kautschuk.

[2]) Verwendung von Hexachloräthan, Franz. Pat. 418347 und Zus. 15217, Debauge.

Für die gleiche Durchschlagspannung braucht man folgende Dicken verschiedener Isolatoren:

Kupferdraht Durchmesser 0,076 mm	Zelluloseazetat	Seide	Baumwolle
Stärke der Isolierschicht. .	0,012 mm	0,022 mm	0,043 mm

Durchmesser der Drahtspule . . . . . 25,4 mm
Länge der Drahtspule . . . . 25,4 „
Anzahl der Wicklungen 100,000
Durchmesser des Kupferdrahtes . . . . 0,076 mm

Art des Isolators	Äußerer Durchmesser der gewickelten und isolierten Spule cm	Widerstand Ohm	Gewicht der Rolle kg	Relativer Preisfaktor
Zelluloseazetat . .	10,6	71,300	1,005	7,5
Seide	14,6	89,500	1,377	5,5
Baumwolle . . .	24,1	144,000	3,03	2,5

4. Das Überziehen von Geweben.

Das Überziehen von Geweben beschäftigt einen sehr wichtigen Industriezweig.

Um eine Vorstellung von der Verschiedenartigkeit der mit Erfolg benutzten Verfahren zu geben, werden wir, bevor die Anwendung der Zelluloseester besprochen wird, kurz auf die alteingeführte Industrie eingehen, welche sich auf der Verwendung von Leinöl und anderen Stoffen, wie Lederabfall, Kautschuk, Gelatine und andere Eiweißstoffe aufbaut.

A. Anwendung von Leinöl.

Man unterscheidet:
1. Linoleum,
2. abwaschbares Wachs- oder Ledertuch.

1. Linoleum.

Die Linoleumindustrie ist in England etwa um 1860 entstanden und geht auf Frédéric Walton zurück, dessen Fabrik in Staines in der Nähe von London lag. Das Leinöl wird mit Bleiglätte unter gleichzeitigem Durchleiten von Luft auf 200° erhitzt. Nach dem Abkühlen bringt man es in Oxydationsräume, in welchen Stoffbahnen von ungefähr 8 m Länge und 90 cm Breite vertikal aufgehängt sind, über welche man so lange Leinöl herabrieseln läßt, bis sich durch die Oxydationswirkung der Luft eine mehrere Zentimeter dicke Schicht eines unlöslichen, Linoxyn genannten Produktes gebildet hat. Dieser Oxydationsvorgang dauert mehrere Monate. Man zerfasert die Stoffbahnen, mischt das Linoxyn mit Harzen zu Linoleumzement, aus dem durch Zusammenkneten mit Sägemehl und Beschwerungsmitteln, wie Kaolin, die Linoleumdeckmasse erhalten wird, die mit heißen Walzen in einer einzigen Schicht auf Jutegewebe aufgetragen wird.

2. Abwaschbares Wachs- oder Ledertuch.

Leinöl wird durch Kochen mit Bleiglätte trockenfähig gemacht, dann mit Kopallösung gemischt, um ihm Glanz und Festigkeit zu geben, und mit Alkohol verdünnt. Man erhält so eine dickflüssige Masse, die aus nicht vollständig in Linoxyn verwandeltem Leinöl besteht, der man Füllstoffe, wie z. B. Korkpulver, zusetzen kann und welche dann mit Hilfe einer Maschine, wie wir sie später beschreiben werden, auf Leinengewebe, Baumwoll- oder Wollengewebe aufgestrichen wird. Man bringt auf diese Weise nacheinander ungefähr fünf Schichten auf, wobei jede Schicht in Trockenräumen etwa 24 Stunden der Oxydation an der Luft ausgesetzt wird und die letzte Schicht die Rolle eines Decklackes spielt.

B. Verwendung von Lederabfällen.

Das einfachste Verfahren zur Herstellung von Kunstleder beruht auf der Anwendung von Lederabfällen, welche durch irgendein Bindemittel wie Gelatine, Leim[1]) oder Kautschuk[2]) miteinander verklebt werden. Oder die Lederabfälle werden mit Säuren erhitzt, wodurch sie einen teilweisen Abbau erleiden. Die Masse wird darauf mit alkalischem Wasser gewaschen, mit Gelatine gemischt und unter die Presse gebracht.

Ferner können die Abfälle mit einer natron- oder ammoniak-alkalischen Lösung behandelt, dann gemahlen und in eine Form gepreßt werden[3]).

Kunstleder erhält man auch aus Lederabfällen durch Mischen mit Baumwollfasern und Kautschuk.

Man setzt auch zu gekochten Abfällen Dextrin und bringt sie in dünnen Lagen unter die Presse[4]).

Allein durch Druck (360 kg auf den Quadratzentimeter) und hohe Temperatur könnte man Lederabfälle[5]), wie sie sich beim Egalisieren

---

[1]) D.R.P. 6472; Engl. Pat. 1643 [1891], Sinn; Engl. Pat. 26811 [1898], Badler.

[2]) D.R.P. 240727, Loewi; Franz. Pat. 438138, Bourdon; D.R.P. 1694, D.R.P. 109846, D.R.P. 70191, Engl. Pat. 24885 [1896], Beanville, Rouleau und Ranednant.

[3]) D.R.P. 3128, Hawshorn; D.R.P. 19616, D.R.P. 1694, Sörensen; Österr. Pat. 18104, Liesegang.

[4]) D.R.P. 8708, Glaser.   [5]) D.R.P. 10328, Smith Hyatt.

von Häuten ergeben, zusammenschweißen. Als Bindemittel ist Seife anwendbar; die Abfälle werden mit Natronseife getränkt, welche durch Einwirkung von Zinksulfat in eine unlösliche Seife übergeführt wird[1]). Als Füllsubstanz ist eine Fällung von Eialbumin mit Tannin, oder auch Kasein vorgeschlagen worden[2]).

Verschiedene so hergestellte Leder sind unter dem Namen Kunstleder oder gepreßtes Leder bekannt.

Es ist auch vorgeschlagen worden, Lederpulver mit Öl[3]) oder Harzen[4]) zu verkneten. Wir führen noch an:

Eine Mischung von Stearinsäure, Azeton, Nitrozellulose, Lederpulver und Farbstoff; die Verwendung[5]) tierischer[6]) oder pflanzlicher Fasern[7]).

Schließlich Zusatz von Lederpulver zu einer Lösung von Nitrozellulose in Methylalkohol und Amylazetat.

C. Verwendung von Kautschuk.

Die mit Lösungen von Kautschuk überzogenen Stoffe, welche hernach vulkanisiert werden, ergeben ausgezeichnete, für Wasser wenig durchlässige Gewebe, deren Herstellungskosten jedoch ziemlich hoch sind. Man hat deshalb versucht, Mischungen herzustellen, welche nur noch eine geringe Menge Kautschuk enthalten[8]).

Dies sind z. B. Mischungen[9]) von Kautschuk und Korkpulver[10]), Mineralstoffen[11]), Glyzerin, verschiedenen Pflanzenfasern[12]), Harzölen[13]), Schellack oder Asphalt[14]), Rizinusöl usw.

Ähnlich wird Filz mit Kautschuk imprägniert (D.R.P. 244359, Lapisa).

Ebenso hat man Asbest mit Kautschuk gemischt, um Dichtungen für Ventile und Dampfleitungen zu erhalten, die unter dem Namen Asbestleder bekannt sind[15]).

---

[1]) D.R.P. 18862, Pollak; Franz. Pat. 380941, Pollak.

[2]) Franz. Pat. 397972, Exhayat und Lup.

[3]) Engl. Pat. 2808 [1891], Bardon; Franz. Pat. 396216, Hartmanns.

[4]) D.R.P. 229204, Franz. Pat. 286420, Kase; Engl. Pat. 9383 [1909], Puffum und Corter; D.R.P. 207385, Verein. Kunstseidefabriken.

[5]) Franz. Pat. 427471, 438855, 447701; Amerik. Pat. 837531, Smith.

[6]) Amerik. Pat. 507215, Chase; D.R.P. 17677, Hurwitz.

[7]) D.R.P. 9140, Stierlin; Engl. Pat. 12553 [1898], Mc. Laurin.

[8]) D.R.P. 9140, D.R.P. 197874, D.R.P. 240727.

[9]) Franz. Pat. 370616, Soc. Civile d'études de l'Indéchirable Grimson; Franz. Pat. 373891, Wllaverte.   [10]) D.R.P. 64424, Winkler.

[11]) Franz. Pat. 380940, Wieber; Franz. Pat. 342622, Karle; Franz. Pat. 379094, Gautier; Engl. Pat. 22266 [1912], Crampton Redfern.

[12]) Franz. Pat. 410369, Reidels.

[13]) Franz. Pat. 383612, Lewis.   [14]) Franz. Pat. 321091, Wurbs.

[15]) Engl. Pat. 16379 [1897], Klinger.

Guttapercha, Asphalt, Hartharze, Gips und Antimonsulfid bilden eine Masse, welche unter der Presse ein Kunstleder ergibt[1]). Mit Kautschuk zusammengeklebte Gewebe ergeben die vielfach verwendeten Doppelstoffe[2]).

Derartige Produkte, welche Kautschuk enthalten, besitzen große Biegsamkeit und sind sehr dauerhaft, doch ist es schwierig, sie z. B. durch ein Reliefmuster zu verzieren; sie nehmen auch keinen schönen Glanz an.

D. Verwendung von Gelatine und Albumin.

Tierische Gelatine hat man zu verwenden versucht, indem man sie durch Gerbstoffe[3]) oder Formaldehyd unlöslich machte. Man trägt sie auf Gewebe oder Holz[4]) auf.

Man mischt auch Gelatine mit pflanzlichen Fasern.

Durch Tannin ausgefälltes Albumin[5]) wird in Ammoniak gelöst und zum Imprägnieren eines Gewebes verwendet; ebenso mit Tierhaaren und oxydierten Ölen gemischtes Albumin, das man zu einer Seifenlösung zusetzt und durch einen Gerbstoff unlöslich macht[6]).

Nach dem Verfahren von Helbronner und Vallée[7]) kann man zum Überziehen von Geweben Ossein verwenden, welches mit Asbestfasern oder pflanzlichen und tierischen Fasern vermischt und dann unlöslich gemacht wird.

Schließlich wollen wir noch die bei der Stearinfabrikation entstehenden Teere, Korkpulver[8]) sowie gewisse tierische Fasern erwähnen (Franz. Pat. 433 281, D.R.P. 229 225, Reidel).

E. Verwendung von Zellulose und Zelluloselösungen.

Vulkanfiber wird aus Zellulose durch Quellung und Hydrolyse in einer Lösung von Chlorzink hergestellt[9]). Die pergamentierten Folien werden hohem Druck ausgesetzt und ergeben dann Platten, welche der trocknen tierischen Haut ähnlich sind. Vulkanfiber wird zur Herstellung von Koffern, Rollen und Dichtungen für Ventile usw.[10]) gebraucht.

Lederpappe oder Preßspan besteht aus dünnen Zelluloseblättern, die mit Kaolin oder Barytweiß beschwert sind und stark gepreßt werden.

---

[1]) D.R.P. 49 162, Blandy.

[2]) Franz. Pat. 400 258, Miclos; D.R.P. 49 653, Mosely; D.R.P. 68 560, Pantasote Leather Cy.

[3]) Amerik. Pat. 931 469, E. Outrbridge; Engl. Pat. 19 481 [1892], Kumaga.

[4]) D.R.P. 9 252.

[5]) Franz. Pat. 378 807, Soc. Anonyme des Cuirs et Courroies d'Audenarde.

[6]) D.R.P. 229 535, Franz. Pat. 418 543, Delahaye.

[7]) Schweizer Patent 44 229.

[8]) D.R.P. 48 154, Marting und Grupe.   [9]) D.R.P. 24 177, Glatz.

[10]) Leatheroid Novelty Co., Boston.

Die Zellulose kann auch mit einem Bindemittel vermischt werden, welches aus Bichromat-Gelatine[1]) eventuell unter Zusatz von Steinkohlenteer und gelöschtem Kalk[2]) besteht.

Wenn man Watte auf einem Gewebe als Unterlage verteilt und in einem Schwefelsäure- oder Salzsäurebade pergamentiert, so erhält man, nachdem man noch mit einer Mischung von Glyzerin, Leinöl und Stärkemehl überstrichen hat, eine lederähnliche Imitation[3]).

Eine Lösung von Zellulose in Kupferoxyd-Ammoniak[4]) oder eine Zellulose-Xanthogenatlösung[5]), welche man auf Gewebe aufträgt und mit Dampf oder Salzlösungen koaguliert, ergeben ähnliche Produkte. Durch Überziehen mit einer Kautschuklösung[6]) kann man sie weniger durchlässig machen.

F. Anwendung von Nitrozellulose.

Die Anwendung von Nitrozelulose ermöglicht die vollkommenste Nachahmung, und es gelingt heute, eine große Anzahl von Gegenständen aus Kunstleder herzustellen, die dem natürlichen Leder vollkommen ähnlich sehen.

Die Produkte führen verschiedene Namen: Pegamoid, Dermatoid, Granitol usw.

Für alle diese Erzeugnisse verwendet man Nitrozellulose, der man Gelatinierungsmittel und mineralische Farb- und Füllstoffe zusetzt.

Die Herstellung von Kunstleder geschieht in folgendem Arbeitsgange:

1. Vorbereitung des Gewebes.
2. Auftragen und Trocknen der Lackschicht.
3. Verzierung der Oberfläche.

Zuerst wollen wir einige Worte über die zum Überziehen der Gewebe verwandten Maschinen sagen, die man ebensogut für Überzüge aus Nitrozellulose wie aus Zelluloseazetat, von denen wir später sprechen werden, gebrauchen kann.

Maschinen zum Überziehen. Das Überziehen geschieht entweder mittels eines Zerstäubungsapparates (Spreader), wenn der Überzug sehr dünn sein soll — man verwendet dann eine sehr dünnflüssige Lösung — oder mittels einer Auftragmaschine.

In letzterem Falle wendet man hochviskose Lösungen an und erhält dementsprechend einen stärkeren Auftrag. Wir beschränken uns darauf, letztere Maschinen zu beschreiben.

Sie bestehen aus zwei wagerechten Zylindern, über welche das zu überziehende, stark gespannte Gewebe läuft. Zwischen den zwei Walzen schabt ein senkrecht gestelltes Messer die überschüssige Masse ab. Der

---

[1]) D.R.P. 23 492, Fell.   [2]) D.R.P. 113 895.   [3]) D.R.P. 126 614.
[4]) D.R.P. 194 506, Foltzer.   [5]) D.R.P. 250 736, Lilienfeld.
[6]) D.R.P. 127 422.

Druck dieses Messers gegen das Gewebe ist regulierbar. Die Grenzen der zu überziehenden Fläche sind durch zwei wagerechte Leisten gegeben, welche die Masse daran hindern, sich zu weit auszubreiten (Abb. 14). Von dem Druck des Messers auf das Gewebe hängt die Stärke der aufgetragenen Schicht ab.

Ein anderer Typ einer solchen Auftragmaschine, der nur wenig von dem vorher beschriebenen abweicht, besteht aus einem mit Kautschuk überzogenen endlosen Stoffbande, welches durch zwei Walzen gespannt wird, von denen die eine verstellbar ist. Das zu überziehende Gewebe wird durch das gummierte Gewebe gefördert und

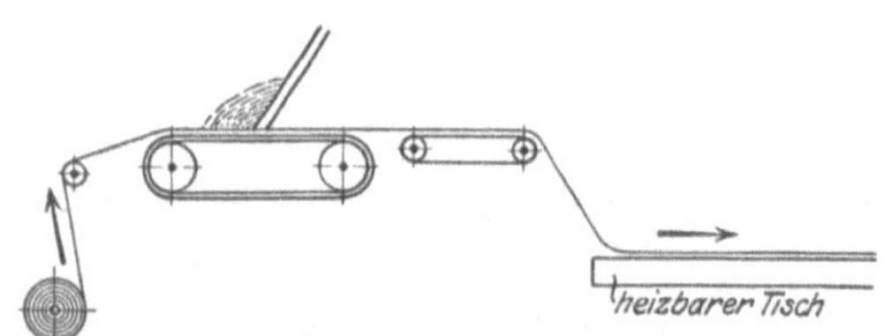

Abb. 14. Maschine zum Überziehen von Geweben.

läuft unter einem Stahlmesser durch, dessen Neigung man regulieren kann.

Auch hier begrenzen zwei horizontale Leisten die Auftragfläche. Diese Maschine kann, wenn mit einer nicht zu hoch viskosen Streichmasse gearbeitet wird, in einer Minute 1—2 m Gewebe überziehen.

Hinter der Auftragmaschine ist ein horizontaler Trockenkanal angebracht, der aus einem Blechkasten von 12 m Länge und 15 cm Höhe besteht; den Boden bilden mittels Dampf (3 Atm.) erwärmte Platten. Ein Ventilator bläst warme Luft vom Ende des Trockenkanals her ein.

Zum Trocknen der Überzüge von geringer Dicke benutzt man einfach große Trockentrommeln.

Für Überzüge mit schwerflüchtigen Lösungsmitteln ist die Trockendauer sehr groß und die überzogenen Gewebe müssen 12 Stunden lang in einem großen Trockenschrank verbleiben (Abb. 15).

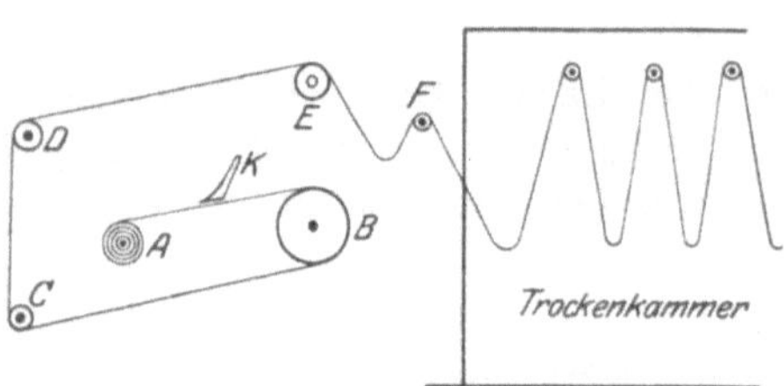

Abb. 15. Maschine zum Überziehen von Geweben.

Je nach der Dicke der Schicht, die man zu erhalten wünscht, läßt man das Gewebe zwei- oder dreimal, ja bis zu sechsmal durch die Auftragmaschine laufen.

Im allgemeinen ist die erste Schicht, die man nur sehr dünn und mit einem niedrigprozentigen Kollodium aufträgt, dazu bestimmt, das Gewebe vorzupräparieren. Die folgenden Schichten stellt man mit einer dickflüssigen Masse her. Die allerletzte ist dazu bestimmt, die Oberfläche glatt und glänzend zu machen. Man kann den Glanz erhöhen durch Anwendung eines Kalanders, der aus zwei Papierzylindern und einem mit Dampf geheizten Stahlzylinder besteht.

Die auf das Gewebe aufgetragene Menge ist beträchtlich; man rechnet 300—500 g Trockensubstanz auf 1 qm.

In den Vereinigten Staaten verwendet man etwas anders gebaute Maschinen (Abb. 15), welche man „Festooning machines" nennt. Von einer Vorratsrolle A läuft das Gewebe unter einem Messer K durch, welches die Masse aufträgt, über eine 80° warme Walze B und wird nach Passieren der Walzen C, D und E schließlich in langen Schleifen in der Trockenkammer bei einer Temperatur von 80—85° aufgehängt.

Der Herstellungspreis hängt vor allen Dingen von dem Preis der flüchtigen Lösungsmittel ab.

Das sparsamste Verfahren ist dasjenige, welches das Auftragen einer genügend dicken Schicht auf einmal ermöglicht, wenn auch das Trocknen etwas länger dauert.

1. Vorbereitung des Gewebes.

Je nach dem Verwendungszweck stellt man verschiedene Arten solcher Gewebe her; sei es nun, daß es sich um leichte Luxuslederwaren oder um schwere Produkte für Schuhwerk oder für die Sattlerei handelt.

Das Gewebe muß dieselbe Farbe haben, wie das Endprodukt. Die Färbung nimmt man im Jigger vor, dessen Gebrauch in der Färberei üblich ist. Für sehr helle Töne werden die Gewebe zunächst gebleicht; mit mehreren Jiggern kann man in großem Maßstabe bäuchen, bleichen, spülen, färben und waschen. Wenn die Gewebe appretiert geliefert werden, bringt man sie zweckmäßig vorher in eine schwache Säurelösung, läßt sie über Nacht in dieser Lösung quellen und kann danach die Stärke durch einfaches Waschen entfernen.

Das Bäuchen nimmt man mit Natronlauge vor. Die Gewebe werden acht- bis zwölfmal durch den Jigger gezogen, darauf gewaschen, mit Chlorkalk gebleicht, dann gesäuert; nach jeder Operation wäscht man gründlich. Die Färbung nimmt man mit substantiven Farbstoffen unter Zusatz von Kochsalz oder Glaubersalz vor. Man färbt gewöhnlich rot, grün oder schwarz.

Zum Trocknen benutzt man einen Kalander, der das Waschwasser auspreßt. Dieser Kalander besteht aus zwei Walzen, die mit Gummi überzogen sind und mit Hilfe eines Hebels gegeneinander gepreßt werden. Vor dem Eintritt des Gewebes zwischen die Walzen wird es aus einem durchlöcherten Kupferrohr mit Wasser besprengt und so noch einmal gewaschen; dann wird das ausgepreßte Gewebe mechanisch aufgerollt. Von dem „Padding" wandert das Gewebe durch einen Trockenapparat, der aus einer großen Anzahl von mit Dampf geheizten Kupfer- oder

Stahlzylindern besteht. Statt auf Trockenwalzen kann man auch auf Rahmen mit heißer Luft trocknen.

Das Gewebe soll so glatt wie möglich sein. Deshalb unterwirft man es entweder einer Behandlung mit Bürsten, welche die Fasern entfernen sollen, einem oberflächlichen Abbrennen oder auch einem Kalandrieren in einem aus zwei Papierwalzen zusammengesetzten Kalander, zwischen denen sich eine mit Dampf geheizte Stahlwalze befindet. Die Gewebestücke werden dann mit ihren Enden aneinander genäht, so daß ein Band von 300—500 m Länge entsteht.

2. Auftragen und Trocknen der Lackschicht.

Die Überzugmasse besteht aus: Zelluloid, Rizinusöl, Mineralfarben.

Das Rizinusöl dient als weichmachendes Mittel, die Mineralfarben sollen eine Färbung geben und werden auch als billiges Füllmittel angewandt.

Das Zelluloid wird in Form von Abfällen verwandt, wie sie in den Zelluloidfabriken entstehen.

Man erhält so ein verhältnismäßig billiges Rohmaterial, das außerdem infolge seines Kampfergehaltes in gewöhnlichem (denaturiertem) Alkohol löslich ist.

Die Abfälle werden sorgfältig nach ihrer Färbung sortiert und dann gelöst. Die Lösung wird in einem Rührbottich vorgenommen. Er besteht aus einem zylinderförmigen Behälter aus verzinntem Eisen, der 2 m hoch ist und 130—140 cm Durchmesser hat. Oben besitzt er eine verschließbare Füllöffnung und unten einen Abflußhahn.

Die mit Flügeln versehene Vertikalachse wird in Umdrehung versetzt und bewirkt eine langsame Bewegung.

Eine Beschickung beträgt etwa 130 kg Abfälle und 600 kg Alkohol. Die Auflösung geschieht in der Kälte und dauert daher ziemlich lange, oft mehrere Tage.

Um die Lösung der Abfälle zu beschleunigen, setzt man häufig 5—10% Azeton oder Methylazetat hinzu.

Indessen verreibt man getrennt davon auf einem aus drei Porphyrsteinen bestehendem Walzwerk (Abb. 16) Rizinusöl und Mineralfarben im Verhältnis von

3—5 kg Rizinusöl
10 kg Mineralfarbe miteinander.

Die endgültige Zusammensetzung ist demnach:

25% Zelluloid,
35% Rizinusöl,
40% Mineralfarben.

Die Mischung von Kollodium, Rizinusöl und der schon mit einem Teil des Rizinusöls versetzten Mineralfarbe geschieht in einer Kegelmühle, durch welche die Masse mehrere Male passieren muß.

Von der Konzentration der Masse hängt die Größe der Fläche ab, welche damit überzogen werden kann.

Man rechnet für jeden Überzug 100—150 g Trockensubstanz pro Quadratmeter.

Wenn auch viele andere Vorschriften angegeben wurden, sind sie doch gewöhnlich bedeutend teurer. So findet man in dem Werk von C. Worden (Nitrocellulose Industry) folgende Vorschrift:

Nitrozellulose	20 kg	Amylazetat	36 l
Rizinusöl	28 kg	raffiniertes Fuselöl	9 l
Methylalkohol von 98%	54 l	Benzin	91 l.

Farbstoff in genügender Menge, um den gewünschten Ton zu erreichen.

Abb. 16. Walzwerk zur Herstellung von Farbpasten.
Anstelle der Walzen aus Porphyr werden auch solche aus Hartguß verwendet.
Beide Arten stellt die Firma J. M. Lehmann, Dresden 28 her.

3. Verzierung der Oberfläche.

Dem fertigen Kunstleder kann man alsdann durch Pressen die Narbe des natürlichen Leders oder auch verschiedene andere Muster geben.

Da die Oberfläche ein mit viel Rizinusöl durchsetztes Zelluloid darstellt, läßt sie sich sehr leicht in der Wärme durch gravierte Walzen pressen.

Der sehr hohe Herstellungspreis gravierter Walzen hat zur Benutzung einer auf 80° erwärmten hydraulischen Presse geführt, mit welcher man den Druck 15—25 Sekunden lang einwirken läßt, um ein schönes Reliefmuster zu erhalten.

Um Krokodil- oder ähnliche Häute nachzuahmen, deren Narbung sehr ausgeprägt ist, überzieht man die Oberfläche, ohne dabei in die

Hohlräume einzudringen mit einer Lösung von Nitrozellulose in Amylazetat und Benzin, der man etwa Bismarckbraun oder Fuchsin zusetzt,
so daß das Flächenrelief der Haut sich gut ausprägt, wobei die tiefer-
liegenden Stellen heller sein müssen als die Oberfläche.

Um Lackleder zu erhalten, trägt man einen nach folgender Vorschrift[1]) erhaltenen Lack mit einer 10—12 cm breiten Bürste auf:

$$
\begin{aligned}
&\text{Amylazetat} \dots\dots\dots 45\,\text{l}\\
&\text{Methylalkohol } 99\%\text{ig} \dots 15\,\text{l}\\
&\text{raffiniertes Fuselöl} \dots\dots 2\,\text{l}\\
&\text{Benzin} \dots\dots\dots\dots 37\,\text{l}\\
&\text{Nitrozellulose} \dots\dots\dots 5\,\text{kg}
\end{aligned}
$$

oder auch

$$
\begin{aligned}
&\text{Amylazetat} \dots\dots 100 \text{ Teile}\\
&\text{Zelluloid} \dots\dots 7\text{--}12 \quad\text{„}\\
&\text{Rizinusöl} \dots\dots 10\text{--}18 \quad\text{„ ,}
\end{aligned}
$$

womit man durch den hohen Gehalt an Öl einen noch weicheren Lack
erhält. Schließlich bringt man in diesem Fall eine letzte Schicht von
Schellack und Kampfer in Methylalkohol gelöst auf.

Ein Nachteil bei der Verwendung von Rizinusöl ist der unangenehme
Geruch, den es mit der Zeit annimmt. Man hat schon versucht, diesem
Öl den Geruch zu nehmen und als Zusatz vorgeschlagen: Natrium-
benzoat, Natriumsalizylat, β-Naphthol ein Gemisch der drei isomeren
Dikresylkarbonate, welches bei gewöhnlicher Temperatur flüssig ist,
Zinkchlorid, Zinkbromid, Phenolate und Sulfophenolate; von Ölen:
Birkenöl oder Wacholderöl, Kampferöl, Anis-, Bergamott-, Kajeput-,
Zitronenöl usw.

Als Konservierungsmittel gegen Insekten sind vorgeschlagen worden:
Eugenol, Isoeugenol, Safrol, Isosafrol, Benzylazetat, Styrol, Zimtsäure-
amylester, welche in Methylalkohol oder Amylazetat löslich sind.

Aus Sparsamkeitsgründen hat man versucht, nur die äußere Oberfläche mit einem Nitrozelluloseüberzug zu versehen und als Unterschicht
einen billigeren Stoff zu benutzen; leider hat man aber keinen Stoff gefunden, der sich in denselben Lösungsmitteln wie Nitrozellulose löst.
So sind Glukose, Dextrin und Gummi wohl in Wasser löslich, aber nicht
in Amylazetat.

Eisessig löst zwar sowohl Gelatine als auch Nitrozellulose, aber
Maschinenarbeit ist damit unmöglich; nach dem Verfahren von Goldschmidt (Amerik. Pat. 840 509 [1907]) verwendet man unvollständig
vulkanisierte Öle, wie man sie schon als Ersatz für Kautschuk verwendet hat, aber die durch Mischung mit Nitrozellulose erhaltenen
Produkte sind schlecht haltbar.

Der Mischung von Nitrozellulose und Rizinusöl hat man noch zahl-

---

[1]) Worden, Nitrocellulose Industry.

reiche andere Stoffe zugesetzt, wie: Faserstoffe[1]), Ramiefasern und trocknende Öle[2]), nitriertes Rizinusöl[3]).

Das Gewebe kann mit einer Lösung von Nitrozellulose imprägniert und dann mit einer Mischung trocknender Öle und Farbstoffe überzogen werden[4]).

Ferner hat man eine Mischung von Nitrozellulose, Öl, Glyzerin und Terpentin[5]) versucht.

G. Anwendung von Zelluloseazetat.

Ein ähnliches Produkt kann man mit Zelluloseazetat erhalten:

     25% Zelluloseazetat,
     40% Weichmachungsmittel,
     35% Mineralfarbstoffe und Füllstoffe.

Die Masse wird mit Azeton in einer Knetmaschine hergestellt und dann auf die Auftragmaschine gebracht; diese besteht aus zwei in gewissem Abstande zueinander angebrachten, wagerechten Walzen; sie sind durch ein dichtes Gewebe verbunden, welches die Auftragfläche bildet. Diese Anordnung kann gegebenenfalls durch einen Tisch aus Gußeisen, der gut ausbalanciert und mit einem dichten Tuch bespannt ist, ersetzt werden. Das Gewebe wird zum Auftragen der Schicht über den Tisch geführt und gelangt dann auf eine Heizplatte.

Die Auftraggeschwindigkeit ist abhängig von der Größe der Heizplatte (etwa 4 m lang) und beträgt bei einer Masse mit wenig flüchtigen Lösungsmitteln etwa 2 m in der Minute. Die Anzahl der Schichten (drei oder vier) hängt von der gewünschten Dicke des Überzugs ab.

Nach vollständiger Trocknung wird das Gewebe kalandriert und gepreßt. Das Pressen erfolgt in der Wärme, indem man das überzogene Gewebe zwischen gravierten Walzen hindurchgehen läßt; auf diese Weise werden sehr vollkommene Nachahmungen der natürlichen Ledernarbe und die verschiedensten anderen Ziermuster erhalten.

Die Vorzüge der mit Nitrozelluloseüberzug versehenen Gewebe sind ihre Undurchlässigkeit, Unveränderlichkeit bei Kälte und die Leichtigkeit, mit welcher sie sich in der Wärme pressen lassen. Von Nachteil ist einerseits der unangenehme Geruch des Rizinusöls, andererseits ihre leichte Brennbarkeit. Zwar sind sie wegen ihres Gehalts an Rizinusöl und Mineralfarbstoffen weniger leicht entflammbar als Zelluloid, jedoch immer noch nicht ungefährlich, und es ist lohnend, sich mit dem Problem der Schwerentflammbarkeit zu beschäftigen.

---

[1]) Mit Zelluloidlösung überzogener Filz. Engl. Pat. 27 969 [1911], McLau´rin Franz. Pat. 494 545, Lilienfeld; Franz. Pat. 362 170, Guillot; Amerik. Pat. 661 263, Goldschmidt.

[2]) Franz. Pat. 375 564 [1907], Guillateau.

[3]) Engl. Pat. 3483 [1903], Reid; D.R.P. 113 566, Kingcote.

[4]) Engl. Pat. 18 499, [1906] Meers.   [5]) Amerik. Pat. 928 235, Montlord.

Die mit Zelluloseazetat überzogenen Gewebe bieten alle Vorteile der Nitrozellulosegewebe, außerdem sind sie schwerer entflammbar; ihre Geschmeidigkeit kann nach Belieben durch geeignete Auswahl von Weichmachungsmitteln und Füllstoffen geändert werden. Man darf wohl annehmen, daß sie bald immer mehr in Aufnahme kommen werden. Die Verwendungsmöglichkeiten für Kunstleder sind jedenfalls sehr zahlreiche: Wir erwähnen nur: Möbel, Zelte, Luxuslederwaren, Reiseartikel usw.

Die Herstellung von Kunstleder aus Zelluloseazetat ohne Anwendung von Lösungsmittel.

In dem franz. Pat. 463 622 der Aktien-Gesellschaft für Anilin-Fabrikation (Agfa) wird ein eigenartiges Verfahren zur Herstellung von künstlichem Leder ohne Anwendung von Lösungsmitteln für Zelluloseazetat geschützt. Es wird im Knetapparat aus 5 Teilen Zelluloseazetat und 10 Teilen Triazetin oder einem ähnlichen Körper eine Paste hergestellt, zu der man noch mineralische Füll- und Farbstoffe hinzufügen kann. Die Masse ist fest und erinnert im Aussehen an Kautschuk. In der Wärme läßt sie sich zu äußerst dünnen Folien auswalzen, die man fortlaufend auf das Gewebe übertragen kann. Man braucht nur den mit der plastischen Masse belegten Stoff durch einen Kalander laufen zu lassen und kann ferner auf die Oberfläche eine glänzende Schicht auftragen, indem man einen durchsichtigen dünnen Film aus Zelluloseazetat aufpreßt. So kann man auf rein mechanischem Wege und ohne Anwendung von Lösungsmitteln fortlaufend überzogene Gewebe herstellen, die dem Pegamoid sehr ähnlich sehen und dieselben Eigenschaften haben.

5. Lackierung natürlicher Leder.

In diesem Zusammenhange wollen wir schließlich noch ein auf verwandtem Gebiet liegendes Verfahren erwähnen, das ebenfalls Bedeutung gewinnen kann; es handelt sich um die Lackierung von Naturleder.

Die Lösung dieser Frage bietet große Schwierigkeiten. Es ist schwer, lackiertes, glänzendes, geschmeidiges und dabei haltbares Leder herzustellen. Im allgemeinen nimmt man zur Zeit die Lackierung des Leders mit Leinöllacken vor, die mehrere Tage lang unter Zusatz von 10% Berlinerblau gekocht werden. Sie werden in mehreren Schichten aufgetragen (fünf bis sechs Schichten). Das Trocknen jeder Schicht dauert lange, da sich eine Oxydation vollziehen muß. Nach beendeter Lackierung erhält man zwar weiche, glänzende Lackleder, die aber den großen Fehler haben, in der Wärme zu erweichen und in der Kälte zu brechen. Infolgedessen kann man für die Haltbarkeit eines Lackleders nicht garantieren; der Lack wird entweder weich oder platzt.

Die beim Kunstleder gemachten Erfahrungen sind auch auf Naturleder anwendbar; man hat nämlich gefunden, daß Stoffe, die mit Zelluloseesterlacken überzogen waren, an Haltbarkeit, Undurchlässigkeit, Weichheit die mit fetten Lacken hergestellten übertrafen.

Das Lackieren des Leders mit Zelluloseestern, besonders mit Lösungen von Nitrozellulose ist erst seit etwa 15 Jahren in Amerika und Deutschland in Aufnahme gekommen, und wir möchten glauben, daß das Verfahren allgemeine Verbreitung finden wird.

A. Herstellung von Lackleder mit Nitrozellulose.

Die am Leder haftende Unterseite des Lacküberzuges muß außerordentlich geschmeidig sein, um das Produkt in seinen Eigenschaften nicht zu verändern; dagegen muß die Oberseite hart sein, um nicht zu leicht zerkratzt zu werden, und muß außerdem einen hohen Glanz zeigen. Als Beispiel geben wir im folgenden eine von Worden (Nitrocellulose Industry) angegebene Vorschrift für den Grundierlack an:

Nitrozellulose . . .	224 g
Methylalkohol 97 %	1260 g
Amylazetat	560 g
Fuselöl	336 g
Rizinusöl	336 g
Benzin	1284 g.

Der zweite Überzug enthält nur noch die Hälfte, der dritte oder Glanzüberzug gar kein Rizinusöl; letzterer wird auf das Doppelte verdünnt und dann einfach die Oberfläche des Leders damit übergossen[1]). Die nötigen Farbstoffe sind natürlich sowohl dem Grund- wie dem Decklack zuzusetzen.

Die Haut wird auf einem horizontalen festen, zweckmäßig mit Glasplatte bedeckten Tisch ausgespannt. Die Oberfläche des Leders wird mit Bimsstein geglättet und dann mit einer genügend harten Bürste vom Staube befreit. Der Auftrag des Lackes geschieht mit einer 15 cm breiten Bürste. — Dann wird die Haut auf einen Rahmen gespannt und im Dampftrockenschrank bei einer Temperatur von nicht mehr als 40° getrocknet. Es ist zweckmäßig, jede trockene Lackschicht zu polieren, ehe man die nächste aufträgt.

Nach dem vollständigen Trocknen erzeugt man durch Aufbringen eines passenden in Azeton suspendierten Farbkörpers und durch Pressung die „Narbe" (Worden, Nitrocellulose Industry).

Zur Herstellung weißer Lackleder verwendet man Chromleder. Das Leder wird in ein Schwefelsäurebad getaucht, ausgepreßt und in ein anderes Bad gebracht, welches suspendiertes Kalziumkarkonat enthält.

Nach gründlichem Waschen und Trocknen bürstet und glättet man mit Bimsstein.

---

[1]) Engl. Pat. 28 743 [1907], Franz. Pat. 385 901 [1908], Léon Féval.

Dieses weiße Leder kann ebenfalls durch Lackieren mit einer Lösung von Nitrozellulose, welche als weichmachendes Mittel Rizinusöl enthält, glänzend gemacht werden.

B. Herstellung von Lackleder mit Zelluloseazetat.

Die Versuche zur Herstellung von Lackleder mit Zelluloseazetat wurden nach denselben Grundsätzen wie oben vorgenommen; sie fielen zufriedenstellend aus. Wir konnten Proben herstellen, die in bezug auf Weichheit, Undurchlässigkeit und Haltbarkeit nichts zu wünschen übrig ließen.

Anscheinend haben sich einige amerikanische und deutsche Fabriken ebenfalls mit dieser Frage beschäftigt, aber soweit wir wissen, sind bisher keine derartig bearbeiteten Lackleder im Handel erschienen.

Die Lackleder aus Zelluloseazetat sind etwas teurer als die aus Nitrozellulose; ihr Vorzug vor diesen ist ihre Unentflammbarkeit.

Es ist wohl die Annahme begründet, daß die Zukunft der Lacklederindustrie auf der Anwendung dieses Verfahrens beruht.

C. Imprägnieren von Pelzen.

Wir erwähnen beiläufig die Verwendung verdünnter Zelluloseesterlösungen, um Rauchwerk gegen Wasser unempfindlich zu machen; für diesen Zweck müssen den Lösungen natürlich Weichmachungsmittel zugefügt werden.

6. Kunstseide.

A. Aus Viskose.

Das erste Patent zur Herstellung von Viskose[1]) verdanken wir Cross, Bevan & Beadle, das erste Spinnverfahren hat Stearn angegeben[2]).

Bei Besprechung der Zellulosethiokarbonate haben wir bereits die Eigenschaften dieser Ester angegeben, kommen daher hier nicht darauf zurück, sondern werden nur in großen Zügen die Verwendung der Zellulosexanthogenate zur Herstellung von Kunstseide beschreiben.

Fabriken, die Kunstseide aus Viskose herstellen, sind zur Zeit sehr zahlreich.

Man geht vom Holzzellstoff der Kiefer und der Fichte aus, den man auf dem Wege des Sulfitverfahrens gewinnt und dann bleicht. Der Zellstoffbrei wird durch Papiermaschinen in Blattform gebracht.

Diese Blätter (100 kg) werden mit Natronlauge von 26° Bé getränkt, um Alkalizellulose zu erhalten[3]). Man bedient sich hierzu eines Knet-

---

[1]) D.R.P. 70999 [1893].
[2]) D.R.P. 108511 [1898].
[3]) Zu diesem Thema siehe auch: Les Matières cellulosiques von Francis Beltzer & J. Persoz, S. 84.

und Mischapparates (System Werner und Pfleiderer, dessen ungefähre Ausführung bereits auf S. 75, Abb. 6 veranschaulicht ist. In diesem Apparat wird die Zellulose fein zerrieben und gemahlen, dabei gründlich mit Lauge durchgeknetet und gemischt. Der Überschuß an Natronlauge wird abgepreßt und die Alkalizellulose (300 kg) in einer Mühle zerkleinert. Nun überläßt man die Alkalizellulose einige Zeit (2—4 Tage) sich selbst; danach wird sie in einem verschließbaren Apparat, welcher mit einem Rührer versehen ist, mit Schwefelkohlenstoff behandelt (45,5 kg). Sie färbt sich dabei gelb und verliert ihre Faserstruktur.

Nun gibt man zu der Masse so viel Wasser, daß eine ungefähr 10%ige Zelluloselösung entsteht.

Diese orangebraune Lösung ist nicht beständig, sondern sie durchläuft verschiedene Phasen, die man folgendermaßen schematisch darstellen kann:

$$\underset{NaS}{\overset{Cell}{CS}} \rightarrow \underset{NaS}{\overset{(Cell)_2}{CS}} \rightarrow \underset{NaS}{\overset{(Cell)_4}{CS}} \rightarrow (Cell)_4 H_2O .$$

Es werden also $S = C - SNa$-Gruppen abgespalten.

Die erste Reaktionsstufe bildet sich sehr schnell. Die zweite entsteht nach 24stündigem Stehen der Viskoselösung bei gewöhnlicher Temperatur und ist mehrere Tage beständig. Sie wird durch Salze aus der Lösung ausgefällt, kann aber in Wasser wieder gelöst werden. Letztere Modifikation verwendet man als Spinnlösung für die Herstellung von Seide.

Die Umwandlung, welche man als Reifeprozeß der Viskose bezeichnet, schreitet ganz allmählich fort. Sie vollzieht sich um so schneller, je höher die Temperatur ist. Bei einer Temperatur von 10—20° C hält sich eine spinnfertige Viskoselösung 6—10 Tage; unter 10° C kann man sie 14 Tage lang aufbewahren.

Das Endprodukt der Zersetzung ist eine Hydratzellulose.

Die Viskoselösungen werden durch Zusatz eines Überschusses an Natronlauge beständiger und dünnflüssiger gemacht. Man kann z. B. eine 2%ige Zelluloselösung, welche 6—9% freie Natronlauge enthält, sogar 70—90 Tage aufheben.

Für die Herstellung von Kunstseiden vollzieht sich die Reifung zweckmäßig bei ungefähr 20° C, während durch Abkühlung auf tiefere Temperatur eine Konservierung der Viskoselösung möglich ist.

Die Zellulosethiokarbonatlösung wird, ehe sie versponnen wird, filtriert und im Vakuum entlüftet.

Die Herstellung der Kunstseide geschieht in der Weise, daß durch

Verspinnen der Viskose in ein geeignetes Fällbad zunächst ein Faden von Zellulosexanthogenat entsteht, welcher durch weitere Einwirkung des Bades in Hydratzellulose übergeht; es ist jedoch notwendig, daß die Viskoselösung in einem solchen Reifestadium zur Verarbeitung kommt, daß eine schnelle und glatte Fällung möglich ist.

Das Spinnen der Fäden erfolgt aus Platindüsen unter Druck.

Als Fällungsbad verwendet man Ammonsalze (Cross und Stearn), besser Schwefelsäure oder Magnesium- und Zinksulfat[1]). Die durch Fällungentstandenen Fäden werden durch ein weiteres Säurebad[2]) geführt, um eventuell entstandene komplexe Thiokarbonate zu spalten.

B. Aus Nitrozellulose.

Aus Nitrozellulose hergestellte Kunstseiden sind unter der Bezeichnung „Chardonnet-Seide", nach dem Namen des ersten Herstellers[3]) bekannt und werden auch heute noch in großem Maße fabriziert. Allerdings sind diese Fabrikationsverfahren teilweise durch das Viskose- und das Glanzstoffverfahren verdrängt worden.

Fabriken, welche vor dem Kriege nach dem Chardonnet-Verfahren arbeiteten, waren:

Besançon . . . . Frankreich,
·Tubize . . . . Belgien,
Sarvar . . . . Ungarn,
Padua . . . . Italien,
Spreitenbach . . . . Schweiz,
Jülich . . . . Deutschland.

Herstellungsverfahren.

Wir wollen die Herstellungsmethoden für Chardonnet-Seide nur kurz besprechen. Man stellt eine Nitrozellulose mit etwa 12% Stickstoff her, wobei die Nitrierung in der Wärme vorgenommen wird, um niedrigviskose Nitrozellulosen zu erhalten.

Folgende Vorschrift für ein Nitrierbad möge als Beispiel dienen:

$$\left. \begin{array}{l} H_2SO_4 \ \cdots \cdots \ 55\% \\ HNO_3 \ \cdots \cdots \ 28\% \\ H_2O \ \ \cdots \cdots \ 17\% \end{array} \right\} \begin{array}{l} \text{bei } 60° \\ 10{-}20 \text{ Minuten.} \end{array}$$

Es wird eine Zellulose[4]) verwendet, welche vorher mehrere Stunden auf 130—140° erwärmt worden war.

---

[1]) Ebenso wirken Aluminiumsulfat und Alaun D.R.P. 152743 [1903], Donnersmarck.

[2]) D.R.P. 187947 [1905], Müller.

[3]) Franz. Pat. 165349 [1884], H. de Chardonnet.

[4]) Franz. Pat. 201740 und Zusätze, H. de Chardonnet.

Durch Anwendung erhöhter Temperatur bei der Nitrierung kann man Nitrozellulosen erhalten, deren Lösungen niedrigviskos sind und dennoch Fäden von genügender Festigkeit und Elastizität ergeben.

Die Nitrozellulose wird in Alkohol-Äther (4 Teile Alkohol, 3 Teile Äther) in einer drehbaren Trommel gelöst, was durchschnittlich eine Zeit von 12 Stunden in Anspruch nimmt.

Nitrozellulose mit einem Wassergehalt von 25—30% löst sich leichter in Alkohol-Äther und ermöglicht die Herstellung von Lösungen erhöhter Konzentration, wodurch eine Ersparnis an Lösungsmitteln erreicht wird[1]).

Das hochviskose Kollodium[2]) mit einer Konzentration von 20—25% wird in besonderen Filterpressen unter einem Druck von 60 Atm. durch Watte filtriert. Nach der Filtrierung überläßt man das Kollodium einige Zeit sich selbst, ehe man es zu den Spinndüsen führt, weil dadurch eine größere Gleichmäßigkeit erzielt wird.

Dann gelangt das Kollodium unter einem Druck von 40—50 kg auf den Quadratzentimeter in Leitungen und von dort zu den Spinndüsen, welche Öffnungen von 0,2 mm $\bigoplus$ besitzen, bei einer Länge von 5 mm.

Der aus der Spinndüse austretende äußerst dünne Kollodiumstrahl koaguliert an der Luft augenblicklich zu einem Faden. 10—36 solcher Einzelfäden werden zu einem Faden vereinigt und auf Spulen gewickelt.

Die mit Alkohol und Äther gesättigte Luft wird einer Wiedergewinnungsanlage zugeführt.

Das Verfahren ist als Trockenspinnverfahren bekannt.

Die Spulen werden getrocknet oder mit Wasser behandelt, um die letzten Spuren von Alkohol zu entfernen.

Die ursprünglichen Spinnfäden haben z. B. 120 Deniers, d. h. ein 900 Meter langer Faden wiegt 12 g.

Die Seidenfäden werden gezwirnt, d. h. etwa 140 mal auf den Meter um ihre Achse gedreht und dann zu Strähnen aufgehaspelt.

Die Nitrozelluloseseide muß denitriert werden, da sie andernfalls explosionsartig brennen würde. Man behandelt sie zu diesem Zwecke bei 35° mit einem Alkalisulfhydrat, welches sie in Zellulosehydrat überführt[3]); auch Kalziumsulfhydrat kann man anwenden. Die Seidensträhnen werden in das Denitrierbad getaucht und ungefähr 1 Stunde lang darin bewegt. Darauf werden sie in einer mit Schwefelsäure angesäuerten Permanganatlösung gebleicht, dann mit einer Lösung von schwefliger Säure behandelt, abgeschleudert und getrocknet.

---

[1]) D.R.P. 81599 [1893], H. de Chardonnet.
[2]) Die Viskosität wird durch Zusatz gewisser Substanzen, wie Säuren, vermindert. (Lehner: Zeitschr. f. angew. Chem. 1906 S. 1582.) D.R.P. 58508, Franz. Pat. 224660 [1892].
[3]) Franz. Pat. 203202 und Zusätze, D.R.P. 56655 [1890].

Die Nitrozelluloseseide hat ein spez. Gewicht von 1,5—1,55. Sie hat einen sehr schönen Glanz und wird durch basische Farbstoffe direkt angefärbt.

Es hat den Anschein, als ob die Chardonnet-Seide schwer gegen die Konkurrenz der Kupfer- und Viskoseseide wird kämpfen müssen, weil die Herstellung letzterer billiger ist, da sie aus Zelluloselösungen direkt erhalten werden.

Sie ist natürlich wasserempfindlich, und es kann sein, daß die Zukunft den fast undurchlässigen Seiden aus Zelluloseazetat gehört.

Zurzeit wird Chardonnet-Seide besonders als Schuß in Geweben verwendet, deren Kette aus natürlicher Seide oder Baumwolle besteht.

Man unterscheidet Nitrozelluloseseide von anderen Kunstseiden dadurch, daß sie mit Diphenylamin in schwefelsaurer Lösung eine blaue Färbung gibt.

Kunstseide besteht aus Spinnfäden ohne Zentralkanal, Kupferammoniaklösung löst sie augenblicklich; in ammoniakalischer Nickellösung, welche Naturseide löst, ist sie dagegen unlöslich. Der Durchmesser eines ursprünglichen Spinnfadens aus Chardonnet-Seide beträgt durchschnittlich 40—50 μ (Naturseide hat einen Durchmesser von 9—15 μ).

C. Kunstseiden aus Zelluloseazetat.

Kunstseide aus Zelluloseazetat gewinnt man durch direktes Verspinnen ihrer Lösungen; sie hat einen hohen Glanz, ist fest und waschbar, welche letztere Eigenschaft noch den andern Kunstseiden fehlt. Die Herstellungskosten sind allerdings höher als bei den anderen Kunstseiden. Ernstliche Herstellungsversuche sind in Deutschland[1]) gemacht worden und werden zur Zeit in England (Britixh Cellulose) und in Belgien (Société de la Soie à Tubize) weitergeführt. Die letztere Fabrik gibt an, einige hundert Kilo täglich von dieser Seide herstellen zu können.

Zwei Verfahren sind ausgearbeitet worden:

1. Durch Verspinnen des Kollodiums an der Luft unter Wiedergewinnung der Lösungsmittel;
2. durch Koagulation des Spinnfadens in Benzin oder einer Mischung nichtlösender Stoffe.

Mischungen aus Zelluloseazetat und Nitrozellulose haben kein praktisches Interesse, da die Nitrozellulose denitriert werden muß[2]).

Folgende, einer Arbeit von Herzog entnommene Tabelle stellt die

---

[1]) D.R.P. 237599 [1907], Donnersmarck; Franz. Pat. 426436, Chemische Fabrik von Heyden.

[2]) D.R.P. 179947 [1905], Franz. Pat. 368766 [1906], Franz. Pat. 402072, Lederer.

Ergebnisse einiger Vergleichsversuche[1]) zusammen und zeugt gleichzeitig von dem großen Interesse, welches man dieser Frage entgegen
bringt.

Art des Kunststoffes	Festigkeit			Bruch-belastung für 1 qmm Querschnitt in kg		Bruch-dehnung in % der ursprünglichen Länge		Zu-nahme durch Be-feuch-ten in %
	des trock-nen Fa-dens	des feuch-ten Fa-dens	Verlust durch Befeuch-tung in %	trok-ken	feucht	trok-ken	feucht	
Roßhaar aus Azetylzellulose	894	744	16,8	10,6	8,8	33	42	27,3
	929	797	14,2	12,6	10,8	30	37	23,3
	834	685	21,4	13,9	11	25	32	28
	637	525	17,6	12,1	9,9	36	40	11,11
	239	194	18,8	15,8	12,9	27	35	29,6
Roßhaar aus Viskose	694	426	36,8	24,7	9	5,4	6,8	25,9
	615	158	74,3	23,9	2,5	26	29	11,5
	674	208	69,1	20	4	8,3	11,7	40,3
	594	220	63	22,7	4	30	44	46,7

Es ist schwierig, diese Seide zu färben, da sie in Wasser wenig quellbar
ist; daher wurde die Verwendung von Farbbädern mit einem Gehalt
von Alkohol, Azeton oder Essigsäure vorgeschlagen[2]).

Zweckmäßig färbt man die Seide, wenn sie noch nicht vollständig
trocken ist. Ferner hat man beobachtet, daß Mischungen von Zelluloseazetat und Azetinen sich leicht färben lassen oder besser, daß die
Seide sich in einer wässerigen Lösung färbte, welche Azetine enthält[3]).

Anderseits hat man vorgeschlagen, zunächst die Baumwolle vor
der Azetylierung mit Farbstoffen zu färben, welche dem Azetylierungsgemisch widerstehen[4]); aber es ist nicht notwendig, zu diesem Kunst-
griff seine Zuflucht zu nehmen.

Man erkennt die Azetatkunstseide an der Löslichkeit in Essigsäure,
an ihrem spez. Gewicht von 1,25 und an ihrer Widerstandsfähigkeit
gegen Wasser. Sie ist ferner in ammoniakalischer Kupferoxydlösung
unlöslich.

Künstliche Gewebe.

Man hat versucht, die Lösungen von Zelluloseazetat zur Herstellung
künstlicher Gewebe, z. B. Tüll[5]), zu verwenden. Durch Trocknen oder

---

[1]) Sydowsaue bei Stettin, Internationale Zelluloseestergesellschaft. Herzog:
Kunststoffe 1911, S. 209. Siehe dazu auch Chemiker-Ztg. 1910, S. 347 und
Kunststoffe 1913, S. 148 u. 170.
[2]) D.R.P. 193135, Agfa.   [3]) D.R.P. 228867, Donnersmarck.
[4]) D.R.P. 237210.   [5]) Kunststoffe 1911. S. 200.

durch Koagulation der auf gravierten Zylindern, welche die Netzstruktur des Tülls wiedergeben, aufgetragenen Lösung kann man fortlaufende Bahnen von künstlichem Tüll herstellen, die natürlich gegen Wasser widerstandsfähig und unentflammbar sind. Nach diesem Verfahren hat man sehr weiche Tüllgewebe hergestellt.

7. Überziehen von Papier.

A. Überziehen von Papier mit Nitrozelluloselack.

Gewisse Papiere werden mit einer Nitrozelluloseschicht überzogen. Man kann dazu ähnliche Maschinen (Abb. 17) und Lösungen verwenden, wie zum Überziehen von Geweben; den Lösungen setzt man zuweilen Aluminium- oder Goldbronze zu. Man erhält so Papiere oder Kartons, deren Oberfläche man leicht mit gravierten Walzen ein Reliefmuster geben kann, so daß sie zur Herstellung von Möbeln, als Wandbekleidung und in der Buchbinderei usw. Verwendung finden können.

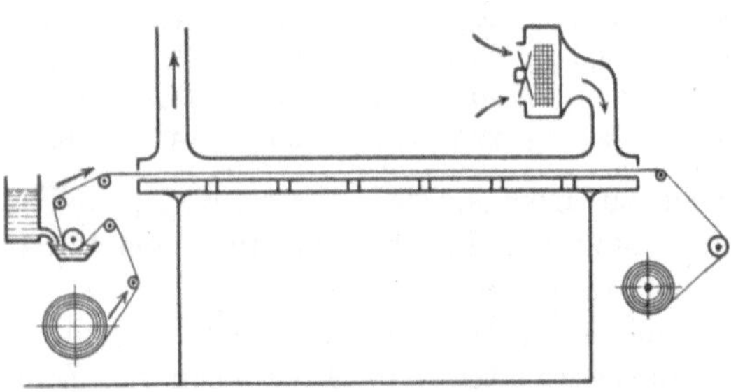

Abb. 17.   Maschine zum Überziehen von Papier.

Derartig dünn überzogenes Papier hat eine sehr gute Isolierfähigkeit und findet daher Verwendung beim Bau von Transformatoren.

Von anderen Verfahren zum Überziehen von Papier erwähnen wir: Das Aufbringen von Öl-, Paraffin-, Harzlösungen[1]), ferner einer mit Glyzerin versetzten Lösung von Dextrin oder Gelatine oder einer Lösung von Gelatine mit nachfolgender Behandlung mit einer Gerbstofflösung[2]), schließlich einer Schellacklösung[3]).

Kartons können mit einer Mischung von Asphalt, Teer und etwas Harz überzogen werden[4]). Spielkarten werden oft mit einem Nitrozelluloselack überzogen, um zu verhindern, daß sie durch die Feuchtigkeit der Hände unansehnlich werden.

Die Wiedergewinnung der flüchtigen Lösungsmittel trägt viel zur Verminderung der Gestehungskosten von Wachstuch, Kunstleder und überhaupt überzogener Gewebe und Papiere bei. Es wurden zahlreiche Verfahren vorgeschlagen[5]), welche alle von dem Grundgedanken aus-

---

[1]) Engl. Pat. 15937 [1893], Lake.   [2]) Engl. Pat. 19481 [1893], Kumaga.
[3]) D.R.P. 4976, Oriental Leather.
[4]) Franz. Pat. 343704, Granjon & Berchet.
[5]) Engl. Pat. 19710 [1891], Gray; Engl. Pat. 13562 [1895], de Groussilliers; Franz. Pat. 381529 [1907], Liebrecht; Franz. Pat. 381529 [1907], Harrison.

gehen, daß die im Trockenraum entweichenden Dämpfe schwerer oder leichter als Luft sind[1]).

B. Überdecken von Papier oder Karton mit Zelluloidblättern.

Wenn man ein Papier oder Karton (z. B. einen Anschlagzettel) mit einer durchsichtigen Zelluloidfolie fest überklebt, so wird es nicht nur vollständig gegen Feuchtigkeit geschützt, sondern es erhält gleichzeitig ein glänzendes emailleartiges Aussehen; ein Verfahren, welches viel für Zeichnungen, Anschlagzettel usw. angewandt wird.

C. Überziehen von Papier mit Zelluloseazetat.

Auch mit Lösungen von Zelluloseazetat kann Papier für Anschlagzettel, Reklametafeln usw. mit einer glänzenden Schutzschicht überzogen werden die dann dem Regen ausgesetzt werden können; Spielkarten werden durch einen solchen Lacküberzug abwaschbar gemacht, geographische Karten, wichtige Schriftstücke wirksam geschützt.

In diesem Zusammenhange wollen wir die eigenartige Verwendung erwähnen, welche man in Deutschland von diesem Verfahren gemacht hat, nämlich das Überziehen der Mundstücke von Zigarren und Zigaretten, um sie gegen die Feuchtigkeit der Lippen unempfindlich zu machen; bisher verwandte man Paraffin für diesen Zweck.

8. Armiertes Glas.

Wenn man zwischen zwei Glasscheiben ein Blatt durchsichtiges Zelluloid legt und durch Druck oder auf andere Weise mit dem Glas fest verkittet, so erhält man sogenanntes armiertes Glas (Triplexglas).

Wird gegen ein solches Glas ein Schlag mit einem harten Gegenstand geführt, so zerspringt es zwar sternförmig, doch bleiben die Splitter fest auf dem Zelluloidblatt haften und können daher nicht umhergeschleudert werden.

Armierte Gläser finden vielfach als Automobilscheiben, Windschutz, Autobrillen usw. Anwendung; es werden dadurch viele Verletzungen verhütet.

Ein Mangel der Zelluloidzwischenschicht ist die Gelbfärbung, welche sie mit der Zeit annimmt. Wir haben mit Erfolg Versuche zur Herstellung armierter Gläser mit Hilfe von Zelluloseazetat gemacht.

Unzerbrechliche Fensterscheiben. Während des Krieges haben Ortschaften, welche häufig beschossen wurden, mit einem gewissen Erfolg unzerbrechliche Fensterscheiben verwandt. Diese Fensterscheiben bestanden aus einem Metalldrahtgewebe, dessen Maschen mit einer durchsichtigen Zelluloseazetathaut ausgefüllt waren. Die Herstellung erfolgte

---

[1]) Siehe dazu auch Kapitel IX dieses Buches.

in der Weise, daß das Drahtgewebe maschinell durch eine konzentrierte Lösung von Zelluloseazetat gezogen wurde. Die Lösung hinterließ nach dem Trocknen einen zusammenhängenden Film, welcher das Drahtgewebe vollständig umhüllte. Daraus hergestellte Fensterscheiben waren lichtdurchlässig, konnten gerollt werden, waren widerstandsfähig gegen Feuchtigkeit und schwer brennbar.

9. Dauerwäsche.

Zur Herstellung von abwaschbarer oder imprägnierter Wäsche sind zwei Verfahren üblich. Bekanntlich kann man solche Wäschestücke durch einfaches Abreiben mit einem nassen Schwamm und Seife reinigen; man trocknet ab und kann die Wäsche dann sofort wieder tragen. Nach den beiden Verfahren, welche wir hier beschreiben, wird eine große Menge abwaschbarer Wäsche hergestellt.

1. Imprägnierung der Wäsche mit einem Lack.

Die gesteifte, gestärkte Wäsche wird einfach in eine Lösung von Nitrozellulose oder Zelluloseazetat getaucht und dadurch eine unsichtbare Schicht aufgetragen, welche genügend fest anhaftet und undurchlässig genug ist, um ein Abwaschen der unsauber gewordenen Wäsche zu gestatten.

Kragen, Manschetten usw., welche mit einer Lösung von Nitrozellulose in Amylazetat oder Essigäther behandelt wurden, haben jedoch den Nachteil, daß sie beim Gebrauch sich gelb färben und dadurch unbrauchbar werden. Diese Erscheinung ist nach unserer Meinung auf eine Denitrierung der Nitrozellulose durch Einwirkung der Transpirationsprodukte zurückzuführen.

Dieser Mangel kann durch Anwendung von Zelluloseazetatlösungen behoben werden; Wäsche, welche mit drei bis vier Schichten einer etwa 3—4%igen Lösung imprägniert wurde, ist vollkommen abwaschbar und färbt sich nicht gelb.

Wenn man der Wäsche eine höhere Geschmeidigkeit geben will, setzt man der Zelluloseazetatlösung ein geruchloses Weichmachungsmittel zu. Zuweilen werden dem Nitrozellulose- oder dem Zelluloseazetatlack weiße Mineralfarben, wie Zinkweiß oder Lithopon, hinzugefügt.

2. Herstellung von sog. „amerikanischer“ Wäsche.

Die sogenannte „amerikanische“ Zelluloidwäsche fand früher und findet noch jetzt großen Absatz. Man stellt sie aus Leinengewebe durch beiderseitiges Überkleben mit weißen Zelluloidfolien her, welche Rizinusöl als Weichmachungsmittel enthalten.

Das Zelluloid wird mit Alkohol auf den Stoff geklebt und das Ganze gepreßt. Man poliert darauf die Zelluloidoberfläche an der Schleifscheibe; oder man kann dem Zelluloid auch durch einfaches Pressen oberflächlich Leinenstruktur geben.

Zelluloidwäsche wird sehr viel getragen, obgleich sie feuergefährlich ist. Unzweifelhaft wird Dauerwäsche, welche mit Zelluloseazetat hergestellt ist, sehr große Verbreitung finden[1]). Ihre Herstellung bereitet keine besonderen Schwierigkeiten.

10. Kautschukartige Massen.
A. Aus Nitrozellulose.

Man hat mit Nitrozellulose plastische Massen hergestellt, welche dem natürlichen Kautschuk ähnlich sind.

Claessen[2]) gelatiniert Nitrozellulose mit vierfach substituierten Harnstoffen oder -Sulfoharnstoffen. Er erwähnt auch Mono-Nitronaphthalin als Zusatz bei der Herstellung plastischer Massen mit 80% Nitrozellulose.

Diese Mischungen sind geschmeidig und können wie Kautschuk ausgewalzt werden.

Man hat ferner Mischungen von Kautschuk und Korkpulver mit Kollodium zur Herstellung von Schuhsohlen empfohlen[3]).

Klebstoffe für Leder, Stoffe, Riemen usw. kann man durch Mischen von Nitrozellulose- und Kautschuklösungen herstellen. Ellis hat sich eine sehr gut bindende Masse zum Kleben von Leder schützen lassen[4]). Sie besteht aus Nitrozellulose und Kreosot und ergibt eine sehr geschmeidige, fest haftende, kautschukähnliche Klebfläche.

B. Aus Zelluloseazetat.

Wir haben bereits das franz. Pat. 463 622 der Agfa[5]) über diesen Gegenstand erwähnt, nach welchem eine Mischung von 5 Teilen Zelluloseazetat mit 10 Teilen Triazetin oder einem anderen Gelatinierungsmittel eine kautschukähnliche Masse ergibt; wie schon oben erwähnt, kann man diese Masse zur Herstellung von Lederersatz und Lackleder verwenden.

Korkimitation. Man stellt auch korkähnliche Massen, z. B. Stopfen zum Verschließen von Flaschen, welche chemische Reagenzien enthalten, her, indem man Korkstaub mit Kollodien aus Nitro- oder Zelluloseazetat mischt.

---

[1]) Um Gewebe undurchlässig zu machen, hat man eine oberflächliche Azetylierung vorgeschlagen. D.R.P. 224330, Cross & Briggs; Franz. Pat. 320885, Lederer.

[2]) Engl. Pat. 21493 [1906], Franz. Pat. 388492 [1908], D.R.P. 178133 [1906] und Zusatz D.R.P. 191454 und 194874 [1906].

[3]) Franz. Pat. 396814 [1907], Lengfellner.

[4]) Amerik. Pat. 778232 [1904].   [5]) Engl. Pat. 5633 [1914].

Mit dieser Mischung überzieht man einen Pflock, überzieht die Oberfläche nochmals mit einem Kollodiumlack und gibt ihm dadurch ein korkartiges Aussehen.

11. Die kinematographische Industrie.
A. Geschichtliches.

Die Kinematographie hat ihren Ursprung im Studium der Bewegung. 1826 konstruierte Filton das „Thannatrope". Plateau zeigte (1832) das „Phénékistiscope", dann folgten Versuche von Janssen (1874), Muybridge (1877), Marey (1882), Greene und Evans (1889).

Aber erst Edison (1891) und noch mehr den Gebr. Lumière (1895)[1] verdanken wir die Versuche, von denen die gewaltige Entwicklung dieser Industrie ausging.

Die ersten Experimente mit Zelluloidunterlage und Bromsilbergelatine scheinen von der amerikanischen Fabrik photographischer Platten und Papiere „Carbutt"[2], dann von der Eastman-Trockenplatten und Film Cy. in Rochester (1888) und Fourtier (1881)[3] gemacht worden zu sein.

Die ersten Patente wurden Goodwin[4] und der Eastman Co.[5] erteilt. Goodwin hat zwar nicht als erster die Anwendung von „ein- oder zweiseitig mit Gelatine begossenen Nitrozellulosefolien" als Träger der photographischen Emulsionen vorgeschlagen, aber er hat zuerst angegeben, wie man einen Film aus Nitrozellulose gießen kann[6].

Die Kinematographie hat sich heute zum Range einer Großindustrie aufgeschwungen. Die Mittel, welche die Kinematographie der Zerstreuung, Erziehung, Belehrung und nicht zuletzt der wissenschaftlichen Forschung bietet, sind derart, daß eine fabelhafte Entwicklung der einstmals anspruchslosen Neuerung eingesetzt hat. Der Film, der getreu die Darstellungen unserer großen Schauspieler wiedergibt, bewahrt auch die unvergänglichen Bilder der großen geschichtlichen Ereignisse, gestattet jedermann billige Reisen und macht die großen Meisterwerke populär.

Der Krieg hat offiziell die Daseinsberechtigung des Kinematographen bestätigt; die großen sowie die kleinen Ereignisse sind im Film festgehalten worden. Selbstverständlich sind diese Dokumente von hervorragendem Interesse für die Zukunft. Es ist dringend an der Zeit, das Problem der Erhaltung dieser kostbaren Filme zu studieren. Dank

---

[1] Bull. de la soc. de Photogr. 1895. S. 505.
[2] Anthonys Phot. Corres. 1888.
[3] Fourtier: Photogr. Bull. 1881; S. 90.
[4] Amerik. Pat. 610861 [1898], eingereicht am 2. Mai 1887.
[5] Amerik. Pat. 417202 [1889].
[6] D.R.P. 59267 [1889].

der Unternehmungslust der größten Filmfabriken beginnt der Film eins der einflußreichsten Bildungsmittel zu werden. Es gibt bereits belehrende Filme aus der Zoologie, Physiologie, Technologie. Die Mikrobiologie hat in der mikroskopischen Kinematographie eine wertvolle Ergänzung der Forschungsmittel gefunden. Das Studium der schnellen Bewegung und die in Pausen erfolgende Aufnahme außerordentlich langsamer Bewegungen gestatten sehr interessante Gesetze aufzustellen[1]). Der Film ist ein schnelles und bequemes Werbemittel geworden. 1913 konnte man die gesamte Filmproduktion auf 150 Millionen Meter schätzen und diese achtunggebietende Zahl hat sich nicht verringert, sondern im Gegenteil sehr wesentlich vergrößert. Die ganze Welt ist durch den Film erforscht worden. Die großen Filmfirmen schicken ihre Operateure in die Welt hinaus, um Expeditionen in die unerforschten Gebiete zu begleiten und die wunderbaren Ausschnitte aus dem Leben mit nach Hause zu bringen, welche dann auf der weißen Wand gut dargestellt, deutlicher sprechen als jede Reisebeschreibung, jede Malerei, jegliche Skizze usw. und der Welt die treffendste Aufklärung geben können. Ein Verfahren ermöglicht sogar Aufnahmen in den Wassertiefen (Williamson). Man muß sich einmal klar machen, welche Leistung dazu gehört, in Paris am Abend Ereignisse vorzuführen, die sich am gleichen Tage 300—400 km von dort entfernt abgespielt haben! In solchen Fällen werden Schnelligkeitsrekorde aufgestellt. Man geht sogar so weit, die Filme in Spezialwagen zu entwickeln. Jede kinematographische Gesellschaft besitzt Aufnahmeateliers mit Rüstkammern und Versenkungen usw. Diese Ateliers sind vollkommen mit Glas abgedeckt. Ebenso werden die schwierigsten Szenerien durch die Filmfabriken dargestellt. Die Szenen spielen im Theater oder im Freien, an bestimmten Plätzen. Es ist nicht selten, daß man auf der Straße Verfolgungen und Kämpfe mit erleben kann, die sich vor dem Filmoperateur abspielen. Die Filmschauspieler müssen oft weite Reisen unternehmen, um ihre Rollen direkt am Schauplatz des Stückes spielen zu können; die größten Firmen besitzen bei Nizza ein Theater, welches es ihnen ermöglicht, zu jeder Jahreszeit im Freien zu spielen.

Kunstfilme sind kinematographische Reproduktionen der Meisterwerke der Literatur; vom photographischen Standpunkt aus müssen sie fehlerlos sein.

Ein dunkler Punkt besteht noch in der Entwicklung dieser Industrie. Die Filme hatten und haben heute noch ein Zelluloidband als Unterlage. Die leichte Entflammbarkeit dieses Produktes setzt alle, die mit dem Film zu tun haben einer dauernden Gefahr aus. Von 1912—1914 haben wir des öfteren von Filmbränden in Frankreich wie in anderen

---

[1]) Man hat z. B. die Bildung von Kristallen kinematographisch aufnehmen oder wie man gewöhnlich sagt „kurbeln" können.

Ländern gehört. Es wäre daher von größtem Interesse, wenn es gelänge, die Idee des unverbrennbaren Films zu verwirklichen. Der Versuch schien durch Anwendung des Azetylzellulosefilms geglückt zu sein. Der Polizeipräsident von Paris gab 1914 gleichzeitig mit den Bürgermeistern einiger großer Städte, wie Lyon, Lille, Verordnungen heraus, durch welche die Verwendung schwerbrennbarer Filme obligatorisch werden sollte. Diese Anregung gab den Anstoß zu einer allgemeinen Bewegung der ganzen Filmindustrie, welche dahin zielte, den Nitrozellulosefilm durch den feuersicheren Film aus Azetylzellulose zu ersetzen.

Die obligatorische Einführung des unentflammbaren Films wurde zunächst durch den Krieg verhindert. Nach Friedensschluß machte besonders die Kompagnie Pathé Cinéma neue große Anstrengungen zur zwangsweisen Verdrängung des Zelluloidfilms; diese Bestrebungen haben jedoch keinen Erfolg gehabt, da sich der Azetylzellulosefilm bei erneuten Haltbarkeitsprüfungen sehr wenig bewährt zu haben scheint[1]).

Ohne Frage würde die zwangsweise Einführung des unentflammbaren Films einen schweren wirtschaftlichen Schaden bedeuten, da der Azetylzellulosefilm einerseits wesentlich kostspieliger und andererseits weniger haltbar ist, als der Zelluloidfilm. Man wird daher, solange nicht eine andere Lösung der Frage gefunden wurde, sich damit begnügen müssen, die Sicherheitsmaßnahmen bei der Vorführung des Zelluloidfilms wirksam zu verstärken, ein Vorgehen, welches in Deutschland schon von gutem Erfolg begleitet wurde.

B. Herstellung des Films.

Die Filmfabrikation hat verschiedene Verfahren zur Herstellung plastischer Massen hervorgebracht. Von allen unternommenen Versuchen haben nur diejenigen, welche von Zelluloseestern ausgehen, die für den Kinofilm erforderlichen Eigenschaften ergeben; das sind große Zerreißfestigkeit, hohe Elastizität, Beständigkeit gegen Wasser, Durchsichtigkeit und Unveränderlichkeit. Diese Eigenschaften geben dem Film eine lange Lebensdauer trotz der großen Beanspruchungen, denen er in den verschiedenen Apparaten und besonders im Projektionsapparat ausgesetzt ist. Heute setzt sich der Film zusammen aus einer durchsichtigen Unterlage in Form eines etwa 34,9 mm breiten Bandes von 0,14—0,16 mm Dicke. Auf dieser Unterlage ist eine Schicht Bromsilbergelatine von 0,01—0,03 mm Stärke aufgetragen. Die aufgenommenen und entwickelten Bilder sind 18 × 25 mm groß. Die freibleibenden 5 mm breiten Ränder des Films sind für die Perforation bestimmt. Jede Gruppe von vier Perforationslöchern nimmt einen Raum von 19 mm ein. Es werden ungefähr 53 Bilder auf 1 m Film gerechnet.

---

[1]) Kinotechnik 1920, S. 55 und 189.

Man kann sich die Anforderungen, die an einen Film gestellt werden, vorstellen, wenn man bedenkt, daß bei mittlerer Geschwindigkeit 15—20 Bilder in der Sekunde abgerollt werden, d. h., daß 100 m Film in 5 Minuten ablaufen. Die Bewegung des Films im Apparat ist diskontinuierlich. Wenn z. B. 16 Bilder in der Sekunde abgerollt werden, bleibt jedes Bild während einer Zeit von $^1/_{16} \times {}^2/_3$ Sekunde in Ruhe und ist während einer Zeit von $^1/_{16} \times {}^1/_3$ Sekunde in Bewegung. In Summa laufen 1200 m Film in einer Stunde ab.

Die Filmfabrikation umfaßt mehrere Phasen:

1. Die Herstellung der Unterlage.
2. Die Vorbehandlung oder Präparation des Zelluloidbandes oder des Azetylzellulosebandes.
3. Die Herstellung der photographischen Emulsion.

I. Herstellung der Unterlage[1]).

Die Unterlage ist ein geschmeidiges und dünnes Band einer plastischen Masse, Zelluloid oder Zelluloseazetat, welches dazu dient, auf der einen Seite die lichtempfindliche Emulsionsschicht aufzunehmen. Diese Unterlage kann man auf zwei Arten herstellen: Entweder durch Verdunstung der Lösung eines Zelluloseesters, oder durch Schneiden eines dünnen fortlaufenden Bandes aus einem Block. Das erste Verfahren wird allein praktisch ausgeführt.

Die Fabrikation der Filmunterlage umfaßt:

a) Die Herstellung des Rohmaterials, Nitro- oder Azetylzellulose.
b) Herstellung der Lösung.
c) Filtration der Lösung.
d) Vergießen der Lösung.

1. Herstellung des Rohmaterials.

a) Nitrozellulose. Wegen der außergewöhnlich hohen Anforderungen, die an die Filmunterlage hinsichtlich Widerstandsfähigkeit, Elastizität, Unzerreißbarkeit gestellt werden, kann man nicht jede beliebige Nitrozellulose verwenden. Als Ausgangsmaterial zu ihrer Herstellung kommen nur Papier und Baumwolle in Frage. Wenn Papier wegen seines niedrigen Preises genommen werden soll, so muß eine sehr gute Qualität reinen Baumwollpapieres von rein weißer Farbe und möglichst niedrigem Aschegehalt gewählt werden.

Sehr wesentlich hängt die Qualität der Filmunterlage von der Leitung des Nitrierprozesses ab. Die Nitrierung in Zentrifugen wird vorgezogen, da sie den Vorteil einer größeren Regelmäßigkeit in der Fabrikation bietet.

---

[1]) Clément et Rivière: Revue scientifique et technique de l'industrie cinematographique 1912, S. 6 ff.

Das Verfahren in Töpfen oder das Thomson-Verfahren ergeben nicht immer ein gleichmäßiges Produkt. Die Zusammensetzung der Mischsäure aus Schwefelsäure, Salpetersäure und Wasser muß so eingestellt sein, daß eine Nitrozellulose mit 11,5—12 % Stickstoff entsteht.

Temperatur und Einwirkungsdauer werden so geregelt, daß man ein Kollodium von nicht zu hoher Viskosität erhält, um möglichst wenig Lösungsmittel bei seiner Herstellung zu gebrauchen. Folgende Mischung gibt mit 10 kg Badflüssigkeit auf 280 g Baumwolle bei 40° eine ausgezeichnete Nitrozellulose.

$$H_2SO_4 \ \ . \ . \ . \ . \ \ 61,9\,\%$$
$$HNO_3 \ \ . \ . \ . \ . \ \ 22,4\,\%$$
$$H_2O \ \ . \ . \ . \ . \ . \ \ 15,7\,\%.$$

Die Nitrierung dauert $^1/_4$ Stunde. Man sucht eine möglichst wenig gefärbte Nitrozellulose herzustellen, um die Wirkung der Lichtquelle im Projektionsapparat nicht abzuschwächen. Das im Nitriergefäß begonnene Wässern wird im Holländer fortgesetzt, in dem auch das Zermahlen stattfindet. Das Bleichen mit Permanganat oder Chlorkalk geschieht in Bleichbottichen. Das Wässern muß gründlich ausgeführt werden, wenn die Nitrozellulose haltbar sein soll. Der Brei wird zu Kuchen geformt und gepreßt, dann von neuem in einer Mühle gemahlen und getrocknet.

b) **Azetylzellulose.** Zur Herstellung eines dauerhaften, widerstandsfähigen und wasserbeständigen unentflammbaren „Sicherheitsfilms" kann nur eine Azetylzellulose bester Qualität, welche in Azeton oder Methylazetat klar löslich ist, Verwendung finden.

2. Die Herstellung der Gießlösung aus Nitrozellulose.

Die Gießlösung besteht aus drei Komponenten: Der Nitrozellulose, einem nicht flüchtigen oder schwer flüchtigen Lösungsmittel und einem leichtflüchtigen Lösungsmittel. Als schwer flüchtiges Lösungsmittel ist auch heute noch fast allgemein Kampfer in Gebrauch, obgleich es an Versuchen, ihn durch andere Substanzen zu ersetzen, nicht gefehlt hat. Die meist benutzten flüchtigen Lösungsmittel sind:

Eine Mischung von Methyl- oder Äthylalkohol mit Äther zu gleichen Teilen ist das flüchtigste der angewandten Lösungsmittel für Nitrozellulose. Der Äther verdampft zuerst, es hinterbleibt ein Film, gesättigt mit Methylalkohol, der ein ausgezeichnetes Lösungsmittel für Nitrozellulose ist.

Indes ist es nötig, um die Dampfspannung der Äther-Alkoholmischung zu vermindern, einen dritten Körper hinzuzufügen, der ein Lösungsmittel für Nitrozellulose sein kann, oder auch nicht, wie z. B. Amylalkohol oder Amylazetat[1]).

---

[1]) Amerik. Pat. 417202 [1889], 599631 [1898], 619617 [1899], Reichen-

Gießlösungen mit Azeton sind etwas teurer wie die vorher besprochenen; aber der niedrige Siedepunkt des Azetons macht seine Verwendung wertvoll. Die Dampfspannung bei gewöhnlicher Temperatur ist nicht beträchtlich und man braucht nicht wie beim Äther-Alkohol einen starken Niederschlag von Luftfeuchtigkeit infolge der starken Abkühlung auf der Oberfläche des Gusses zu befürchten.

Methylazetat steht in bezug auf Lösungsvermögen für Nitro- und Azetylzellulose dem Azeton nahe.

Die Zusammensetzung eines gewöhnlichen Kollodiums zum Gießen auf der Rotationsmaschine ist z. B. folgende[1]):

Nitrozellulose . . .	17,75%	Amylalkohol . . .	1 %
Azeton	88 %	Kampfer	3,25%,

zuweilen wird etwas Rizinusöl hinzugefügt, das aber 5% des Gewichts der Nitrozellulose nicht übersteigen darf. Ein Alkohol-Ätherkollodium zum Gießen auf Glas besteht aus:

Nitrozellulose . . .	8,8 %	Methylalkohol . . .	41,1 %
Kampfer	3,02%	Äther	38,0 %
Amylalkohol	. . . 9,0 %.		

Gießlösung aus Azetylzellulose. Analog den Nitrozelluloselösungen setzen sich die Azetylzelluloselösungen aus folgenden Hauptbestandteilen zusammen: Azetylzellulose, einem oder mehreren schwer flüchtigen Lösungsmitteln, den flüchtigen Lösungsmitteln.

Die Azetylzellulose hat je nach der Herstellung so außerordentlich verschiedene Eigenschaften, daß man die Wahl des schwer flüchtigen Lösungsmittels nicht allgemein angeben kann. Die schwer flüchtigen Lösungsmittel müssen einen sehr hohen Siedepunkt, einen sehr niedrigen Schmelzpunkt, keinen Geruch haben und wenig brennbar sein. Sie dürfen außerdem nicht mit den Silbersalzen der photographischen Emulsion reagieren, wodurch diese andernfalls unbrauchbar würde. Diese Einschränkungen vermindern sehr die Anzahl der in Betracht kommenden schwer flüchtigen Lösungsmittel. Wir nennen von diesen Körpern den Phthalsäuremethylester und das Triazetin.

Das Triphenylphosphat ist besonders dazu bestimmt, die Feuersgefahr zu vermindern[2]). Das Verhältnis der schwer flüchtigen Lösungsmittel kann von 10—20% des Gewichts der Azetylzellulose schwanken.

---

bach (Rochester); Engl. Pat. 19896 [1899], Eastman: Anwendung einer Mischung von Methylalkohol, Fuselöl und Amylazetat.

[1]) Viele andere Rezepte sind vorgeschlagen worden. Engl. Pat. 15355 [1899], Meister, Lucius & Brüning, Höchst. Anwendung von Eisessig, Nitrozellulose und Gelatine. Franz. Pat. 320452 [1902], Schwarz verwendet Nitrozellulose, Azeton, Amylazetat und Benzol.

[2]) Amerik. Pat. 1116627 [1914], Eastman, Kodak.

Die Wahl der flüchtigen Lösungsmittel hängt von dem Azetat und der Bauart der Gießmaschinen ab. Wenn sich das Lösungsmittel für Azetylzellulose zu schnell verflüchtigt, können sich Muster oder Flecke von wechselnder Stärke auf der Oberfläche des Films bilden. Das Azeton ist das Lösungsmittel, das mehr und mehr zur Fabrikation der schwer brennbaren Filme in Aufnahme kommt. Man verwendet auch Methylazetat oder Methylformiat an Stelle des Azetons. Essigäther allein oder im Gemisch mit Alkohol ist fast gar nicht mehr im Gebrauch.

Zu demselben Zwecke, für welchen der Amylalkohol in den Nitrozelluloselösungen bestimmt ist, fügt die Kodak-Gesellschaft der Lösung eine Flüssigkeit bei, welche die Azetylzellulose nicht löst, aber in einem gewissen Maße die Verdunstung der Lösungsmittel während der Bildung des Films verzögert[1]). Wenn das Lösungsmittel für Azetylzellulose schnell verdunstet, wird nämlich die Oberfläche des Films fleckig. Schließlich soll das schwer flüchtige Lösungsmittel auch noch unlöslich in Wasser sein.

Apparatur. Die Fabrikation des Kollodiums kann in zwei verschiedenen Vorrichtungen, sowohl für die Nitrozellulose als auch für die Azetylzellulose stattfinden. Bei einem der beiden Typen besteht der Apparat aus einem fest montierten Rührkessel, in dem sich Schaufeln drehen, bei dem zweiten Typ sind die Schaufeln fest und der Kessel setzt sich in rotierende Bewegung.

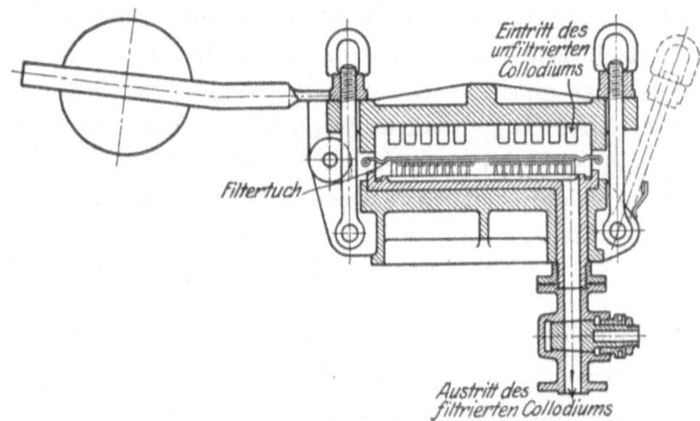

Abb. 18.　Kollodiumfilter.

3. Filtrieren der Gießlösung.

Um eine Unterlage von vollkommener Durchsichtigkeit und Gleichmäßigkeit zu erhalten, muß die Gießlösung filtriert werden; da sie hochviskos ist, müssen Drucke von 10—20 Atm. angewendet werden. Hierzu wird die Gießlösung mittelst Pumpen durch einen Kapselfilter mit einer oder zwei Siebplatten getrieben und passiert dabei eine in Lein-

---

[1]) Franz. Pat. 408396.

wand eingenähte dicke Watteschicht (Abb. 18). Nach der Filtration
enthält die Gießlösung unzählige Luftblasen in feinster Verteilung.
Wenn nicht die Luft vor dem Verdunsten der Lösung ausgetrieben wird,
würde der Film mit Luftblasen durchsetzt sein. Die Luft wird gewöhnlich durch eine teilweise Destillation des Kollodiums entfernt, welches
noch warm in Vorratsbehälter geleitet wird, wo es dann vollständig

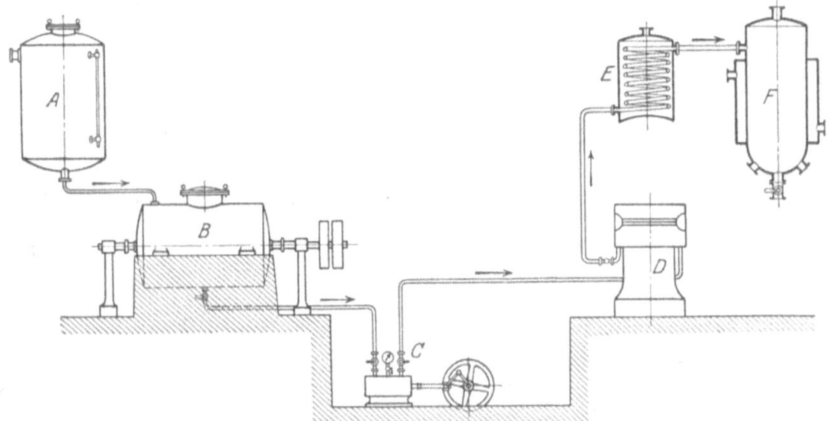

Abb. 19. Schema einer Einrichtung zur Herstellung der Gießlösung.
A Behälter der Lösungsmittel. *B* Rührwerk. *C* Pumpe. *D* Filter.
E Vorwärmer. *F* Behälter für das filtrierte Kollodium.

ohne Bewegung sich selbst überlassen bleibt, bis es durch Rohrleitungen
auf die Gießmaschine geleitet wird (Abb. 19). Die Filtration kann auch
vollständig durch Absitzenlassen der Lösung in großen Behältern ersetzt werden.

4. Das Vergießen der Lösung.

Es sind zwei Verfahren möglich, um aus Kollodium einen Film
herzustellen: 1. durch Verdunsten des Lösungsmittels, 2. durch Fällung[1])

Nur das erste Verfahren wird praktisch ausgeführt. Die Filmbahn,
welche durch Verdunsten der flüchtigen Lösungsmittel erhalten wird,
hat bei gewissen Typen von Gießmaschinen eine beschränkte Länge.
Rotationsmaschinen aber, von denen wir später sprechen werden, liefern
sozusagen unendliche Bahnen; praktisch bemißt man sie jedoch auf
60—120 m. Die Breite beträgt ungefähr 60 cm, die Stärke 0,14—0,16 mm.
Man benutzt zum Gießen des Kollodiums zwei Arten von Maschinen,
a) Gießmaschinen mit Glastisch, b) Rotationsmaschinen.

a) Gießmaschine mit Glastisch. Das Gießen auf Glas[2]) erfordert
einen Tisch zum Ausbreiten der Lösung mit einer festen, vollständig

---

[1]) Franz. Pat. 412503.
[2]) D.R.P. 54214 und 59267 [1889], Eastman & Co.; Amerik. Pat. 471469,
Eastman & Co.

gleichmäßigen Platte. Dieser muß mit einer Vorrichtung versehen sein, um ein ganz langsames Gießen einer dünnen, gleichmäßigen Schicht flüssiger Materie vornehmen zu können. Die Oberfläche des Tisches besteht am besten aus Glas, 5 m lang, 1 m breit, fest montiert und oberflächlich geschliffen. Die Stoßstellen der Glasplatten sind gut aneinandergepaßt und die Fugen mit einem besonderen Kitt ausgefüllt. Die Ausbreitungsvorrichtung besteht aus einem Gießer, der an einem fahrbaren Gestell befestigt ist. Der Gießer ist mit einer Auslauföffnung in Form eines engen, regulierbaren Spaltes versehen, der senkrecht zur Gießrichtung steht. Nachdem die Lösung in den Gießer gegossen wurde, setzt sich dieser in Bewegung. Die Länge des Gießtisches kann 65 m erreichen. Wenn der Wagen am Ende ist, bedeckt man den Gießtisch mit flachen Hauben aus Weißblech oder Holz. Indem mehrere davon aneinander gesetzt werden, erhält man einen Kanal, aus dem mittels eines Ventilators die mit Luft gemischten Lösungsmittel abgesaugt werden, die dann wiedergewonnen werden können. Bei dieser Arbeitsweise löst man zum Begießen mit Emulsion den Film nicht erst von dem Gießtisch ab. Man braucht ungefähr 6 Stunden für ein vollständiges Trockenwerden des aus Äther-Alkohol gegossenen Nitrozellulosefilms; bei Azetylzellulose mit Azeton als Lösungsmittel braucht man mindestens 12 Stunden dafür. Die Ausbreitung der Emulsion geschieht mit Hilfe eines Gießers oder einer anderen auf Rädern montierten Ausbreitungsvorrichtung, welche über den Tisch bewegt wird. Nach Auftragen der Emulsion auf die Unterlage trocknet man den Film von neuem. Das Loslösen des Films von der Tischplatte geschieht am besten in der Weise, daß man eines der Enden an einer Trommel befestigt und diese über den Tisch rollt. Um bei allen den vorher beschriebenen Operationen zu vermeiden, daß der Film sich zu früh von der Glasunterlage loslöst, muß man vor dem Gießen die Ränder der Glasfläche mit einer Gelatinelösung überziehen. Der Raum, in dem sich der Gießtisch befindet, hat die Form eines Tunnels und ist groß genug, um ein bequemes Herumgehen um den Gießtisch zu gestatten. Die größte Sauberkeit muß darin herrschen; die Luft, die in den Raum dringt, muß filtriert werden, um jedes Stäubchen zu vermeiden, auf ungefähr 25° angewärmt und so trocken wie möglich sein. Das Verfahren des Gießens auf Glas wird praktisch kaum noch ausgeübt.

b) Rotationsmaschine. Das Gießen des Kollodiums geschieht auf einem endlosen Metallband[1]). Das Band aus vernickeltem Kupfer kann entweder von zwei Walzen getragen werden, wodurch der erste Typ dieser Maschine gekennzeichnet ist, oder nur von einem großen Rade.

---

[1]) Man hat auch metallische Flächen vorgeschlagen, welche mit einer Gelatineschicht überzogen sind. Siehe dazu: Engl. Pat. 9893 [1880], Swan & Leslie; 6921 [1891], Kuhn; 4178 [1890], Balagny; 925 [1904], Agfa, Berlin.

In letzterem Falle wird die Oberfläche des Rades selbst als Gießfläche benutzt.

Das Metallband auf zwei Walzen ruhend. Das Prinzip[1]) dieser Maschinen ist folgendes (Abb. 20): Ein ungefähr 65 cm breites Metallband aus Kupfer, Nickel oder Silber bewegt sich über zwei starke gußeiserne Rollen a und a[1]. Ein Gießer verteilt das Kollodium an dem einen Ende. Die Rolle a ist beweglich und versetzt das Metallband in langsam rotierende Bewegung. Die Länge des sich bewegenden Metallbandes ist so be-

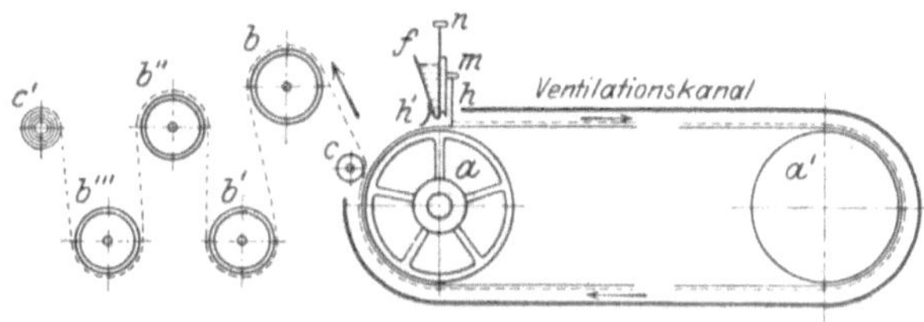

Abb. 20.   Filmgießmaschine.

rechnet, daß der Film, wenn er an seinen Ausgangspunkt zurückkehrt, vollständig trocken ist und nicht mehr seine Form ändert. Mit Hilfe des Griffes n kann man durch Heben oder Senken eines Schiebers im Innern des Gießers die Weite der Gießöffnung regulieren[2]). Die Stärke des Gusses der auf das Metallband fließt, wird durch ein Messer h reguliert, das dem Band durch eine Regulierschraube genähert oder von ihm entfernt wird. h[1] ist

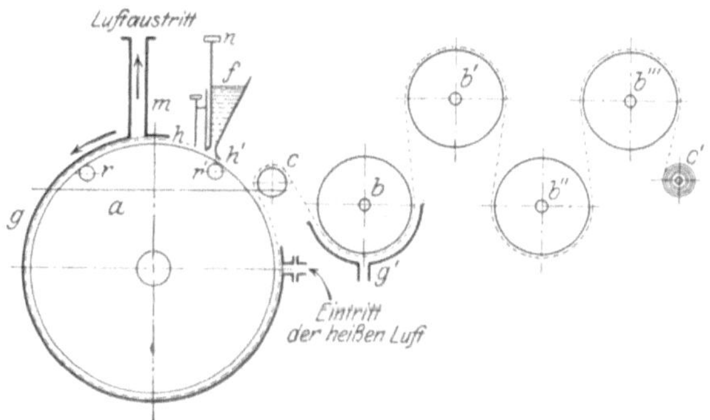

Abb. 21.   Filmgießmaschine.

ein federndes Blech, welches das Zurückfließen des Kollodiums verhindern soll. Um die letzten Spuren des Lösungsmittels zu entfernen, läuft der Film, nachdem er die Rolle c passiert hat, über verschiedene Trockenwalzen b, b[1], b[2], b[3] und endet schließlich vollständig trocken auf der Trommel c[1].

Das Metallband auf einem Rade ruhend. Das Metallband wird auf eine eiserne Riemenscheibe von sehr großem Durchmesser (ungefähr 3 m) gespannt und besteht aus nahtlos zusammengeschweißtem,

---

[1]) Schweiz. Pat. 9221, The Europeau Blair Camera Co. Limited; Amerik. Pat. 864123 [1907], Cossith; Engl. Pat. 19437 [1902], Edwards Favre; Engl. Pat. 18016 [1899].
[2]) Franz. Pat. 404795, Soulier.

vernickeltem Eisenblech, oder einem nahtlosen Kupferband, das vernickelt sein kann (Abb. 21). Das Rad wird in langsam rotierende Bewegung versetzt ($1\frac{1}{2}$ Drehungen in 1 Stunde). Wieder wird das Kollodium durch einen Gießer f gleichmäßig verteilt. Nach einer nahezu einmaligen Umdrehung wird der Film durch die Rolle c losgelöst und geht nacheinander über die Trockenwalzen b, b^1, b^2, b^3, um zum Schluß auf die Trommel c^1 gewickelt zu werden. Nach diesem Prinzip waren die ersten Maschinen der Eastman-Gesellschaft[1]) und der Celluloid-Cy[2]) gebaut; auf einem sehr ähnlichen Prinzip beruhen auch die Maschinen von Chlorley[3]), Ratignier[4]), der Elberfelder Farbwerke[5]) und der Gesellschaft für photographische Industrie[6]).

Hinter dem Gießrade sind zuweilen noch besondere Trockenwalzen angebracht, welche dieselbe Oberflächengröße haben wie das Rad und die dazu dienen, die Oberfläche des Films, welche in Berührung mit dem Gießbande war, nachzutrocknen. Um die Lüftung zu sichern, ist das Gießrad zum größten Teil seines Umfanges mit einer hölzernen Haube umgeben. Das Gießrad wird durch zwei Rollen r und r^1 bewegt, die durch einen konischen Antrieb in Drehung versetzt werden. Ein Rad von 3,3 m Durchmesser braucht durchschnittlich 40 Minuten zu einer Drehung. Die Gießoberfläche ist 9 m lang, wodurch eine Stundenproduktion von 13,50 m erreicht wird. Bei einem anderen Maschinentypus wird das Kollodium auf der Innenfläche des sich drehenden Zylinders vergossen[7]).

Herstellung des Films durch Schneiden. Dieses Verfahren hat nach unserer Meinung für die Praxis nur theoretischen Wert. Einen zylindrischen Block aus Zelluloid oder Azetylzellulose in Form eines Zylinders bringt man vor ein Messer, welches daraus einen mehr oder weniger dünnen, fortlaufenden Film schneidet. Dieser Film ist vollständig blind durch die Rillen und Schrammen, welche beim Schneiden entstehen. Alle Verfahren zum Nachglätten, wie durch Behandlung mit Lösungsmitteln, Dämpfen usw. sind bisher gescheitert. Das einzig befriedigende Resultat scheint durch heißes Walzen der Filme erhalten worden zu sein. In den Zelluloidfabriken ist das Problem im Prinzip durch hydraulische Pressen gelöst worden, welche Platten von $1,20 \times 0,80$ m polieren können, wogegen durch Walzen nicht so gute Resultate erzielt werden. Man könnte, um diese Rillen zu verdecken, die beiden Ober-

<hr>

[1]) Engl. Pat. 4214 [1893], Walker.
[2]) Amerik. Pat. 573928 [1895], Stevens and Lefferts (Celluloid Cy).
[3]) Amerik. Pat. 641623 [1900], Chorley.
[4]) Franz. Pat. 395665 [1908], D.R.P. 218010, Ratignier und Société H. Pervilhas & Cie.
[5]) D.R.P. 216360 [1908].
[6]) Franz. Pat. 430086.
[7]) D.R.P. 216360 [1908], Farbwerke vormals Friedrich Bayer & Co.

flächen mit Gelatine überziehen, besonders die Seite, welche für die Emulsion bestimmt ist, aber trotzdem genügt der Film nicht den gestellten Ansprüchen. Dieses Verfahren lehnt sich an ein solches zum fortlaufenden Schneiden dünner Holzfolien an.

II. Vorpräparation der Unterlage, um das Haften der Emulsion zu bewirken.

Würde man die lichtempfindliche Emulsionsschicht auf den Film von Nitro- oder Azetylzellulose nach dem Trocknen auftragen, so würde sich die Bromsilberschicht sehr leicht von der Unterlage loslösen. Um eine Adhäsion möglich zu machen, muß die Oberfläche der Unterlage zweckentsprechend vorbehandelt werden. Bei Zelluloidunterlagen begnügt man sich oft mit einer dünnen Nitrozellulose

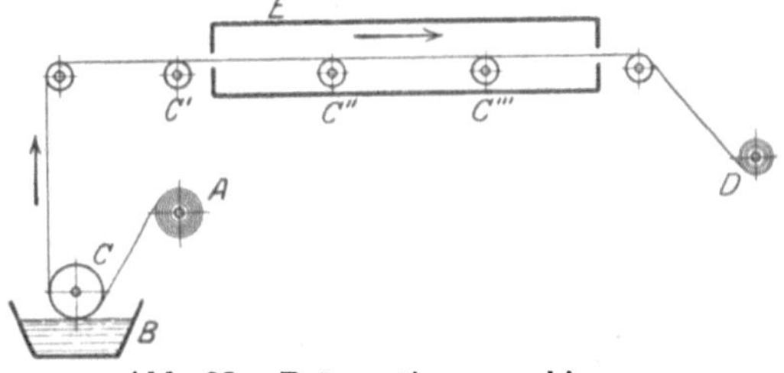

Abb. 22. Präparationsmaschine.
A Die zu überziehende Filmrolle. *B* Gefäß mit Präparation. *C* Auftragwalze. *C'*, *C''*, *C'''* Führungswalzen für den überzogenen Film. *D* Aufwickelkern.
E Trockenkanal.

schicht unter Anwendung sehr dünner Präparationslösungen[1]). Analog kann bei den Azetylzelluloseunterlagen verfahren werden. Nach einem anderen Verfahren überzieht man die Oberfläche der Unterlage mit einer sehr dünnen Schicht reiner Gelatine. Wir wollen ferner erwähnen, daß der Film durch verdünnte Säuren oder Alkalien leicht angeätzt wird[2]).

Die Vorpräparation des Films wird stets mit den direkt von der Gießmaschine kommenden Filmbahnen vorgenommen. Das Verfahren einer Filmfabrik besteht ausnahmsweise darin, nur 35 mm breite Bänder zu verarbeiten, die

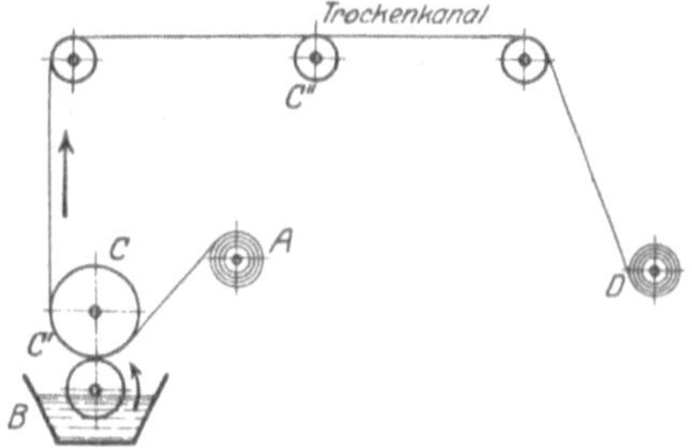

Abb. 23. Präparationsmaschine.
A Die zu überziehende Filmrolle. *B* Gefäß mit Präparation. *C* Auftragwalze. *C'*, *C''*, *C'''* Eührungswalzen für den überzogenen Film. *D* Aufwickelkern.

aus den 55 cm breiten Bahnen, wie sie die Gießmaschine liefert, geschnitten werden. Da die Arbeit sowohl bei der Vorpräparation wie bei der Emulsionierung dieselbe bleibt, ist es viel praktischer mit 60 cm breiten Bahnen zu arbeiten. Dadurch wird eine beachtenswerte

---

[1]) Franz. Pat. 414302, Pathé.
[2]) Amerik. Pat. 1074092, Mork und Chemical Products Co.

Ersparnis an Arbeit und Zahl der Maschinen erzielt. Man unterscheidet zwei Typen von Maschinen für die Vorbehandlung des Films.

1. Der Film wird in die Flüssigkeit getaucht, welche als Präparation dient und ist beim Heraustreten auf der einen Seite mit einer dünnen Präparationsschicht bedeckt (Abb. 22).

2. Die Präparation wird durch eine Walze, welche in die Präparationsflüssigkeit eintaucht, auf den Film aufgetragen. (Abb. 23.) Man trocknet den Film mit kalter oder warmer Luft.

III. Gießen der Emulsion.

Der Emulsionsbetrieb umfaßt zwei Teile:

1. Herstellung der Emulsion,
2. Auftragen der Emulsion auf die präparierte Unterlage.

1. Herstellung der Emulsion.

Es gibt zwei Arten von Emulsionen, a) Negativemulsion, b) Positivemulsion. Die erste, sehr lichtempfindliche, dient zur Aufnahme des Bildes. Die zweite dient dazu, das Bild für die Projektion zu kopieren. Im wesentlichen ist die Emulsion eine Mischung von Gelatine und Bromsilber. Gelatine wird in einer bestimmten Menge Wasser aufgelöst und Bromkalium zugesetzt. Zu der flüssigen Masse fügt man Silbernitrat, um das Bromsilber zu bilden. Man läßt die Masse erstarren und wäscht die Bromsilbergelatine, um die löslichen Salze zu entfernen. Am leichtesten läßt sich die Emulsion auswaschen, wenn sie in kleine Stücke geschnitten oder durch eine mit Löchern versehene Platte gepreßt wird. Man macht die Masse nach dem Auswaschen wieder flüssig, um durch Hinzufügung gewisser Zusätze die Empfindlichkeit der Emulsion zu erhöhen. Diese Operation heißt „Reifung“ und besteht darin, daß die Emulsion während einer mehr oder weniger langen Zeit bei etwas erhöhter Temperatur gehalten wird, oder auch indem man in der Kälte Ammoniak hinzufügt. Nach der Reifung wird die Emulsion mit Eis gekühlt, dann geschmolzen, durch Flanell filtriert und ist so zum Gießen fertig. Der Arbeitsgang zerfällt demnach in 1. Ansetzen, 2. Wässerung, 3. Schmelzen und 4. Filtrieren.

a) Herstellung der Negativemulsion. Um eine etwas weniger hart zeichnende Emulsion zu erhalten, wird etwas Jodkalium zugesetzt und ferner etwas Ammoniak, um die Empfindlichkeit zu erhöhen. Schließlich läßt man die Bromsilbergelatine reifen, d. h. man erhöht die Empfindlichkeit dadurch außerordentlich, daß man sie längere Zeit bei einer Temperatur von 50—55° hält.

b) Positivemulsion. Sie verlangt eine weniger vorgeschrittene Reifung, auch ist die Konzentration des Bromsilbers geringer. Dem Bromkali fügt man etwas Jodid hinzu und verwendet eine saure Emulsion, welche bei niederer Temperatur gereift ist.

2. Das Gießen der Emulsion auf den Film.

Die Maschinen zum Gießen der Negativ- oder Positivemulsion auf Film sind von denjenigen, die zur Vorpräparation der Unterlage dienen, nicht wesentlich verschieden; nur wird beim Begießen des Zelluloid- oder Azetylzellulosebandes eine geringere Geschwindigkeit gewählt.

Eine Antragwalze G bestreicht den Film mit der in einem Silberbecken B flüssig gehaltenen Emulsion. Der Film passiert dann einen Kasten E, in dem die Emulsion durch kalte Luft zum Erstarren gebracht wird (Abb. 24). Der Transport des Films geschieht durch eine mit endlosem Stoffband über-

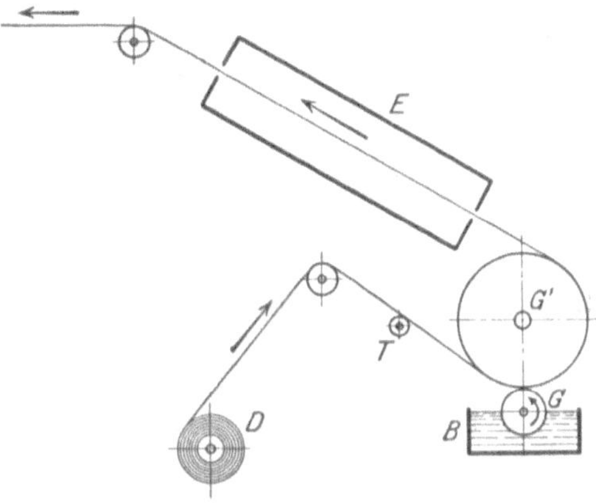

Abb 24. Maschine zum Begießen mit Emulsion.

zogene durchlochte Hohlplatte, in deren Innern ein mäßiges Vakuum erzeugt wird, wodurch das Haften des Films auf dem in Bewegung versetzten Stoff-bande bewirkt wird. Der Film kommt von einer Trommel D und wird durch die Rolle T auf die Walze G′ geführt. Wenn es sich um einen Film von 35 mm Breite handelt, so wird die Führung des Films einfacher durch eine Rolle betätigt, welche mit zwei Ring-scheiben versehen ist. Der Film wird

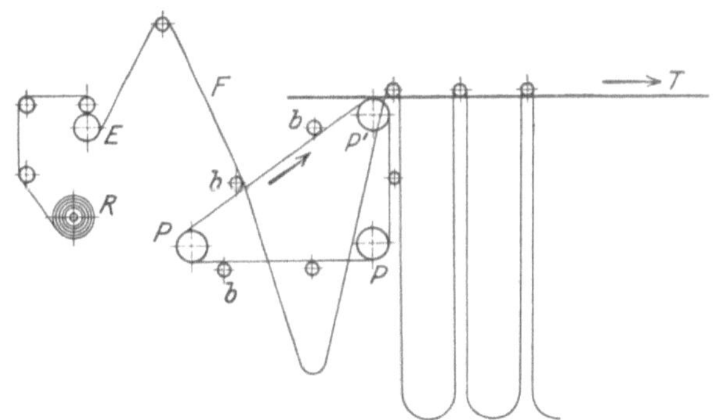

Abb. 25. Maschine zum Begießen mit Emulsion nebst Trockenvorrichtung.

R Rolle mit dem zu emulsionierenden Film. E Emulsionsrolle. P, P′, P″ endlose Kette, die durch Zusammentreffen von Querstäben (b) mit dem Film in bestimmten Abständen Schleifenbildung veranlassen. T Laufschiene.

in dem Raum zwischen den beiden Scheiben der Rolle sicher geführt.

Das Trocknen der emulsionierten breiten Filmbänder geschieht in großen, sehr gut ventilierten Räumen. Der Film kann nach Verlassen der Begießmaschine auf zweierlei Art getrocknet werden:

1. durch Aufhängen,

2. auf Trommeln.

Bei der Art des Trocknens durch Aufhängen wird die emulsionierte Bahn nach Verlassen der Begießmaschine mechanisch so geführt, daß sie lange zur Längsrichtung des Trockenraumes senkrecht hängende Schleifen bildet[1]). Die Schleifen ruhen auf Rollen, die einen Teil eines endlosen, an der Decke des Trockenraumes angebrachten Transportbandes bilden (Abb. 25). Diese Transportvorrrichtung wird durch eine Transmission mit regulierbarer Umdrehungsgeschwindigkeit in Bewegung gesetzt. Dadurch, daß das Transportband viele Schleifen hintereinander aufhängen kann, wird die Menge der in einem solchen Trockenraum aufgehängten Filme sehr beträchtlich. Eine Begießmaschine von großer Breite (55 cm) emulsioniert ungefähr 6 m in der Minute, das sind 360 m in der Stunde, was etwa 5400 m Film von 35 mm Breite entspricht. Eine Begießmaschine für kleine Breiten (35 mm) emulsioniert 12 m in der Minute, also 720 m in der Stunde.

Bei der Trocknung auf Trommeln wird der Film nach Verlassen der Begießmaschine in Windungen auf eine Trommel spiralförmig aufgewickelt. Um die einzelnen Windungen voneinander zu trennen, legt man zwischen dieselben ein mit gewellten Metallstreifen eingefaßtes Band. Die Trommel ist auf einem Wagen montiert und kann in einen Trockenraum geschoben werden. In diesem Raum bleibt der Film ungefähr 12 Stunden stehen.

Bei dem Negativfilm sind die elektrischen Erscheinungen, wie Funken und elektrische Entladungen usw., die durch Reibung des Zelluloids oder der Azetylzellulose (Nichtleiter) an den verschiedenen Walzen der Maschine entstehen, äußerst störend. Man findet nach der Entwicklung Belichtungen auf dem Negativfilm, welche man nach ihrem Aussehen als Blitze bezeichnet. Es gibt jedoch Mittel und Wege, um diesen Mangel zu beseitigen.

Die Emulsion wird selten auf einen 35 mm breiten Film gegossen; indessen beschreibt die Compagnie Générale de Phonographes, Cinématographes usw.[2]) eine Aufhängevorrichtung für diese Art Filme (Abb. 26). Eine Transportvorrichtung mit endlosem Band befördert den Film über eine mit Ringscheiben eingefaßte Rolle in den Trockenraum. Der Film bildet dort eine Schleife und wird, sobald die Schleife eine bestimmte Länge erreicht hat, durch Zusammendrücken der beiden Ringscheiben der Rolle festgehalten. Die Rollen, welche die Filmschleifen tragen, ruhen in gleichbleibendem Abstande auf einem endlosen Trans-

---

[1]) Engl. Pat. 28756 [1907], Piter; Franz. Pat. 393627 [1908], Labbé und Perret.

[2]) Filme von kleiner Breite können nach der Perforation emulsioniert werden. Man braucht dann nur die für die Bildbreite erforderliche Emulsionsmenge. D.R.P. 230522 [1910], Franz. Pat. 426251 [1909] und 410986 [1909].

portbande, welches sie in gleichförmiger Bewegung durch den Trockenraum führt.

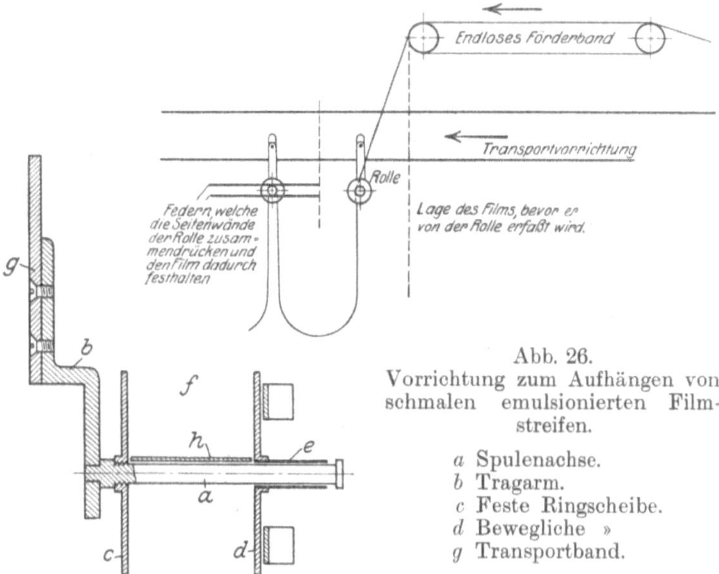

Abb. 26.
Vorrichtung zum Aufhängen von schmalen emulsionierten Filmstreifen.

a Spulenachse.
b Tragarm.
c Feste Ringscheibe.
d Bewegliche »
g Transportband.

IV. Schneiden und Aussuchen des emulsionierten Films.

Die emulsionierten, 60 oder 120 m langen Filmbahnen werden in etwa 15 Streifen von 34,9 mm Breite zerschnitten. Zu diesem Zweck benutzt man eine mit rotierenden Messern versehene Maschine.

Jede Rolle wird darauf von einer Arbeiterin von Anfang bis zu Ende auf Fehler geprüft. Der Film darf keine schadhaften Stellen enthalten und die Emulsion muß eine gleichmäßige Dicke besitzen.

Alle defekten Stellen werden herausgeschnitten. Die brauchbaren Filmstreifen werden mit Hilfe einer sogenannten Nachzählmaschine gemessen, die Rollen in Stanniol und zweimal in schwarzes Papier eingewickelt und in Blechbüchsen verpackt. Der Film wird auch auf Reißfestigkeit der Unterlage untersucht. Wir werden die Apparate zur Bestimmung der Festigkeit später in dem Kapitel über mechanische Prüfung kennen lernen. Die Emulsion wird auf ihre photographische Empfindlichkeit geprüft.

V. Andere Unterlagen.

1. Gelatineunterlage.

Die Gelatine ist an sich wenig geeignet für plastische Massen, da sie in trockenem Zustande spröde ist und sich im Wasser leicht kolloidal auflöst. Die durch ein beliebiges Härtungsmittel in Wasser unlöslich gemachte Gelatine besitzt dagegen Eigenschaften, die denjenigen der Zelluloseester nicht allzufern stehen. Im trockenen Zustande ist die gehärtete, unlöslich gemachte Gelatine sehr spröde, jedoch gibt ihr ein geringer Wasserzusatz eine hohe Geschmeidigkeit. Beim langen Liegen in Wasser quillt sie ein wenig auf, verändert ihre Form dabei aber fast gar nicht. Man hat z. B. versucht, die Gelatine mit Kaliumbichromat[1]) oder Formaldehyd[2]) zu härten. Man hat auch daran gedacht, den geschnittenen und perforierten Film mit Gelatineunterlage mit einem Firnisüberzug zu versehen, um zu verhindern, daß das Wasser an den Schnittkanten oder Perforationslöchern einwirkt[3]). Das Ossein von Hellbronner und Vallée[4]), welches durch Lösen von Ossein bei einer Temperatur unter 60° in Ätznatron, Karbonaten, Ammoniak, Essigsäure, ammoniakalischen Lösungen von Metallsalzen (Kupfer, Nickel, Silber, Quecksilber) erhalten wird, gibt Lösungen, die durch neutrale Salze (Ammoniumsulfat, Chlorzink, essigsaures und schwefligsaures Kupfer) zum Gerinnen gebracht werden[5]). Diese Erzeugnisse können durch Formaldehyd unlöslich gemacht werden.

2. Kaseinunterlage.

Das Kasein ist ein Eiweißkörper, welcher besonders nach Härtung mit Formaldehyd für die Filmfabrikation in Betracht zu kommen scheint[6]). Es ist löslich in: Soda (Lösung 12%ig)

Natriumsilikat (Lösung 15%ig),
Kalziumhydroxyd (Lösung 16%ig),
Ammoniak (Lösung 8—10%ig),
Borax (Lösung 4%ig).
Natriumfluorid
Ammoniumoxalat } (Lösung 1%g),
Kaliumoxalat
Ammoniumchlorid } (Lösung 5%ig).
Ammoniumsulfat

Bisher hat Kasein für die praktische Filmherstellung jedoch keine Bedeutung erlangt.

3. Zelluloseunterlage.

Wir kommen noch auf die Mängel des Papiers als Filmunterlage bei Besprechung der kinematographischen Vorführungen mit reflektiertem Licht zurück. Eine Unterlage, auf die man einige Hoffnungen gesetzt

---

[1]) D.R.P. 41390 [1887], Froedtmann.
[2]) D.R.P. 88114, 104365, 116446 und 116800, Chem. Fabrik vorm. Schering.
[3]) Franz. Pat. 457925 [1913], Société Balland & Cie.
[4]) D.R.P. 197250 und 202265.
[5]) D.R.P. 117310 [1898], D.R.P. 204368 [1906], Oswald; D.R.P. 168397 [1906], Smith; Franz. Pat. 405307 [1909], 401912 [1908], Jules Bordeaux; Franz. Pat. 384206 [1907], Rey.
[6]) Franz. Pat. 379421 [1907] und 386011 [1908], Pozzi und Tondelli.

hatte, ist Hydratzellulose, welche aus Lösungen von Zellulosexanthogenat ausgeschieden wird[1]). Man erhält einen trotz Bleichens etwas
gelb gefärbten Film, welcher zwar gute Festigkeitseigenschaften hat,

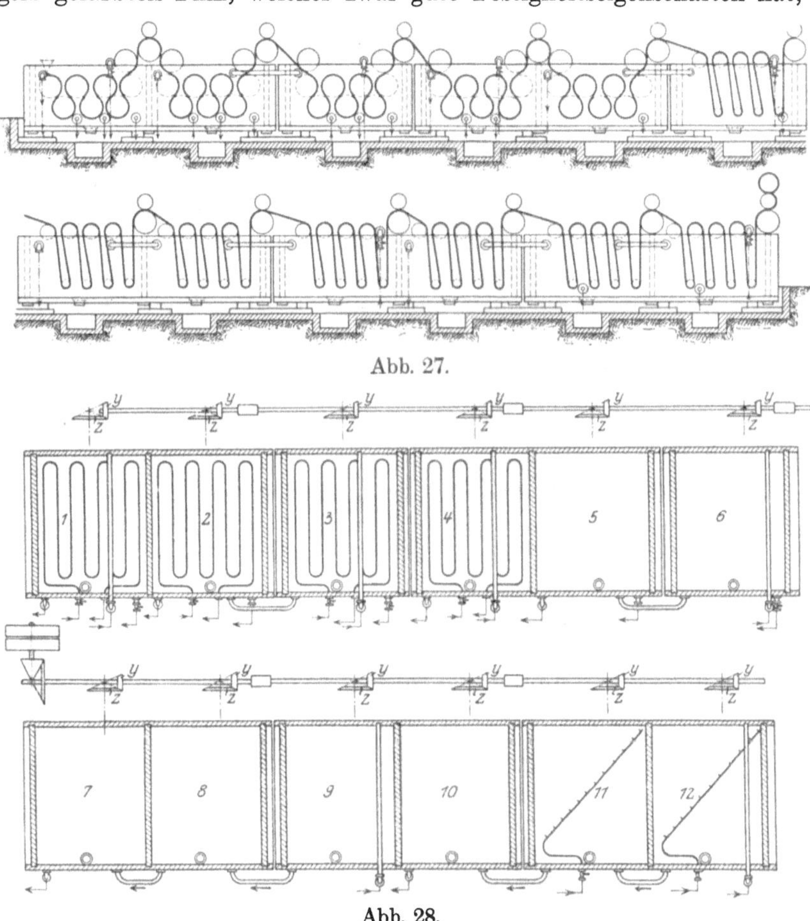

Abb. 27.

Abb. 28.

Abb. 27 u. 28.   Herstellung von Filmen aus Viskose.

Trog 1 konzentrierte, wässerige Ammoniumsulfatlösung. *Trog 2 u. 3* wässerige
Kochsalzlösung. *Trog 4, 5 u. 6* Säurebad. *Trog 7, 8, 9, 10* kaltes Wasser.
Trog 11, 12 heißes Wasser.

aber den Mangel aufweist, außerordentlich quellbar zu sein und daher
in den photographischen Bädern Formveränderungen zu erleiden.
Diesen Mangel hat man dadurch zu beseitigen versucht[2]), daß die Ober-

---

[1]) Engl. Pat. 15281 [1909], Brandenberger; Franz. Pat. 446449, Chem.
Fabrik von Heyden.

[2]) Die „Société civile des pellicules nouvelles", Franz. Pat. 384111 u. Zusätze 8470, 8471, 8474, überzieht die aus Viskose hergestellten Folien mit einer

fläche mit Gummi oder Harz, mit Zelluloid oder Azetylzellulose überzogen wurde. Die besten Ergebnisse scheint die oberflächliche Bildung
einer Esterschicht durch Nitrierung oder Azetylierung des Viskosefilms[1])
ergeben zu haben.

Trotz aller Versuche kann bis heute ein nichtquellbarer unveränderlicher Film wie mit Hilfe der anderen Materialien aus Viskose nicht hergestellt werden.

Außerdem verursacht die leichte Kratzbarkeit ein schnelles Unbrauchbarwerden des Films. Das Verfahren ist überhaupt noch wenig
durchgearbeitet. Das Prinzip der Herstellung von Zellulosefilmen ist
folgendes: Die wässerige Zelluloselösung[2]) tritt in Form eines Bandes
aus einer Düse aus und wird sofort durch eine wässerige konzentrierte
Lösung von Ammoniumsulfat oder eine andere konzentrierte Salzlösung zum Gerinnen gebracht[3]). Das Zelluloseband bildet schnell
einen Zellulosefilm, welcher noch stark verunreinigt und wasserlöslich
ist. Nachdem der Film das Ammoniumsulfatbad verlassen hat, bringt
man ihn schnellstens und ohne ihn lange mit der Luft in Berührung zu
lassen, in eine wässerige Kochsalzlösung hinein. Die Verunreinigung des
Films, besonders die Sulfide und Polysulfide werden in diesem Bade
gelöst. Dann tritt der Film in ein drittes Bad von verdünnter Mineralsäure (Abb. 27 und 28). Durch Einwirkung der Mineralsäure wird nun
das Natriumxanthogenat gespalten und die Zellulose in Wasser unlöslich.
Der Film wird zuerst mit kaltem und dann mit warmem Wasser gewaschen. Während des ersten Teiles der Herstellung, also vor dem
Säurebade, wird der Film durch ein Stoffband getragen.

Die Firma „La Cellophane" in Bezous (Seine) stellt auf diese Weise
Film her, der als Verpackungsmaterial für Konfitüren usw. benutzt wird.

VI. Rohfilmfabriken.

Im Jahre 1914 teilten sich auf dem Weltmarkt mehrere große Gesellschaften in den Verkauf des kinematographischen Rohfilms. Die
Eastman-Kodak-Ges., die Aktien-Gesellschaft für Anilinfabrikation,
die Lumière-Gesellschaft, die Société des anciens Établissement Pathé
frères, die Gevaert-Gesellschaft in Antwerpen.

Die amerikanische Firma beschäftigte auf ihrem Werk in Rochester
ungefähr 4000 Arbeiter. Das Werk und die Arbeiterwohnungen in der

---

undurchlässigen Lackschicht. Franz. Pat. 410725, Société des anciens établissements Pathé frères.

[1]) **Danzer:** Zusatz 13659 zum Franz. Pat. 410725. Anwendung eines Bades von   50 g Salpetersäure 38° Bé
                     50 g Schwefelsäure 66° Bé.
Das Glätten des nitrierten Films geschieht mit Azeton.

[2]) Franz. Pat. 414518 [1909], Engl. Pat. 20119 [1911], **Brandenberger.**

[3]) Anwendung milchsaurer Salze. Franz. Pat. 454011 [1913].

Nachbarschaft bilden „The City Photographic". Das Werk umfaßt die Herstellung der photographischen Papiere, der Platten, der Entwickler, der photographischen Apparate und des Kinofilms. Für den kinematographischen Film stellt das Werk die Schwefelsäure, Salpetersäure, das salpetersaure Silber und neuerdings auch die Gelatine selbst her.

Die Aktien-Gesellschaft für Anilinfabrikation („Agfa") beschäftigte ungefähr 2000 Arbeiter mit der Herstellung von Filmen. In Frankreich stellt die Gesellschaft Pathé frères Film her und verwendet ihn auch für eigene Aufnahmen.

Die Lumière-Gesellschaft besitzt bei Lyon bedeutende Anlagen. Sie war die erste Gesellschaft, welche in Europa kinematographischen Rohfilm herstellte.

Seit Beendigung des Krieges haben einige andere Firmen die Herstellung von Rohfilm aufgenommen; so in Deutschland die Firma Goerz und die Lignose-Filmgesellschaft.

C. Anwendung des Kinofilms.

Kurze allgemeine Übersicht. Der Rohfilm kommt aus der Fabrik, wie schon gesagt, in Längen von 60 und 120 m, ist umhüllt mit Stanniol und schwarzem Papier und in eine lichtdicht verschlossene Büchse verpackt. Die Filmfabrik erhält zwei Arten von Rohfilm:

    1. den Negativfilm,

    2. den Positivfilm.

Beide Arten von Filmen wandern zunächst in die Perforation; dann werden sie wie folgt weiterbehandelt:

Negativfilme	Positivfilme
werden im photographischen Aufnahmeapparat belichtet, entwickelt, fixiert, gewässert, getrocknet, dann gereinigt und zusammengeklebt.	werden im Kopierapparat belichtet, entwickelt, fixiert, gewässert, getrocknet, eventuell gefärbt und viragiert, gereinigt u. zusammengeklebt.

1. Perforation.

Die Positiv- und Negativfilme werden an beiden Rändern mit Löchern, Perforation genannt, versehen, durch die ihre Führung im Apparat ermöglicht wird. Heutzutage ist allgemein die Perforation mit vier Löchern pro Bild üblich (Perforation Edison). Die Perforation Lumière wendet nur ein Loch pro Bild an. Die Zahl der Löcher im Verhältnis zur Länge nennt man den Perforationsschritt. Normalerweise fallen 200 Löcher auf 950 mm Film[1]). Die Form der Löcher ist sehr

---

[1]) Im Jahre 1922 sind in Deutschland durch die maßgebende Korporation, die Deutsche Kinotechnische Gesellschaft, Normen für die Schrittlänge, wie überhaupt alle Abmessungen des Films festgelegt worden. Diese stimmen mit den in den Vereinigten Staaten von Amerika schon länger gültigen Normen überein. Die Kinotechnik 1921. S. 681 ff. und 1922. S. 719 ff.

verschieden; doch kann man allgemein sagen, daß bei ihnen zwei parallele, gerade Kanten durch zwei Halbkreise verbunden werden. Es ist übrigens zu beachten, daß die Form der Löcher für die Haltbarkeit und die Lebensdauer der Filme bei der Projektion von geringer Bedeutung zu sein scheint. Die Perforation ist ein sehr wichtiges Kapitel der Kinematographie. Im Kindesalter der kinematographischen Industrie hatte man der Ausführung der Perforation nicht die nötige Aufmerksamkeit gewidmet. Daher entstanden große Schwierigkeiten. Die Gleichmäßigkeit der Projektion hängt sehr von der Perforation ab. Wir beschreiben die Perforiermaschinen nicht. Sie arbeiten äußerst präzise und sind größtenteils Schöpfungen der französischen Industrie.

[2. Anwendung des Negativfilms.

a) Belichtung des Films im Aufnahmeapparat. Der perforierte Negativfilm wird für die Aufnahme verwendet. Der Aufnahmeapparat besteht im wesentlichen aus einer photographischen Kamera mit rotierender Verschlußblende (Abb. 29). Der durch eine spezielle Vorrichtung transportierte Film befindet sich während der Belichtung hinter dem Objektiv im Ruhezustand. Wenn das Objektiv sich schließt, wandert ein anderes Stück hinter dasselbe. Das Bewegungssystem ist im allgemeinen dasselbe wie beim Projektionsapparat: Malteserkreuz oder Greifer. Der Film wird gewöhnlich durch eine gezahnte Walze in den Apparat geführt, um großen Kraftaufwand beim Transport der 60 bis 120 m langen Films zu vermeiden.

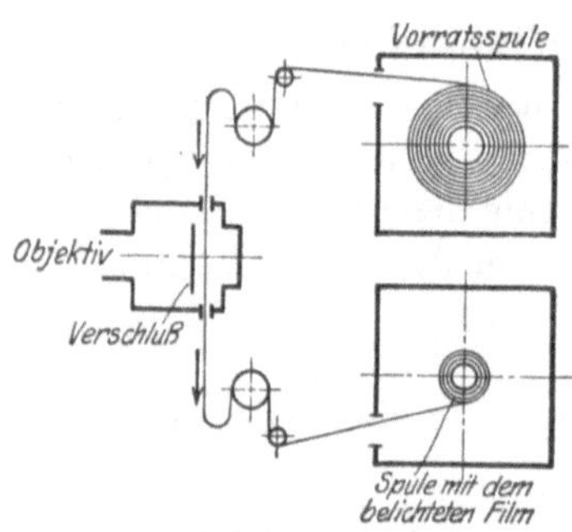

Abb. 29.
Schema eines Aufnahmeapparates.

Der Aufnahmeapparat weist noch folgende unentbehrliche Teile auf: 1. Mattscheibe und Sucher, 2. Verschluß mit Irisblende, welcher automatisch oder nicht automatisch arbeitet, 3. das Zählwerk, 4. die Geschwindigkeitsmesser, wodurch die Regelmäßigkeit der Drehung kontrolliert wird und 5. die Punktiervorrichtung. Sie gestattet durch ein Loch das Ende der Szene auf dem Film zu markieren. Die Einstellung des Aufnahmeapparates kann auf verschiedene Weise erfolgen. Einige Apparate haben für diesen Zweck eine besondere Linse, bei andern wird eine Mattscheibe verwendet, welche für einen Augenblick an die Stelle des Films gesetzt wird. Die Anlage der Aufnahmeapparate muß so sein, daß sie ein Vor- und Rückwärtsdrehen des Films gestattet, was besonders für die sogenannten Trickaufnahmen wichtig ist. Von Objektiven wird am meisten der Anastigmat verwendet. Mit einem

Satz von Objektiven mit verschiedenen Brennweiten, eventuell sogar mit Teleobjektiven, kann man auf alle möglichen Entfernungen kinematographische Aufnahmen machen. Der Aufnahmeapparat ruht auf einer Richtplatte, welche ihrerseits auf einem dreibeinigen Stativ liegt. Bei Panoramaaufnahmen kann man mit Hilfe einer Kurbel den Apparat auf der Richtplatte um seine vertikale Achse drehen.

b) Entwicklung des negativen Bildes. Das Negativbild muß, seinem hohen Wert entsprechend, mit größter Sorgfalt entwickelt werden. Der Film wird auf Holzrahmen gespannt, welche wir später bei der Entwicklung des Positivfilms beschreiben werden. Der am meisten angewendete Entwickler ist „Metol-Hydrochinon", z. B. nach folgendem Rezept:

$$1 \text{ l Wasser}$$
$$5 \text{ g Metol}$$
$$6 \text{ g Hydrochinon}$$
$$80 \text{ g kristallisiertes schwefligsaures Natron}$$
$$40 \text{ g Kaliumkarbonat}$$
$$2 \text{ g Bromkali.}$$

Im allgemeinen werden die langsam wirkenden Entwickler vorgezogen, weil sie einen viel besseren Ausgleich verschiedener Expositionszeiten gestatten. Außerdem kommen die Einzelheiten viel besser heraus. Der Film wird abgespült und in das Fixierbad gebracht. Man kann dafür dasselbe Fixierbad wie beim Positivfilm verwenden:

$$150 \text{ g unterschwefligsaures Natron}$$
$$50 \text{ g schwefligsaures Natron}$$
$$1 \text{ l Wasser.}$$

Das Ausfixieren der Negative dauert ziemlich lange. Man wässert am besten in einer mit Nuten versehenen Kufe, auf welcher die Aufspannrahmen ruhen, bei kontinuierlich fließendem Wasser. Nach einer Stunde wird das Negativ in den Trockenraum gebracht. Die Negative können in denselben Trockenräumen wie die Positive getrocknet werden, jedoch muß für sogenannte aktuelle Aufnahmen schnelleres Trocknen angestrebt werden. Der Film kommt in diesem Falle in ein dünnes Formaldehydbad, um die Oberfläche der Gelatine zu härten und wird dann auf große Holztrommeln, die sich schnell um eine horizontale Achse drehen, aufgespannt. Ein Strom warmer, filtrierter Luft durchweht den Raum, und der Film wird in wenigen Minuten vollständig trocken.

c) Trocknen und Fertigmachen des Negativfilms. Wenn die Negativfilme aus dem Trockenraum kommen, werden sie auf der Zelluloidseite mit einem mit Alkohol leicht angefeuchteten Gemsleder abgewischt. Man ordnet nun die Aufnahmen, indem man diejenigen Teile des Negativfilms, welche gleich behandelt werden sollen, von den übrigen trennt. Der Film wird nun von einer Arbeiterin, die vor einem mit von unten beleuchteter Mattscheibe versehenen Tisch sitzt, geprüft. Sie schneidet alle unbrauchbaren schlechten Teile usw. heraus, fügt diejenigen, die einander als Bild folgen sollen, zusammen und klebt sie aneinander. Die verschiedenen Teile des Negativs sind nun fertig und nur noch für die Kopie auf Positiv zu ordnen. Dieses geschieht gewöhnlich vor einer kräftigen künstlichen Lichtquelle.

Abb. 30.   Film-Reinigungsmaschine.

3. Anwendung des Positivfilms.

Der Positivfilm wird entweder von der Rohfilmfabrik in perforiertem Zustande bezogen oder die Kopieranstalt nimmt die Perforation selbst vor; auf jeden Fall ist dafür zu sorgen, daß der Staub, der dem Film von der Perforation her anhaften könnte, entfernt wird. Dies geschieht entweder mit rotierenden Bürsten direkt auf der Perforationsmaschine, oder mittels einer besonderen Vorrichtung. Abb. 30 gibt eine Film-Reinigungsmaschine der Firma Amigo-Berlin wieder.

a) Kopieren des Positivs. Durch das Kopieren wird von dem

Negativfilm ein Positiv erhalten. Dieses Verfahren geht in geeigneten Apparaten mechanisch vor sich. Positiv und Negativ werden, Emulsion auf Emulsion, aufeinander gelegt und so, Positiv hinter Negativ, vor einer regulierbaren Lichtquelle vorbeigeführt. In einigen Apparaten laufen die aufeinandergelegten Filme kontinuierlich, in anderen werden sie für einen kurzen Moment vor dem Licht festgehalten. Letztere Apparate besitzen eine Schließblende, die während der Fortbewegung des Films das Licht abdeckt. Der Zuführungsmechanismus besteht bei den Apparaten, die die Filme kontinuierlich laufen lassen, aus einer einfachen Zuführervorrichtung (Abb. 31).

An den Apparaten mit unterbrochener Bewegung ist die Zuführung dieselbe wie bei den Projektionsapparaten; wir sprechen später noch darüber.

Lichtquellen. Als Lichtquelle verwendet man gewöhnlich Metallfadenlampen. Einige Apparate sind mit Nernstlampen ausgestattet, andere verwenden Quecksilberdampflampen. Welcher Art die Lichtquelle auch sei, jedenfalls ist eine konstante Wirkung unerläßlich. Jeder merkliche Wechsel der Lichtstärke erzeugt eine Veränderung der Schatten des Posi-

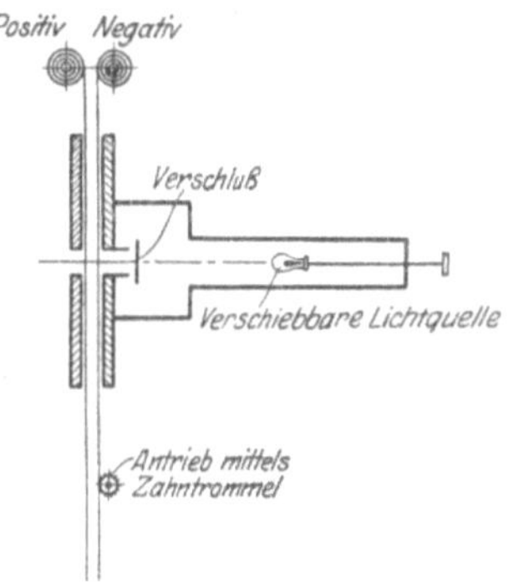

Abb. 31. Schema eines Kopierapparates für Positive.

tivs; Veränderungen, die „falsche Schwärzen" genannt werden und sehr störend bei der Projektion wirken.

Das Einstellen. Die Einstellung ist je nach der Art des Apparates verschieden. Bei gewissen Apparaten reguliert man nur die Entfernung der Lichtquelle zum Film. Die Stärke der Belichtung steht im umgekehrten Verhältnis zum Quadrat der Entfernung. Auf diese Weise hat man ein sehr empfindliches und bequemes Mittel zum Einstellen. Die Lampen sind auf einem beweglichen Gestell montiert. Ein Zifferblatt zeigt die Entfernung an. In anderen Apparaten wird die Lichtstärke der Lampe durch den elektrischen Strom reguliert. Dieses Mittel gilt ebenfalls als sehr bequem und empfindlich, da die Lichtstärke einer elektrischen Metallfadenlampe mit der Stärke des Stroms wechselt. Für eine Kohlenfadenlampe gilt z. B. $J = K \cdot i^3$, wobei i = Stromstärke, J = Lichtintensität. Bei dieser Art der Einstellung kann man die Lampen z. B. hinter einer Glasplatte in konstanter Entfernung im Kopierapparat anbringen. Hierdurch wird eine Vereinfachung der Apparatur erzielt. Schließlich kann auch gleichzeitig die Stromstärke und die Geschwindigkeit des Kopierens verändert werden (Veränderung der Expositionszeit).

d) Entwickeln der Positive. Vier Verfahren zum Entwickeln der Positive werden angewandt:

das Entwickeln in vertikalen Kufen;
das Entwickeln in horizontalen Kufen;
das Entwickeln auf Trommeln;
das automatische Entwickeln.

Das Entwickeln in vertikalen Kufen. Wir glauben, daß dieses das bequemste Verfahren ist. Der Film wird auf Holzgestelle gespannt, deren Beschreibung durch die Abbildung 32 überflüssig wird. Diese Rahmen haben einen Umfang von 1 m im Quadrat und können 25 m Film aufnehmen.

Man benutzt dazu ein möglichst wasserbeständiges Holz und macht es zuweilen der Sicherheit halber durch Paraffinieren noch besonders widerstandsfähig. Für die Entwicklung gewisser unentflammbarer Filme, welche die unangenehme Eigenschaft haben, sich in Wasser zu verlängern, ist es gut, wenn die quer durch die Mitte des Rahmens gehende Stange drehbar ist, wie es der Pfeil in Abbildung 32 anzeigt.

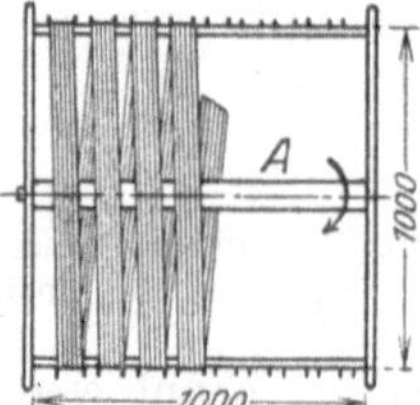

Abb. 32.   Entwicklungesrahmen
für Filme.

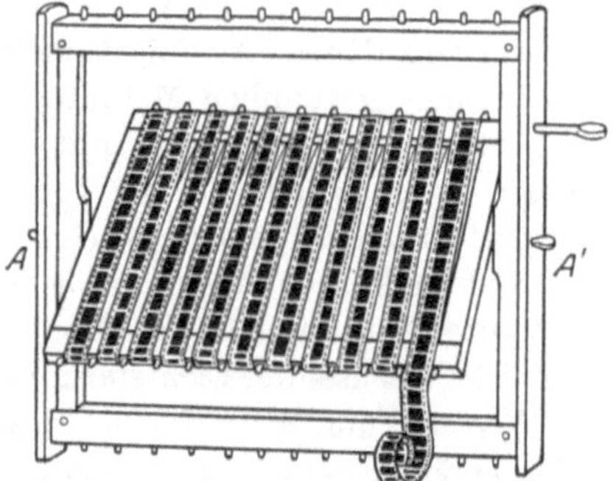

Abb. 33. Doppeltrahmen zum Aufspannen
des Films[1]).

Sie kann auf diese Weise als Spanner des Films benutzt werden, wenn dieser im Falle einer Verlängerung locker auf dem Gestell sitzen sollte.

Die Gestelle zum Entwickeln müssen so leicht wie möglich sein. Die vertikalen Kufen zum Entwickeln sind ungefähr 1 m hoch und von verschiedenem Durchmesser, je nachdem man eines oder mehrere Gestelle darin unterbringen will. Sie sind gewöhnlich aus Holz mit Blei ausgeschlagen, oder aus imprägniertem Holz gebaut. Ihr Inhalt beträgt meistens 100 Liter. Die Kufen zum Fixieren und Wässern sind von demselben Typ. Der Arbeiter taucht sein Gestell in das Entwicklerbad, zieht es mehrmals heraus und taucht es wieder ein, um die Luftblasen zu entfernen usw. Er verfolgt das Fortschreiten der Entwicklung mit einer tragbaren roten Lampe, und wenn er den Film für fertig hält, taucht er das Gestell kurz in eine Kufe mit Wasser und dann in die Kufe mit dem Fixierbad. Manche Fabriken entwickeln nach der Zeit, sie bestimmen zu diesem Zwecke vorher die Entwicklungszeit genau und

---

[1]) Seeber, Kinotechnik 1922, S. 177.

der Arbeiter nimmt seinen Film nach der Uhr aus dem Bade. Es gibt eine große Zahl von Entwicklern. Der am meisten angewandte ist Metol-Hydrochinon, von welchem wir nachfolgend ein Rezept bringen:

1 l Wasser
2 g Metol
4 g Hydrochinon
50 g kristallisiertes schwefligsaures Natron
50 g kohlensaures Kali
0,2 g Bromkali.

Ferner bringen wir ein gutes Rezept für das Fixierbad:

100 g Wasser
500 g unterschwefligsaures Natron
7 g schwefligsaures Natron
90 ccm Essigsäure von 25 %.

Das Gestell gelangt aus dem Fixierbade in eine drehbare Verbindungslichtschleuse, welche den Entwicklerraum mit dem taghell erleuchteten

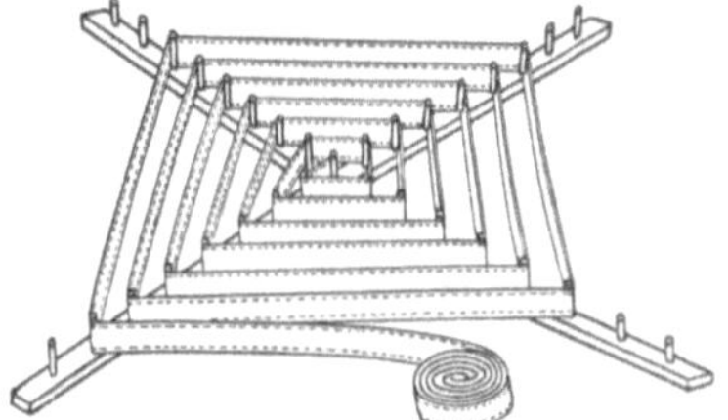
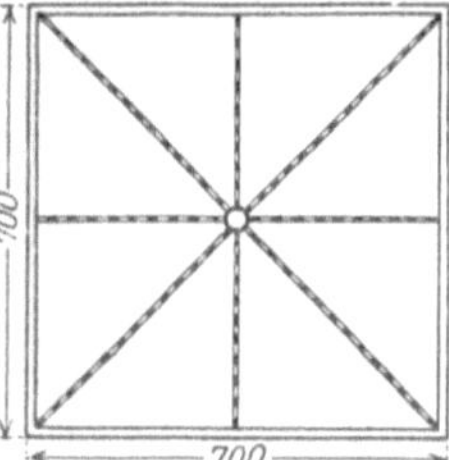

Abb. 34 und 35. Rahmen zum Entwickeln in flachen Schalen.

Wässerungsraum verbindet. In dem Wässerungsraum werden die Rahmen entweder in Wannen, durch die fortwährend fließendes Wasser läuft, gewässert, oder in Apparate gesteckt, in welchen ein Wasserstrahl auf die Oberfläche des Films fällt und so ein besonders schnelles Auswässern ermöglicht.

Das Entwickeln in horizontalen Kufen. Diese Art der Entwicklung hat gegen die vorhergehende den Vorteil, daß sie weniger Entwickler, nämlich 30 Liter anstatt 100 Liter braucht und ein Rahmen eine größere Menge Film mit einmal aufnehmen kann. Aber dieses Verfahren hat auch seine Schattenseiten. Da die Wanne der Einwirkung der Luft eine große Fläche darbietet, oxydiert sich der Entwickler viel schneller; außerdem ist es nach unserer Meinung ziemlich unbequem, den Gang der Entwicklung bei den so aufgerollten Filmen zu beobachten. Endlich nehmen diese Art von Kufen einen viel größeren Platz im Atelier ein. Die Gestelle bestehen aus verzinntem Eisen (Abb. 34 und 35) und der Film wird spiralförmig aufgerollt. Fixieren und Wässern erfolgt in gleichen Apparaten. Die Wannen zur Wässerung bestehen aus Zink und sind mit Überlauf versehen. Dies Verfahren wird in Deutschland nur selten angewandt.

Entwicklung auf Trommeln. Bei Entstehung der kinematographischen Industrie wurde ein Entwicklungsverfahren mit rotierenden Trommeln viel benutzt, von dem man heute so ziemlich abgekommen ist. Der Film wurde auf Holztrommeln gewickelt (Abb. 36), welche in dem Entwicklerbade gedreht wurden. Wenn das Bild erschienen war, brachte der Arbeiter die Trommel in die Wässerung, dann in die Fixierung, wieder in die Wässerung und dann in den Trockenraum. Man erkennt sofort, wie wenig praktisch die Benutzung derartig schwerer Holztrommeln ist,

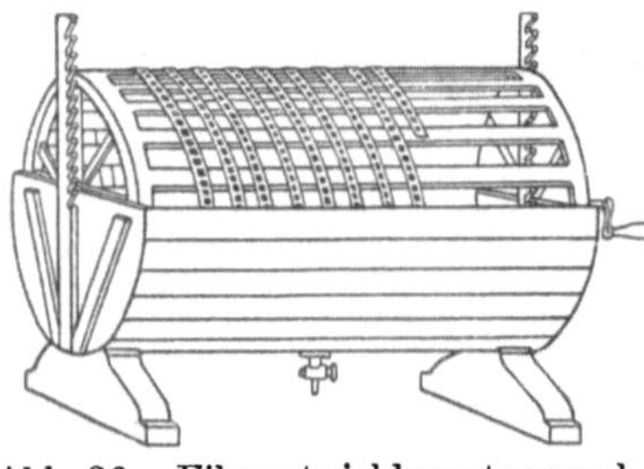

Abb. 36.   Filmentwicklungstrommel.

welche in den Bädern gedreht werden, dabei Luftblasen erzeugen und ziemlich viel Kraft erfordern.

Trocknen der Positivfilms.   Das Trocknen der Filme ist eine schwierige Aufgabe. Es handelt sich im Prinzip darum, den Film, welcher ganz naß aus der Wässerung genommen wird, schnell zu trocknen, ohne daß Schrumpfungserscheinungen auf der Gelatineoberfläche entstehen. Die Trockenräume für Filme sind gedielte oder asphaltierte Säle, welche durch Heizkörper oder mit Hilfe eines durch Leinwand filtrierten warmen Luftstromes erwärmt werden. Die Temperatur darf 35° nicht übersteigen. In diesen Räumen werden die Filme einfach auf den ursprünglichen Gestellen getrocknet, indem man dieselben, so wie sie aus der Wässerung kommen, an Schnüren hochzieht. Diese Art der Trocknung ist sehr gebräuchlich, dauert aber etwas länger wie die in folgendem beschriebene, welche daher in Fällen, wo es auf Schnelligkeit ankommt, vorzuziehen ist. Der Film wird von dem Gestell auf große Holztrommeln gewickelt, deren Durchmesser 2—3 m beträgt. Diese werden dann in eine äußerst schnelle rotierende Bewegung versetzt. Nach dem Trocknen werden die Filme abgewickelt und in das Atelier zur weiteren Bearbeitung gebracht. Die gefärbten Filme werden auf dieselbe Weise getrocknet. Einige Fabrikanten baden ihre Positivfilme vor dem Trocknen in einer 10%igen Formaldehydlösung.

Automatische Entwicklung. Es ist natürlich versucht worden, bei allen von uns soeben beschriebenen Operationen Handarbeit soviel wie möglich zu vermeiden. Bei einigen Apparaten läuft der Film nach Verlassen des Aufnahmeapparates in Schleifen durch ein Entwicklerbad, setzt seinen Weg ebenso durch die Wässerungswanne fort, um im Fixierbad zu enden. Nach diesen drei Operationen tritt der Film in eine große Wanne mit kontinuierlich fließendem Wasser, aus welcher er automatisch in den Trockenraum gezogen wird, welchen er, zahlreiche Schleifen bildend, durchläuft. Natürlich muß bei dieser Art der Entwicklung die angewandte Zeit für alle Phasen immer genau dieselbe sein, was durch sorgfältige Abstimmung des Entwicklers und sachgemäße Auswahl der Negative erreicht wird. Diese Apparate sind sehr empfindlich, arbeiten aber, nachdem sie einmal richtig eingestellt worden sind, vollständig ohne Störung. Es wird dadurch eine hohe Arbeitsleistung ohne viel und hochbezahltes Personal erreicht.

Herstellung der Titel. Die Titel und Erklärungen werden zwischen die verschiedenen Teile einer kinematographischen Handlung geschoben. Von den verschiedenen Verfahren, nach denen Titelfilme hergestellt werden können, bringen wir nachfolgend zwei:

1. Auf einem Hintergrunde von schwarzem Sammet werden weiße Buchstaben von etwa 10 cm Größe zu einem Text zusammengestellt und befestigt. Das so entstandene Bild wird auf Platten vom Format $6^1/_2 \times 9$ photographiert. Das Negativ des so erhaltenen Textes wird von der Rückseite her stark beleuchtet und vor einen Aufnahmeapparat gestellt, durch welchen Positivfilm rollt. So erhält man den Text auf dem Film, welcher dann entwickelt und fixiert wird.

2. Man photographiert einfach mit einem Aufnahmeapparat, in welchem sich der Positivfilm befindet, ein auf Karton umgekehrt dargestelltes und stark erleuchtetes Bild des Textes, und zwar müssen die Buchstaben weiß auf schwarzem Grunde sein, wenn der Titel schwarz auf weißem Grunde erscheinen soll.

c) Viragieren und Färben. Virage mit Metallsalz. Die entwickelten Positivfilme können nach den in der Photographie gebräuchlichen Methoden viragiert oder gefärbt werden. Wir können aber hier auf diesen umfangreichen Gegenstand nicht eingehen, da es zu weit führen würde.

d) Zusammenkleben und Säubern der Positive. Das Kleben. Unter Kleben des Films wird das Aneinandersetzen der zusammengehörigen Teile, wie Titel, Szenen, Untertitel usw. verstanden.

Die Klebestelle entsteht dadurch, daß die beiden Enden der Filmrollen, die vereinigt werden sollen, zwischen zwei Perforationslöcher geradlinig abgeschnitten werden. Auf dem einen Ende kratzt man mit einem scharfen Messer die Emulsion so weit ab, wie es von dem anderen Teile bedeckt werden soll. Es muß so ausgeführt werden, daß die Klebestelle möglichst mit dem Trennungsstrich zweier Bilder zusammenfällt. Eines der Klebeenden wird mit einem speziellen Klebemittel bestrichen und auf das andere gelegt. Das Ganze wird so unter eine kleine Presse gelegt, daß die zusammengelegten Perforationslöcher sich genau decken.

Abb. 37 gibt eine Klebepresse der Firma Karl Geyer, Berlin, in aufgeklapptem Zustande wieder.

Nach dem Kleben werden die Klebestellen sorgfältig mit etwas Alkohol gereinigt. Die Arbeiterinnen, welche diese Arbeit verrichten, schneiden gleichzeitig alle defekten Stellen des Films heraus. Sie sitzen dabei vor einem mit Mattscheibe versehenen Tisch, welcher von unten erleuchtet

Abb. 37.

ist. Sie haben ein Programm vor sich liegen, nach dessen Angaben sie die Stücke aneinanderfügen. Das Klebemittel für Zelluloid besteht aus einem Gemisch von Azeton und Amylazetat. Für die unentflammbaren Filme gibt es verschiedene Rezepte, z. B. ein Gemisch von Azeton mit Essigsäure.

Abb. 38.   Film-Meßmaschine.

Säuberung der fertigen Filmstreifen. Der fertige Film muß auf der Rückseite gesäubert werden. Es geschieht, indem man mit einem in Alkohol getauchten Lederlappen über die untere, die Zelluloidseite, fährt. Dann wird die Länge des Films gemessen. Abb. 38 zeigt eine Film-Meßmaschine der Firma **Karl Geyer**, Berlin. Nun muß der Streifen nur noch einmal in der Durchsicht kontrolliert und auf Klebefehler oder solche anderer Art geprüft werden. Dies geschieht unter ständiger Kontrolle in einem besonderen Raum. Erst jetzt werden zuweilen gewisse Fehler bemerkt, wie Staub, weiße oder schwarze Punkte, Schrammen, Ungleichheiten in der Entwicklung oder Färbung usw.

4. Kinematographische Projektion[1]).

Das gebräuchlichste Projektionsverfahren besteht in der Vorführung des auf biegsamer und durchsichtiger Unterlage ruhenden Bildes mittels durchfallenden Lichtes. Später werden wir ein anderes Verfahren der Projektion mittels reflektierten Lichtes kennen lernen. Die von einer Lichtquelle ausgehenden Strahlen werden auf dem in Bewegung befindlichen Film gesammelt und so die sich aneinander folgenden Bilder durch Linsenwirkung auf einen Schirm geworfen. Die Vorstellung von Bewegungen beruht auf der Nachwirkung von Lichteindrücken auf das Auge.

1. Die Lichtquellen.

Die gebräuchlichste Lichtquelle ist der elektrische Flammenbogen. Bei einer Spannung von 40—50 Volt und einer Stromstärke von 50 bis 60 Amp. bewirkt der elektrische Strom das Erglühen des Positivkohlestiftes.

2. Das Lampengehäuse.

Die Lichtquelle wird durch ein Lampengehäuse eingeschlossen, welches aus schwarzem Blech besteht und auf Schienen beweglich ist. An der Stirnseite trägt es einen aus zwei plankonvexen Linsen zusammengesetzten Kondensor mit einem Durchmesser von 120—150 mm, zu dem Zwecke, möglichst viel Lichtstrahlen auf dem Filmbild zu sammeln. Dieser Kondensor kann auch durch einen hinter der Lichtquelle angebrachten Metallspiegel ersetzt werden. Um möglichst viel Wärmestrahlen zurückzuhalten, wird hinter dem Kondensor eine Glasküvette mit planparallelen Wandungen aufgestellt, welche eine Alaunlösung[2]) enthält.

3. Vorrichtungen zur Fortbewegung des Films und zur Projektion.

Diese beiden Vorrichtungen sind stets zu einem Apparat vereinigt. Der Fortbewegungsmechanismus muß so arbeiten, daß 16 Bilder in der Sekunde durchlaufen, wobei das Bild während der Dauer der Projektion stillsteht, um dann schnellstens einem neuen Bilde Platz zu machen. Es ist also zwischen einer Stillstands- und einer darauf folgenden Bewegungsphase zu unterscheiden. Jedes Bild befindet sich $1/16 \times 2/3$ Sek. im Ruhezustande und wird während dieser Zeit auf dem Schirm projiziert; dann bewegt sich der Film während $1/16 \times 1/3$ Sek. um 19 mm — einen Bildraum — weiter, während welcher Zeit die Lichtstrahlen durch

---

[1]) Siehe über Photographie in Farben und seine Anwendung auf die Kinematographie in Clément et Rivière: Revue de Chimie Industrielle 1913. S. 32.

[2]) Wirksamer ist (nach Wall, American Photography, Bd. 16, S. 397, [1922]) eine 0,3—1,3%ige Kupfersulfatlösung.

eine Verschlußblende zurückgehalten werden. Vom Standpunkte der Mechanik aus kann das Problem auf verschiedene Weise gelöst werden.

Beim Malteserkreuz wird durch eine Zahnradwalze eine gleichmäßig kreisförmige Bewegung in eine unterbrochene kreisförmige Bewegung umgewandelt.

Durch einen in einem Rahmen laufenden Exzenter verwandelt man eine gleichförmige Kreisbewegung in eine geradlinig-unterbrochene.

Durch den Schläger wird eine kreisförmig gleichmäßige Bewegung in eine schleifenförmige verwandelt.

Bei all diesen Systemen erfolgt der Antrieb auf dieselbe Weise, entweder durch eine Kurbel für Handbetrieb, oder eine Riemenscheibe mit Motorantrieb. Die Übertragung erfolgt durch Zahnräder oder Gliederkette. Der auf eine Spule aufgerollte Film wird in gleichförmiger Geschwindigkeit durch eine Zahntrommel abgerollt, welche sich gleichmäßig bewegt und deren zwei Zahnreihen in die Perforation eingreifen. Der Film tritt dann in ein Fenster, welches innerhalb des Lichtstrahlenkegels angebracht ist. Dort wird seine Bewegung in eine geradlinige mit Ruheperiode verwandelt. Beim Verlassen des Fensters erhält der Film eine ebenfalls gleichförmige Bewegung durch eine zweite Zahnradwalze. Zwei vom Film gebildete Schleifen sorgen für den Ausgleich zwischen den wechselnden Bewegungszuständen. Das Aufrollen des Films kann ebenfalls mechanisch erfolgen. Im Fenster des Projektionsapparates wird der Film durch einen mit Druckfedern versehenen Rahmen zum Stillstand gebracht. Die Federn üben auf den Film einen Druck aus und gestatten eine zeitweise Festlegung des Films im Raume des Lichtstrahlenbündels.

Eine der gebräuchlichsten Vorrichtungen ist das Malteserkreuz, welches nebst der Antriebsscheibe in ein Öl enthaltendes Gehäuse eingeschlossen ist. Die Vorrichtung ist mit einer Riemenscheibe verbunden, durch welche ein leichter Antrieb des Malteserkreuzes erreicht wird.

Die Drehblende, welche die Lichtstrahlen während der Zeit auffangen soll, in welcher ein Bild durch ein folgendes ersetzt wird, besteht aus einer runden, durchbrochenen Blechscheibe, welche in gleichmäßig rotierende Bewegung versetzt wird. Das Flimmern ist eine Erscheinung, welche sich durch die Aufeinanderfolge von hellen und dunklen Phasen auf den Schirm erklärt, von denen letztere Phase durch Zwischenschaltung der rotierenden Blende entsteht. Man macht diese Erscheinung weniger störend, wenn die Anzahl der Lichtwechsel durch entsprechende Änderung der rotierenden Blende erhöht wird.

Schließlich wird der Apparat noch durch Sicherheitsvorrichtungen vervollständigt, welche dadurch erforderlich werden, daß der Zelluloidfilm bei einer Stillegung des Antriebsmechanismus sich entzünden kann. Der Film, besonders die Schwärzen des Bildes, absorbieren einen erheblichen Teil der durchfallenden Strahlen, wodurch eine außerordentliche Erwärmung und die Entflammung hervorgerufen würde, wenn der Film zu lange in dem vom Kondensor erzeugten Lichtkegel stehen bliebe. Man braucht ungefähr 3 Sekunden, um eine Entflammung des Zelluloidfilms zu bewirken. An Sicherungsvorrichtungen sind folgende zu nennen: Eine selbsttätig arbeitende Schließklappe, welche zwischen Kondensor und Projektionsfenster angebracht ist und welche herunter fällt, falls die Fortbewegung im Projektionsapparat sehr langsam wird und der Film Gefahr läuft, in Flammen aufzugehen. Die Vorführerkabine muß mit Eisen ausgekleidet sein, und es muß möglich sein, sie mittels Fensterverschlußklappen von dem eigentlichen Projektionsraum vollständig abzuschließen. In der Kabine sollen eine Wasserleitung mit Brausekopf über dem Apparat, ferner ein tragbarer Feuerlöschapparat vorhanden sein. Diese Vorkehrungen schützen nicht absolut sicher gegen die Brandgefahr. Wenn die Kabine gut abgeschlossen ist, so wird sich das Feuer auf die Inneneinrichtung derselben beschränken, doch darf nicht vergessen werden, daß die Zersetzung der Nitrozellulose ein stark exothermer Prozeß ist, bei dem es sich um keine eigentliche Verbrennung handelt und der Luftsauerstoff gar keine Rolle spielt; eine einmal eingeleitete Zersetzung der Nitrozellulose kann schwer wieder zum Stillstand gebracht werden.

Gegen diese Gefahr würde ein absoluter Schutz bestehen, wenn man allgemein nur Azetylzellulosefilm verwenden würde. Ein loser Filmstreifen aus Azetylzellulose ist zwar durch offenes Feuer, z. B. ein Streichholz, zur Entzündung zu bringen; ist aber die Feuerquelle entfernt, so brennt der Film nur sehr schwer weiter und erlischt bald. Eine aufgewickelte Rolle ist nur äußerst schwierig zu entflammen. Im Fenster des Projektionsapparates kann ein Film aus Azetylzellulose stehen bleiben, ohne sich zu entzünden. Er zersetzt sich an der Durchfallstelle des Lichtkegels, er schmilzt, und dies ist der einzige entstehende Schaden. Leider ist die geringe Brennbarkeit der einzige Vorteil gegenüber dem Zelluloidfilm. In vielen anderen Punkten ist der Sicherheitsfilm ihm keineswegs gleichwertig.[1]

4. Projektionsschirme.

Der Schirm, auf welchen das Bild geworfen wird, besteht aus einer matten weißen Fläche, welche das Licht nach allen Richtungen zerstreut. Man hat spiegelnde Schirme mittels Metallbronze hergestellt. Diese Schirme erscheinen lichtreicher als die anderen, lassen aber das Bild nur in bestimmten Richtungen deutlich erkennen. Zuweilen wird der Projektionsapparat hinter den Projektionsschirm gestellt; dieser ist dann durchscheinend, wie es bei gewissen Papieren oder bei feucht gehaltener Leinwand der Fall ist.

---

[1] „Agfa" Handbuch für Kinematographie, S. 30.

5. Kinematographische Projektion durch Reflexion.

Die kinematographischen Bilder werden im allgemeinen mittels durchfallendem Licht erhalten. Das auf einer durchsichtigen Unterlage, wie Zelluloid oder Azetylzellulose, reduzierte Silber bildet das Filter für die von der Lichtquelle ausgesandten Strahlen. Die Lichtausbeute beträgt bis zu 90%. Charles Dupuis[1]) benutzt das hohe Reflexionsvermögen der Metalle und schlägt eine Unterlage vor, welche aus Glanzpapier oder Papier besteht, welches mit Leim oder einer anderen gummiartigen Lösung bestrichen ist, worauf entweder ein glänzendes Metallpulver oder eine sehr dünne Folie aus Silber, Zinn oder Aluminium angebracht ist. Ein dünner Überzug von Zelluloid oder Azetylzellulose trennt diese Unterlage von der photographischen Schicht. Das derart hergerichtete Papier gibt ein schwarzes Bild auf metallisch glänzendem Grunde. Man kann übrigens sich jeder anderen Unterlage bedienen (mit Gelatine überzogenes Papier, Zelluloid oder Azetylzellulose[2]). So wird z. B. um einen metallisierten kinematographischen Bildstreifen herzustellen, folgendermaßen verfahren[3]). Man zerschneidet das Negativ in Streifen von 1,2 m Länge, legt die Stücke nebeneinander in eine Rahmenpresse und darüber das mit photographischer Positivemulsion versehene metallisierte Papier. Nach der Belichtung entwickelt man, fixiert, wäscht und trocknet. Man zerlegt darauf die Stücke in die einzelnen photographischen Bilder, d. h. 25 mm Größe, und klebt sie hintereinander genau in die Mitte eines starken Papierstreifens. Dieses Verfahren ist besonders zeitraubend und schwierig und würde einfacher sein, wenn lange Papierrollen mit metallisierter Oberfläche hergestellt werden könnten. Um Papierfolien mit metallischer Oberfläche zu erhalten, kann man auf hochpolierten Nickelplatten elektrolytisch eine dünne Silberschicht herstellen; diese Nickelplatten werden mit einem Überzug von Zaponlack versehen und nach dem Trocknen zur Übertragung der mit Zelluloid überzogenen Silberfolie auf ein ebenfalls mit Zelluloid überzogenes Papierband, die Nickelplatte und der Papierstreifen zwischen einer Hartgummiwalze und einer heißen Stahlwalze fest aufeinandergepreßt. So wird die Vereinigung der beiden Zelluloidflächen vorgenommen und ein festes Haften der Silberschicht auf der Papierfolie erreicht. Dies Verfahren mit einem mit Metall überzogenen Papier ist demjenigen, welches sich auf die Reflexion des Lichtes durch weiße Papieroberfläche gründet, außerordenlich überlegen; denn

---

[1]) Franz. Pat. 381 938.

[2]) Ein Film zur episkopischen Projektion aus Zelluloseäthern oder -estern mit eingebettetem fein verteiltem Metallpulver ist der „Agfa" durch D.R.P. 357 010 [1920] geschützt worden.

[3]) Franz. Pat. 391 529, Charles Dupuis.

bei diesem Verfahren ist der Lichtverlust durch Zerstreuung bedeutend geringer. M. Charles Dupuis hat weiter das Problem der Reflexion bearbeitet[1]). Die Lichter können durch Reflexion des Lichtes durch metallisches Silber, die Schwärzen durch Schwarzfärbung der Unterlage erhalten werden. Ein solches von der Unterlage losgelöstes Bild wird bei durchfallendem Licht als Negativ, bei darauffallendem Licht als Positiv erscheinen. Tatsächlich wird der photographische Silberniederschlag nicht in der gewöhnlichen schwarzen Form, sondern in metallisch glänzender Form erzeugt und seine Wirkung kann noch durch eine leichte Politur erhöht werden. Das ist übrigens das Prinzip der Ferrotypie auf Albuminuntergrund.

Diese Verfahren, welche sich einer undurchsichtigen Unterlage bedienen, können nur dann in Betracht kommen, wenn die Unterlage billig ist. Das ist nun zwar bei Papier der Fall. Unglücklicherweise zeigt aber Papier bei der Förderungsart durch Zähne und Perforation eine sehr geringe Festigkeit und infolgedessen eine sehr kurze Lebensdauer. Andere Förderungsarten, z. B. durch Reibung, sind versucht worden, doch ist dann die Schärfe des Bildes eine ungenügende. Noch andere Mängel sind vorhanden: Trotz des Firnisüberzuges, mit welchem das Papier versehen wird, ist dasselbe nicht undurchlässig für Wasser und es tritt infolgedessen eine Verzerrung des Films während des Entwickelns und Fixierens ein; das Wasser hat einen großen Einfluß auf die Länge des Films und bewirkt eine Änderung des Perforationsschrittes. Schließlich erreicht die Lichtausbeute nicht einmal 80 %.

M. Harper[2]) führte in London einen Film mit zäher Papierunterlage vor, dem er die zehnfache Lebensdauer des Zelluloidfilms zuschreibt.

Hochstetter[3]) gibt ein Verfahren zum Begießen des Papierfilmes mit Emulsion an.

Charles Dupuis geht bei seiner Erfindung von der Voraussetzung aus, daß es bei der episkopischen Projektion darauf ankommt, dem Film eine möglichst glänzende Oberfläche zu geben; es hat sich jedoch gezeigt, daß bessere Erfolge mit matter, das Licht diffus reflektierender Unterlage erzielt werden. In dieser Beziehung bedeutet der Aluminiumfilm mit einer gleichmäßig fein gekörnten Oberfläche, für dessen Einführung M. Werthen[4]) in letzter Zeit lebhaft eintritt, einen Fortschritt. Leider machen jedoch die mechanischen Eigenschaften dünnes Aluminiumblech für die Herstellung von Kinofilm

<hr>

[1]) Franz. Pat. 393800.

[2]) Mov. Picture News 1923, 484, 11.

[3]) Franz. Pat. 545923 [1922], Zentralblatt 1923, II, S. 824.

[4]) D.R.P. 301018 [1914], D.R.P. 358092 [1919], D.R.P. 377081 [1922], Kinotechnik 4, S. 304 [1922]. Photographische Industrie 1922, S. 311. Film-Kurier 1922, Nr. 51, 73, 100. Chemiker-Zeitg. 1922, S. 231.

wenig geeignet; — abgesehen von der weiteren Schwierigkeit, Aluminiumfilme aneinander zu kleben —.

Die Prüfung mehrerer Proben ergab folgende Durchschnittswerte:

Reißfestigkeit	187 kg,	Knitterung	7,
Dehnung	2,7 %,	Dicke	0,105 mm.

Einer sehr hohen Festigkeit steht also eine außerordentlich niedrige Elastizität und Falzbarbeit gegenüber. Wie Versuche ergeben haben, ist der Aluminiumfilm anscheinend nicht geschmeidig genug, um im Projektionsapparat allen Bewegungen der Transportvorrichtungen zu folgen, er erleidet daher sehr schnell schwere Beschädigungen der Perforation, welche ein Unbrauchbarwerden des ganzen Films zur Folge haben. Besserung in dieser Beziehung ist erst dann zu erwarten, wenn es gelingen sollte, ein wesentlich geschmeidigeres Metallband herzustellen.

5. Das Kolorieren.

Das Kolorieren kann auf zwei verschiedene Arten geschehen, entweder mit der Hand und dem Pinsel oder mit einer Schablone. In diesem letzteren Falle kann das Kolorieren mechanisch erfolgen. Jedes Bild muß für sich koloriert werden und, falls man fünf verschiedene Farben in den verschiedenen Teilen des Bildes erhalten will, ist man gezwungen, sich fünfmal mit jedem Einzelbild zu beschäftigen, was außerordentlich viel Zeit beansprucht und den Preis eines kolorierten Films sehr beträchtlich macht. Die erhaltenen Projektionsbilder sind niemals sehr hell; denn wir haben es mit einer Mischung von Farben zu tun, welche viel Licht verschluckt (substraktive Wirkung). Im Gegensatz dazu geben die Verfahren der eigentlichen Photographie in Farben bei gleicher Farbintensität eine viel lichtreichere Projektion (additive Wirkung).

Die schönsten Anfärbungen können den Vergleich mit farbigen Photographien nicht aushalten. Die Farbenphotographie bietet einen Reichtum an Farbtönen, an Plastik, eine Feinheit der Details, welche natürlich der Pinsel oder die Schablone nicht bieten. Trotzdem haben gewisse Firmen sehr schöne Bilder auf jenem Wege herzustellen vermocht.

6. Aufarbeitung alter kinematographischer Filme.

Wenige Fabriken arbeiten zur Zeit alte Kinofilme auf. Interessant sind einige Vorschläge, welche in dieser Richtung von der Compagnie générale de Phonographes, Cinématographes et Appareils de précision gemacht worden sind.

Trennung der Emulsion von der Unterlage.

Zwei Verfahren werden ausgeführt, von denen das eine, welches der oben genannten Gesellschaft patentiert worden ist, in der Behandlung des Films mit schwachen Lösungen von Fermenten, besonders mit solchen, welche durch Extraktion der Pankreas erhalten werden, besteht. Bei der Temperatur von 37° lösen die Fermente die Gelatine aus dem Bromsilbergelatinegemisch leicht heraus. Man läßt also den Film 1 bis 2 Tage lang in der bei 37° gehaltenen Fermentlösung liegen; unter Einwirkung einer Bürste und eines Wasserstrahles wird dann die Unterlage von jeder Spur von Emulsion vollkommen befreit[1]).

Nach einem zweiten, älteren und billigeren Verfahren läßt man auf den Film eine kalte, verdünnte Natriumhypochloritlösung einwirken. Durch einfaches Waschen und Bürsten wird die Unterlage von der Emulsion befreit, ohne dabei irgendwie angegriffen zu werden[2]).

Neuemulsionierung der Unterlage.

Die von jeder Spur alter Emulsion befreite Unterlage kann aufs neue begossen werden. Infolge der starken Inanspruchnahme des Films zeigt diese jedoch, besonders auf der nicht durch Emulsion geschützten Rückseite, Schrammen. Um diesen Mangel zu beseitigen, wurde versucht, beide Seiten der Unterlage vollständig zu polieren, indem der Film über einen Schleifstein aus Glas mit feinkörniger, mit Azeton befeuchteter Fläche läuft. Alsdann wird eine der beiden Seiten nochmals durch Ziehen über eine mit Azeton befeuchtete Walze aus glattem Glas poliert. Die Emulsion wird auf die einmal behandelte Seite aufgetragen. Dieses recht gut erdachte Verfahren wird praktisch jedoch wenig benutzt[3]).

Wiedergewinnung der Silbersalze.

Die Silbersalze, besonders das Silberbromid, befinden sich nach Entfernung der Gelatine in dem beim Abbürsten des Films erhaltenen Bodensatz. Dieser Schlamm wird auf heißen Platten getrocknet und zwecks Wiedergewinnung reinen Silbers weiter verarbeitet.

7. Eigenschaften des Kinofilms.

Ein guter Kinofilm, welcher allen Anforderungen der Praxis genügen soll, muß eine große Zahl von Bedingungen erfüllen, welche wir in folgendem aufzählen:

1. Vollkommene Durchsichtigkeit, Freiheit von Schmutzpunkten, Freiheit von Schrammen.
2. Große mechanische Widerstandsfähigkeit bei verschiedenen Prüfungen (Reißen, Falzen, Tourenzahl im Projektionsapparat).
3. Tadelloses Haften der Emulsion auf der Unterlage und keine chemische Reaktion zwischen Unterlage und Emulsion.

---

[1]) Franz. Pat. 413 500.
[2]) Siehe hierzu auch das D. R. P. 364 845 [1920] der „Agfa".
[3]) Franz. Pat. 414 302.

4. Möglichst geringe Quellbarkeit der Unterlage in Wasser.

5. Chemische und mechanische Beständigkeit bei der Lagerung.

6. Geringe Schrumpfung beim Trocknen.

7. Leichte Klebbarkeit.

Vergleichsversuche am Film. Die vergleichenden Untersuchungen am Film zerfallen in zwei Gruppen: 1. Laboratoriumsversuche, 2. praktische Versuche. Die mechanische Untersuchung im Laboratorium besteht in der Prüfung auf Reißfestigkeit, auf Dehnung und auf Falzbarkeit.

Bei der praktischen Prüfung läßt man den Film unter bestimmten Bedingungen durch den Projektionsapparat laufen und stellt fest, wie sich der Film bei mehr oder weniger langem Gebrauch verhält.

1. Mechanische Prüfung im Laboratorium.

Im folgenden bringen wir Mittelwerte einer großen Zahl von mechanischen Prüfungsresultaten[1]).

	Nitrozellulosefilm	Azetylzellulosefilm
Reißfestigkeit in kg pro qmm Querschnitt	7 kg	6,8 kg
Dehnung in %	30	39

Die für beide Filme erhaltenen Werte der Reißfestigkeit stehen sich auffällig nahe. Alle diese Werte beziehen sich natürlich auf emulsionierten, gebrauchsfertigen Film. Weiter unten bringen wir Resultate von Knitterungsversuchen, einem Verfahren, welches wir in dem Kapitel über die mechanische Prüfung plastischer Massen nochmals besprechen werden. Bei diesen Versuchen muß natürlich auf die Dicke des Films geachtet werden, da die Zahl der Knitterungen um so geringer ist, je größer die Dicke.

	Nitrozellulosefilm	Azetylzellulosefilm
Zahl der Knitterungen im Apparat von Schopper.	70	65

Dicke des Films 0,14 mm.

2. Praktische Versuche.

Praktische Versuche wurden mit fertig perforiertem und entwickeltem, getrocknetem, also kurz gesagt mit zur Vorführung fertigem Film ausgeführt. Sollen vergleichbare Werte erhalten werden, muß die Perforation sorgfältig ausgeführt sein.

a) Prüfung im Vorführungsapparat. Tourenzahl. Man mißt ungefähr 60 cm Film ab, klebt die beiden Enden sorgfältig zusammen und erhält so eine Schleife. Diese Schleife läßt man ohne Unterbrechung mit normaler Geschwindigkeit durch den Vorführungsapparat laufen. Die Touren, welche die Schleife in einer Minute macht (etwa 20), werden gezählt. Immer nach 10 Minuten wird der

---

[1]) Clément et Rivière: Le Courier Cinématographique 1913, Nr. 40.

Apparat angehalten und das Aussehen der Perforation und der Klebestellen auf Beschädigungen hin geprüft; andernfalls kann das Experiment infolge zufälligen Zerreißens falsche Resultate ergeben. Schließlich wird notiert, nach welcher Anzahl von Umläufen der Film infolge vollständigen Ausreißens der Perforation unbrauchbar geworden ist. In folgender Tabelle findet man das Resultat von Vergleichsversuchen:

	Zelluloid	Unentflammbarer Film
Schlechter Projektionsapparat. Der Film ist unbrauchbar nach . . .	200 Touren	160 Touren
Guter Projektionsapparat. Der Film ist unbrauchbar nach	3000 „	2800 „

Es kann ferner von Interesse sein, nach einer bestimmten Anzahl von Touren den Grad der Verschrammung zu notieren. Diese Feststellung ist indessen recht unsicher und kann nur Vergleichswerte ergeben.

b) Schrumpfung. Es folgen einige Werte über Wasserempfindlichkeit und Schrumpfung beim Trocknen:

	Film aus Nitrozellulose	Film aus Azetylzellulose Muster 1	Muster 2
Länge des Films vor der Entwicklung	1 m	1 m	1 m
Nach der Entwicklung, Fixierung und 10 Minuten Wässerung	1,002 m	1,002 m	1,001 m
Nach vollständiger Trocknung in 2 Stunden bei 25°	0,998 m	0,999 m	0,998 m
Nach der Trocknung im Trockenschrank bei 100°	0,996 m	0,995 m	0,995 m.

Die mit der Zeit eintretende Schrumpfung des Films ist beim Zelluloidfilm geringer. Die Schrumpfung ist auf das vollständige Austrocknen der plastischen Masse zurückzuführen, da die letzten Spuren von flüchtigem Lösungsmittel mit der Zeit entweichen und beim Zelluloidfilm auch der Kampfer langsam verdunstet.

Die Gelatinierungsmittel, die beim Azetylzellulosefilm benutzt werden, können bei richtiger Auswahl schwerer flüchtig sein als Kampfer. Im folgenden sind einige Versuchsresultate über Schrumpfung wiedergegeben:

	Nitrozellulosefilm	Azetylzellulosefilm
Ursprüngliche Länge	18,87 cm	18,87 cm
Länge nach 5 Tagen bei 60° . .	18,73 cm	18,76 cm
Schrumpfung in Prozenten . . .	0,74	0,58.

Klebemittel. Die Klebemittel für Filme aus Nitrozellulose werden entweder aus Azeton oder Amylazetat hergestellt. Die unentflammbaren Filme lassen sich gut mit Eisessig, Dichlorhydrin oder Azeton kleben. Wir empfehlen folgendes Rezept:

Azeton . . . . . . 1 Teil	Dichlorhydrin . . . 1 Teil

Mit nach diesem Rezept hergestellten Klebemittel kann gut Azetat auf Zelluloid, Zelluloid auf Zelluloid und schließlich Azetat auf Azetat geklebt werden.

c) **Versuche über Entflammbarkeit der Filme.** Wir veröffentlichen im folgenden eine Reihe von Versuchen, von denen einige von der „Commission des Théâtres de la Seine" unter Leitung von M. Kling, dem Direktor des städtischen Untersuchungsamtes zu Paris ausgeführt worden sind.

1. **Entzündung durch Streichholz und Zigarette.** An der Flamme eines Streichholzes entzündet sich ein Zelluloidfilm augenblicklich, und die Verbrennung pflanzt sich mit großer Geschwindigkeit fort; ein Azetylzellulosefilm dagegen schmilzt nur und bläht sich auf; wenn man mit Erhitzen fortfährt, entsteht eine kleine Flamme, welche beim geringsten Luftzug erlischt. Eine brennende Zigarette genügt, um einen Zelluloidfilm nach sehr kurzer Berührung zu entzünden; beim Azetylzellulosefilm entsteht nur ein Loch.

2. **Löschversuche.** Ein Zelluloidfilm von etwa 30 m Länge wurde entzündet und darauf mit folgenden Mitteln zu löschen versucht:

Durch Aufschütten von Sand, Wasser, durch einen nassen Lappen. Hierbei wurde beobachtet, daß in allen Fällen die Flamme erlosch, aber sofort das Zelluloid sich weiter zersetzte, wobei es einen außerordentlich dichten, weißen Rauch entweichen ließ, welcher die Luft für Atmung unbrauchbar machte. In vielen Fällen trat infolge der Zersetzung eine so starke Erwärmung der Masse ein, daß eine erneute Entzündung erfolgte. Die ausgestoßenen Dämpfe sind außerordentlich leicht entflammbar und ungemein giftig. Das ist die schon erwähnte flammenlose Zersetzung. Um diese Erscheinung noch deutlicher zu zeigen, haben wir auch noch folgendes Experiment gemacht: Eine Filmrolle von etwa 60 m Länge wurde entzündet und dann in ein mit Wasser gefülltes Gefäß getaucht. Die Zersetzung hört dann nicht auf, sondern das Zelluloid stößt unter Wasser Dämpfe aus, wobei sich heftig Gase entwickeln, welche sich an der Oberfläche des Wassers entzünden. Dieses sehr eindrucksvolle Experiment beweist krasser als alle anderen die Schwierigkeit, einen Zelluloidbrand mit Wasser zu löschen; es läßt die nahe Verwandtschaft zwischen Zelluloid und Sprengstoffen deutlich hervortreten.

Entflammungsversuch im Projektionsapparat. Die Wasserküvette wird von dem Projektionsapparat entfernt, ein Fall, der übrigens in der Praxis trotz aller Bestimmungen sehr häufig vorkommt. Ein Stück Zelluloidfilm wird während eines sehr kurzen Stillstandes dem Lichte der Bogenlampe ausgesetzt. 1 oder 2 Sekunden bei einer Stromstärke von 30 Amp. genügen, um die Entzündung des Films zu bewirken. Bei stärkerem Lichtbogen findet die Entzündung des Films sofort bei Stillstand statt. Beim „unentflammbaren Film" tritt beim Anhalten des Films lediglich ein Schmelzen des gerade im Strahlenbereich befindlichen Filmstückes ein, und es entsteht lediglich ein Loch.

VII. Die Zelluloseäther.

Äther der Zellulose sind erst seit etwa 10 Jahren bekannt. Wenn auch die Zelluloseäther bisher für die Technik nicht in dem Maße, wie man vielfach anfangs erwartete, Bedeutung erlangt haben, so sind sie doch nicht nur von hohem wissenschaftlichem Interesse; auch in der Industrie plastischer Massen finden ihre speziellen Eigenschaften mehr und mehr Beachtung. Es gibt ohne Zweifel Gebiete, auf denen die Zelluloseäther mit Vorteil an Stelle der Zelluloseester oder anderer Stoffe treten können.

Die Herstellung der Zelluloseäther beruht allgemein auf der Einwirkung von Halogenalkyl oder Dialkylsulfat auf Zellulose in Gegenwart von Alkali. Man geht von Alkalizellulose aus und läßt darauf z. B. Chlormethyl- oder Diäthylsulfat einwirken. Der Reaktionsverlauf läßt sich durch folgende Gleichungen ausdrücken:

(1) $\quad C_6H_7O_2(OH)_3 + 3\,NaOH + 3\,ClCH_3$
$$= C_6H_7O_2(OCH_3)_3 + 3\,NaCl + 3\,H_2O$$
$$\text{Trimethylzellulose.}$$

(2) $\quad C_6H_7O_2(OH)_3 + 3\,NaOH + 2\,(C_2H_5O)_2SO_2$
$$= C_6H_7O_2(OC_2H_5)_3 + Na_2SO_4 + (NaO)(C_2H_5O)SO_2 + 3\,H_2O$$
$$\text{Triäthylzellulose.}$$

Meist geht die Reaktion jedoch nicht so weit, wie die Gleichungen angeben, sondern führt zu Gemischen von Mono-, Di- und Trialkylzellulosen.

Das erste Verfahren zur Herstellung von Zelluloseäthern verdanken wir O. Leuchs[1]). Er gibt folgende Vorschrift:

Man läßt Zellulose in starker Natronlauge etwa 1—2 Tage oder länger quellen, entfernt die überschüssige Lauge durch Abpressen oder Centrifugieren und trocknet entweder im Vakuum oder durch Destillation mit Benzol bis auf einen geringen Gehalt an Wasser. Die erhaltene Natronzellulose wird mit 3 Teilen Chloräthyl, berechnet auf ein Teil der ursprünglich angewandten Zellulose, unter Druck, eventuell unter Rühren, in einem verschlossenen Gefäß auf 180—200° 8 Stunden lang erhitzt. Zur Isolierung des gebildeten Äthers wird das überschüssige Chloräthyl abdestilliert. Den Rückstand laugt man zur Ent-

---

[1]) D.R.P. 322586 vom 26. 1. 1912, übertragen an die Farbenfabriken vorm. Friedr. Bayer & Co., Elberfeld.

fernung der Salze mit Wasser aus. Nach dem Trocknen wird er in Alkohol gelöst und die Lösung unter Druck filtriert; durch Verdünnen mit Wasser wird die Äthylzellulose wieder ausgefällt, abfiltriert und getrocknet. Sie wird so als weißes amorphes Pulver erhalten.

In analoger Weise verfährt man bei anderen Alkylierungsmitteln. In der Regel benutzt man auf 1 Mol. Zellulose 2 Mol. des Alkylierungsmittels.

Die erhaltenen Produkte sind unlöslich in Wasser, löslich in einer großen Zahl organischer Lösungsmittel.

Für die wissenschaftliche Erforschung der Zelluloseäther sind besonders die Arbeiten von Denham und Woodhouse bedeutungsvoll.

Sie wenden zur Herstellung von Methylzellulose folgendes Verfahren an[1]): Calico oder Baumwolle wird unter Wasser fein zermahlen, bei $100°$ getrocknet und mit 15%iger Natronlauge (2 Mol. NaOH auf 1 Mol. $C_6H_{10}O_5$) übergossen. Nachdem dieses Gemisch 3 Tage lang gestanden hat, wird ein Überschuß von Dimethylsulfat in kleinen Portionen hinzugefügt, bis die alkalische Reaktion verschwunden ist. Anfangs tritt hierbei Wärmeentwicklung und Aufschäumen ein. Das Reaktionsprodukt wird durch wiederholtes Dekantieren mit Wasser von Salzen und überschüssigem Dimethylsulfat gereinigt und im Vakuum bei $120°$ getrocknet. Der nach diesem Verfahren hergestellte Methyläther der Zellulose enthält nur etwa 9—10% OCH_3[2]) (berechnet für Monomethylzellulose 17,6% OCH_3). Die Autoren wiederholten die Methylierung und gelangten nach der fünften Behandlung mit Dimethylsulfat bei Gegenwart von Alkali zu Zelluloseäthern mit einem Gehalt von etwa 21—23% OCH_3, (berechnet für Dimethylzellulose 32,6% OCH_3), welche in organischen Lösungsmitteln unlöslich, in Wasser teilweise löslich waren.

Denham[3]) führte die Methylierung in derselben Weise weiter und gelangte zu einem Zelluloseäther mit 44,6% OCH_3 (berechnet für Trimethylzellulose 45,6% OCH_3), welcher sowohl in Wasser wie auch in organischen Flüssigkeiten vollkommen unlöslich war.

Lilienfeld[4]) benutzt, im Gegensatz zu den vorstehend beschriebenen Verfahren, zur Herstellung von Äthern eine Zelluloselösung in

---

[1]) Denham und Woodhouse: Journ. of chem. soc. 103, S. 1735 [1913]. Deutsche Übersetzung in „Cellulosechemie" (wissenschaftliche Beiblätter zum „Papierfabrikant") 1920, S. 13 und 21.

[2]) Die Bestimmung des Methoxylgehaltes wird nach Zeisel durch Abspaltung der Methylgruppen mit siedender Jodwasserstoffsäure ausgeführt. (Stritar, Zeitschr. f. analyt. Chem. 1903, 42, S. 579.

[3]) Journ. of chem. Soc. 119, S. 77 [1921].

[4]) Franz. Pat. 447974 [1913]. Engl. Pat. 12854 [1912]. Engl. Pat. 6035 [1913]. Engl. Pat. 149320 [1921]. Siehe hierzu Wedorf: Kunststoffe 1920, S. 113. Leuchs: Kunststoffe 1920, S. 145.

Natronlauge; er wendet also von vornherein eine erheblich veränderte Zellulose an. In einem Beispiel[1]) geht er von Viskose aus, welche mit Wasser auf das doppelte Gewicht verdünnt und bis zur vollständigen Koagulation erhitzt wird. Das Koagulat wird gründlich gewaschen, zerkleinert, abgepreßt und in 50%iger Natronlauge gelöst. — 1200 Gwt. der so erhaltenen filtrierten Lösung, welche 100 Gwt. Zellulose (8%) und 100 Gwt. NaOH (8%) enthält, werden mit 400 Gwt. 30%iger Natronlauge vermischt und gelinde erwärmt. Dazu werden 200 Gwt. Diäthylsulfat in kleinen Portionen gefügt und die Mischung weiter erhitzt. Aus der trüben Reaktionsmasse wird der gebildete Zelluloseäther durch Verdünnen mit Schwefelsäure und heißem Wasser ausgefällt und abfiltriert, gewaschen und getrocknet. Er ist eine weiße, pulverige oder flockige Masse, die sich leicht in kaltem Wasser, Ameisensäure und Eisessig löst, in heißem Wasser jedoch unlöslich ist.

Heuser und von Neuenstein wandten die von Denham und Woodhouse angegebenen Verfahren auf eine nach Knoevenagel und Busch[2]) hergestellte Hydrozellulose an, welche in kalten verdünnten Alkalien löslich ist. Sie erhielten eine Methylzellulose mit 32—33% OCH_3 (berechnet für Dimethylzellulose 32,6%), welche in kaltem Wasser und in einigen organischen Flüssigkeiten löslich war[3]).

Auch Hess[4]) stellte Zelluloseäther her. Er gelangte zu einer Äthylzellulose mit etwa 40,5% OC_2H_5 (berechnet für Diäthylzellulose 41,3% OC_2H_5).

Die in letzter Zeit von Dreyfuß angegebenen Verfahren bringen nur wenig Neues.

In dem Engl. Pat. 164 374 [1921] wird die Anwendung von fein gemahlener Alkalizellulose und wenig Wasser empfohlen; mit den üblichen Alkylierungsmitteln werden so Methyl-Äthyl-Benzylzellulose[5]) und gemischte Äther[6]) hergestellt, welche in organischen Flüssigkeiten löslich, in Wasser jedoch nicht quellbar sind.

Nach einem späteren Patent[7]) wird die Zellulose mit pulverförmigem Alkali und einem indifferenten Verdünnungsmittel (Benzol) verrieben und das Alkylierungsmittel unter Ausschluß von Wasser angewandt.

---

[1]) Engl. Pat. 6035 [1913].

[2]) Zellulosechemie 1922, S. 42.

[3]) Zellulosechemie 1922, S. 92. Die Verfasser prüften außerdem die von Leuchs bzw. Denham und Woodhouse angegebenen Verfahren mit reiner Zellulose nach.

[4]) Zeitschr. f. angew. Chem. 1921, S. 449. Berichte 54, S. 3232 [1921]. Zeitschr. f. Elektrochemie 1920, S. 244. Textilberichte 1922, S. 43.

[5]) Engl. Pat. 164375 [1921].

[6]) Engl. Pat. 164377 [1921].

[7]) Engl. Pat. 176420 [1922].

Die in Wasser löslichen Zelluloseäther werden bei der Herstellung von Klebstoffen, Schlicht- und Appreturmitteln Verwendung finden können; für Herstellung plastischer Massen kommen dagegen hauptsächlich die in organischen Körpern löslichen Produkte in Betracht. Diese sind meist in Wasser vollkommen unlöslich — selbst beim Liegen unter Wasser quellen sie nicht —, dagegen sind fast alle organischen Lösungsmittel, außer Benzinkohlenwasserstoffen und Schwefelkohlenstoff, auch schwer- oder nicht-flüchtige, wie Campher, Triphenylphosphat usw. anwendbar.

Derartige Stoffe sind in großer Zahl als Lösungsmittel, Streckungsmittel, geschmeidig machende Zusätze und Füllstoffe für Zelluloseester in den verschiedensten Mischungsverhältnissen bekannt. Die Übertragung dieser Anwendung auf die Zelluloseäther verlangt keine erfinderische Tätigkeit; es ist vielmehr lediglich Sache des einfachen Ausprobierens, aus der Reihe bekannter Lösungsmittel, Zusätze usw. die Auswahl zu treffen. Bei dem im allgemeinen wenig unterschiedlichen Verhalten der Zelluloseäther gegen organische Substanzen sind auch in der Wirkung dieser als Lösungsmittel, Zusätze usw. wenig unterscheidende Merkmale zu finden. Substanzen, deren Einwirkung auf die Zelluloseäther mit neuen technischen Effekten verbunden sind, werden daher nur Ausnahmen bleiben. Es wird dies hier besonders erwähnt, weil es den Anschein hat, als sollten nach dem bekannten Schema der Zelluloseester alle möglichen Körper und deren Mischungen als Lösungsmittel und Zusätze für Zelluloseäther patentiert werden[1]), eine Aussicht, die bei der großen Zahl dieser Körper beängstigend ist.

Die Zelluloseäther lassen sich in analoger Weise wie die Zelluloseester zu mehr oder weniger viskosen, klaren Lösungen verarbeiten. Gegenüber den Zelluloseestern haben sie verschiedene Vorzüge:

Erstens bedeutet die Anwendbarkeit der für Zelluloseester nicht in Betracht kommenden Lösungsmittel wie z. B. Benzol oder Tetrachlorkohlenstoff oft einen sehr wesentlichen Vorteil. Zweitens sind die Äther der Zellulose sehr viel widerstandsfähiger gegen chemische Einflüsse als die Ester. Man kann sie z. B. mit Natronlauge oder verdünnten Säuren kochen, ohne daß sie sich verändern; auch beim Erhitzen mit Wasser unter Druck sind sie beständig. Vor der Nitrozellulose zeichnen sich ferner die Zelluloseäther durch ihre geringe Brennbarkeit aus; wenn man z. B. einen aus Äthylzellulose hergestellten Film mit einer Flamme in Berührung bringt, so schmilzt er nur, ohne zu entflammen.

Schließlich sind die Herstellungskosten der Zelluloseäther meistens niedriger als die der Azetylzellulose.

---

[1]) Siehe dazu z. B. verschiedene amerikanische Patente der Eastman-Kodak-Ges. über Lösungsmittel für Zelluloseäther, Chem. Zentralbl. 1923.

Von den Vorschlägen, welche zur Anwendung der Zelluloseäther gemacht worden sind[1]), seien besonders der Ersatz der Zelluloseester bei der Herstellung von Filmen[2]), Kunstseide, zelluloidartigen Massen und Lacken[3]) hervorgehoben.

Ein von den Farbenfabriken Fr. Bayer & Co. bezogenes Muster Äthylzellulose mit einem Gehalt von 47,8% OC_2H_5 (berechnet für Triäthylzellulose 54,9% OC_2H_5) ergab einen Film mit folgenden mechanischen Eigenschaften:

40 kg Reißfestigkeit	84	Knitterungen
22 % Dehnung	0,14 mm	Dicke.

Dünne, aus Äthylzellulose hergestellte Folien sind als elastischer Verbandstoff bekannt geworden[4]).

William Sachs[5]) schlägt vor, dünne Äthylzellulose-Folien in schmale Streifen zu zerschneiden und nach Art des Papiergarnes zu Fäden zu zwirnen.

Ohne Anwendung von Lösungsmitteln stellt Leysieffer[6]) durch Pressen bei hoher Temperatur Formstücke aus einem Zelluloseäther her.

Ähnliche Körper wie die vorstehend beschriebenen Zelluloseäther stellen die Farbenfabriken vorm. Friedrich Bayer & Co. durch Einwirkung von Äthylenoxyd auf Zellulose her[7]). Je nach den Reaktionsbedingungen entstehen Körper, welche sich entweder von dem Ausgangsmaterial nur durch wesentlich erhöhte Reaktionsfähigkeit unterscheiden (z. B. bei der Azetylierung) oder welche in Wasser und organischen Lösungsmitteln um ein Vielfaches ihres Volumens gallertartig aufquellen oder sich darin lösen. Diese Körper, welche der Erfinder als Glykoläther der Zellulose bezeichnet, werden z. B. folgendermaßen hergestellt:

1 Teil Baumwolle wird mit 10 Teilen Äthylenoxyd 10 Stunden auf 100° erhitzt. Wird als Katalysator Dimethylanilin hinzugefügt, so gelangt man zu Produkten, welche sich ohne weitere Zusätze durch Walzen und Pressen auf plastische Massen verarbeiten lassen.

Durch Einwirkung von Monochloressigsäure auf Alkalizellulose stellt Jansen[8]) einen Körper her, den er als Zellulose-Glykolsäure bezeichnet und welcher seiner Entstehung nach als eine Zellulose-Äthersäure aufzufassen ist.

---

[1]) Deutsche Anmeld. L. 36159 IV/39b — Lilienfeld. Deutsche Anmeld. L. 45712 IV/39b — Leuchs.

[2]) D.R.P. 349868 [1921] Fr. Bayer & Co. [3]) D.R.P. 322586 [1912] Fr. Bayer & Co.

[4]) Pergut der Farbenfabriken Fr. Bayer & Co.

[5]) D.R.P. 342097. Über die Herstellung von Kunstseide aus Zelluloseäthern siehe auch Schwarz: Deutsche Faserst. u. Spinnpfl. 3, S. 28, [1921].

[6]) D.R.P. 343183 [1920].

[7]) D.R.P. 363192 [1920] und 368413 [1922].

[8]) D.R.P. 332203 [1921] Zelluloidfabrik Eilenburg. Siehe Heuser: Zellulosechemie 2. Auflage 1923, S. 81.

VIII. Stärke und Ester der Stärke.

1. Stärke

ist ein Kohlehydrat, welches sich in den Pflanzen aus der Kohlensäure der Luft bildet. Man darf wohl annehmen, daß die Bildung der Stärke über die Zwischenstufe des Formaldehyds in der Weise vor sich geht, daß sechs Moleküle Formaldehyd bei ihrer Vereinigung ein Molekül Glukose bilden und daß sich dieser Zucker weiter zu Stärke polymerisiert. Dieser Reaktionsvorgang, in der Botanik als Assimilationsprozeß bekannt, kann in der Pflanze auch im umgekehrten Sinne verlaufen.

Die Stärke findet sich in den Pflanzen in Form charakteristisch geformter Körner verschiedener Größe.

Kartoffelstärke . . .	0,05—0,09 mm Durchmesser,	
Weizenstärke	0,02—0,03 mm	„
Maisstärke	0,015—0,02 mm	„
Reisstärke	0,003 — 0,007 mm	„

Abgesehen von dem Gehalt an anorganischen Bestandteilen ($0,3\%$ Asche) kann die Stärke als chemisch einheitliche Substanz von der Formel $(C_6H_{10}O_5)n$ aufgefaßt werden, wobei n unbekannt ist. Skraup gibt das Molekulargewicht der Stärke mit 7440 an, was einem $n = 45$ entspricht[1]).

Heute ist die Anschauung vorherrschend[2]), die Stärkekörner als „Sphärokristalle" aufzufassen, welche sich aus feinsten Kristallnädelchen schichtenförmig aufbauen.

In Wasser und Alkohol ist Stärke unlöslich. Mit heißem Wasser verkleistert Stärke jedoch, d. h. sie verliert ihre Struktur und bildet ein Gel, und zwar ist bei Kartoffelstärke die Kleisterbildung bei etwa $65°$ vollständig, bei Maisstärke bei $75°$, bei Weizen- und Reisstärke bei $80°$ etwa.

Bis $100°$ gibt die Stärke den größten Teil ihres Wassers ab. Steigert man die Temperatur weiter, so tritt allmählich Hydrolyse ein. Die

---

[1]) Siehe Bondenneau: Cpt. rend. 1887, 105—617; Taurent: Bull. de la soc. chim.-biol. 1909. p. 5—902; Wroblewsky: Berichte 1897. p. 30—2108; Maquenne: Bull. de la soc. chim.-biol. 1916. p. 3—35; Fouard: Cpt. rend. 1908. p. 147—931. Eine Zusammenstellung der älteren Literatur findet man in Nägeli: Beitr. z. Kenntnis der Stärkegruppen. Leipzig 1874.

[2]) A. Meyer: Untersuchungen über die Stärke. Jena 1895.

Stärke nimmt gelbe bis braune Farbe an und geht bei 160—210° vollständig in Dextrin („Röstdextrin") über.

„Lösliche Stärke" kann durch 3stündiges Erhitzen mit Wasser unter Druck bei 120—130° oder durch Erhitzen mit Glyzerin (Zulkowsky)[1] erhalten werden.

Einwirkung von Säuren[2].

Mit verdünnten Mineralsäuren geht die Stärke in der Kälte langsam, in der Wärme schnell in lösliche Stärke und weiter durch Hydrolyse in Dextrin und schließlich in Glukose (Stärkezucker) über. Mit konzentrierten Säuren erfolgt eine tiefgreifende Spaltung in Ameisensäure, Lävulinsäure und andere Substanzen.

Einwirkung von Alkalien.

Alkalien ergeben mit Stärke in der Kälte einen dickflüssigen, in der Wärme dünnflüssigen Kleister, welcher als Alkalistärke bezeichnet wird. Neutralisiert man das Alkali mit Essigsäure und fällt mit Alkohol oder einer konzentrierten Lösung von Magnesiumsulfat, so wird „lösliche Stärke" erhalten.

Auf einfache Weise kann „lösliche Stärke" durch Einwirkung von Alkali auf Stärke, welche in Azeton, Alkohol oder Tetrachlorkohlenstoff suspendiert ist, dargestellt werden (Fernbach).

Auch mit Ammoniak[3] kann man „lösliche Stärke" herstellen, indem man sie mit 2%igem Ammoniak tränkt und zwischen geheizten Walzen trocknet.

Alle diese als „lösliche Stärke"[4] bezeichneten Produkte sind in kaltem Wasser meist wenig, leicht jedoch in heißem Wasser löslich und ergeben damit keinen Kleister, sondern eine fast klare schwach opaleszierende Lösung. Beim Eintrocknen der Lösungen ergeben sie farblose, glänzende Häutchen. Nach längerem Aufbewahren ist „lösliche Stärke" auch in heißem Wasser nicht mehr vollständig löslich.

Stärke und Stärkekleister färben sich mit wenig Jod blau. Auch „lösliche Stärke" gibt mit Jod Blaufärbung, wenn sie bei niedriger Temperatur hergestellt wurde, während die z. B. mit Säuren bei höherer Temperatur hergestellten Produkte Violettfärbung zeigen, was auf weitergehende Hydrolyse und Gegenwart von Dextrin schließen läßt.

Alkalistärke. Stärke verbindet sich leicht mit Alkalien. Wenn man Stärke mit 10—20%iger Natronlauge behandelt, so bildet sie

---

[1] Berichte 1880. 13. S. 1395.

[2] Samec, Die Lösungsquellung der Stärke bei Gegenwart von Kristalloiden. Kolloidchemische Beihefte, 3. Band 1911—12, S. 123.

[3] D. R. P. 223301, Wulken.

[4] Eine kritische Zusammenstellung der Patentliteratur bringt Wittich, Kunststoffe 1912. 2. S. 61.

einen Kleister, der durch Fällung mit Alkohol und durch Waschen mit Äther einen Körper mit 3,4—3,7% NaOH ergibt.

Stärke, welche durch Einwirkung von Säuren löslich gemacht wurde, vermag 5,4—5,9% Alkali zu binden.

Durch Behandlung von in Tetrachlorkohlenstoff suspendierter Stärke mit Ätznatron erhält man sogar Körper mit 12—13% gebundenem Alkali. Stärke bildet auch ähnlich der Zellulose ein Xanthogenat (Stärkeviskose).

Einwirkung von Salzen.

Eine konzentrierte Chlorzinklösung führt Stärke sehr schnell in der Kälte in Kleister über.

2. Mineralsäureester der Stärke.

Stärkesulfate. Stärke löst sich in Schwefelsäure unter Bildung von Sulfaten auf, welche sich beim Sieden mit Wasser zersetzen.

Stärkenitrate[1]). Die Stärke bildet mit Salpetersäure leichter Ester als Zellulose.

Es sind verschiedene Salpetersäureester der Stärke beschrieben und folgende Formeln dafür aufgestellt worden:

$$C_6H_9O_4(NO_3) = \ \ 6,7 \% N$$
$$C_6H_8O_3(NO_3)_2 = 10,7 \% N$$
$$C_6H_7O_2(NO_3)_3 = 13,4 \% N.$$

Die beiden ersteren entstehen durch Behandlung von Stärke mit starker Salpetersäure. Sie sind in Alkohol-Äther, Azeton und Methylalkohol löslich.

Ein Körper der letzten Zusammensetzung bildet sich mit einer Mischung von Schwefelsäure und Salpetersäure; er ist ebenfalls in Alkohol-Äther löslich.

Die Salpetersäureester der Stärke sind als Sprengstoffe in Vorschlag gebracht worden, haben aber bisher nur geringe technische Bedeutung erlangt.

3. Organische Ester der Stärke.

a) Stärkeformiate. Konzentrierte Ameisensäure von 99% gelatiniert die Stärke in wenigen Minuten in der Kälte.

Die Esterbildung ist nicht sehr ausgeprägt, denn das erhaltene Produkt ist in Wasser löslich.

In Gegenwart einer Säure als Katalysator und eines wasserentziehenden Mittels ist die Esterbildung vollständiger und man erhält einen in Wasser unlöslichen, nicht quellbaren Ester in Form weißer, mehr schwammiger Flocken. Die Ausbeute ist besonders im Falle der Ver-

---

[1]) Kesseler und Röhm, Zeitschr. f. angew. Chem. 1922. 35. S. 125.

esterung bei erhöhter Temperatur gering infolge einer gleichzeitig statt-
findenden Hydrolyse.

Dieser in flüchtigen organischen Lösungsmitteln unlösliche Ester
ist besonders in der Wärme wenig beständig.

Clément und Rivière stellten als höchsten Grad der Veresterung
ein Stärkeformiat mit einem Gehalt von 20,7% Ameisensäure her; es
war in Pyridin und konzentriertem Ammoniak löslich.

Dieses Produkt entspricht ungefähr der Formel:

$$(HCOO) C_6H_9O_4$$

mit theoretisch 22,8% Ameisensäure.

b) Stärkeazetate[1]). Schützenberger[2]) hat als erster die Stärke
mit Essigsäureanhydrid bei 150° C verestert. Die Esterbildung geht,
besonders in Gegenwart eines Katalysators, leicht vor sich. Skraup[3])
hat durch Einwirkung von mit Salzsäure gesättigter Essigsäure ein
Stärkeazetat hergestellt; Dichloressigsäure verestert die Stärke direkt.
Wird die Stärke mit Essigsäure allein gekocht, so bindet sie kleine Mengen Essigsäure (2,5%), und es entsteht ein Produkt, welches in heißem
Wasser löslich ist und welches als „Fékulose"[4]) eine nicht sehr bedeutende technische Anwendung gefunden hat.

Nach Matthies[1]) stellt man ein Stärketetraazetat mit 62,5% Essigsäure folgendermaßen her:

Stärke wird im Vakuum über Phosphorpentoxyd getrocknet und
50 g der getrockneten Stärke mit 5%iger Schwefelsäure übergossen.
Man läßt kurze Zeit stehen und preßt auf etwa 65 g scharf ab, übergießt mit 100 g Eisessig und 250 g Essigsäureanhydrid, wobei durch
Kühlung Sorge zu tragen ist, daß die Temperatur bei der sehr bald
eintretenden Reaktion die Zimmertemperatur nicht wesentlich übersteigt.

Nach ein- bis dreitägigem Stehen bei etwa 20° ist die Azetylierung
beendet. Durch langsames Eintragen der hochviskosen Lösung in
kaltes Wasser, Auswaschen und Trocknen an der Luft, erhält man
Stärketriazetat in Form einer weißen, körnigen Masse, welche in
Wasser unlöslich, in Azeton, Eisessig und heißem Benzol klar löslich
ist. Sie wird durch Jod nicht gefärbt.

Die Verseifung von Stärkeazetat ergibt zuweilen ein durch Jod rot
gefärbtes Dextrin, wenn mit der Verseifung ein Abbau verbunden war.

Stärkeazetat ergibt, im Gegensatz zu Zelluloseazetat, nur einen
spröden, leicht zerbrechlichen Film. Der Körper hat bisher keine Verwendung gefunden.

---

[1]) Kunststoffe 1921. 11. S. 121; ferner Matthies: Über die Azetylierung der
Stärke, Dissertation Hannover 1920. Gutsche: Dissertation Heidelberg 1910;
Pregl: Wiener Monatshefte 1901. 22. S. 1049.
[2]) Ann. de chim. et de physique 1870 (4). 2. p. 235—264. Berichte 1869. 2. S. 163.
[3]) Wien. Monatshefte 1905. 26. S. 1413.   [4]) Journ. Soc. Chem. Ind. 28. p. 288 ff.

IX. Die technischen Lösungsmittel.

1. Die Chlorderivate des Methans, Äthans und des Äthylens.

Die große Entwicklung der elektrochemischen Industrie hat die fabrikmäßige Herstellung von Körpern zu niedrigem Preise ermöglicht, welche vor wenigen Jahren noch lediglich als Laboratoriumspräparate bekannt waren.

Lange Zeit waren Alkohol, Äther und Benzol die einzigen Körper, welche der Industrie zur Verfügung standen, um Fette, Harze und Kautschuk zu lösen; Chloroform, Tetrachlorkohlenstoff und Azeton wurden erst in den letzten Jahren in größerem Maße angewandt.

Infolge der technischen Herstellung von Chlorderivaten des Äthans und Äthylens konnte die sich mit Extraktion beschäftigende Industrie, ebenso wie die der Firnisse, Lacke und Polituren ihr Wirkungsfeld weiter ausdehnen.

Unter den Chlorderivaten des Äthans und Äthylens, welche in der Industrie hergestellt werden und welche praktisch anwendbar sind, finden wir:

Tetrachloräthan 1,1, 2,2 oder Äthantetrachlorid symmetrisch,
Dichloräthylen oder Äthylendichlorid,
Trichloräthylen oder Äthylentrichlorid,
Tetrachloräthylen oder Perchloräthylen.

Jeden dieser Körper, deren Eigenschaften wir in folgender Tabelle zusammengestellt finden, wollen wir einzeln besprechen.

a) Chlorderivate des Methans.

Methan CH_4,
Methanmonochlorid CH_3Cl Methylchlorid, Sdp. 25°,
Methandichlorid CH_2Cl_2 Methylenchlorid, Sdp. 41,5°,
Methantrichlorid $CHCl_3$ Chloroform, Sdp. 61,2°,
Methantetrachlorid CCl_4 Tetrachlorkohlenstoff, Sdp. 76,4°.

Chloroform.

Chloroform wird erhalten durch Einwirkung von Chlor auf Alkohol bei Gegenwart von Alkali.

	Spez. Gew. bei 15°C	Siedepunkt in °C	Schmelzpunkt in °C	Spez. Wärme bei +20°C	Dampfspannung bei 20°C in mm Hg	Verdampfungswärme in Kalorien
Lösungsmittel, Derivate des:						
Äthylen						
Dichloräthylen . . .	1,278	54	—	0,270	205	71
Trichloräthylen . .	1,471	87	−73	0,223	56	56
Tetrachloräthylen . .	1,624	119,7	−19	0,216	17	51,6
Äthan						
Tetrachloräthan symmetrisch	1,601	146,7	−36	0,268	11	54,4
Pentachloräthan . .	1,648	160,8	−22	0,266	7,7	44,5
Methan						
Tetrachlorkohlenstoff	1,605	76,4	—	0,205	89,5	46,35
Chloroform	1,49	61	−70	0,236	160	71
Andere Lösunsmittel:						
Benzol	0,895	80	+6	0,419	76	92,91
Schwefelkohlenstoff .	1,268	46	−112	0,157	298	86,7

Man erwärmt ein Gemisch von 8 Teilen Chlorkalk, 2 Teilen Kalk, 40 Teilen Wasser auf 40° und fügt 1½ Teile Alkohol hinzu.

Das Reaktionsprodukt wird gewaschen, getrocknet und destilliert. Die Dampfspannungen des so erhaltenen Produktes sind:

$$755 \text{ mm bei } 61°$$
$$616 \text{ ,, ,, } 53,8°$$
$$550 \text{ ,, ,, } 50,5°$$
$$416 \text{ ,, ,, } 42,8°$$
$$342 \text{ ,, ,, } 38°$$
$$223 \text{ ,, ,, } 27°$$
$$\frac{T_{760}}{T_{300}} = \frac{334}{308} = 1,08.[1]$$

T_{760} ist die absolute Temperatur des Siedepunktes bei einem Druck von 760 mm.

T_{300} ist die absolute Temperatur des Siedepunktes bei einem Druck von 300 mm.

$$\text{Spez. Gewicht . 1,49,}$$
$$\text{Siedepunkt . . 61,2°.}$$

Chloroform ist schwer entflammbar und brennt mit rußender Flamme; es ist wenig löslich in Wasser, dagegen leicht löslich in Äther-Alkohol. Es ist ein ausgezeichnetes Lösungsmittel für Fette.

---

[1] Vergleiche Nernst: Theoretische Chemie 8.—10. Auflg. 1921. S. 70. Stuttgart: Ferd. Enke.

Sehr leicht löst es Azetylzellulose, besonders bei Gegenwart von etwas Methylalkohol.

Technisch wird es wegen seiner betäubenden Wirkung kaum angewandt.

Tetrachlorkohlenstoff.

Eine Flüssigkeit vom Siedepunkt 76,4° und vom spez. Gewicht 1,605.

Dieser Körper wird durch Einwirkung von trockenem Chlor auf Schwefelkohlenstoff bei Gegenwart von Antimon- oder Aluminiumchlorid dargestellt.

Die Dampfspannung ist:

$$\text{bei } 76,1° \quad - 745 \text{ mm Hg}$$
$$„ \quad 65° \quad - 559 \text{ mm Hg}$$
$$„ \quad 50° \quad - 328 \text{ mm Hg}$$
$$„ \quad 25° \quad - 116 \text{ mm Hg}$$

$$\frac{T_{760}}{T_{300}} = \frac{350}{321} = 1,09 \,.$$

Seine Dampfdichte beträgt 5,24—5,33.

Diese unentflammbare Flüssigkeit wird als Lösungsmittel für Fette benutzt.

Es wird ferner in Feuerlöschapparaten zum Ersticken von Bränden des Benzols oder Terpentins angewendet.

b) Chlorderivate des Äthans.

Äthan $CH_3—CH_3$,

Äthanmonochlorid $CH_3—CH_2Cl$, Äthylchlorid, Sdp. 12,5°,

Äthandichlorid 1,1, $CH_3—CHCl_2$, Äthylidenchlorid, Sdp. 59°,

Äthandichlorid 1,2, $CH_2Cl—CH_2Cl$, Äthylenchlorid, Sdp. 85°,

Äthantrichlorid 1, 1, 1, $CH_3—CCl_3$, Methylchloroform, Sdp. 75°,

Äthantrichlorid 1, 1, 2, $CH_2Cl—CHCl_2$, Sdp. 115°,

Äthantetrachlorid 1, 1, 1, 2, $CH_2Cl—CCl_3$, Sdp. 127,5°,

Äthantetrachlorid 1, 1, 2, 2, $CHCl_2—CHCl_2$ oder Tetrachloräthan, Sdp. 146,7°,

Äthanpentachlorid $CCl_3—CHCl_2$, Pentachloräthan, Sdp. 160,8°,

Äthanhexachlorid $CCl_3—CCl_3$, Hexachloräthan sublimierbar, Sdp. 187°.

Tetrachloräthan.

Dieser Körper, auch Azetylentetrachlorid genannt, ist der wichtigste Vertreter dieser Gruppe, zumal er bei der technischen Herstellung der anderen Chlorderivate des Äthans und des Äthylens als Ausgangsmaterial dient.

Wie seine Formel andeutet, entsteht er bei der Einwirkung von Chlor auf Azetylen. Berthelot und Jungfleisch[1]) lösten Azetylen in Anti-

---

[1]) Annal. Suppl. 7. 1870. S. 252.

monpentachlorid $SbCl_5$. Es bildete sich eine feste Verbindung, welche bei 50° schmolz; wenn man diese Verbindung mit einem Überschuß von Antimonpentachlorid erwärmte, so ergab sich Tetrachloräthan nach der Gleichung:

$$Sb\,Cl_5 \cdot C_2H_2 + Sb\,Cl_5 = C_2H_2Cl_4 + 2\,Sb\,Cl_3\,.$$

Das einfachste Herstellungsverfahren, welches bei der Fabrikation heute wohl meist angewandt wird, wurde von dem Konsortium für elektrochemische Industrie in Nürnberg[1]) gefunden. Es geht von der Beobachtung aus, daß sich Azetylen mit Chlor bei Gegenwart von Antimonpentachlorid unter Bildung von Tetrachloräthan vereinigt. Im Prinzip wird das Verfahren in der Weise praktisch ausgeführt, daß man in eine Mischung von Antimonpentachlorid und etwas Tetrachloräthan Azetylen und Chlor einleitet, wobei man die Reaktionsmasse ständig kühlt. Das Tetrachloräthan läßt sich von dem erst bei 220° siedendem Antimonpentachlorid leicht durch fraktionierte Destillation trennen.

Ferner hat die Chemische Fabrik Griesheim-Elektron[2]) die direkte Vereinigung von Azetylen und Chlor in der Weise vorgeschlagen, daß man eine Mischung der beiden Gase innerhalb einer porösen Masse (Sand) vornimmt und das gasförmige Gemisch gleichzeitig mit Katalysatoren, wie Eisen oder Antimon, in Berührung bringt.

Tetrachloräthan ist eine Flüssigkeit vom Siedepunkt 146,7° und vom spez. Gewicht 1,60.

Es ist bei gewöhnlicher Temperatur erheblich flüchtig, da seine Verdampfungsgeschwindigkeit größer ist als die des Wassers, obgleich sein Siedepunkt höher liegt.

Seine molekulare Verdampfungswärme λ zwischen 136 und 144° beträgt 9134 Kal., d. h. 54 Kal. für die Verdampfungswärme, während die des Wassers 537 Kal. ist.

Es ergibt sich die Beziehung $\dfrac{\lambda}{T} = 21,8$, wobei T die absolute Verdampfungstemperatur bedeutet[3]).

Die verschiedenen Dampfspannungen sind folgende:

144°	. . . . 751 mm	Quecksilberdruck
136°	. . . . 594 mm	,,
125,3°	. . . . 435 mm	,,
115°	. . . . 313 mm	,,
102°	. . . . 203 mm	,,
80°	. . . . 89 mm	,,
62°	. . . . 45 mm	,,

$$\text{Diese Beziehung} \quad \frac{T_{760}}{T_{300}} = \frac{418}{386,5} = 1,08\,.$$

---

[1]) D. R. P. 154 657, 222 622, 201 705, 204 516.
[2]) D. R. P. 204 883 [1906], Franz. Pat. 378 713.
[3]) Siehe dazu Nernst: Theoretische Chemie 1921. S. 66—67 u. S. 312—313.

Sein Geruch erinnert etwas an Chloroform, ohne jedoch dieselbe anästhetische Wirkung zu haben.

Es reizt auch nicht in dem Maße wie Amylazetat die Schleimhäute, trotzdem kann es ernste Störungen hervorrufen, wenn es in zu großen Mengen eingeatmet wird. Diese Eigenschaft teilt es mit einer sehr großen Anzahl flüchtiger Körper. Tetrachloräthan wirkt auf das Zentralnervensystem ein und verursacht zuerst schwere Müdigkeit und damit Bewußtlosigkeit; daher müssen Räume, in denen mit Tetrachloräthan gearbeitet wird, gut ventiliert werden.

Am Licht zersetzt es sich kaum; in Gegenwart von Wasser tritt allerdings eine schwache Zersetzung unter Abspaltung von Salzsäure ein, aber diese sehr geringe Zersetzung erfolgt erst nach sehr langer Belichtungszeit.

Man kann dieser schwachen Zersetzung leicht vorbeugen, indem man das Tetrachloräthan mit einer schwachen Lösung von Natriumkarbonat wäscht oder indem man einige Stücke von gebranntem Kalk auf den Boden des Aufbewahrungsgefäßes legt. In Wasser ist es unlöslich.

Tetrachloräthan löst etwa die 30fache Menge seines Volumens an Chlor und kann daher zur Chlorierung organischer Körper benutzt werden. Säuren, selbst heiße Salpetersäure, wirken nicht ein. Selber greift es in trockenem Zustande weder Blei, Zink noch Kupfer an, wohl aber reagiert es leicht in feuchter Atmosphäre mit Eisen und Kupfer. Auch Aluminium wird stark angegriffen.

Verdünnte Alkalien üben in der Kälte keine Wirkung aus; in der Wärme bildet sich jedoch Trichloräthylen. Tetrachloräthan ist ein erstklassiges Lösungsmittel, welches in zahlreichen Industriezweigen Anwendung findet, z. B. bei der Extraktion von Schwefel, speziell bei der Entschwefelung der Leuchtgasreinigungsmasse.

Kautschukindustrie. Es löst die verschiedenen Kautschukarten ebenso wie die bei Vulkanisation verwendeten Körper, z. B. Sulfurylchlorid gut.

Extraktion von Ölen und Fetten. Tetrachloräthan löst alle Fette und wird z. B. benutzt, um das Olivenöl aus den Trestern vollständig zu extrahieren.

Lackindustrie. Es löst Gummi und Harze, Leinöl und Terpentin und kann daher bei der Herstellung von Lacken Verwendung finden.

Industrie der Azetylzellulose. Tetrachloräthan ist ein ausgezeichnetes Lösungsmittel für Zelluloseazetat, besonders bei Zusatz von etwas Methyl- oder Äthylalkohol.

Der große Vorzug dieses Lösungsmittels ist seine völlige Unentflammbarkeit.

Andere chlorierte Verbindungen können daraus fabrikmäßig gewonnen werden, wie das folgende Schema zeigt:

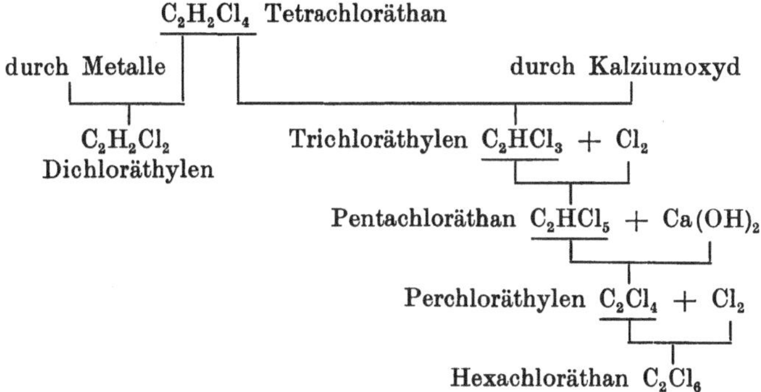

Pentachloräthan.

Sein Siedepunkt liegt bei 160,8°, sein spez. Gewicht ist 1,684. Es riecht angenehmer als Tetrachloräthan.

Seine Verdampfungsgeschwindigkeit ist ebenfalls ziemlich groß, obgleich sein Siedepunkt im Vergleich zu demjenigen der anderen gebräuchlichen Lösungsmittel ziemlich hoch liegt, da seine latente Verdampfungswärme nur 43,5 Kal. beträgt. Die Dampfspannungen bei verschiedenen Temperaturen sind:

$$157,8° \ldots 734 \text{ mm Quecksilberdruck}$$
$$152,2° \ldots 644 \text{ mm} \quad ,,$$
$$140,8° \ldots 479 \text{ mm} \quad ,,$$
$$128,2° \ldots 327 \text{ mm} \quad ,,$$
$$108,2° \ldots 172 \text{ mm} \quad ,,$$
$$69° \ldots 37 \text{ mm} \quad ,,$$

Die Beziehung $\dfrac{T_{760}}{T_{300}} = \dfrac{432°}{399°} = 1,08$.

Die molekulare Verdampfungswärme $= 8829$ Kal. zwischen 147 und 157° und $\dfrac{\lambda}{T} = 20,4$.

Es wird durch Chlorierung des Trichloräthylens erhalten. Seine Beständigkeit gegenüber physikalischen oder chemischen Einflüssen ist ebenso groß wie die des Tetrachloräthans; in Wasser ist es unlöslich.

Es findet ebenso Verwendung wie das vorhergehende Derivat. Vor allen Dingen ist es in der Wärme ein Lösungsmittel für Zelluloseazetat, wenn man ein gleiches Volumen Alkohol hinzufügt.

Hexachloräthan C_2Cl_6 ist ein fester Körper, welcher bei 160° schmilzt und bei etwa 185° siedet; er sublimiert schon bei gewöhnlicher Temperatur.

c) Chlorderivate des Äthylens.

Äthylen $CH_2=CH_2$,

Monochloräthylen $CH_2=CHCl$, Sdp. 15°,

Dichloräthylen 1, 1, $CH_2=CCl_2$, Sdp. 37°,

Dichloräthylen 1, 2, $CHCl = CHCl$, Sdp. 54°,

Trichloräthylen $CHCl = CCl_2$, Sdp. 88°,

Tetrachloräthylen $CCl_2 = CCl_2$, Sdp. 121°.

Symmetrisches Dichloräthylen. Der Siedepunkt des Handelsproduktes ist 54° und sein spez. Gewicht 1,27; es besteht aus einem Gemisch zweier Stereoisomeren der cis- und trans-Form:

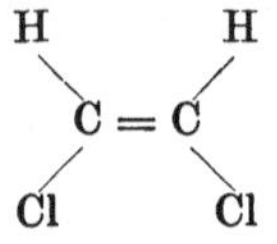

$$\begin{array}{ccc}
H & \quad & H \\
\diagdown & & \diagup \\
& C = C & \\
\diagup & & \diagdown \\
Cl & & Cl
\end{array}
\qquad\qquad
\begin{array}{ccc}
Cl & \quad & H \\
\diagdown & & \diagup \\
& C = C & \\
\diagup & & \diagdown \\
H & & Cl
\end{array}$$

cis-Form   trans-Form

Sdp. 48,8°, spez. Gew. bei 15° = 1,265   Sdp. 59,8°, spez. Gew. bei 15° = 1,289.

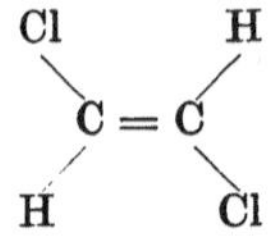

Sein Geruch ist aromatisch; in Wasser ist es unlöslich.

Es ist sehr leicht flüchtig und besitzt bei gewöhnlicher Temperatur eine sehr hohe Dampfspannung.

Seine Dampfspannungen sind solgende:

45,8°	693 mm	Quecksilberdruck	56,3°	699 mm	Quecksilberdruck
39,2°	548 mm	„	44°	441 mm	„
31,5°	408 mm	„	31°	270 mm	„
23°	293 mm	„	27°	222 mm	„

cis-Form   trans-Form

$$\frac{T_{760}}{T_{300}} = 1,08 \qquad\qquad \frac{T_{760}}{T_{300}} = 1,09\,.$$

Seine mit Luft gemischten Dämpfe sind brennbar aber nicht explosiv und sind daher weniger gefährlich als z. B. Petroläther.

Man stellt es aus Tetrachloräthan durch Behandlung mit Metallen, wie Zink, Eisen und Aluminium in Gegenwart von Wasser dar. Mit Zinkstaub verläuft die Reaktion leicht unter Freiwerden von Wärme, wogegen man bei Anwendung nicht feinverteilter Metalle erwärmen muß. So erwärmt man z. B. Tetrachloräthan in Autoklaven mit Eisenfeilspänen und der doppelten Menge Wasser 12 Stunden lang auf 120—130° und braucht dann das Tetrachloräthan nur abzudestillieren[1]).

Es wird auch in der Kautschukindustrie verwendet, seine Hauptverwendung findet es jedoch in der Parfüm- und Ölindustrie.

Es hinterläßt bei der Destillation keinen Rückstand und verdunstet, ohne dem extrahierten Produkt einen Geruch zu hinterlassen.

Bei Zusatz von Alkohol löst es in der Wärme Zelluloseazetat.

Trichloräthylen.

Sein Siedepunkt liegt bei 88° und sein spez. Gewicht ist 1,47. Es ist unverbrennlich, und seine mit Luft gemischten Dämpfe sind nicht explosiv. In Wasser ist es unlöslich.

---

[1]) Franz. Pat. 381430.

Der Geruch des Trichloräthylens ist angenehm; es besitzt keine anästhetische Wirkung und ist auch nicht wie andere Lösungsmittel giftig.
Seine Dampfspannungen bei verschiedenen Temperaturen sind:

$$87,15^\circ \ldots 760 \text{ mm} \qquad 45^\circ \ldots 183 \text{ mm}$$
$$77^\circ \ldots 562 \text{ mm} \qquad 38,2^\circ \ldots 139 \text{ mm}$$
$$65^\circ \ldots 385 \text{ mm} \qquad 25^\circ \ldots 73 \text{ mm}$$

$$\frac{T_{760}}{T_{300}} = 1{,}09.$$

Die molekulare Verdampfungswärme λ ist 7436 Kal. zwischen 77 und 87° und $\dfrac{\lambda}{T} = 20{,}6$.

Es kann durch Behandlung von Tetrachloräthan mit gelöschtem Kalk dargestellt werden. Wenn man es längere Zeit dem Licht und der Luft aussetzt, so beginnt eine Zersetzung unter Entwicklung von Salzsäure; durch Waschen mit schwachalkalischem Wasser lassen sich eventuell vorhandene Säurespuren jedoch leicht wieder entfernen.

Metalle werden etwas angegriffen; auf alle Fälle muß man darauf bedacht sein, das Produkt von Zeit zu Zeit durch alkalische Wäsche zu reinigen. Von Extrakten kann es leicht wieder abdestilliert werden, ohne Rückstand zu hinterlassen.

Es wird gebraucht:

Bei der Extraktion von Fetten und Ölen aus Samen und Pflanzen aller Art.

Zur Entfettung der Knochen in der Kälte bei der Herstellung von Leim und Gelatine.

Zur Entfettung der Wolle.

Dadurch werden die langen alkalischen Wäschen und Nachspülungen überflüssig, und die Wolle zeigt keine Neigung zum Verfilzen.

Zur Extraktion von Riechstoffen.

Zur Entfernung von Fett- und anderen Flecken im Haushalt.

Es wird den Beizen zugesetzt, welche zum Entfernen von Farbe- und Lackschichten dienen.

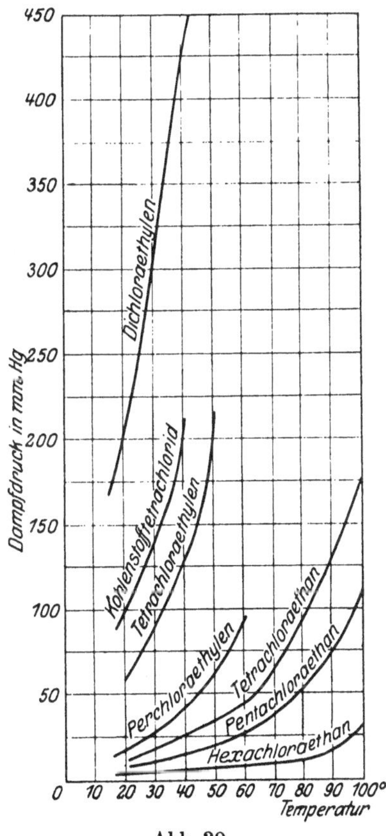

Abb. 39.
Dampfspannung chlorierter Äthane und Äthylene bei verschiedenen Temperaturen.

Derartige Beizen werden aus Trichloräthylen, Benzin, Alkohol, Azeton und etwas Paraffin, um die Beize zähflüssiger zu machen, zusammengesetzt. Während des Krieges ist es bei Bränden von ätherischen Ölen oder von Benzin als Feuerlöschmittel benutzt worden.

Tetrachloräthylen oder Perchloräthylen.

Flüssigkeit vom Siedepunkt 121° und vom spez. Gewicht 1,62. Seine mit Luft gemischten Dämpfe sind nicht explosiv.

Perchloräthylen ist in Wasser unlöslich und besitzt einen angenehmen Geruch. Seine Dampfspannungen bei verschiedenen Temperaturen sind:

$$
\begin{array}{llll}
118{,}5° & . \ . \ . \ . & 751\ mm & \text{Quecksilber} \\
114{,}5° & . \ . \ . \ . & 669\ mm & \text{,,} \\
98{,}5° & . \ . \ . \ . & 416\ mm & \text{,,} \\
86° & \ . \ . \ . \ . & 280\ mm & \text{,,} \\
72° & \ . \ . \ . \ . & 161\ mm & \text{,,} \\
57{,}8° & . \ . \ . \ . & 90\ mm & \text{,,} \\
33{,}2° & . \ . \ . \ . & 30\ mm & \text{,,}
\end{array}
$$

Die molekulare Verdampfungswärme $\lambda = 8554$ Kal. zwischen 101 und 118° und $\dfrac{\lambda}{T} = 21{,}8$.

Die Dampfdichte ist 5,82. Man erhält Perchloräthylen durch Einwirkung von Kalk auf Pentachloräthan. An der Luft und am Licht tritt nach längerer Zeit eine schwache Zersetzung ein. Es hat ein starkes Lösungsvermögen für Öle, Fette und Kautschuk. Seine Anwendungsmöglichkeiten sind dieselben wie die des Trichloräthylens.

2. Methylalkohol[1].

Methylalkohol wird aus dem bei der Holzdestillation erhaltenen rohen Holzgeist hergestellt. Er ist eine farblose Flüssigkeit, deren Geruch dem des Äthylalkohols sehr ähnlich ist und von brennendem Geschmack.

Methylalkohol siedet bei 66—67°.

Sein spez. Gewicht ist 0,789.

Es ist mit Wasser in jedem Verhältnis mischbar.

In reinem Zustand besitzt Methylalkohol ein ausgezeichnetes Lösungsvermögen für Nitrozellulosen mit einem Stickstoffgehalt von 10—12%, welches durch Zusatz von Äther noch erhöht wird.

Für Zelluloseazetat besitzt Methylalkohol kein Lösungsvermögen. Jedoch vermag eine Mischung von gleichen Volumenteilen Methylalkohol und Benzol in der Wärme Zelluloseazetat vollständig zu lösen. Die erhaltene Lösung gerinnt jedoch in der Kälte und scheidet das

---

[1] Neuerdings wird das Wort Methylalkohol durch die wissenschaftliche Bezeichnung Methanol mehr und mehr verdrängt.

Zelluloseazetat wieder ab. Wenn man einer Lösung von Zelluloseazetat in Tetrachloräthan etwas Methylalkohol zusetzt, so wird dadurch
die Viskosität der Lösungen stark vermindert und zugleich das Lösungsvermögen des Tetrachloräthans wesentlich erhöht.

3. Azeton.

Azeton ist eine Flüssigkeit von charakteristischem Geruch und leicht
brennendem Geschmack, welche im großen durch trockene Destillation
von Kalziumazetat hergestellt wird. Als Nebenreaktion bildet sich dabei
infolge der Einwirkung eines Kalküberschusses auf das Azetat Methan,
was die Ausbeute sehr verschlechtert[1]). Sein spez. Gewicht bei 18° ist
0,792, bei 0° 0,814. Sein Siedepunkt liegt bei 56,5°.

In Wasser, Alkohol, Äther usw. ist Azeton löslich.

Selbst in verdünnter, wässeriger Lösung bildet es mit Natriumbisulfit eine feste Anlagerungsverbindung, aus der man das Azeton
leicht durch Destillation wiedergewinnen kann.

Diese Verbindung kann man einerseits dazu benutzen, um Azeton
zu reinigen und anderseits, um Azeton aus verdünnter, wässeriger
Lösung abzuscheiden. Es ist ein ausgezeichnetes Lösungsmittel für sehr
viele Körper, wie Fette, Öle, Harze, Wachse, Kautschuk usw.

Nitrozellulosen von Nitrierungsgraden zwischen 10 und 13% N
lösen sich spielend leicht darin; ebenso die Zelluloseazetate des Handels
mit ungefähr 52% Essigsäure. Azeton findet als Lösungsmittel in den
verschiedensten Industrien Anwendung; so als Lösungsmittel für Nitrozellulose bei der Herstellung von

    Schießpulver,

    Chardonnetseide,

    photographischen und kinematographischen Filmen, Zelluloid usw.

In Gegenwart alkalischer Körper kondensieren sich mehrere Moleküle
Azeton zu Körpern, wie Mesityloxyd, Phoron, Diketonalkohol, welche
ihrerseits wieder gute Lösungsmittel sind; sie finden sich im Azeton des
Handels als Verunreinigung.

4. Methylazetat.

Methylazetat erhält man durch direkte Veresterung von Methylalkohol oder technischem Holzgeist mit Essigsäure. Es ist eine Flüssig-

---

[1]) In dem engl. Pat. 21073 [1912] läßt sich Fernbach die Herstellung von
Azeton und Alkoholen durch Gärung mit Hilfe des Buttersäurebazillus schützen.
Nach dem amerik. Pat. 933107 [1906] stellen A. Pagès und Duchemin Azeton
her, indem sie Dämpfe von Essigsäure auf ein Azetat oder auf eine Base, die
ein Azetat bilden könnte, einwirken lassen, wobei der Katalysator auf ungefähr
575° erwärmt wird.

keit von schwach ätherischem, angenehmem Geruch, welche bei 55° siedet und deren spez. Gewicht bei 0° 0,957 ist.

Methylazetat ist in Wasser ziemlich leicht löslich und mit Alkohol und Äther in jedem Verhältnis mischbar. Das Methylazetat des Handels enthält übrigens immer eine gewisse Menge Methylalkohol, was sein Lösungsvermögen aber durchaus nicht beeinträchtigt.

Methylazetat besitzt ein annähernd ebenso vielseitiges Lösungsvermögen wie Azeton und kann letzteres in vieler Beziehung ersetzen. Es löst z. B. Fette, Harze, Nitro- und Azetylzellulose sehr gut.

Während des Krieges hat es in allen mit Lack und Firnis arbeitenden technischen Betrieben das Azeton ersetzt und die Herstellung von Methylazetat hat sehr an Bedeutung gewonnen.

5. Äthylazetat.

Äthylazetat oder Essigester wird durch Veresterung von Äthylalkohol mit Essigsäure hergestellt. Man kann es auch, vom Azetylen ausgehend, nach folgender Reaktionsgleichung erhalten:

$$2\,C_2H_2 + 2\,H_2O = 2\,(CH_3CHO)$$
$$2\,(CH_3CHO) \longrightarrow CH_3CO_2C_2H_5.$$

Diese Umlagerung vollzieht sich in Gegenwart von Aluminiumchlorid oder -äthylat.

Es ist eine farblose Flüssigkeit von sehr angenehmem, aromatischem Geruch, welche bei 74° siedet und ein spez. Gewicht von 0,905 bei 15° hat.

Essigester ist in Wasser ziemlich leicht löslich und mit Alkohol und Äther in jedem Verhältnis mischbar.

Nitrozellulose löst Essigester sehr gut, von den Zelluloseazetaten jedoch nur eine bestimmte Gruppe; besonders bei Zusatz von Alkohol.

6. Propylazetat und Butylazetat

sind Körper von aromatischem Geruch, welche bisher noch wenig praktische Bedeutung erlangt haben. Propylazetat siedet bei 101° und Butylazetat bei 116°.

Während beide Körper gute Lösungsmittel für Nitrozellulose sind, haben sie dagegen für Zelluloseazetate gar kein Lösungsvermögen.

7. Amylazetat.

Das Amylazetat des Handels besteht größtenteils aus Isoamylazetat

$$CH_3-CO-O-CH_2-CH_2-CH\!\!<\!\!\begin{array}{c}CH_3\\CH_3\end{array}.$$

Man stellt es durch Veresterung von Fuselöl mit Kalzium- oder Natriumazetat in Gegenwart von Mineralsäuren (H_2SO_4, HCl) dar.

Ein neueres Verfahren, welches von Pentan ausgeht, scheint in der Industrie Interesse erweckt zu haben.

Amylazetat ist eine farblose Flüssigkeit, welche ungefähr bei 135 bis 140° siedet, und deren spez. Gewicht etwa bei 0,857 liegt; es ist erheblich flüchtig. Der Geruch des Amylazetats ist demjenigen der Birne ähnlich, und es wird daher bei der Bonbonfabrikation vielfach angewandt.

Amylazetat ist in Wasser unlöslich, mit Alkohol und Äther jedoch in jedem Verhältnis mischbar.

Es ist ein ausgezeichnetes Lösungsmittel für Nitrozellulose, besitzt jedoch für Zelluloseazetat gar kein Lösungsvermögen. In der Zelluloidindustrie und bei der Herstellung von Zaponlacken findet Amylazetat ausgedehnte Verwendung.

8. Methylformiat.

Methylformiat oder Ameisensäuremethylester wird direkt aus Methylalkohol und Ameisensäure oder auch durch Einwirkung von Salzsäure auf Kalziumformiat in Gegenwart von Methylalkohol hergestellt. Es siedet bei 31,4°, hat ein spez. Gewicht von 0,992 und ist in Wasser, Alkohol und Äther leicht löslich.

Für Nitrozellulosen und Zelluloseazetate ist es ein ausgezeichnetes Lösungsmittel, für viele Verwendungszwecke jedoch zu flüchtig.

Außerdem ist Methylformiat nicht ganz beständig, sondern es spaltet besonders in Gegenwart von Wasser leicht Säure ab; sein Anwendungsgebiet wird dadurch erheblich eingeschränkt.

9. Äthylformiat.

Ameisensäureäthylester ist eine Flüssigkeit vom Siedepunkt 54,4° und vom spez. Gewicht 0,944 mit einem an Rum erinnernden Geruch. 1 Teil davon löst sich in 10 Teilen Wasser. Es ist ein gutes Lösungsmittel für Nitrozellulosen und Zelluloseazetate, jedoch wie der vorher beschriebene Körper, wenig beständig. Es wird nur selten angewandt.

Andere Ester, wie Buttersäuremethyl- und -äthylester usw. sind im allgemeinen gute Lösungsmittel für Nitrozellulose, nicht jedoch für Azetylzellulose. Technisch haben sie wenig Bedeutung.

10. Benzylalkohol.

Benzylalkohol C_6H_5—CH_2—OH ist eine farblose Flüssigkeit von angenehmem Geruch. Sdp. 206°, spez. Gewicht bei 22° = 1,041.

Er ist in Wasser fast vollständig unlöslich, mit Alkohol und anderen organischen Lösungsmitteln dagegen mischbar. Er ist ein gutes Lösungsmittel für Nitro- und Azetylzellulose. Für die Herstellung von Flugzeuglacken wurden während des Krieges beträchtliche Mengen dieses Stoffes verbraucht.

Benzylalkohol wird nach mehreren Methoden dargestellt. Die am besten bekannte Methode besteht darin, daß man Toluol in der Seitenkette chloriert, so daß Benzylchlorid C_6H_5—CH_2—Cl entsteht, welches dann durch Behandlung mit Natronlauge oder Soda verseift wird[1]).

Die Chlorierung wird mit siedendem Toluol in Gegenwart geeigneter Katalysatoren vorgenommen.

Man bestimmt von Zeit zu Zeit durch Wiegen die Menge des gebundenen Chlors und kann die Reaktion unterbrechen, sobald sich erfahrungsgemäß hauptsächlich Benzylchlorid gebildet hat.

Dieser Körper wird durch Destillation im Vakuum isoliert und dann verseift. Der gewonnene Benzylalkohol wird durch Destillation im Vakuum gereinigt; die technische Ausbeute ist gut.

11. Azetessigester.

Äthylazetylazetat, $CH_3 \cdot CO \cdot CH_2 \cdot COO \cdot C_2H_5$, ist eine farblose Flüssigkeit von angenehmem, obstartigem Geruch, vom Siedepunkt 181° und einem spez. Gewicht 20° = 1,025. In Wasser ist es leicht löslich, in Salzlösungen dagegen wenig löslich. Für Zelluloseester ist es ein ausgezeichnetes Lösungsmittel und ist daher während des Krieges in beträchtlichen Mengen für Flugzeuglacke verwendet worden. Es ist etwas leichter flüchtig als Benzylalkohol.

Man stellt den Azetessigester durch Einwirkung von metallischem Natrium auf reinen und trockenen Essigsäureäthylester her. Die Reaktion wird in einem geschlossenen, innen emaillierten, mit Rührvorrichtung versehenem Apparat ausgeführt, welchen man mit einem Rückflußkühler verbindet.

Sobald die Reaktion beendet ist, läßt man abkühlen und scheidet den Azetessigester aus der Natriumverbindung durch Säurezusatz ab, trennt von der wässerigen Flüssigkeit und reinigt durch Destillation.

12. Eugenol.

$$\text{Eugenol,} \quad C_6H_3 \underset{\diagdown \text{OH}}{\overset{\diagup \text{CH}_2 - \text{CH} = \text{CH}_2}{-\text{O}-\text{CH}_3}}$$

ist eine schwach gelbgefärbte, ölige Flüssigkeit von sehr aromatischem Geruch, vom Siedepunkt 247°, spez. Gewicht 1,077.

Es ist ein gutes Lösungsmittel für Zelluloseazetat und -nitrat und wurde während des Krieges in beträchtlichen Mengen in der Flugzeuglackindustrie verwandt, um den mit Mineralfarben vermischten Lacken erhöhte Geschmeidigkeit zu geben.

---

[1]) Bull. de la soc. chim. 38. 1882. S. 159.

Man gewinnt Eugenol aus Nelkenöl, welches ungefähr 90% davon enthält, indem man 3 Teile Öl mit 10 Teilen 10%iger Natronlauge behandelt. Es bildet sich das Natriumsalz des Eugenols, welches abgeschieden und mit Salzsäure zerlegt wird. Man erhält so Eugenol, welches durch Destillation im Vakuum gereinigt wird.

13. Triazetin.

Triazetin, der Triessigester des Glyzerins, von der Formel C_3H_5 $(O\cdot COCH_3)_3$, ist eine ölige, farblose Flüssigkeit vom Siedepunkt 258° und spez. Gewicht 15° = 1,160. Es ist ein beständiger Körper und in Wasser wenig löslich, falls es frei ist von Diazetin (Sdp. 259°, spez. Gewicht 1,178) oder Monoazetin (Sdp. 23 mm = 130—132°, spez. Gewicht 15° = 1,221), welche löslich sind.

Triazetin ist ein gutes Lösungsmittel sowohl für Nitrozellulose als auch Azetylzellulose.

Es wurde in großen Mengen, ähnlich dem Eugenol, zur Herstellung von Flugzeuglacken verwendet. Es ist billiger als Eugenol.

Triazetin wird durch direkte Azetylierung des Glyzerins dargestellt.

Wiedergewinnung der Lösungsmittel.

Wie wir gesehen haben, werden bei der Verarbeitung plastischer Massen beträchtliche Mengen flüchtiger Lösungsmittel für Nitro- und Azetylzellulose verbraucht, und es ist natürlich von größter wirtschaftlicher Bedeutung, wenn es gelingt, diese Flüssigkeiten wenigstens teilweise wiederzugewinnen. Die Bedeutung der Wiedergewinnung leuchtet sofort ein, wenn man bedenkt, daß in der Zelluloid- und Schießpulverindustrie 1 Teil Lösungsmittel auf 1 Teil Nitrozellulose, aber in der Film-, Kunstseide-, Lackindustrie sogar bis zu 20 Teilen Lösungsmittel verwendet werden.

Außerdem ist die vollständige Entfernung der Lösungsmitteldämpfe aus den Arbeitsräumen von größter hygienischer Bedeutung; viele tödliche Unfälle sind schon durch schlechte Ventilation der Betriebsräume entstanden.

Alle organischen Flüssigkeiten: Alkohol, Azeton, Amylazetat, Methylazetat, Benzin, Tetrachloräthan usw. sind mehr oder weniger giftig, und die vollständige Entfernung ihrer Dämpfe aus den Arbeitsräumen ist eine soziale Pflicht.

Eine Wiedergewinnung der Lösungsmitteldämpfe erscheint nach drei verschiedenen Prinzipien als möglich:

1. durch Kondensation in der Kälte,
2. durch chemische Bindung,
3. durch Lösung.

Verfahren der Wiedergewinnung durch Abkühlung.

Die Kondensation durch Abkühlung beruht auf folgenden Tatsachen:

Ist ein Gußraum mit Dämpfen gesättigt, so muß jede Erniedrigung der Temperatur von einer Kondensation eines Teiles der Dämpfe begleitet sein. Bei einem nicht mit Dämpfen gesättigtem Raum kann eine teilweise Kondensation erst dann eintreten, wenn durch Abkühlung der Taupunkt, d. h. die Temperatur, erreicht wird, bei welchem die in dem Raum vorhandenen Dämpfe denselben sättigen würden.

Infolgedessen ist der Taupunkt um so niedriger, je geringer der Dampfgehalt der Atmosphäre ist. Kann man also beim Abkühlungsverfahren eine gewisse Herabsetzung der Temperatur nicht überschreiten, so muß man, um den Taupunkt zu erreichen, den Dampfgehalt der Luft steigern.

So ist für Äther die Kondensation bei $-20°$ C unmöglich, wenn der Gehalt der Atmosphäre nur 100 g auf 1 cbm beträgt. Wenn die Luft oder die Atmosphäre, in der die Verdampfung vor sich geht (CO_2 oder N) sehr reich an Dämpfen ist, so genügt es, diese Dämpfe in röhrenförmige Kolonnen zu leiten, die durch fließendes Wasser gekühlt werden und in denen die Hauptmasse der Dämpfe kondensiert wird.

Wenn die Luft nicht sehr reich an Dämpfen ist, so muß man in einem geschlossenen Kreislauf arbeiten, um den Dampfgehalt so anzureichern, daß es möglich ist, einen Teil durch Abkühlung zu kondensieren. Die Einrichtnug der Wiedergewinnungsanlage ist dann folgende:

Von dem Raum, in welchem die Verdampfung der Lösungsmittel stattfindet, gelangt die Luft in einen Kondensator und wird hier von dem größten Teil der Lösungsmittel befreit; darauf durchströmt sie einen Vorwärmer, gelangt in den abgeschlossenen Raum zurück und beginnt den Kreislauf aufs neue.

Anwendung in der Zelluloidindustrie. Der Knetapparat, in welchem die Zelluloidmasse in der Wärme angesetzt wird, ist mit einem Kondensator verbunden, in dem sich die Alkoholdämpfe verflüssigen; die Wiedergewinnung des Alkohols wird durch Verwendung des bereits auf S. 101 erwähnten „Vakuumkneters" sehr erleichtert. Auch aus den Trockenschränken oder Trockenkammern können die Alkoholdämpfe abgesaugt und in Kondensatoren verflüssigt werden.

Anwendung in der Kinofilmindustrie. Bei der Herstellung von Filmen auf der Drehtrommel geschieht die Wiedergewinnung von Lösungsmitteln in der Weise, daß die Luft in geschlossenem Kreislauf einen Röhrenkühler von großer wirksamer Oberfläche durchstreicht, wobei nach den oben gegebenen Gesichtspunkten ein Teil der Lösungsmitteldämpfe verflüssigt wird.

Anwendung in der Fabrikation von Kunstseide und Schießpulver. Die Nitrozelluloseseiden werden in geschlossenen Gefäßen gesponnen und Alkohol und Äther werden wiedergewonnen[1]); auch in der Schießpulverfabrikation können Äther und Alkohol durch dieselbe Methode kondensiert werden.

In dem einen wie in dem anderen Falle ist es George Claude gelungen, gute Wiedergewinnungsergebnisse durch Anwendung sehr niedriger Temperaturen zu erreichen, welche durch Kompression und plötzliche Entspannung der mit Dämpfen beladenen Luft erzeugt werden.

Chemische Verfahren der Wiedergewinnung.

Gewisse organische Lösungsmittel können fast quantitativ durch Körper absorbiert werden, deren Dampfspannung bei gewöhnlicher Temperatur sehr gering und deren Preis im Verhältnis zu dem der wiederzugewinnenden Flüssigkeiten niedrig ist. Um eine Wiedergewinnung zu ermöglichen, muß jedoch die entstandene Verbindung leicht wieder in ihre Komponenten zerlegbar sein.

Wiedergewinnung von Azeton. Das beste Mittel, um dampfförmiges Azeton zu absorbieren, ist Natriumbisulfitlauge.

Die mit Azetondämpfen beladene Luft wird von unten her durch einen innen mit zylindrischen Tonringen gefüllten Turm oder Kammern aus Zement geschickt, in welchen Natriumbisulfitlauge herabrieselt.

Diese Einrichtung, welche auch bei nur schwach mit Azetondämpfen beladener Luft anwendbar ist, wird in einer großen Kinofilmfabrik Deutschlands angewandt.

Wenn man die mit Azeton gesättigte Natriumbisulfitlauge erwärmt, so wird Azeton wieder frei.

Die Wiedergewinnung von Alkohol und Äther. In den Kunstseidefabriken, die nach dem Chardonnet-Verfahren arbeiten, wendet man zur Absorption von Alkohol und Äther Schwefelsäure von 60—66° Bé an[2]), welche in Absorptionstürmen aus Blei oder Ton als Regen herabfließt.

Lösungsverfahren.

Die mit Dämpfen beladene Luft wird in eine Flüssigkeit geleitet, welche die Dämpfe auflöst und aus der durch fraktionierte Destillation die Lösungsmittel zurückgewonnen werden.

Absorption durch Kresole. Das Verfahren wird in Pulverfabriken angewandt, um Äther und Alkohol zu absorbieren.

Die meisten der gebräuchlichen organischen Lösungsmittel lösen sich in Kresolen unter Abgabe von Wärme.

---

[1]) Franz. Pat. 397791 [1909]; 413571 [1910]; 435073 [1911].
[2]) Franz. Pat. 350298, J. Dervin; Franz. Pat. 401262 [1908], Kunstseide von Tubize; Franz. Pat. 396664 und 401182, Crepelle-Fontaine.

Die Dämpfe werden in eine Art rotierende Waschvorrichtung geleitet, welche mit Teerölen gefüllt ist[1]).

Lösung in Amylalkohol. Die mit Alkohol und Ätherdämpfen beladene Luft wird z. B. bei der Herstellung von Nitrozellulosekunstseide durch Plattenkolonnen geleitet, in welchen Amylalkohol herabrieselt.

Der Amylalkohol nimmt aus der Luft die Alkohol- und Ätherdämpfe auf. Dafür nimmt die Luft ihrerseits Amylalkohol mit, welcher in anderen Kolonnen durch mit Wasser verdünnten Alkohol absorbiert wird.

Die Isolierung der Absorptionsprodukte findet in Plattenrektifizierapparaten statt[2]).

Lösung durch Wasser. Wasser löst die Dämpfe von Alkohol, Methylazetat und Azeton sehr gut; während des Krieges wurde dieses Verfahren in einigen Fabriken beim Lackieren von Flugzeugtragflächen angewandt, um die bei der Verdampfung des Lackes entstehenden Dämpfe wiederzugewinnen. Bei der großen Ausdehnung der Flugzeugindustrie war eine einfache Einrichtung zum Auffangen und Wiedergewinnen der Dämpfe unbedingt nötig, um wenigstens einen Teil der verdampften Lösungsmittel wiederzugewinnen und um gleichzeitig die Arbeitsräume von den gesundheitsschädlichen Dämpfen zu befreien. Die Tragflächen werden in rechteckige Tröge[3]) gebracht und dort mit der Lackschicht überzogen. Die Dämpfe der Lösungsmittel, welche schwerer sind als Luft, sammeln sich am Boden des Gefäßes an und können mit Luft gemischt durch eine der üblichen Vorrichtungen abgesaugt werden.

Das Gemisch von Luft und Dämpfen (40 g Lösungsmittel auf 1 cbm) wird nun in einen Turm von etwa 1—1,5 m Durchmesser und 3—5 m Höhe, welcher mit Koks gefüllt oder zuweilen auch mit weniger einfachen Berieselungsanlagen ausgestattet ist, nach dem Gegenstromprinzip mit Wasser beregnet. Das Wasser beläd sich auf diese Weise mit 15—30 g flüchtiger Lösungsmittel pro Liter, z. B. mit 13 g Alkohol, 6 g Methylazetat, und wird auf dem Boden des Turmes gesammelt.

Es wäre nicht möglich, das Wasser mit mehr als 40 g auf 1 Liter zu beladen, da mit dieser Konzentration die Höchstgrenze der Absorptionsfähigkeit erreicht ist und die beladene Luft ebensoviel Dämpfe mit fortnimmt, wie sie gebracht hat.

Die Befreiung der Lösungsmittel vom Wasser geschieht in den üblichen Rektifikationskolonnen, wobei gleichzeitig bis zu einem gewissen Grade eine Trennung der Lösungsmittel voneinander stattfinden kann.

---

[1]) Über dieses von Brégeat (Franz. Pat. 502957 [1920]) zuerst angegebene Verfahren siehe Weissenberger: Kunststoffe 1921. S. 124, 145, 155.

[2]) Franz. Pat. 413359, de Chardonnet.

[3]) Franz. Pat. D 84755, Clément und Rivière.

So besteht das zurückgewonnene Methylazetat aus 90% Methylazetat und 10% Alkohol, während Methyl- oder Äthylalkohol von 97—98% erhalten werden.

Die bei den Verfahren erreichte Ausbeute beträgt 30% des Gewichts der wiederzugewinnenden Dämpfe.

In den letzten Jahren hat das Verfahren der Elberfelder Farbwerke[1]), welches aktive Kohle als Absorptionsmittel verwendet, größere Bedeutung erlangt. Eine für die Absorption flüchtiger organischer Stoffe besonders geeignete Kohle wird durch Erhitzen kohlenstoffhaltiger Substanzen mit Chlorzink hergestellt[2]).

Die Kohle nimmt 50—70% ihres Gewichts von den flüchtigen Lösungsmitteln auf, welche nach Sättigung der Kohle durch Wasserdampf abgetrieben werden.

---

[1]) D.R.P. 310092. Kunststoffe 1921, S. 126.
[2]) D. R. P. 290656.

X. Die mechanische Prüfung plastischer Massen.

Die heute sehr vielseitige Anwendung plastischer Massen, wie Zelluloid, Zellon, Viskose usw., hat eine eingehende Erforschung ihres inneren Aufbaues notwendig gemacht. In vielen Fällen, von denen wir nur die sehr charakteristischen des Kinofilms und der Schutzschicht für Flugzeugtragflächen erwähnen, wird die plastische Masse starker mechanischer Beanspruchung unterworfen. Deshalb erschien es uns angebracht, die mechanische Prüfung plastischer Massen, wenn auch nur vom Gesichtspunkt der Praxis aus, eingehend zu behandeln.

Am Schluß dieser Betrachtung haben wir zwar auch die Prüfungsergebnisse praktisch wichtiger Produkte erörtert, welche durch Überziehen von Geweben (z. B. für Flugzeuge) hergestellt wurden. Im allgemeinen wird man jedoch gut tun, die plastischen Massen in Form von Folien oder Filmen auf ihre mechanischen Eigenschaften hin zu prüfen; nur so wird man leicht vergleichbare Werte erhalten.

I. Die Dynamometer.

Es werden heute ausgezeichnete Dynamometer zur Prüfung der Festigkeit plastischer Massen hergestellt. Ursprünglich waren diese Apparate für die Papierprüfung bestimmt.

Bei der Beurteilung der Prüfungsergebnisse ist es von besonderem Wert, daß man eine klare Vorstellung davon bekommt, wie eine plastische Masse sich während der Beanspruchung im Prüfungsapparat verhält; mit anderen Worten, es ist zweckmäßig, den Prüfungsverlauf durch eine Kurve oder ein Diagramm festzuhalten.

Besonders zwei Arten von Dynamometern sind gebräuchlich:

1. das Dynamometer mit Gegengewicht,
2. das Dynamometer mit Federzug.

Bei dem Dynamometer mit Gegengewicht wird die auf den Versuchsstreifen wirkende Zugkraft durch eine Schraubenspindel übertragen und bewirkt das Anheben eines Hebelarmes mit Gegengewicht (Abb. 40); der Hebelarm verschiebt sich dabei längs einer Kilogramme und Bruchteile von Kilogrammen angebenden Skala[1]).

---

[1]) Auf diesem Prinzip beruhen die Dynamometer von Chévefy und von Schopper. Die Abb. 40 ist übrigens eine Wiedergabe des Elastizitätsmessers mit Registriervorrichtung von Chéneveau und Heim (Bull. de la soc. d'Enc. 1913. S. 20).

Der Apparat hat also Ähnlichkeit mit der allgemein bekannten Briefwage.

In demselben Augenblick, in welchem der Versuchsstreifen reißt, wird der Hebelarm durch Sperrklinken, welche ihn am Zurückschlagen hindern, an seinem höchsten Standort über der Skala festgehalten.

Bevor der Versuchsstreifen reißt, erfährt er gewöhnlich noch eine Dehnung, deren Größe durch Hebelsystem ebenfalls auf einer Skala sichtbar gemacht wird. Die Schopperschen Festigkeitsprüfer ermöglichen die gleichzeitige Bestimmung von Festigkeit und Dehnung an einem Versuchsstreifen.

In sehr einfacher Weise kann man an einer in Abb. 41 und 42 schematisch dargestellten Vorrichtung die Festigkeit durch Belastung des

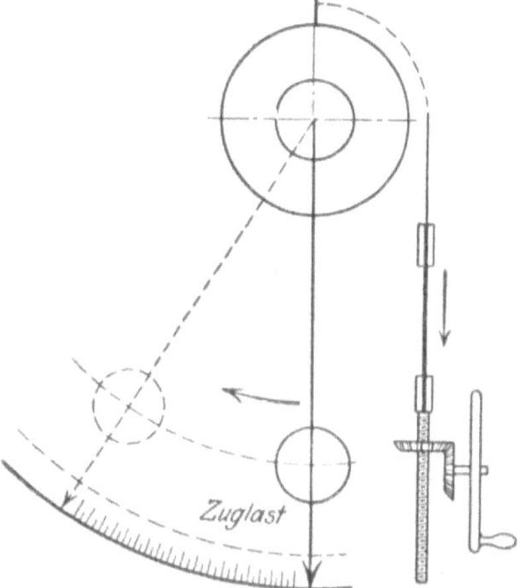

Abb. 40. Schema eines Dynamometers mit Gegengewicht.

Versuchsstreifens mit verschiedenen Gewichten und die Dehnung durch Ablesen an einer geradlinigen Skala bestimmen.

Bei dem Federdynamometer verwendet man eine kalibrierte Feder. Es ist bekannt, daß die bei einer Feder auftretenden Deformationen den wirksamen Kräften proportional sind, vorausgesetzt, daß die Beanspruchung nicht sehr groß ist. Das eine Ende des Versuchsstreifens wird mit der Feder verbunden, während auf das andere Ende mittels einer Schraubenspindel ein Zug ausgeübt wird. Die der wirksamen Zugkraft proportionale Deformation der Feder liest man an einer direkt in Kilogramme und Bruchteile von Kilogrammen geteilten Skala ab, über welcher ein an der Feder befestigter Zeiger entlang gleitet. Die Dehnung wird an einer zweiten längs der Schraubenspindel angebrachten geradlinigen Skala abgelesen[1]) (Abb. 43).

Einfache, leicht verständliche Vorrichtungen ermöglichen es, die in jedem Augenblick während

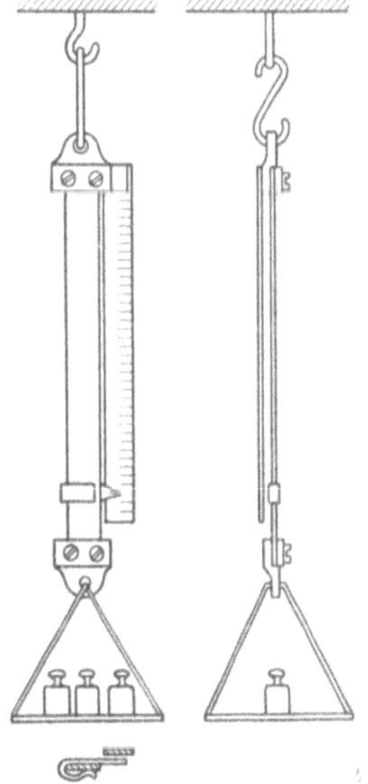

Abb. 41 und 42.

---

[1]) Auf diesem Prinzip beruht das Dynamometer von M. Breuil. Nähere Angaben über diesen Apparat findet man bei Bonwitt: Das Zelluloid. Berlin 1912. S. 189 ff.

der Prüfung wirksame Zugbeanspruchung und Dehnung in einem
Koordinatensystem in Form einer Kurve zu registrieren, auf dessen
Abszisse die Dehnung und dessen Ordinate die angewandte entsprechende
Zugkraft abgetragen wird.

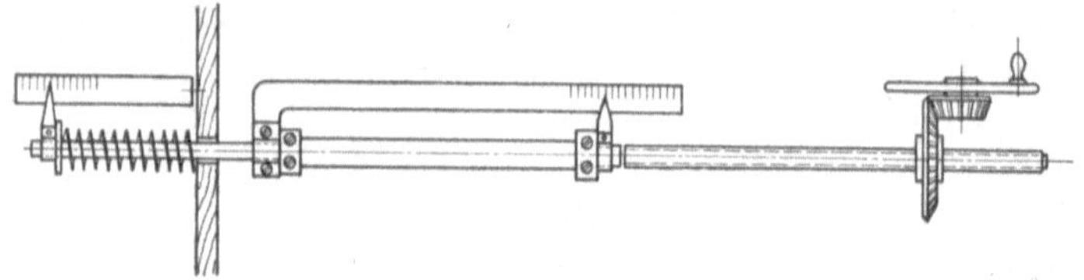

Abb. 43.   Schema eines Federdynamometers.

A. Probestücke.

Wir wollen besonders eingehend die Versuche über kontinuierlichen
und periodischen Zug besprechen.

Es soll durchaus nicht bestritten werden, daß die anderen Versuche
über Druckfestigkeit, Biegungselastizität usw. in gewissen Spezialfällen
sehr lehrreich sein können; aber wir sind der Ansicht, daß die einfachste
Methode zum Vergleich verschiede-
ner plastischer Massen oder auch
derselben plastischen Masse, welche
nach verschiedenen Fabrikationsverfahren hergestellt wurde, die Bestimmung der Reißfestigkeit ist.

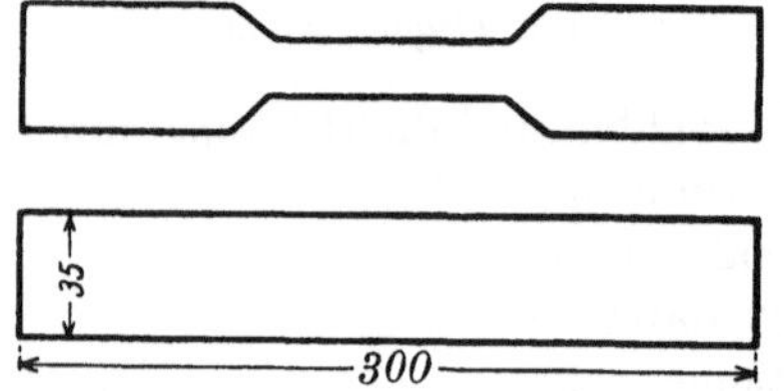

Abb. 44. Probestreifen. (35 × 300 mm).

Nach dieser Methode erhält man
Zahlen (auf allgemein festgelegte
Einheiten bezogen), welche einen
charakteristischen Wert für jeden Stoff oder jedes Verfahren darstellen
und aus denen man auf den inneren Aufbau des so untersuchten Stoffes
Schlüsse ziehen kann.

Wenn irgend möglich wird man die zu untersuchende plastische
Masse in die Form mehr oder weniger dünner Folien bringen.

Für die Untersuchung von Zelluloid oder Zelluloseazetat ebenso auch
für das Material der Kinofilmindustrie stellt man sich dünne Folien her.
Bei Gallalit oder anderen Produkten wählt man zweckmäßig Platten
mittlerer Stärke, wie sie z. B. zur Herstellung von Kämmen dienen. Bei
Untersuchung der Flugzeuglacke kann man den Lack leicht auf einer
Glasplatte in gleichmäßiger Schicht verdunsten lassen, und erhält so
ebenfalls einen homogenen transparenten Film.

Man zerschneidet dann das Probestück in Streifen, deren Ränder
genau parallel und glatt sein müssen; am besten bedient man sich dazu
kleiner Schneidemaschinen, wie man sie häufig in der photographischen
Industrie findet. Die Breite des Streifens wird gemessen (bei Verwendung

einer geeigneten Schneidemaschine erhält man stets Streifen derselben Breite), ebenso wird die Dicke genau mit einer Mikrometerschraube gemessen.

Wir sind der Ansicht, daß es zweckmäßiger ist, mit rechteckigen Probestreifen zu arbeiten, als mit den Probestücken älterer Form (Abb. 44), bei denen die zum Einspannen in die Klemmbacken des Apparates bestimmten Enden breiter sind.

Außer der Schwierigkeit, ein solches Probestück herzustellen (besondere Schneidevorrichtung) haben wir keinen wesentlichen oder überhaupt merkbaren Unterschied bei der Verwendung der einen oder der anderen Form des Probestücks feststellen können. Beim Gegengewichtsapparat ist der Abstand zwischen den Klemmbacken in Deutschland für die Papierprüfung auf 18 cm festgesetzt worden.

B. Theorie der Zugfestigkeit.

Bei der Untersuchung des Widerstandes von Metallen gegen Zerreißen ist man zu folgenden Gesetzmäßigkeiten gekommen, die allgemein anwendbar sind, solange man innerhalb der Elastizitätsgrenzen bleibt:

1. Die Dehnung ist unabhängig von der anfänglichen Belastung, wenn man einen konstanten Zug ausübt.

2. Die Dehnung ist der ursprünglichen Länge des Körpers direkt proportional.

3. Die Dehnung ist dem Querschnitt des Körpers umgekehrt proportional.

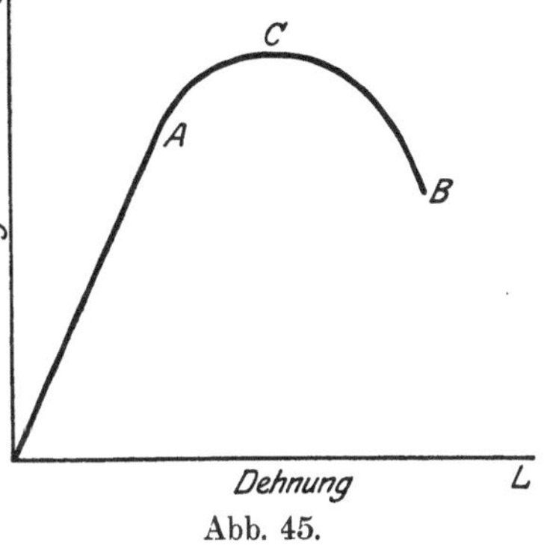

Abb. 45.

Es ergibt sich daher folgende Beziehung zwischen der Zugkraft P und der dadurch bewirkten Verlängerung l:

$$P = \left(\frac{l}{L}\right) SK,$$

wobei L die ursprüngliche Länge,
     S der Querschnitt,
     K der Elastizitätsmodul ist.

Es hat sich ergeben, daß man beim Aufstellen eines Diagramms für die Dehnung der Metalle in Abhängigkeit vom Zug eine Gerade erhält.

Es tritt jedoch ein Augenblick ein, wo die Dehnung dem Zug nicht mehr proportional bleibt; man hat die Elastizitätsgrenze, den Punkt A der Kurve, erreicht. Von diesem Augenblick an dehnt sich die Probe in wesentlich stärkerem Maße als der Zug zunimmt (Abb. 45).

Darauf wird, infolge des sich verkleinernden Querschnittes, der zur

Erzeugung einer bestimmten Dehnung nötige Zug kleiner. Die Kurve fällt bis zum Punkt B, in dem die Probe zerreißt.

Man sieht also, daß die Kurve mit dem Punkt C ihr Maximum überschritten hat. Dies ist der Punkt des stärksten auf das Probestück ausgeübten Zuges, den man als Fließpunkt bezeichnet.

C. Definition der plastischen Masse.

Man kann zwei große Körperklassen unterscheiden: die elastischen und die unelastischen Körper. Auf Grund ihrer dynamometrischen Kurvenbilder lassen sie sich folgendermaßen abgrenzen:

1. Die elastischen Körper. Solange die Dehnung der Zugkraft proportional verläuft, ist die Zugdehnungskurve eine Gerade durch den Nullpunkt. Sie neigt sich stark zur X-Achse (Dehnungsachse), hat also einen kleinen Richtungswinkel. Als scharf definierten Grenzfall kann man den Körper ansehen, der beim geringsten Zug schon unendliche Dehnung aufweist, also reißt. Seine dynamometrische Kurve fällt mit der Dehnungsachse (X-Achse) zusammen.

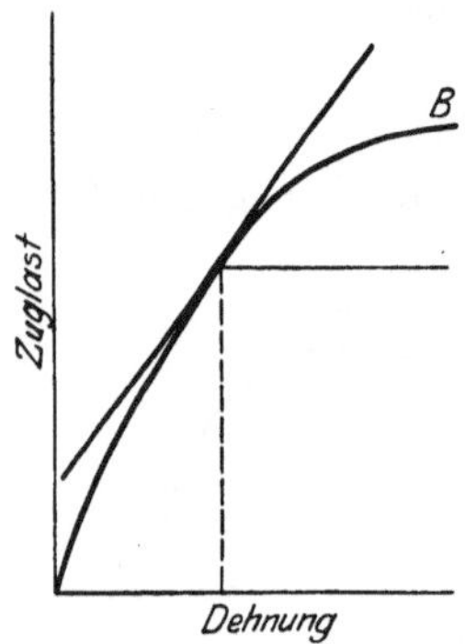

Abb. 46.   Kurve elastischer Körper.

2. Die unelastischen Körper. Die Gerade im Zugdehnungsdiagramm, die vom Nullpunkt aus das Gebiet der Proportionalität von Zug und Dehnung darstellt, verläuft steil gegen die Dehnungs- oder X-Achse. Der Neigungswinkel nähert sich mehr oder weniger 90°. Ihr Grenzfall ist die Y-Achse, die dynamometrische Kurve des undeformierbaren Stoffes.

Eine scharfe Abgrenzung zwischen beiden Klassen läßt sich nicht herstellen, wenigstens nicht ohne Willkür. Diese wird sich nach dem Verwendungszwecke des Stoffes richten müssen und mit diesem wechseln.

Die elastischen Körper kann man wieder unterteilen in zähe Körper und in plastische. Bei zähen Körpern wächst die Zugkraft dauernd mit zunehmender Dehnung; die Tangente an jedem Punkt der Zugdehnungskurve hat immer einen positiven Richtungswinkel. Die Kurve selbst weist keine Haltepunkte, Wendepunkte oder absteigende Äste auf (Abb. 46).

Plastische Körper erleiden zu Beginn bei rasch wachsendem Zug nur kleine Dehnungen. Der Richtungswinkel der Tangente in jedem Punkt dieses Kurventeils ist nahezu konstant. Man befindet sich im Gebiet der elastischen Dehnung. Von einer bestimmten Zugbeanspruchung ab, dem Punkt A der Kurve, erfährt die Probe dauernde Streckungen. Die Dehnung wächst viel schneller als der Zug. Von B ab bleibt die Zugkraft nahezu konstant, während die Dehnung weiter wächst. Dabei ändert sich der Querschnitt bedeutend. Bildet man das Verhältnis der Zugkraft zu dem dazu gehörigen Wert des Querschnitts, so charakterisiert dieser Quotient $\frac{F}{S}$ jeden der aufeinander folgenden Gleichgewichtszustände. Bis zum Punkt B wächst er, weil F zunimmt und S praktisch konstant bleibt. Von B ab wächst er ebenfalls, weil bei nahezu konstantem F der Querschnitt S sich verkleinert. Der Richtungswinkel der Tangente an die Kurve geht durch Null wieder zu positiven Werten zurück. Die Kurve hat einen Wendepunkt (Abb. 47).

Erst nach diesem Wendepunkt B der Kurve unterscheiden sich die Zugdehnungskurven der uns beschäftigenden plastischen Stoffe von denen, die man z. B. bei Metallen erhält. Bei letzteren hat die Kurve in B oder später ein Maximum, keinen Wendepunkt. Die für uns wichtigen Stoffe haben dagegen einen Wendepunkt, nach dem die Kurve wieder ansteigt. Der Neigungswinkel der Kurventangente bleibt positiv und wächst wieder.

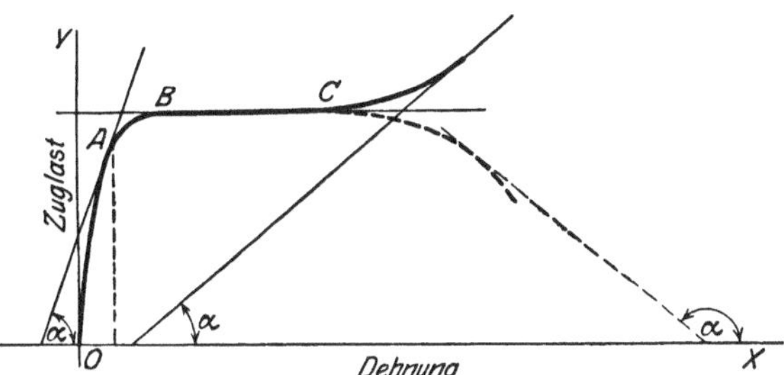

Abb. 47. Kurve plastischer Körper.

Vom Punkt C ab wird die Querschnittsverkleinerung gering; infolgedessen steigt die Zugkraft mit wachsender Dehnung wieder an. Die Krümmung der Kurve wechselt, sie wird konkav gegen die X-Achse.

Man findet diesen Kurventyp fast bei allen plastischen Massen wieder. Bei spröden Stoffen existiert der horizontale Teil der Kurve fast gar nicht; die Querschnittsverringerung vor dem Bruch ist sehr gering.

Die Zugdehnungskurve der plastischen Massen, die uns beschäftigen, weist demnach drei Hauptteile auf:

1. Einen vom Nullpunkt ausgehenden, geradlinigen Teil, der die Proportionalität der Dehnung mit dem Zug kennzeichnet. Es sind die elastischen Dehnungen.

2. Einen mehr oder weniger flachen Wendepunkt; er kennzeichnet das Gebiet der unelastischen Dehnungen.

3. Einen wieder ansteigenden Kurventeil, der wieder nahezu eine Gerade bildet.

Eine einem derartigen Zug ausgesetzt gewesene Masse hat sehr tiefgehende Veränderungen erlitten. Ihr innerer Aufbau z. B. ist nicht mehr der gleiche wie vorher. Man untersucht also in Wirklichkeit eine plastische Masse, die einen anderen Elastizitätskoeffizienten hat.

D. Wiedergabe der Versuchsergebnisse.

Wie soll man nun die Ergebnisse der verschiedenen vorstehend beschriebenen dynamometrischen Versuchsmethoden wiedergeben?

a) **Die Festigkeit.** Man kann die Festigkeit auf zwei Arten ausdrücken:

1. Entweder kann man sie durch die Anzahl von Kilogrammen (bezogen auf die Querschnittseinheit) ausdrücken, welche nötig ist, um die plastische Masse bis an die Grenze elastischer Dehnung zu bringen, d. h. bis zu dem Punkt, wo die Streckungskurve anfängt horizontal zu werden (Punkt A).

Dieser Punkt ist bei den mit einer Registriervorrichtung aufgezeichneten Kurven deutlich erkennbar; außerdem wird er dadurch bemerkbar, daß der Zuggewichthebel von dem Augenblick an, wo dieser Punkt erreicht ist, und während der ganzen Dauer der nicht elastischen Deformationsperiode unbeweglich stehen bleibt.

2. Oder man kann sie ausdrücken durch die Anzahl von Kilogrammen (bezogen auf die Querschnittseinheit), welche nötig ist, um ein vollständiges Zerreißen des Versuchstreifens herbeizuführen.

Man erhält also diese Zahl, indem man die abgelesene Bruchlast durch das Produkt aus Dicke, in Millimetern ausgedrückt, und Breite des Probestücks, ebenfalls in Millimetern ausgedrückt, dividiert.

Oder man kann auch die Zerreißfestigkeit auf die Dicke in Millimetern und auf die Breite in Zentimetern beziehen. Unter diesen Umständen gibt die Reißfestigkeit die Anzahl von Kilogrammen an, welche nötig ist, um ein Probestück von 1 cm Breite und 1 mm Dicke zu zerreißen.

Man kann die Versuchsergebnisse der Festigkeit gegen Zug auch noch anders ausdrücken.

Wir haben bei den Betrachtungen über die Theorie der Festigkeit gesehen, daß die Beziehung zwischen Zugkraft und Dehnung durch folgende Gleichung ausgedrückt wird:

$$P = \frac{1}{L}\, S \cdot K,$$

woraus man ableiten kann:

$$K = \frac{P \cdot L}{S \cdot 1},$$

natürlich nur in den Grenzen elastischer Dehnung.

K kann man als den Elastizitätsmodul für den zugehörigen Wert P der Zugkraft bezeichnen.

Dabei muß man beachten, daß K nicht absolut konstant ist, vielmehr zeigt die Streckungskurve nur in den ersten Teilen die Form einer geraden Linie.

Der Koeffizient K, welcher direkt proportional ist dem Neigungswinkel α der Tangente an den betreffenden Punkt der Kurve, ist auch ein Maß für die Steilheit des Anstieges der Streckungskurve.

Es sei erwähnt, daß man für die Papierprüfung[1]), um von dem Einfluß der Breite und Dicke unabhängig zu sein, den Begriff der Reißlänge eingeführt hat. Man versteht unter Reißlänge diejenige Länge eines Papierstreifens von beliebiger (aber gleichbleibender) Breite und Dicke, bei welcher er, an einem Ende aufgehängt gedacht, infolge seines Eigengewichts am Aufhängepunkt abreißen würde. Die Reißlänge läßt sich aus der ermittelten Bruchlast und dem Quadratmetergewicht des Papieres berechnen.

b) **Dehnung.** Die einfachste Art, die Dehnung auszudrücken, besteht darin, daß man den Längenzuwachs des Probestückes unter dem Einfluß der streckenden Kraft in Prozenten angibt. Diese Längenänderung kann sowohl für die Elastizitätsgrenze wie auch für den Reißpunkt angegeben werden.

Der Unterschied zwischen den beiden so gemessenen Dehnungen stellt die bleibende Dehnung während der nicht elastischen Periode dar.

Aus erhaltenen Versuchsergebnissen kann man folgende Schlüsse ziehen:

1. Bei einer hohen Reißfestigkeit:

a) Wenn man eine zur Achse X stark geneigte Kurve erhält, welche einer Geraden sehr nahekommt, so hat man es mit einem zäh-elastischen Körper zu tun;

b) wenn die Kurve dagegen fast eine Parallele zu der Achse Y bildet, so hat man es mit einem brüchigen Körper zu tun.

In beiden Fällen ist die Dehnung bei der Streckung eine nicht bleibende, wenn die Kurve fast eine Gerade darstellt. Wenn die Kurve jedoch sich zur Achse X krümmt, so findet eine bleibende Deformation statt.

c) Wenn die Kurve nach einem geraden Teil einen Haltepunkt bildet, so hat man es mit einer wirklichen plastischen Masse zu tun; diese Abweichung von der Geraden gibt den Punkt an, von dem ab bleibende Deformierung einsetzt. Je länger dieser zweite Teil der Kurve ist, desto größer ist die Plastizität des Stoffes; die Elastizität wird durch den geraden Teil der Kurve vor dem Haltepunkt dargestellt.

d) Wenn die Kurve sich nach dem Haltepunkt von der Achse X entfernt, wird die plastische Masse in der Kälte eine beträchtliche Härte zeigen; wenn der Haltepunkt dagegen wenig deutlich hervortritt und die Kurve sich fast gleichmäßig zur Achse X neigt, so wird die plastische Masse zu weich sein.

2. Wenn die Reißfestigkeit gering ist, können zwei Fälle vorliegen:

---

[1]) **Herzberg**; Papierprüfung. Berlin: Julius Springer 1922.

a) Die erhaltene Kurve weist nur geringe Länge auf und nähert sich einer Geraden.

Durch zu starken Zusatz, z. B. von Füllmitteln, fehlt der Masse der gleichmäßige innere Zusammenhalt.

b) Ist die Dehnung dagegen außerordentlich groß, so ist die Masse infolge eines zu großen Gehaltes an Gelatinierungsmitteln oder infolge zu großer Wasserabsorption zu weich.

E. Die periodische Streckung.

Die Erscheinungen bei periodischer Streckung sind sehr interessant zu beobachten. Wir können hier nur die Ergebnisse solcher Untersuchungen zusammenfassen und ihre Bedeutung für die Beurteilung der plastischen Masse kurz dartun. Die periodische Streckung besteht in einer Reihe von Zugbeanspruchungen, bei denen nach jedem Zug zur anfänglichen Beanspruchung oder zu einem bestimmten Zug zurückgekehrt wird. Das Diagramm, das diesem Anstieg und Abfall des Zuges entspricht, ergibt Resultate von großem theoretischem und praktischem Interesse. Für plastische Massen, wie Zelluloid oder Zelluloseazetat, wird dieser Hin- und Hergang durch folgende Kurve veranschaulicht (s. Abb. 48).

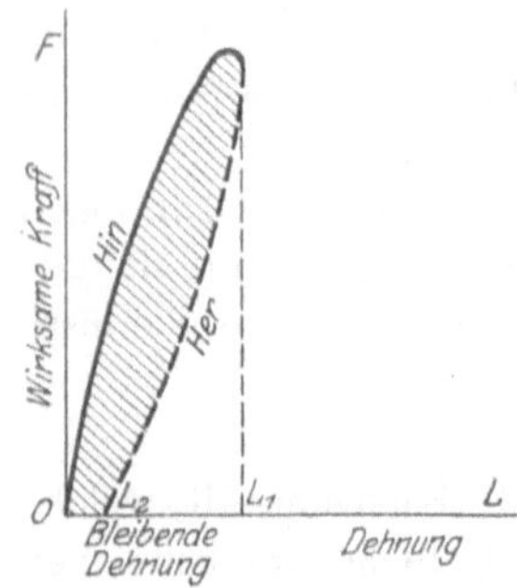

Abb. 48.

Die Kurve des Hinwegs fällt nicht mit der Kurve des Rückwegs zur ursprünglichen Belastung zusammen; im Verlauf des Kreisprozesses hat der Stoff einen gewissen Energiebetrag aufgenommen; außerdem behält er eine gewisse Dehnung dauernd bei.

Die Energie, die im Verlauf dieser Erscheinung verschwindet und von der plastischen Masse aufgenommen wird, ist durch die von der Kurve umschlossene Fläche gegeben. Die insgesamt zur Auswirkung kommende Energie ist:

$$\int_0^{l_1} P dl + \int_{l_1}^{l_2} P dl = \int_0^{l_1} P dl - \int_{l_2}^{l_1} P dl.$$

Es treten dabei Erscheinungen auf, die man mit der magnetischen Hysteresis und der des Kautschuks vergleichen kann. Übrigens kann man öfter bei physikalischen Vorgängen Erscheinungen der Hysterese feststellen. So hat man für Kautschuk (Abb. 49), der typischen elastischen Masse der Technik, folgende Gesetze aufstellen können[1]:

---

[1] Diese Angaben über Kautschuk sind Arbeiten entnommen, die in der Zeitschrift «La Caoutschouc et la gutta-percha» von M. Pierre Breuil. veröffentlicht worden sind.

1. Die Dehnungen sind bei der Entspannung nicht dieselben wie bei der Spannung. Der Kautschuk besitzt also keine vollkommene Elastizität.

2. Bei erneuter Streckung des Kautschukprobestreifens findet man für gleichen Zug nicht auch gleiche Dehnung wieder; die Formänderungen für gleiche Beanspruchungen sind also nicht unabhängig von der Vorgeschichte der Probe.

Sie sind auch nicht umkehrbar, erst nach einer gewissen Zahl aufeinanderfolgender Streckungen kann man feststellen, daß die Dehnung merklich umkehrbar wird.

Für eine bestimmte plastische Masse hängt die Flächengröße des ersten

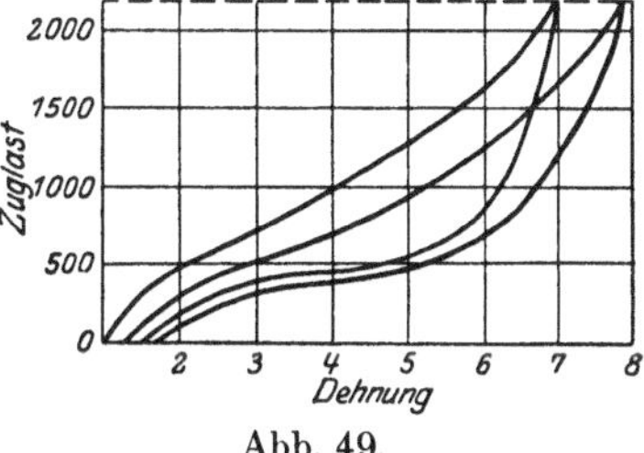

Abb. 49.

Dehnungszyklus vollkommen davon ab, bis zu welchem Betrag die Streckung getrieben wird. Die Kurvenfläche ist um so größer, je weiter die Streckung getrieben wurde; die bleibende Dehnung nimmt ebenfalls zu. Wenn man die Elastizitätsgrenze überschreitet, wird die Kurvenfläche sehr groß und die bleibende Dehnung ist erheblich.

Wir geben in folgendem die durch verschieden weitgehende Streckungen einer Zelluloidprobe (Abb. 50) erhaltenen Kurven wieder.

Im praktischen Gebrauch unterwirft man häufig plastische Massen einer oft wiederholten Beanspruchung, welcher dann jedesmal eine

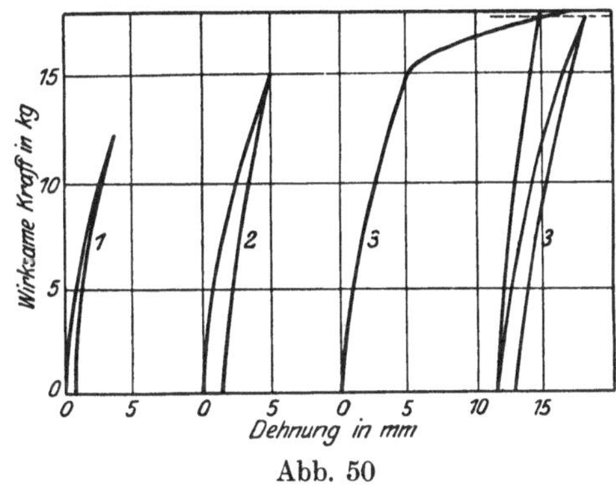

Abb. 50

mehr oder weniger lange Ruhepause folgt. Das beste Beispiel hierfür bildet der Kinofilm, der eine ganze Reihe von Streckungen auszuhalten hat, die sich in sehr kurzen regelmäßigen Abständen folgen. Bei Flugzeugflächen nimmt der Lacküberzug an allen Beanspruchungen teil, welche die Bespannung auszuhalten hat.

Mit anderen Worten, eine plastische Masse wird um so länger benutzt werden können, je weniger Energie sie bei periodischen Streckungen verbraucht.

Das ist leicht verständlich. Ein Stoff, welcher sich bei einer bestimmten Belastung in meßbarer Weise dehnt, und nach Aufhören der Belastung noch eine bleibende Dehnung behält, erleidet dynamometrisch ständig eine Veränderung und muß nach mehrmals wiederholten Belastungen zerreißen.

Man kann also plastische Massen durch einfache Nebeneinanderstellung der Flächen ihrer Streckungskurven miteinander vergleichen (Abb. 51). Man mißt die nach einer bestimmten Anzahl von Streckungen zurückgebliebene Dehnung oder vielmehr, man ermittelt als praktischen Wert die Anzahl von Streckungen, die man bis zum Bruch ausführen kann.

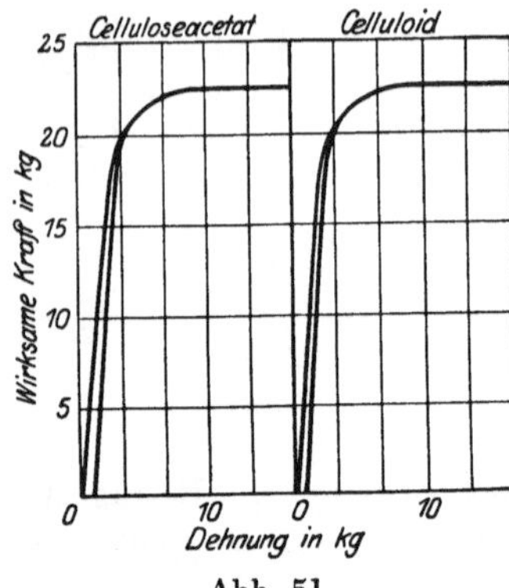

Abb. 51.

Länge der Probe ... 150 mm
Breite der Probe ... 25 «
Dicke der Probe ... 0,15 «

Bei plastischen Massen sind die unter Innehaltung einer Spannungsgrenze nacheinander vorgenommenen verschiedenen Streckungen nicht umkehrbar. Die Fläche dieser Belastungskurven ist dabei im Vergleich zu denen, welche wir mit Kautschuk erhalten können, recht klein. Von der dritten oder vierten Beanspruchung an werden die Kreisprozesse daher praktisch reversibel.

Je größer die Anzahl der Streckungen ist, welche ein Stoff, ohne eine bestimmte Belastungsgrenze zu überschreiten, aushält, um so wertvoller wird der Stoff sein; denn es wird dadurch der Beweis erbracht, daß die jedesmal zurückbleibende Dehnung und somit der Flächeninhalt der Kurven der kleinstmögliche ist.

Nach dem Prinzip der wiederholten Streckung ist ein einfacher Apparat gebaut worden[1]), welcher speziell in der Papierindustrie

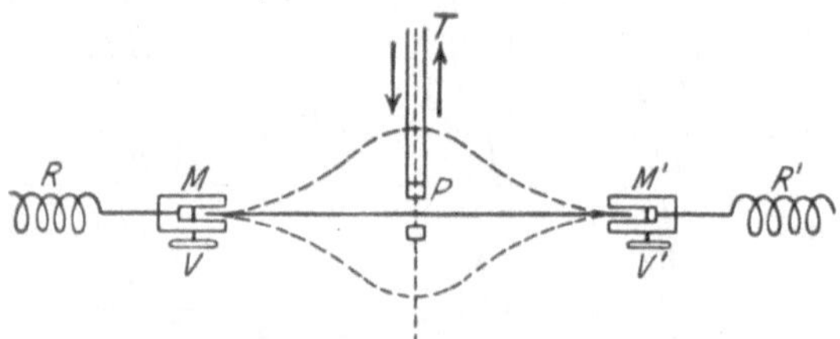

Abb. 52. Schema eines Apparates zur Bestimmung der Biegezahl.
R R' Federn. M M' an den Federn befestigte Klemmen.
V V' Schrauben. P Filmstreifen. T hin- und hergehender Metallschieber.

zur Ermittelung der Biege- oder Knitterungszahl dient (Abb. 52).

Ein schmaler Versuchsstreifen wird an seinen beiden Enden in je eine, an der schwachen Feder R befestigte Klemme M eingespannt.

Die Mitte des Streifens geht durch den Ausschnitt eines metallischen Schiebers T. Dieser wird in geradlinige Hin- und Herbewegung versetzt, wobei er den Filmstreifen in der Mitte seitlich ausbiegt. Die Amplitude dieser periodischen Bewegung bleibt dabei konstant. Der Apparat zählt

---

[1]) Schopper, Leipzig.

die Hin- und Herbewegungen bis zum Bruch des Streifens. Im Grunde genommen läuft dieser Versuch darauf hinaus, die Anzahl der Hysteresisschleifen bei einer festgelegten Belastung zu bestimmen.

Wie wir weiter unten bei der Bestimmung des Einflusses verschiedener Umstände auf die elastischen Eigenschaften plastischer Massen sehen werden, folgt die Biege- oder Knitterzahl nicht den gleichen Gesetzen wie die Zugfestigkeit und die Dehnung. Je größer diese Zahl ist, desto größer ist die Wahrscheinlichkeit, daß die Masse lange der zerstörenden Einwirkung vielfach wiederholter Beanspruchung widersteht, immer vorausgesetzt, daß diese Beanspruchungen nicht die Elastizitätsgrenze überschreiten.

Belasten wir einen Streifen, z. B. aus Azetylzellulose, bis zu einem bestimmten Zug, so erhalten wir ein bestimmtes Zugdehnungsdiagramm. Prüfen wir dieselbe Probe nach dem Entlasten bis zum Bruch, dann ist die jetzt gefundene Zugdehnungskurve steiler als vorher. Das ist eine Erscheinung, die den Vorgängen beim Biegen entspricht. Sie erklärt sich leicht auf Grund der früheren Überlegungen, nach denen eine plastische Masse einen gewissen Energiebetrag aufnimmt. Er wird dazu verwandt, den inneren Aufbau der Stoffe zu verändern.

Die Reißfestigkeit der gebogenen plastischen Masse wächst, die Dehnung verringert sich. Die Masse wird spröder. An einem Zelluloidstreifen wurden folgende Werte gefunden:

Vor dem Biegen:

    Reißfestigkeit . . 7,42 kg
    Dehnung . . . . 18 %.

Nach dem Biegen:

    Reißfestigkeit . . 7,84 kg
    Dehnung . . . . 10,06 %.

II. Mechanische Prüfung plastischer Massen aus Zellulose.

Bestimmung der Reißfestigkeit, der Dehnung[1]) und der Knitterungszahl.

A. Papier.

Papier besteht aus mehr oder weniger reiner Zellulose und mineralischen Füllstoffen in sehr verschiedenen Mengen. Es stellt ein wirres Durcheinander von Zellstoff oder Baumwollfasern dar und wird aus Holz- oder Lumpenbrei hergestellt.

Dabei handelt es sich also nicht um eine homogene Masse; man kann jedoch auch homogenes Zellulosepapier herstellen, indem man bei

---

[1]) Bei allen folgenden Messungen wird die Festigkeit in Kilogramm bezogen auf 1 qmm Querschnitt, die Dehnung in Prozenten angegeben.

reinem Zellulosepapier die Fasern unter sich durch Einwirkung von starker Schwefelsäure miteinander verkittet.

Dabei findet eine teilweise Umwandlung der Zellulose in Hydratzellulose statt.

Papier aus reiner Zellulose. Die Eigenschaften reiner Zellulosepapiere hängen sehr von der Art ab, wie die Zellulosefasern miteinander verfilzt sind. Zur Erläuterung geben wir die dynamometrischen Kurven der Zugfestigkeit und Dehnung verschiedener Papiere an (Abb. 53), Kurven 1 und 2.

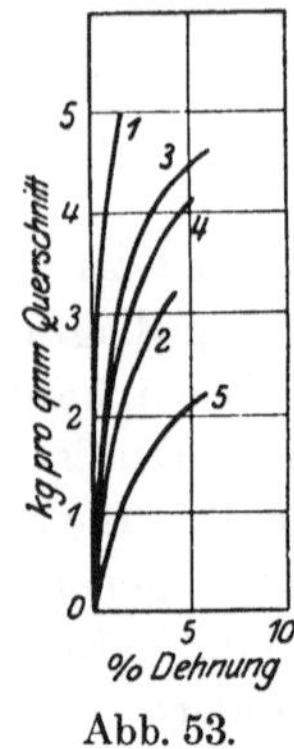

Abb. 53.

1 Reines Zellulosepapier
2 «   «
3 Mit Schwefelsäure behandeltes Papier
4 Mit Salpeter-Schwefelsäure behandeltes Papier
5 Karton.

1. Beispiel.

Reißfestigkeit . . . 5 kg
Dehnung . . . . . 1,7 %.

2. Beispiel.

Reißfestigkeit . . . 3 kg
Dehnung . . . . . 4,5 %.

Die Messungen wurden an Probestücken mit folgenden Abmessungen ausgeführt:

Länge . . . 150 mm
Breite . . . 25 mm
Dicke . . . 0,08—0,20 mm.

Die Knitterungszahl ist stets sehr hoch; sie kann zwischen 500 und 2000 liegen, wodurch bewiesen wird, daß die Papierstreifen sich nur schwer dauernd verändern. Dies ist nicht nur auf die Eigenschaften der betreffenden Zellulose zurückzuführen, sondern hängt noch mehr von der Art der Verfilzung der Fasern untereinander ab.

Durch Trocknen verringert sich die Dehnung, während sich die Reißfestigkeit erhöht.

Pergamentiertes Papier. Dasselbe reine Zellulosepapier, dessen Eigenschaften wir im Beispiel 1 angaben, wurde kurze Zeit in eine Mischung von 2 Teilen Schwefelsäure von 66° Bé und 1 Teil Wasser getaucht. Danach ergab das so behandelte Papier folgende Werte:

Reißfestigkeit . . . 4,5 kg
Dehnung . . . . . 6 % (Abb. 53, Kurve 3).

Es ist also hauptsächlich eine Erhöhung der Dehnung zu beobachten. Übrigens ist das Papier für Wasser undurchlässig geworden.

Nitriertes Papier. Eine Probe desselben Papieres (Beispiel 1) wurde mit einer Schwefel-Salpetersäuremischung von folgender Zusammensetzung nitriert:

H_2SO_4 . . . 62
HNO_3 . . . 22,2
H_2O . . . 15,8 (Abb. 53, Kurve 4).

Es ergab dann folgende Werte:

Reißfestigkeit . . 4,24 kg
Dehnung . . . . 6,3 %.

Im wesentlichen also dieselben Werte wie für pergamentiertes Papier, d. h. eine erhöhte Dehnung. Auch dieses Papier ist für Wasser undurchlässig geworden.

B. Pappe.

Pappe besteht aus Holzstoffasern und enthält außerdem oft mineralische Füllstoffe, wie Schwerspat, Gips usw.

Ihre mechanischen Eigenschaften sind sehr verschieden; jedenfalls setzen Füllstoffe die Reißfestigkeit stets herab.

Beispiel (Abb. 53, Kurve 5).
Reißfestigkeit . . . 2,2 kg
Dehnung . . . . . 5 %.

C. Viskosefilm.

Aus Lösungen von Natriumzellulosethiokarbonat kann man Folien erhalten, welche aus regenerierter Zellulose bestehen.

Derartige durchsichtige Hydratzellulosefolien zeigen eine sehr hohe Reißfestigkeit.

Man findet gewöhnlich

Reißfestigkeit . . 7,1 kg
Dehnung . . . . 23 %

bei einem Wassergehalt von 7,8 %.

Nach geradlinigem Aufstieg (Abb. 54, Kurve 1) zeigt die Kurve einen kleinen nahezu wagerechten Teil, dem ein weiterer, weniger steiler Aufstieg folgt. Die Kurve weist einen sehr deutlichen Wendepunkt auf. Diese Kurve ist charakteristisch für die innere Struktur dieses Stoffes. Wenn man versucht, einen Viskosefilm zu zerreißen, so muß man große Kraft anwenden, aber sobald einmal der Riß begonnen hat, kann man ihn ohne Anstrengung fortführen.

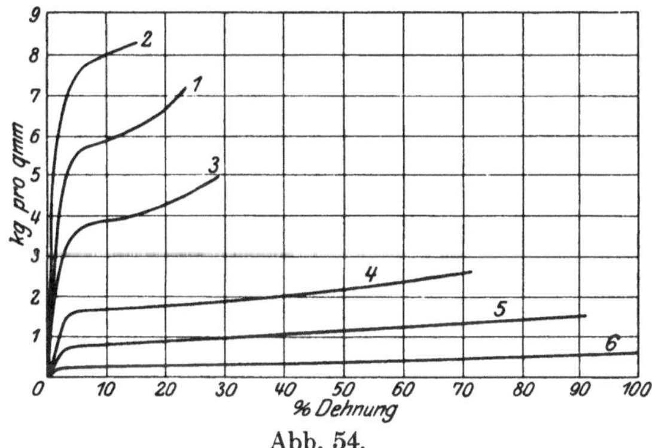

Abb. 54.

1 Viskosefilm lufttrocken. 2 Viskosefilm getrocknet. 3 Viskosefilm mit 12% Feuchtigkeit. 4 Viskosefilm mit 35% Feuchtigkeit. 5 Viskosefilm mit 56% Feuchtigkeit. 6 Viskosefilm mit sehr hohen Wassergehalt.

Stark getrockneter Viskosefilm läßt sich durch einfaches Biegen zerbrechen. Die dynamometrische Kurve von trockenem Viskosefilm zeigt eine sehr hohe Reißfestigkeit und niedrige Dehnung; ein Wendepunkt ist nicht zu beobachten (Abb. 54, Kurve 2).

Wenn man anderseits den Feuchtigkeitsgehalt erhöht, nimmt die Reißfestigkeit sehr schnell ab, wohingegen die Dehnung beträchtlich erhöht wird (Abb. 54, Kurve 3, 4, 5 und 6).

Die Reißfestigkeit sinkt fast auf 0, wenn der Viskosefilm eine halbe Stunde lang in Wasser gelegen hat.

Die Wasserempfindlichkeit der Viskose steht ihrer Anwendbarkeit in Form von Filmen sehr im Wege, ein großer Nachteil, der übrigens auch den Kunstseiden nachgesagt wird. Die Wasserempfindlichkeit unterscheidet die Filme aus Zellulose von solchen aus Zelluloseestern. Die Absättigung der Alkoholgruppen (OH) der Zellulose durch anorganische oder organische Säureradikale hebt teilweise, wenn nicht ganz, die Aufnahmefähigkeit für Wasser auf.

D. Aus Kupferoxydammoniaklösungen abgeschiedene Zellulose.

Durch Fällung von Zellulose-Kupferoxydammoniaklösungen kann man ebenfalls Spinnfasern oder Filme herstellen.

Die Reißfestigkeit ist ebenfalls groß; doch steht auch hier die Wasserempfindlichkeit ihrer Anwendung hindernd im Wege. Die Zugfestigkeitskurve ist fast dieselbe wie für Viskosefilm.

Beispiel.

Reißfestigkeit. . . 6,8 kg   Dehnung . . . . 25,6%.

E. Kunstseiden.

Wie man aus folgender Tabelle sehen kann, haben die Kunstseiden im allgemeinen eine hohe Reißfestigkeit.

Art der Seide	Reißfestigkeit in kg auf den qmm
Natürliche chinesische Rohseide	67
„ französische „	64
„ „ gekochte und avivierte Seide	33
„ „ rot gefärbte u. zu 110% beschwerte Seide	15
„ „ schwarz-blau gefärbte und zu 140% beschwerte Seide	10
„ „ schwarz gefärbte und zu 500% beschwerte Seide	2,8
Nitrozellulosekunstseide nach Chardonnet, ungefärbt	18
„ „ Lehner, ungefärbt	21
„ „ Strehlenert, ungefärbt	20
Kunstseide nach Pauly oder Glanzstoff	24
„ Croß und Stearn (Viskose)	14
„ „ „ „ (neue Viskose)	27
Baumwolle	14

Kunstseiden haben eine geringe Elastizität.

In der zweiten Tabelle kann man den Einfluß der Denitrierung auf Nitrozellulosespinnfasern erkennen.

	Reißfestigkeit in kg auf den qmm	Dehnung %
Nach dem Chardonnet-Verfahren gesponnene Nitrozellulosefäden	20	23
Dieselben nach Denitrierung und Trocknung . . .	22	8
„ „ „ aber ungetrocknet . .	5	—
Nitrozellulosefäden nach dem Bronnert-Verfahren gesponnen	25	28
Dieselben nach Denitrierung und Trocknung . . .	23	13
„ „ „ aber ungetrocknet . .	6,4	—
Natürliche Seide	60	18

Es ist interessant, die mit den verschiedenen Modifikationen der Zellulose erhaltenen Kurven mit denen zu vergleichen, welche sich bei der Prüfung der Metalle ergeben haben.

III. Mechanische Prüfung plastischer Massen aus Zelluloseestern.

Trockene Zellulose besitzt keine Elastizität, und in feuchtem Zustande ist sie meistens nicht anwendbar. Im Gegensatz dazu bilden Zelluloseester wirkliche plastische Massen noch besser nicht in reinem Zustande, sondern mit Zusatz gewisser organischer Stoffe, welche feste Lösungsmittel für diese Ester darstellen.

A. Reine Zelluloseester.

Nitrozellulose. Die Nitrozellulose gibt ohne Zusatz von Gelatinierungsmitteln eine Zugfestigkeitskurve, die keinen horizontalen Teil und keinen deutlichen Wendepunkt aufweist. Zur X-Achse verläuft die Kurve vollständig konkav. Es findet kaum eine Querschnittsänderung statt; die plastischen Eigenschaften sind demnach gering. Das Produkt zerbricht beim Biegen, und es erfordert keine große Anstrengung, um einen begonnenen Riß weiterzuführen.

Die Reißfestigkeit ist allerdings sehr hoch.

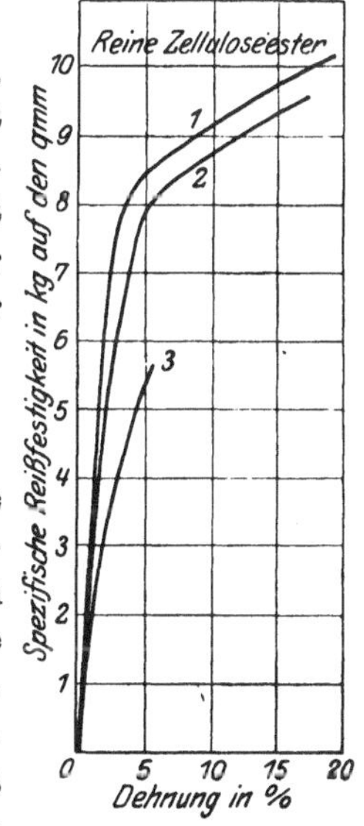

Abb. 55.

1 Nitrozellulose.
2 Zelluloseazetat.
3 Zelluloseazetat.

16*

Beispiel (Abb. 55, Kurve 2).

Reißfestigkeit . . . . 10,1 kg
Dehnung . . . . 18,5 %
Anzahl der Knitterungen . 50.

Zelluloseazetat. Reine Azetylzellulose ergibt eine sehr ähnliche Kurve mit hoher Reißfestigkeit und geringer Dehnung.

Beispiel (Abb. 55, Kurve 2).

Reißfestigkeit . . . . 9,6 kg
Dehnung . . . . 14,4 %
Anzahl der Knitterungen . . 45.

Bei schlecht geleitetem Herstellungsprozeß erhält man meist minderwertige Produkte, welche nur geringe Elastizität besitzen und sehr brüchig sind. Wir geben die Werte eines solchen Produktes (Abb. 55 Kurve 3) wie folgt wieder:

Reißfestigkeit . . . . 15,3 kg
Dehnung . . . . 5 %
Anzahl der Knitterungen . . 20.

B. Zelluloseester mit Zusatz eines Gelatinierungsmittels.

Nitrozellulose. Kampfer ist ein ausgezeichnetes, festes Lösungsmittel für Nitrozellulose und ändert ihre mechanischen Eigenschaften bedeutend.

Die Reißfestigkeit wird herabgesetzt, wohingegen die Dehnung zunimmt; man erhält beistehendes Kurvenbild (Abb. 57, Kurve 1) mit einem in bezug auf die X-Achse konkaven und einem konvexen Teil, besonders wichtig ist derjenige Teil der Kurve, der zur X-Achse parallel läuft und eine sehr deutliche Querschnittsverringerung der Probe andeutet.

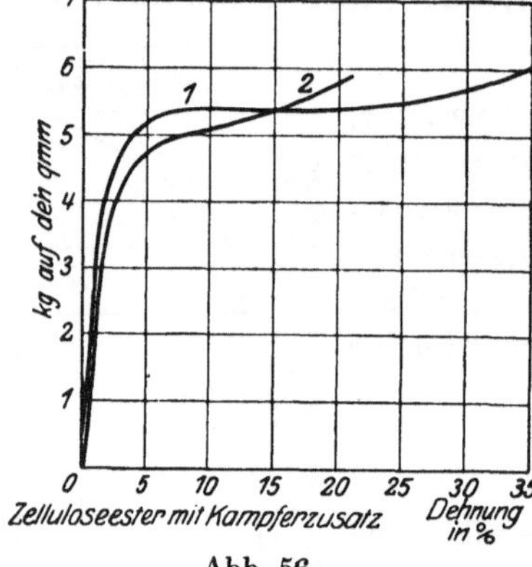

Abb. 56.

1 Nitrozellulose. *2.* Zelluloseacetat.

Die Anzahl der Knitterungen hat sich beträchtlich erhöht, und die Masse kann recht oft die Elastizitätsgrenze überschreiten, ohne zu zerbrechen, was bei Film aus reiner Nitrozellulose nicht möglich ist.

Reißfestigkeit . . . . 6 kg
Dehnung . . . . 35 %
Anzahl der Knitterungen . 92.

Die Erhöhung des Kampfergehaltes vermindert die Reißfestigkeit bedeutend und erhöht anderseits die Dehnung, und man gelangt bald zu einem leicht deformierbaren und ritzbaren Stoff.

In Abb. 57 und der folgenden Tabelle sind für Nitrozellulose mit verschiedenen Zusätzen von Kampfer die Ergebnisse der mechanischen Prüfung zusammengestellt.

Kampfer in %	Reißfestigkeit in kg auf den qmm	Dehnung in %	Anzahl der Knitterungen
20	8,8	36	58
25	7,5	36,5	110
50	5,8	40	650

Die Anzahl der Knitterungen wächst also mit zunehmendem Gehalt an Gelatinierungsmitteln.

Zelluloseazetat. Kampfer ist kein Lösungsmittel für Zelluloseazetat, sondern man muß ihn als festes Füllmittel betrachten.

Reißfestigkeit . . . . 5,9 kg
Dehnung . . . . 20,5 %
Anzahl der Knitterungen . . 80.

Bei einem wirklichen schwer flüchtigen Lösungsmittel wie Triazetin nähert sich die Kurve sehr der des Zelluloids (Abb. 56, Kurve 2).

Bei dieser Gelegenheit wollen wir erwähnen, daß wir als Gelatinierungsmittel Produkte bezeichnen, welche Zelluloseester lösen, möglichst wenig flüchtig sind und mit dem Ester eine beständige feste Lösung bilden, also ein homogenes Produkt ergeben. Nicht als Gelatinierungsmittel bezeichnen wir dagegen die Körper, welche man gegen das

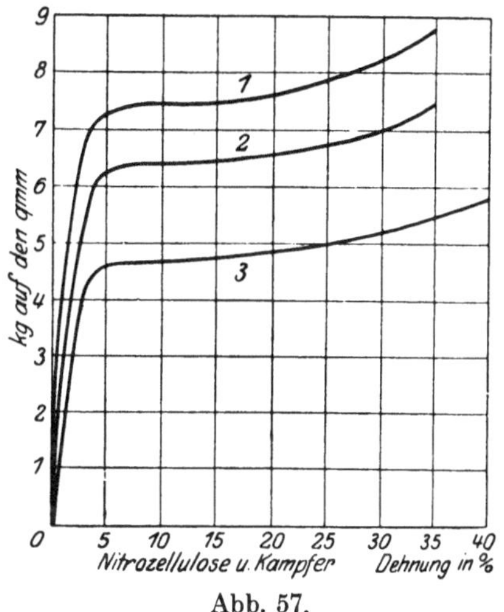

Abb. 57.
1 20% Kampher. *2* 25% Kampher.
3 50% Kampher.

Mattwerden bei der Anwendung von Zelluloseesterlacken gebraucht und von denen man verlangt, daß sie ein Lösungsmittel sind, welches schwerer flüchtig ist als Wasser und nicht mit diesem mischbar.

C. Einfluß der Trocknung.

Der Zweck der Trocknung ist die Verdampfung der flüchtigen Lösungsmittel wie Alkohol bei Zelluloid, Tetrachloräthan, Azeton bei den Produkten aus Zelluloseazetat.

Zelluloid. Die hohe Dampfspannung des Kampfers bei einer Temperatur von 40° verursacht sehr große Verluste dieses festen Lösungsmittels. Bei einer Probe mit 23% Kampfer und 77% Nitrozellulose entstanden im Trockenschrank bei 100° folgende Gewichtsverluste (Abb. 58):

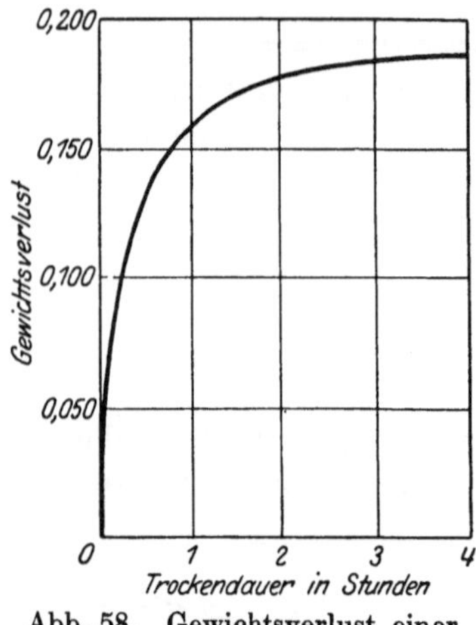

Abb. 58. Gewichtsverlust einer Zelluloidprobe.

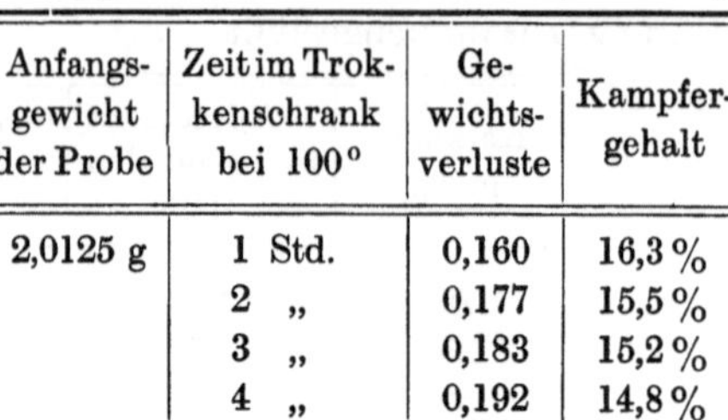

Anfangs-gewicht der Probe	Zeit im Trok-kenschrank bei 100°	Ge-wichts-verluste	Kampfer-gehalt
2,0125 g	1 Std.	0,160	16,3 %
	2 „	0,177	15,5 %
	3 „	0,183	15,2 %
	4 „	0,192	14,8 %

Bei einer anderen Probe, die 33% Kampfer enthielt, betrugen die Gewichtsverluste im Trockenschrank bei 100°:

Anfangs-gewicht der Probe	Zeit im Trok-kenschrank bei 100°	Ge-wichts-verluste	Kampfer-gehalt
1,976 g	1 Std.	0,197	—
	2 „	0,245	—
	3 „	0,258	—
	4 „	0,267	—
	5 „	0,273	—
	6 „	0,277	22 %

Man muß also bei der Fabrikation einen höheren Zusatz an Kampfer nehmen als man praktisch erhalten will.

Die mechanische Prüfung der Filme zeigt eine Steigerung der Reißfestigkeit und die Abnahme der Dehnung bei der Verdampfung des flüssigen Lösungsmittels (Abb. 59, Kurve 1 und 2).

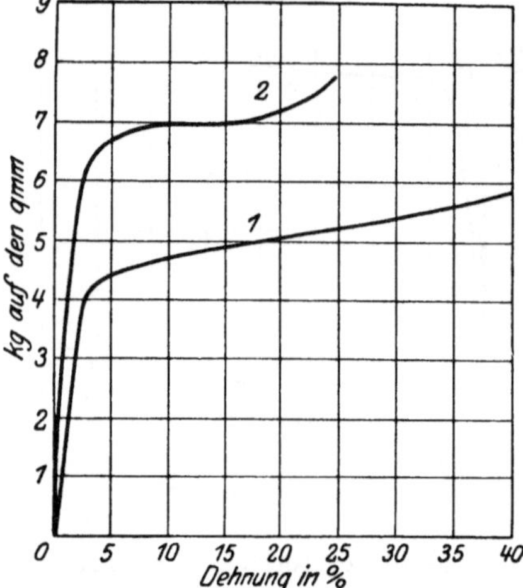

Abb. 59. *1* Unvollständige Trocknung.
2 Vollständige Trocknung.

Unvollständig getrockneter Film.
Reißfestigkeit . . . . 5,9 kg
Dehnung . . . . 39 %
Anzahl der Knitterungen . . 130.

Getrockneter Film.
Reißfestigkeit . . . . 7,8 kg
Dehnung . . . . 24,6 %
Anzahl der Knitterungen . . 58.

Die Anzahl der Knitterungen nimmt mit der Dauer der Trocknung ab.

Plastische Massen aus Zelluloseazetat. Dieselbe Erscheinung beobachtet man bei Zelluloseazetatmassen; die unvollständige

Entfernung des flüchtigen Lösungsmittels verursacht eine sehr hohe Dehnung.

D. Einfluß von Wasser.

Zelluloid. Die Durchlässigkeit des Zelluloids für Wasser ist gering. Wenn man eine Zelluloidprobe 1 Stunde lang im Wasser liegen läßt und sie dann mechanisch prüft, so findet man, daß die Dehnung um ungefähr 17% zugenommen hat, während die Reißfestigkeit um ungefähr 22% ihres Wertes abgenommen hat.

Trockenes Zelluloid (Abb. 60, Kurve 1).

Reißfestigkeit . . . . 6,7 kg
Dehnung . . . . 33,7 %
Anzahl der Knitterungen . 65.

Zelluloid nach der Lagerung in Wasser (Abb. 60, Kurve 2).

Reißfestigkeit . . . . 5,2 kg
Dehnung . . . . 39,6 %
Anzahl der Knitterungen . 118.

Plastische Massen aus Zelluloseazetat. Trockenes Produkt (Abb. 60, Kurve 3).

Reißfestigkeit . . . . 5,9 kg
Dehnung . . . . 37 %
Anzahl der Knitterungen . 40.

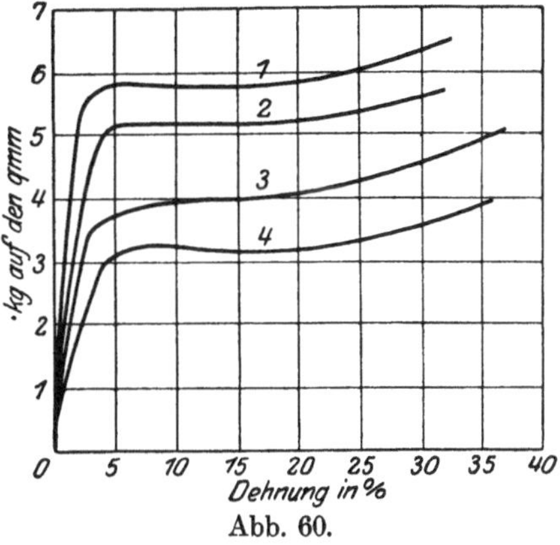

Abb. 60.

1 Trockenes Zelluloid.   2 Feuchtes Zelluloid.
3 Azetylzellulose.   4 Feuchte Azetylzellulose.

Produkt nach der Lagerung in Wasser (Abb. 60, Kurve 4).

Reißfestigkeit . . . . . 4,5 kg
Dehnung . . . . 40 %
Anzahl der Knitterungen 95.

Die Reißfestigkeit des trockenen Produktes hat um 23% ihres ursprünglichen Wertes nach der Lagerung in Wasser abgenommen.

Die Dehnung hat sich um 21% ihres ursprünglichen Wertes erhöht.

Wenn man diese Versuchsergebnisse mit denen vergleicht, die man beim Viskosefilm erhält, so wird man finden, daß Zelluloid und plastische Massen aus Zelluloseazetat praktisch undurchlässig für Wasser sind.

Die Anzahl der Knitterungen erhöht sich mit dem Feuchtigkeitsgehalt des Films.

E. Prüfung einiger technischer Produkte.

Die mechanischen Eigenschaften von Zelluloid und plastischen Massen aus Zelluloseazetat haben eine große Bedeutung bei der Herstellung der Kinofilme erlangt.

Der Träger der Emulsion ist ein aus Zelluloid oder Zelluloseazetat mit entsprechenden Zusätzen bestehendes Band von einer mittleren Dicke von 0,15 mm und einer Breite von ungefähr 35 mm.

Dieses an den Rändern perforierte Band wird mit Hilfe eines Radgetriebes, dessen Zähne in die Perforation des Streifens eingreifen, im Projektionsapparat mit einer mittleren Geschwindigkeit von ungefähr 1500 m in der Stunde ruckweise fortbewegt. Dabei wird an den Film eine hohe Anforderung in bezug auf Reißfestigkeit und Widerstand gegen Verkratzen gestellt.

Deshalb ist man bemüht, eine Unterlage herzustellen, welche gegen die Beanspruchung im Projektionsapparat so widerstandsfähig wie möglich ist.

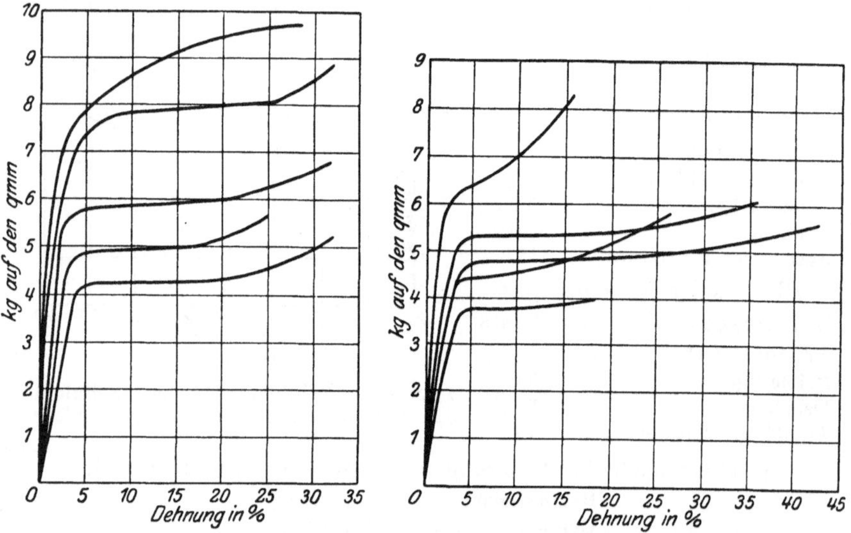

Abb. 61. Kinofilm aus Zelluloid.   Abb. 62. Kinofilm aus Zelluloseazetat.

In Abb. 61 bringen wir die Prüfungskurven einiger Zelluloidfilme des Handels.

Die Anzahl der Knitterungen beträgt durchschnittlich 80; sie schwankt zwischen 52 und 110.

Abb. 62 gibt zum Vergleich die Kurven einiger unentflammbarer Filme aus Zelluloseazetat wieder. Die Anzahl der Knitterungen ist sehr verschieden, sie schwankt zwischen 39 bis 155.

IV. Vergleich der plastischen Massen mit Kautschuk.

Die plastischen Massen der Technik unterscheiden sich erheblich von elastischen Stoffen. Als Typ eines elastischen Stoffes wollen wir zum Vergleich den Kautschuk betrachten.

Reiner Kautschuk ist ein elastischer Körper, dessen Dehnung bei Zug äußerst geringen Kraftaufwand erfordert.

Im Gegensatz dazu zeigen Nitrozellulose und Zelluloseazetat in reinem Zustand eine hohe Reißfestigkeit und eine geringe Dehnung.

Die Vulkanisation des Kautschuks bewirkt eine Erhöhung der Zähigkeit. Man vulkanisiert Kautschuk z. B. durch Zusatz von Schwefel und

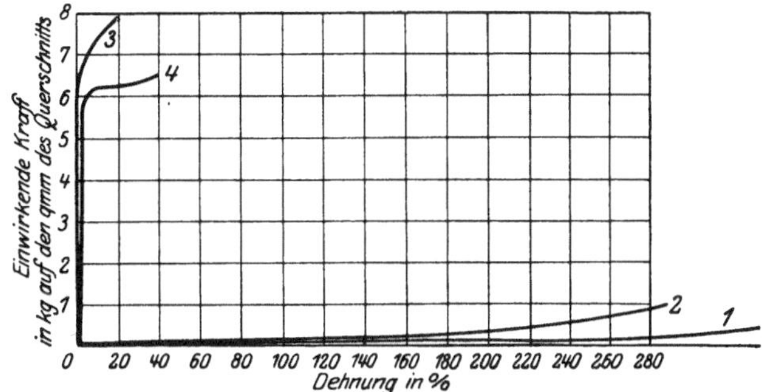

Abb. 63.   *1* Reiner Kautschuk.   *2* Vulkanisierter Kautschuk,   *3* Reine Nitrozellulose.   *4* Nitrozellulose und Kampfer.

längere Einwirkung einer Temperatur von etwa 140°. Es findet gleichzeitig eine physikalische Lösung des Schwefels und die Bildung einer chemischen Verbindung statt. Der Zusatz eines Gelatinierungsmittels zu Nitrozellulose und Zelluloseazetat ist dagegen ausschließlich physikalischer Natur. Es handelt sich dabei um eineLösung. Man erhält durch einen solchen Zusatz eine Herabsetzung der Reißfestigkeit und eine Erhöhung der elastischen und permanenten Dehnung.

Im Gegensatz dazu erhöht die Vulkanisation des Kautschuks die Reißfestigkeit und verringert die elastische Dehnung. Durch Abb. 63 wird veranschaulicht, welchen Einfluß einerseits die Vulkanisation des Kautschuks, anderseits die Zusätze von Gelatinierungsmitteln zu Zelluloseestern auf die mechanischen Eigenschaften dieser Stoffe ausüben.

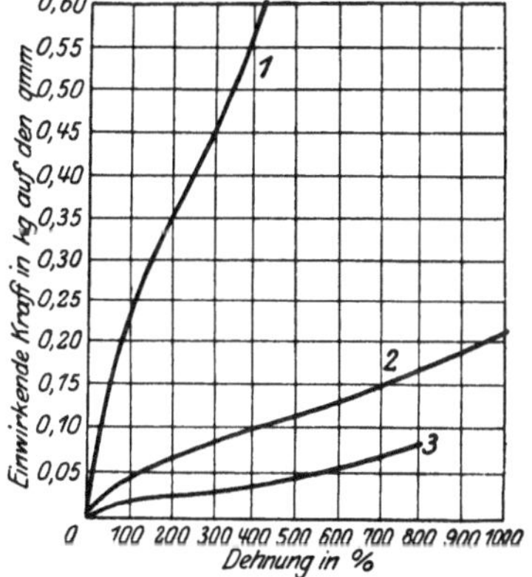

Abb. 64.   Einfluß fester Füllstoffe auf die mechanischen Eigenschaften des vulkanisierten Kautschuks.

1 Kautschuk ohne Füllstoff. *2* Kautschuk mit Füllstoff. *3* Kautschuk mit großen Mengen Füllstoff.

Kurve 1 und 2 veranschaulichen das Prüfungsergebnis einer Probe von reinem Kautschuk und von demselben Kautschuk nach der Vulkanisation und zeigen die Wirkung der Vulkanisation.

Die Zugkraft wächst zwar anfangs weniger schnell als die Dehnung, aber vor dem Zerreißen kehrt sich das Verhältnis um.

Kurve 3 und 4 charakterisieren Nitrozellulose allein und solche mit
Kampferzusatz. Der Unterschied ist weniger groß als zwischen den
Kurven 1 und 2; die elastische Dehnung erfolgt bei Nitrozellulose mit
Kampferzusatz bereits bei Anwendung einer verhältnismäßig geringen
Zugkraft, ebenso ist die permanente Dehnung erhöht. Bei Zellulose-
azetat kann man ähnliche Erscheinungen beobachten.

Sowohl bei Kautschuk wie bei plastischen Massen bewirkt ein fester
Füllstoff eine beträchtliche Verminderung der Elastizität (Abb. 64).

V. Mechanische Prüfung der mit Lösungen von Zelluloseestern überzogenen Gewebe.

Gewebe, welche durch Überziehen ihrer Oberflächen mit Lösungen
von Zelluloseestern, ganz besonders von Zelluloseazetat undurchlässig
gemacht wurden, sind allgemein für Flugzeuge in Gebrauch. Die dünne
Haut, welche durch Verdampfen eines Lackes auf der Oberfläche erzeugt
wird, besteht aus Zelluloseester mit oder ohne Zusatz von Gelatinierungsmitteln. Der Überzug enthält außerdem noch flüchtige und weniger
flüchtige Lösungsmittel, welch letztere die Bildung transparenter
Schichten begünstigen.

In den folgenden Tabellen haben wir die Ergebnisse einiger dynamometrischer Versuche zusammengestellt. Wir haben ferner die Ergebnisse
von Perforationsprüfungen hinzugefügt, welche angeben, unter welcher
Beanspruchung ein Gewebe zerreißt, das man dem Druck einer Kugel
von 2 cm Durchmesser unterwirft, sowie die Tiefe der entstehenden
Wölbung (diese Kugel wirkt auf eine freie kreisförmige Fläche von
5 cm Durchmesser des Perforators Persoz)[1]).

Die Zugversuche wurden mit 5 cm breiten Probestücken ausgeführt,
wobei die Entfernung zwischen den beiden Klemmen des Dynamometers 10 cm betrug.

Prüfungsergebnisse der für Flugzeuge verwendeten Gewebe.

Die gegebenen Werte wurden mit Dynamometern aus dem Laboratorium des öffentlichen Untersuchungsinstituts für Seide und Wolle
der Handelskammer von Paris ermittelt.

Die zur Herstellung der Tragflächen für Flugzeuge dienenden Gewebe
bestehen aus Leinen, Baumwolle oder Seide.

Während des Krieges mußten die Baumwollgewebe fast vollständig
ausscheiden, da sie sich zu schnell unter Bildung von Hydrozellulose
verändern, was eine starke Verminderung der Reißfestigkeit zur Folge

---

[1]) Siehe auch die im Materialprüfungsamt in Lichterfelde zur Prüfung von
Freiballonstoffen angewandte Zerplatzprobe nach Martens; Ullmann, Enzyklopädie Bd. 2. S. 142.

Tabelle I.

| | | Zugprüfung | | | | Perforations-prüfung | |
| | | Kette | | Schuß | | | |
		Bruch-last in kg	Bruch-deh-nung in cm	Bruch-last in kg	Bruch-deh-nung in cm	Bruch-last in kg	Tiefe der Wöl-bung
Leinen-gewebe	nicht überzogen . . .	86,5	3	90	1	63	1,5
	überzogen mit 3 Schich-ten eines Tetrachlor-äthanlackes; 2 Mon. Witterungseinfluß .	93	1,5	133	1,2	40	1,3
Baumwoll-gewebe	nicht überzogen . . .	47	1,5	50,5	1,5	22	1,5
	überzogen mit 3 Schich-ten eines Tetrachlor-äthanlackes; 2 Mon. Witterungseinfluß .	54	1,2	59	1,5	26	1,5
Seiden-gewebe	nicht überzogen . . .	60	2	74,5	2	75	2
	überzogen mit 3 Schich-ten eines Azeton-lackes	75	2,3	87	2,5	64	2

hat. Leinengewebe dagegen behält seine Festigkeit zwar lange, ist jedoch schwerer als Baumwollgewebe; ein Nachteil, der durch eine größere Festigkeit ausgeglichen wird.

Seidengewebe zeichnet sich bei verhältnismäßig niedrigem Gewicht durch hohe Reißfestigkeit aus.

Die von uns geprüften Gewebe hatten folgende, auf den Längen-meter berechnete durchschnittliche Reißfestigkeit.

| | Kette | | Schuß | |
	vor dem Überziehen in kg	nach dem Überziehen in kg	vor dem Überziehen in kg	nach dem Überziehen in kg
Leinen	1730	1860	1800	2660
Baumwolle. . .	940	1080	1010	1180
Seide	1200	1500	1490	1740

Die Reißfestigkeit ist also durch den Überzug erhöht worden.

Vergleich der Flugzeuglacke aus Nitrozellulose mit denen aus Azetylzellulose.

In der französischen Flugzeugindustrie werden zur Zeit ausschließlich Überzuglacke aus Zelluloseazetat verwendet. Immerhin ist es inter-essant, Nitrozelluloselacke zum Vergleichen heranzuziehen, welche in der Flugzeugfabrikation der Alliierten zur Anwendung kamen.

Ebenso wie Nitrozellulosefilme eine größere mechanische Festigkeit aufweisen als solche aus Azetylzellulose, tritt der Unterschied in den mechanischen Eigenschaften auch bei den damit überzogenen Geweben zutage, wie aus Tabelle II ersichtlich ist[1]).

Die Entflammbarkeit der mit Nitrozellulose überzogenen Gewebe ist ihrer Anwendung hinderlich gewesen, um so mehr, als sich Veränderungen der Gewebe durch Spuren von Salpetersäure zuweilen bemerkbar machten.

Tabelle II.

| | Zugprüfung | | | | Perforations-prüfung | |
| | Kette | | Schuß | | | |
	Bruch-last in kg	Bruch-deh-nung in cm	Bruch-last in kg	Bruch-deh-nung in cm	Bruch-last in kg	Tiefe der Wöl-bung
Leinengewebe mit 3 Schichten eines Azetylzelluloselackes überzogen .	96	3	105	1	46	1,5
Leinengewebe mit 3 Schichten eines Nitrozelluloselackes überzogen .	103	2	121	1	37	1,3

Vergleich verschiedener zum Überziehen von Flugzeuggeweben verwendeten Azetylzelluloselacke.

Die zahlreichen Vorschriften, welche zur Herstellung von Azetylzelluloselacken angegeben worden sind, kann man in zwei Hauptgruppen einteilen:

Tabelle III.

| | | Zugprüfung | | | | Perforations-prüfung | |
| | | Kette | | Schuß | | | |
		Bruch-last in kg	Bruch-deh-nung in cm	Bruch-last in kg	Bruch-deh-nung in cm	Bruch-last in kg	Tiefe der Wöl-bung
3 Schichten Tetrachlor-äthanlack auf Leinen-gewebe	nach d. Überziehen	93	3	105	1	46	2,5
	nach 1 Monat Witterungseinfluß . .	98,5	2,4	123	1	47	1,3
	nach 2 Monaten Witterungseinfluß .	97	2,5	143	1,5	54	1,5
3 Schichten Azeton- u. Benzylalkohollack auf Leinen-gewebe	nach d. Überziehen	79	2,5	98,5	1	39	1,5
	nach 1 Monat Witterungseinfluß . .	82,5	2,5	119	1,5	43	1,3
	nach 2 Monaten Witterungseinfluß .	86	2,5	140	1,5	39	1,5

[1]) Für die Versuche wurden die Gewebe möglichst straff und eben über Holzrahmen gespannt und auf den Leisten festgenagelt.

1. Lacke mit Tetrachloräthan und Alkohol,
2. Lacke mit Azeton oder Methylazetat und Benzylalkohol.

Man neigte längere Zeit zu der Ansicht, daß Tetrachloräthan auf Gewebe einen zerstörenden Einfluß ausübt. Wir haben zur Klärung dieser Frage einige Versuche angestellt und haben festgestellt, daß Tetrachloräthan die mechanischen Eigenschaften eines Leinengewebes nicht verändert; vielmehr haben wir gefunden, daß damit überzogene Gewebe eine größere Widerstandsfähigkeit bewahrten als andere Gewebe, welche mit Lacken aus Azeton und Benzylalkohol überzogen worden waren.

Vergleich der Überzüge aus Azetylzellulose und Leinölfirnis für Flugzeuggewebe.

Tabelle IV.

| | | Zugprüfung | | | | Perforations-prüfung | |
| | | Kette | | Schuß | | | |
		Bruch-last in kg	Bruch-deh-nung in cm	Bruch-last in kg	Bruch-deh-nung in cm	Bruch-last in kg	Tiefe der Wöl-bung
3 Schichten Azetonlack (Leinengewebe)	4. Schicht aus Zelluloseazetatlack. . .	107	2	115,5	2	40	1,5
	4. Schicht aus Leinölfirnis	88	2	112	1	65	2
3 Schichten Tetrachloräthanlack (Leinengew.)	4. Schicht aus Zelluloseazetatlack. . .	96	1,5	111	1,3	42	3
	4. Schicht aus Leinölfirnis	93	1,5	103	1,2	60	1,8

Auf Grund der in Tabelle IV gegebenen Werte sollte man zu dem Schluß kommen, daß es zweckmäßig ist, die vierte Schicht aus Leinölfirnis, mit welcher man gewöhnlich drei Schichten aus Azetylzellulose überdeckt, durch eine vierte Schicht ebenfalls aus Azetylzellulose zu ersetzen. Leinölfirnis hat den Mangel, nach mehreren Monaten brüchig zu werden und sich nicht mit Benzin reinigen zu lassen, während eine Schicht aus Zelluloseazetat sehr beständig ist und sich leicht mit Benzol oder Petroleum abwaschen läßt.

Mit Metallpulver durchsetzte Lacke für Flugzeuggewebe.

Die mit Bronzepulver, speziell mit Aluminiumbronze vermischten Lacke sollen den Flugzeuggeweben nach dem Verdunsten des Lösungsmittels eine metallisch glänzende Oberfläche geben.

Tabelle V.

| | | Zugprüfung | | | | Perforations-prüfung | |
| | | Kette | | Schuß | | | |
		Bruch-last in kg	Bruch-deh-nung in cm	Bruch-last in kg	Bruch-deh-nung in cm	Bruch-last in kg	Tiefe der Wöl-bung
Leinengewebe mit 3 Schichten aus Metallack über-zogen (Aluminium)	4. Schicht Zellu-loseazetatlack	105	2,5	134	1,5	45	1,7
	4. Schicht Lein-ölfirnis . . .	104	2	105	1	55	2

Derartige Gewebe wurden zuerst für lenkbare Luftschiffe angewandt, um die Lichtstrahlen, besonders die chemisch wirksamen Strahlen zu reflektieren[1]).

Mit Mineralfarben vermischte Lacke.

In Frankreich sind während des Krieges ganz bedeutende Mengen von mit Mineralfarben versetzten Azetylzelluloselacken für Flugzeuge verbraucht worden. Derartige, in verschiedenen Farbabstufungen her-gestellte Lacke wurden in allen möglichen Mustern auf die Gewebe auf-getragen und verfolgten den Zweck, die Apparate schwer erkennbar zu machen.

Es sind verschiedene Verfahren zum Auftragen der Lacke vor-geschlagen und ausgeführt worden.

1. Überziehen des Gewebes mit drei Grundschichten und einer glänzenden Oberschicht. Es wurden angewandt:

a) Eine Schicht aus farblosem Lack;

b) zwei Schichten aus gefärbtem Lack;

c) eine Schicht aus farblosem Lack.

2. Eine matte Oberfläche erhält man durch Auftrag folgender Schichten:

a) Drei Schichten aus farblosem Lack;

b) eine Schicht aus gefärbtem Lack.

Die Prüfungsresultate von Geweben, welche nach vorstehenden Vor-schriften überzogen wurden, sind in folgender Tabelle VI zusammen-gestellt.

Erstes Verfahren zum Überziehen.

Leinengewebe: Vier Schichten, von denen zwei gefärbt sind.

Dauer der Witterungseinflüsse auf die Gewebe: 50 Stunden (Herbst).

---

[1]) Siehe dazu D. de Prat: Tissus imperméables 1913.

Tabelle VI.

		Zugprüfungen					
		Kette			Schuß		
		Bruch-last	Bruch-deh-nung	Wider-stands-verrin-gerung	Bruch-last	Bruch-deh-nung	Wider-stands-verrin-gerung
		in	in		in	in	
		kg	cm	in %	kg	cm	in %
Nicht über-zogenes Gewebe	nicht ausgesetzt	80	2	—	88	1	—
	ausgesetzt . . .	69	1,5	13	80,5	2	9
Gewebe in grau-blauem Farbton überzogen	nicht ausgesetzt	89	2	—	124	1	—
	ausgesetzt . . .	86	2	3,4	105	1,5	15
Gewebe in hell-grauem Farbton überzogen	nicht ausgesetzt	89	1	—	108	1	—
	ausgesetzt . . .	84	1,5	5,5	103	1,5	4
Gewebe in dun-kelblauem Farb-ton überzogen	nicht ausgesetzt	82	1	—	120	1	—
	ausgesetzt . . .	56	2,5	31	101	1,5	16

Der durch die Gegenwart gewisser Metalloxyde bedingte Einfluß der Mineralfarben auf die Haltbarkeit der Zelluloseazetatfilme ist unverkennbar.

Zweites Verfahren zum Überziehen.

Leinengewebe: Drei Schichten von farblosem Lack und eine matte Schicht mit Farbstoffzusatz.

Dauer der Einwirkung der Witterungseinflüsse auf die Gewebe: 50 Stunden (Herbst).

Tabelle VII.

		Zugprüfungen					
		Kette			Schuß		
		Bruch-last	Bruch-deh-nung	Wider-stands-verrin-gerung	Bruch-last	Bruch-deh-nung	Wider-stands-verrin-gerung
		in	in		in	in	
		kg	cm	in %	kg	cm	in %
Nicht lackiertes Gewebe	nicht ausgesetzt	66	1,5	—	61	1	—
	ausgesetzt . . .	60	1,5	9	55	1	9
In matt Khaki-tönung lackiertes Gewebe	nicht ausgesetzt	80	2	—	110	1,5	—
	ausgesetzt . . .	77	1,5	3	92	1,4	16

Der Vorteil des letzteren Verfahrens liegt in dem matten Glanz der Oberfläche, welcher eine sehr verringerte Sichtbarkeit für das Auge und für die photographische Kamera gewährleistet.

Saure Überzuglacke für Flugzeuggewebe.

Essigsäure ist ein ausgezeichnetes Lösungsmittel für Zelluloseazetate. Man hat daher versucht, dieses Produkt anzuwenden, dessen Lösung mit Benzol, Alkohol und sogar in gewissem Maße mit Wasser verdünnt werden kann.

Schwer flüchtige Lösungsmittel wurden zugesetzt, um eine zu große Spannung des Gewebes zu verhindern.

Essigsäure wirkt in keiner Weise auf das Leinengewebe schädlich ein, wovon man sich aus folgender Tabelle überzeugen kann.

Der Nachteil der Essigsäurelacke ist ihr Geruch, der das Arbeiten damit sehr erschwert.

Die in der Tabelle VIII zusammengestellten Prüfungsergebnisse wurden an einem Gewebe gemacht, welches mit einem Lack überzogen war, der 40% Essigsäure enthielt. Das überzogene Gewebe wurde 38 Stunden den Witterungseinflüssen ausgesetzt (Frühjahr).

Tabelle VIII.

		Zugprüfungen				
	Kette			Schuß		
	Bruch-last in kg	Bruch-deh-nung in cm	Wider-stands-verrin-gerung in %	Bruch-last in kg	Bruch-deh-nung in cm	Wider-stands-verrin-gerung in %
Mit 4 Schichten überzogenes Gewebe — nicht ausgesetzt	86	2,5	—	100,5	1,5	—
ausgesetzt . . .	83	1,5	3	95	1	5

Einwirkung des Lichts auf lackierte Flugzeuggewebe.

Die chemisch wirksamen Strahlen scheinen einen erheblichen Einfluß auf die Festigkeit der Gewebe auszuüben. So kann man die Beobachtung erklären, daß während der Sonnenmonate, besonders vom Mai bis September, die Reißfestigkeit sowohl in Richtung Kette als auch in Richtung Schuß um etwa 22 % abnimmt, während von September bis Januar die Reißfestigkeit im wesentlichen konstant bleibt.

Die Verminderung der Reißfestigkeit ist jedoch nur bei transparenten Überzügen deutlich merkbar, da die gefärbten Lacke die wirksamen Strahlen nicht durchlassen.

Besonders deutlich wurde die Schutzwirkung der Färbung durch Versuche, bei denen man nebeneinander zwei mit einer Lackschicht überzogenen Gewebe den Lichtstrahlen aussetzte, von denen das eine mit einem schwarzen Schleier bedeckt war.

Schlußfolgerung.

Die Methoden der mechanischen Prüfung ermöglichen es, die für die Herstellung möglichst widerstandsfähiger Flugzeuggewebe günstigsten Bedingungen zu ermitteln. So kann man z. B. bei Anwendung ein und desselben Gewebes feststellen, welcher Überzug den Witterungseinflüssen am besten standhält.

Folgende Schlüsse wird man aus den obigen Versuchsergebnissen ziehen können:

Ein mit Azetylzellulose überzogenes Gewebe besitzt eine größere Widerstandsfähigkeit als dasselbe Gewebe ohne Überzug.

Die Verwendung von Leinölfirnis als Deckschicht für mit Azetylzellulose überzogene Gewebe ist unzweckmäßig.

Essigsäure greift Leinengewebe nicht an.

Die Sonnenstrahlen üben eine deutliche Wirkung aus und veranlassen, besonders während der Sommermonate eine Abnahme der Festigkeit der Gewebe.

Die Verwendung von mit Mineralfarbstoffen vermischten Lacken zur Unkenntlichmachung der Flugzeuge, wobei jene durch eine der beiden angegebenen Methoden aufgetragen werden, hat auf die Festigkeit der Gewebe keine nachteilige Wirkung.

Das zweite der gegebenen Lackierungsverfahren (drei farblose Lackschichten, eine Schicht aus mattem Lack) ist jedoch vorzuziehen, da es einerseits praktisch leichter durchführbar und außerdem in bezug auf Unkenntlichmachung besonders wirksam ist. Die Reißfestigkeit der mit gefärbten Lacken überzogenen Gewebe ist der mit farblosen Schichten bedeckten Gewebe zum mindesten gleich, während es die nicht überzogenen Gewebe auf jeden Fall übertrifft.

XI. Eiweißstoffe.

Allgemeines.

Die Eiweißstoffe sind in der Natur außerordentlich verbreitet; sie bilden den wesentlichsten Bestandteil des Organismus (Protoplasma, Muskel, Blut). Auch Stoffe wie Horn, Haare, Nägel, Fischschuppen, Seide der Seidenraupen und Spinnen sind Eiweißsubstanzen.

Verschiedene der aus Eiweißstoffen bestehenden Naturprodukte, wie Horn, Haare, Seide, haben großes technisches Interesse. Der Seidenfaden besitzt z. B. eine hohe Zugfestigkeit und ist dabei geschmeidig und in Wasser nicht quellbar. Es sei auch erwähnt, daß Fischschuppen, ebenfalls ein Eiweißstoff, in der Wärme weich und plastisch werden, während sie in der Kälte fest und hart sind.

Von jeher ist es das Bestreben der Chemiker gewesen, von leicht zugänglichen Eiweißstoffen (Kasein, Gelatine) ausgehend, plastische Massen mit denselben Eigenschaften wie die Naturprodukte herzustellen.

Einteilung der Eiweißstoffe.

Man kann Eiweißstoffe pflanzlichen und tierischen Ursprunges unterscheiden. Vom chemischen Standpunkte aus erscheint es jedoch als richtiger, sie in

        einfache Eiweißstoffe und

        zusammengesetzte Eiweißstoffe

einzuteilen.

Als einfache Eiweißstoffe seien erwähnt:

Eieralbumin,	die Gerüsteiweiße (auch Albuminoide
Serumalbumin,	genannt), wie Kollagen, Ossein,
die Globuline (Blutfibrin),	Leim, Gelatine, Keratin, Fibroin,
Gliadin,	Spongin, Fischschuppen.
die Protamine,	

Von den zusammengesetzten Eiweißstoffen seien angeführt:

Kasein,	Hämoglobin,
Vitellin,	Mucin.
Nukleoproteide,	

Chemische Zusammensetzung.

Die chemische Untersuchung der Eiweißstoffe bereitet die größten Schwierigkeiten; es soll auf diesen Punkt hier nur kurz eingegangen werden.

Die Eiweißstoffe enthalten außer Kohlenstoff, Sauerstoff und Wasserstoff noch Stickstoff und meistens Schwefel; die zusammengesetzten Eiweißstoffe enthalten außerdem Phosphor. Eine Formel der Eiweißstoffe ist zur Zeit nicht aufstellbar. Man faßt sie auf als Vereinigung hochmolekularer Kerne, deren Bausteine die Aminosäuren darstellen (Emil Fischer).

Eigenschaften.

Die Eiweißstoffe sind als Kolloide zum Teil in Wasser löslich und werden aus ihren wässerigen Lösungen durch Salze (Ammoniumsulfat) und gewisse Säuren im allgemeinen gefällt. Durch Erwärmung werden die Lösungen meist koaguliert, während Eiweißstoffe, welche der Dialyse unterworfen wurden, in ihren Lösungen durch Wärme nicht mehr koagulierbar sind; die Koagulierbarkeit scheint demnach von der Gegenwart geringer Mengen Mineralsalz abzuhängen. Alkohol koaguliert die Lösungen dialysierter Eiweißstoffe im allgemeinen ebenfalls nicht.

Durch Einwirkung verdünnter Säuren in der Wärme findet eine Spaltung zu Aminosäuren, wie z. B. Leuzin

$$\begin{array}{c} CH_3 \\ \diagdown \\ CH-CH_2-CH-COOH \\ \diagup \qquad\qquad | \\ CH_3 \qquad\qquad NH_2 \end{array}$$

statt.

Die wässerigen Lösungen gewisser Eiweißstoffe, wie z. B. Eieralbumin, werden durch verdünnte Säuren, wie Salzsäure, Salpetersäure, Schwefelsäure, Phosphorsäure, Essigsäure, in der Kälte nicht gefällt. Dagegen wirken andere Säuren, wie Metaphosphorsäure, Molybdänsäure, Wolframsäure usw., als Fällungsmittel.

Durch verdünnte Alkalien, z. B. Barytwasser, werden die Eiweißstoffe in ähnlicher Weise, wie durch Säuren gespalten und man erhält ebenfalls Aminosäuren, wie z. B.

Glykokoll CH_2NH_2-COOH.

Konzentrierte Alkalien bewirken eine tiefgreifende Zersetzung.

Besonders wichtig für die Technik ist die Einwirkung von Formaldehyd auf Eiweiß. Man wendet diese Reaktion häufig an, um Gelatine oder Kasein in Wasser unlöslich zu machen. In welcher Art Formaldehyd mit Eiweiß reagiert, ist noch nicht völlig aufgeklärt;

Lumière und Seyewitz[1]) nehmen an, daß sich eine Additionsverbindung bildet. Läßt man heißes Wasser auf Eiweißstoffe, z. B. Gelatine, welche mit Formaldehyd behandelt wurden, einwirken, so gehen sie allmählich in Lösung. 15%ige Salzsäure spaltet schon in der Kälte in Gelatine und Formaldehyd.

Technische Anwendung von Eiweißstoffen bei der Herstellung plastischer Massen.

1. Gliadin, Zein.

In der Klebersubstanz oder dem Gluten der Getreidearten sind unter anderem Eiweißstoffe enthalten, welche in Alkohol, besonders leicht in 70%igem, in Azeton und in heißem Amylalkohol löslich sind. (In Weizen, Gliadin; im Mais, Zein.) Das Zein wird z. B. aus Maismehl in der Weise gewonnen[2]), daß das Mehl mit Benzin zunächst entfettet und dann mit Amylalkohol heiß extrahiert wird. Das Zein geht in Lösung und kann mit Benzin gefällt werden. Es stellt in trockenem Zustande ein schwach braun gefärbtes, in kaltem wie in heißem Wasser unlösliches Pulver dar. Außer in Alkoholen und Azeton ist es in Phenolen und organischen Säuren leicht löslich.

Die alkoholischen Lösungen des Zeins sind mit Nitrozelluloselösungen mischbar, und man hat versucht, das Zein dem Zelluloid zuzusetzen[3]). Angeblich soll das Zelluloid durch eine Beimengung von etwa 25% Zein in seinen mechanischen Eigenschaften nicht wesentlich verändert werden. Der Zusatz des Zeins zur Nitrozellulosepaste erfolgt in einfacher Weise im Knetapparat.

In Wirklichkeit wird man jedoch kaum größere Mengen von Zein zusetzen können, ohne die Eigenschaften des Zelluloids nachteilig zu beeinflussen; das Verfahren wird daher praktisch wenig ausgeführt.

Im allgemeinen halten wir es für aussichtsreicher, sowohl bei den soeben besprochenen Eiweißstoffen, wie auch den später folgenden (Kasein, Gelatine), plastische Massen herzustellen, welche im wesentlichen nur aus Eiweißstoffen bestehen, anstatt den Versuch zu machen, die Eiweißstoffe den aus Zellulosederivaten hergestellten Massen zuzumischen.

Es sei noch erwähnt, daß Ostenberg[4]) ein Verfahren zur Herstellung von Kunstseide aus Zein oder Gliadin vorgeschlagen hat.

---

[1]) Bull de la soc. chim. de France 35 p. 872—879.

[2]) Donard und Labbé: Cpt. rend. 3. Nov. 1902 und 27. Juli 1903. Franz. Pat. 350683 [1905], Mitschell.

[3]) Franz. Pat. 388097, D.R.P. 207869, Desvaux und Allaire.

[4]) Amerik. Pat. 1316854.

2. Kasein.

Das Kasein ist ein Eiweißstoff, der aus der Milch durch Fällung mit Säuren gewonnen werden kann. Die entrahmte Magermilch enthält das Kasein in kolloidaler Form gelöst; wahrscheinlich wird es durch alkalische Salze in Lösung gehalten.

Wenn man zu der kolloidalen Lösung entweder eine Säure (z. B. Essigsäure, 1% des Gesamtvolumens) oder Labferment hinzufügt, so fällt das Kasein aus, wird durch Dekantieren gereinigt, in der Filterpresse gewaschen, getrocknet und gemahlen. Es stellt nun ein schwach gelb gefärbtes Pulver dar, welches nicht in Wasser, wohl aber in schwachen Alkalien zu Kaseinaten löslich ist. Reines Kalziumkaseinat enthält z. B. 1,5% CaO.

Emil Fischer hat durch Hydrolyse mit Salzsäure aus Kasein Glutaminsäure und eine ganze Reihe von anderen Aminosäuren isoliert; im übrigen ist man über den inneren Aufbau des Moleküls ebenso im Unklaren, wie bei den anderen Eiweißstoffen.

Kasein findet in der Technik vielfache Anwendung und wird daher in großem Maßstabe hergestellt. Außer für Klebstoffe gebraucht man es zur Hestellung von Glanzpapier, bei der Appretur und beim Bedrucken von Geweben. Für obige Zwecke scheidet man das Kasein aus der Magermilch durch Milchsäuregärung ab, während man bei der Herstellung von Nährpräparaten dagegen die Abscheidung mit Essigsäure vorzieht; das gefällte Kasein wird nach dem Auswaschen mit Natriumbikarbonat (2—3 % vom Gewicht des trockenen Kaseins) in Natriumkaseinat umgesetzt.

Das für die Herstellung von plastischen Massen bestimmte Kasein wird nur durch Lab abgeschieden; es enthält 3% Phosphorsäure und 3—5% CaO.

Eine ganze Reihe von Patenten bringen eine Mischung von Kasein mit Zelluloseestern als plastische Massen in Vorschlag, ohne daß auch nur eins davon irgendwelche Bedeutung erlangt hätte. Z. B. verwendet die Casein Cy of America[1]) als gemeinsames Lösungsmittel für 100 Teile Kasein und 200 Teile Nitrozellulose Eisessig an.

Nach anderen Verfahren[2]), auf welche wir nicht näher eingehen, wird eine ammoniakalische Lösung von Kasein im Mischapparat der Nitrozellulosemasse zugesetzt.

Im Gegensatz zu den soeben angeführten Verfahren hat die Herstellung plastischer Massen, welche als wesentlichen Bestandteil nur Kasein enthalten, einen beträchtlichen Umfang angenommen[3]).

---

[1]) Franz. Pat. 336465 [1904].
[2]) Siehe dazu Kunststoffe 1915, S. 241—243 und 267—268.
[3]) Kunststoffe 1915. S. 145ff.; 1911. S. 109ff. und 1914. S. 301. — Ullmann: Enzyklopädie der techn. Chemie Bd. 5. S. 507.

Über die Einzelheiten der Fabrikation dieser Massen, welche man wohl am treffendsten als Kunsthorn bezeichnen kann, ist wenig bekannt[1]). Im allgemeinen wird folgender Weg zum Ziele führen: Das Kasein wird entweder mit einer Alkalilauge, einer Alkalikarbonat- oder -phosphatlösung in der Wärme verknetet, wobei sich eine dicke Paste bildet, welche durch Walzen und Pressen in der Wärme in eine hornartige, homogene Masse verwandelt wird. Um das erhaltene Produkt in Wasser unquellbar zu machen, wird es mit Formaldehyd gehärtet. Man gelangt so zu Produkten, wie dem bekannten „Galalith", dessen Name der Internationalen Galalith-Gesellschaft Hoff & Co. (Fabriken in Levallois-Perret, Frankreich, und in Harburg) geschützt ist.

Eine große Schwierigkeit bei der Fabrikation von Kunsthorn besteht in der Herstellung vollkommen klar durchsichtiger Produkte. Die alkalischen Lösungen des Kaseins sind im allgemeinen trübe und können weder durch Absitzenlassen, noch durch Filtrieren oder Erwärmen geklärt werden. Wenn man jedoch das Kasein aus alkalischer Lösung mit Säuren fällt und durch Auswaschen vollkommen von Salzen befreit, so wird ein klarlösliches Produkt erhalten.

Es sind noch andere Verfahren vorgeschlagen worden, nach welchen man ein klarlösliches Kasein erhalten soll. Z. B. läßt Brien konzentriertes Alkali einwirken; er geht folgendermaßen vor: 1 Teil Handelskasein wird mit 13 Teilen Wasser, welches 1—2% vom Gewicht des trockenen Kaseins Ätznatron enthält, vermischt. Man bekommt so eine trübe Lösung, der man nach und nach so viel Ätznatronlösung zusetzt, bis die Natronmenge 14% vom Gewicht des trockenen Kaseins beträgt und läßt stehen; es scheidet sich ein trüber Bodensatz ab, den man von der überstehenden klaren Lösung trennt.

Außer den bereits erwähnten Alkalien kann man auch, nach Angabe der Patentliteratur, Borax, Natriumsulfit, Alkaliphosphate als Lösungsmittel für Kasein anwenden; selbstverständlich können als Füllstoffe anorganische Substanzen oder Faserstoffe den plastischen Massen zugefügt werden. Es hat auch an Vorschlägen nicht gefehlt, durch Zusatz von Ölen usw. die Massen geschmeidig zu machen.

Die plastischen Massen aus Kasein haben durchschnittlich ein spez. Gewicht von 1,34. Sie sind sehr hart, in der Kälte wenig, in der Wärme leicht biegsam. In direkter Berührung mit einer Flamme verkohlen sie, ohne die geringste Flammenerscheinung zu zeigen, sind also tatsächlich unentflammbar. Durch verdünnte Säuren werden sie wenig angegriffen; konzentrierte Säuren wirken jedoch stark zersetzend. Eine Flüssigkeit, welche Galalith ohne tiefgreifende Spaltung löst, ist bisher nicht bekannt. Trotz der Behandlung mit Formaldehyd, welche Galalith und

---

[1]) D.R.P. 127942, Krische und Spitteler; D.R.P. 107637, Schering; D.R.P. 241887, Intern. Galalith-Ges. Hoff & Co.

ähnliche Massen durchmachen, ist ihre Widerstandsfähigkeit gegen Wasser beschränkt; ihr Feuchtigkeitsgehalt beträgt normalerweise 8—10%, kann jedoch nach Angabe von Spitteler bis zu 19% steigen, wenn man Wasser längere Zeit darauf einwirken läßt. Allerdings soll Horn unter den gleichen Bedingungen ebenfalls bis 17% Wasser aufnehmen.

Kunsthorn ist im trockenem Zustande ein ausgezeichneter Isolator für Elektrizität; bei einem Versuch hielt eine Platte von 2 mm Stärke einer Spannungsdifferenz von 20 000 Volt stand. Es ist jedoch nur für Innenräume brauchbar, da es im Freien zu leicht Feuchtigkeit aufnimmt und dadurch an Isolationsvermögen erheblich einbüßt.

Wenn auch beim Schneiden des Galaliths eine gewisse Neigung zum Spalten erkennbar wird, so läßt es sich doch drechseln, bohren und fräsen. Es nimmt leicht Hochglanzpolitur an und läßt sich hervorragend schön färben. Dünne Folien lassen sich aus Kasein nicht herstellen; auch läßt sich Galalith nicht strecken. Platten, Stäbe und Röhren sind die normalen Formen des Rohproduktes, aus denen man zahlreiche Gebrauchsgegenstände wie Kämme, Messerhefte, Stockgriffe, Federhalter, Klaviertasten, Bürstenrücken und in besonders großem Maße Knöpfe herstellt.

3. Gelatine.

Gelatine ist ein Eiweißkörper, welcher aus dem Kollagen der Haut oder dem Ossein der Knochen durch längeres Kochen mit Wasser erhalten wird. In kaltem Wasser ist sie quellbar, in heißem Wasser löslich. Durch Einwirkung von Formaldehyd kann Gelatine ihre Löslichkeit in Wasser wenigstens teilweise verlieren; durch längere Behandlung mit heißem Wasser ist es möglich, auch mit Formaldehyd behandelte Gelatine wieder in Lösung zu bringen.

Durch Vergießen von Gelatinelösungen auf polierter Unterlage können durchsichtige, geschmeidige Folien von sehr geringer Dicke hergestellt werden, welche in recht großer Menge als Verpackungsmaterial und als Schutzhüllen für Waren in Schaufenstern Verwendung finden.

Man hat auch versucht, mit Formaldehyd behandelte Gelatinefolien als Unterlage für photographische Filme zu verwenden. Alle in dieser Richtung, besonders von der Firma Lumière, unternommenen Versuche sind an der trotz Behandlung mit Formaldehyd noch zu großen Wasserempfindlichkeit der Gelatinefolien gescheitert. Auch ein Vorschlag, den Gelatinefilm durch einen Überzug mit Zaponlack in Wasser weniger quellbar zu machen[1]), hat nicht zum Ziele geführt.

Es hat auch nicht an Versuchen gefehlt, Kunstseide aus den der natürlichen Seide nahestehenden Eiweißstoffen zu spinnen[2]), ohne daß

---

[1]) Franz. Pat. 457 925.
[2]) Siehe Becker: Die Kunstseide. 1912. S. 331 ff. Halle a. S.

diese Versuche bisher von großem Erfolg begleitet wurden. Die Festigkeit der Eiweißfäden ist im Vergleich zur Zellulosekunstseide zu gering, wenn auch die Produkte schönen Glanz bei verhältnismäßig niedrigem Preis zeigen.

Erwähnenswert ist besonders ein Patent von Millar[1]), nach welchem Gelatine in wässriger Lösung mit Kaliumdichromat vermischt und zu Fäden versponnen wurde. Die so hergestellten Seidenfäden sind auch unter dem Namen „Vanduraseide" eine Zeitlang auf dem Markt erschienen, haben sich jedoch nicht behaupten können.

Auch Gelatine hat man auf verschiedene Weise mit Zelluloid zu vermischen gesucht[2]). Entweder wurde die in Eisessig gelöste Gelatine direkt auf dem Walzwerk mit dem Kampfer-Nitrozellulosegemisch vereinigt, oder man brachte die Gelatinelösung mit Nitrozellulose und Kampfersprit bei 60—80° im Knetapparat zusammen. Außer Eisessig soll auch Glyzerin als Lösungsmittel verwendbar sein. Tatsächlich ist es gelungen, bis zu 30% Gelatine dem Zelluloid einzuverleiben. Allerdings wird Zelluloid durch den Gelatinezusatz weniger plastisch und außerdem gegen Wasser unbeständig, was für viele Verwendungszwecke sehr nachteilig ist. Der einzige Grund, welcher den Zusatz von Gelatine zum Zelluloid rechtfertigt, ist die Herabsetzung der Herstellungskosten.

Außerdem gibt es eine große Zahl von Patenten, welche aus Gelatine allein durch Formen und Nachbehandlung mit Formaldehyd plastische Massen herstellen wollen[3]); nur wenige dieser Verfahren haben Bedeutung erlangt.

4. Ossein.

Es ist verschiedentlich versucht worden, das Ossein, die Eiweißsubstanz der Knochen und Knorpel, welche in unverändertem Zustande in kaltem wie in heißem Wasser unlöslich ist, für die Herstellung plastischer Massen nutzbar zu machen.

Nach Helbronner und Vallée[4]) bringt man das Ossein durch Behandlung mit Laugen bei 60° in Lösung und fällt es daraus mit Salzen, verdünnten Säuren oder Alkohol. Aus den Lösungen des Osseins in Alkalien, welche denen des Kaseins ähnlich sein sollen, wollte man Filme, Kunstseide, Grammophonplatten usw. herstellen; trotzdem auf diesem Gebiet mit viel Eifer gearbeitet worden ist, blieb der Erfolg bisher aus.

_[1]) D.R.P. 88225 [1895].
_[2]) Kunststoffe 1915. S. 268.
_[3]) Kunststoffe 1914. S. 285. Siehe auch Hoffmann: Die Herstellung von Gegenständen aus Gelatine. Kunststoffe 1916. S. 69 u. 80.
_[4]) Franz. Pat. 361796; D.R.P. 197250 und 202265.

XII. Kunstharze.

Die synthetischen Harze haben in den letzten Jahren für die Industrie der Lacke und plastischen Massen außerordentlich an Bedeutung gewonnen. Wenn auch nicht anzunehmen ist, daß die Kunstharze das Zelluloid und die Azetylzellulose auf allen Anwendungsgebieten völlig ersetzen werden, so gibt es genug Gebiete, auf denen die speziellen Eigenschaften der Kunstharze besonders geschätzt werden, um ihnen einen dauernden Absatz zu sichern.

Bakelit.

Es ist seit langem bekannt, daß Formaldehyd auf Phenole unter Bildung harzartiger Körper einwirkt; um die Einführung der bei dieser Reaktion entstehenden Kunstharze in die Technik hat sich Dr. L. H. Baekeland in Yonkers (Amerika) durch seine systematische Untersuchungen und durch seine Methode zur Herstellung härtbarer, unschmelzbarer Produkte besondere Verdienste erworben[1]).

Die nach dem Verfahren von Baekeland hergestellten Kunstharze werden als Bakelite bezeichnet; ähnliche Produkte kommen als Resinit, Kondensit usw. auf den Markt.

Baekeland unterscheidet bei der Kondensation von Phenol mit Formaldehyd drei Stufen der Harzbildung.

In alkalischer Lösung bildet sich aus Phenol und Formaldehyd zunächst ein teilweises Anhydrid, welches noch freie Hydroxylgruppen enthält und daher Natron zu binden vermag. Das entstandene Harz (Bakelit A) ist flüssig, hochviskos, teigartig oder auch fest; es ist in Alkohol, Azeton, Phenol und Glyzerin löslich.

Durch weitere Abspaltung von Wasser, z. B. beim Erwarmen, geht Bakelit A in ein Produkt über, welches ebenfalls noch in Alkalien löslich sein kann. Diese Kondensationsstufe, Bakelit B, ist stets fest, in fast allen Lösunsgmitteln unlöslich, in einigen jedoch noch quellbar.

Durch weiteres Erhitzen wird schließlich als Endprodukt ein hochpolymerisiertes Harz erhalten, Bakelit C, welches in allen Lösungsmitteln vollkommen unlöslich ist und sich durch große physikalische und chemische Beständigkeit auszeichnet. Bakelit C erweicht selbst

---

[1]) Baekeland, Vortrag gehalten am 5. Februar 1909 vor der New Yorker Sektion der Am. Chem. Soc. — Chem.-Ztg. 1909. S. 317, 326, 347, 358. — Lebach, Chem.-Ztg. 1913. S. 733 u. 750.

bei Temperaturen von 300° und darüber nicht mehr und wird nur durch heiße konzentrierte Schwefelsäure, Karbolsäure und starkes Alkali bei längerer Einwirkung angegriffen. Sein spez. Gewicht ist etwa 1,26.

Es ist ein guter Isolator für Elektrizität und Wärme; seine Geschmeidigkeit ist allerdings gering.

Um Gegenstände aus Bakelit C herzustellen, erhitzt man Bakelit A oder B auf etwa 175°. Hierbei entweichen je nach der Arbeitsweise Dämpfe von Wasser, Phenol oder Formaldehyd, welche das entstehende Produkt leicht blasig und damit unbrauchbar machen. Wenn das Erhitzen jedoch in einem Autoklav vorgenommen wird, in welchem durch Kohlensäure ein Druck von etwa 2 Atm. erzeugt wird, so daß der Außendruck den entweichenden Dämpfen entgegenwirkt, so werden blasenfreie Produkte erhalten. Der Apparat, in dem diese Umwandlung vorgenommen wird, ist als Bakelisator bekannt (Abb. 65).

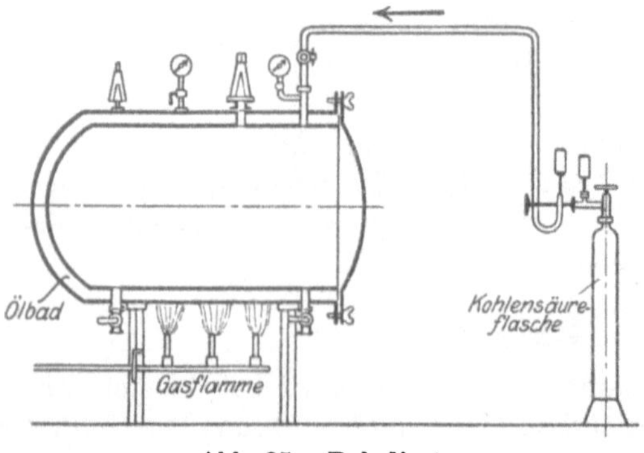

Abb. 65.   Bakelisator.

Allgemeines Herstellungsverfahren.

Bakelit A wird durch Einwirkung von 40%igem Formaldehyd auf die gleiche Gewichtsmenge von kristallisiertem Phenol in Gegenwart eines alkalischen Kondensationsmittels (8—20% des Phenolgewichts) hergestellt. Die Reaktion verläuft unter Wärmeentwicklung, und es ist vorteilhaft, die Temperatur durch Kühlung nicht über 45—50° steigen zu lassen. Das durch Wasseraustritt aus Phenol und Formaldehyd entstandene Kondensationsprodukt scheidet sich am Boden des Gefäßes als ölige Schicht ab.

Wenn das in Wasser unlösliche Öl (Bakelit A) vorteilhaft unter Zusatz von Formaldehyd auf 80—85° erwärmt wird, so entsteht eine in der Kälte harte, in der Wärme erweichende Masse (Bakelit B).

Die weitere Umwandlung in Bakelit C haben wir bereits besprochen.

Nach Baekeland ist der Verlauf der Reaktion folgender:

1. Das Phenol kondensiert sich mit dem Formol zu einem Phenol-Alkohol: Oxybenzylalkohol oder Saligenin

$$C_6H_4 \begin{cases} OH \\ CH_2OH \end{cases}$$

2. Saligenin kondensiert sich weiter mit Phenol nach folgender Reaktion

$$14 \left(C_6H_4 \begin{array}{c} OH \\ CH_2OH \end{array} \right) + C_6H_5OH = 13\,H_2O + C_{104}H_{92}O_{16}.$$

Die Bruttogleichung der Reaktion ist also:

$$15\,(C_6H_5OH) + 14\,(HCOH) = 13\,H_2O + C_{104}H_{92}O_{16}.$$

Bis zur weiteren Klärung des Reaktionsverlaufes schlägt Backeland folgende Konstitutionsformel für Bakelit vor[1]):

$$\overset{\displaystyle \rule{3cm}{0.4pt}\ O\ \rule{1.5cm}{0.4pt}\ CH_2\ \rule{1.5cm}{0.4pt}\ O\ \rule{3cm}{0.4pt}}{CH_2 \cdot C_6H_4 \cdot OCH_2 \cdot C_6H_4 \cdot OCH_2 \cdot C_6H_4 \cdot OCH_2 \cdot C_6H_4 \cdot OCH_2 \cdot C_6H_4 \cdot OCH_2 \cdot C_6H_4}$$

Die Kondensation zwischen Phenol und Formaldehyd erinnert an einen Vorgang, welcher im Leben der Pflanzen eine sehr bedeutende Rolle spielt. Durch die photochemische Wirkung des Sonnenlichtes wird im Chlorophyll aus Kohlensäure in Gegenwart von Wasser Sauerstoff frei gemacht und Formaldehyd CH_2O gebildet. Diese Reaktion ist der Anfang eines Prozesses, welcher zu hochkomplizierten Körpern, wie Zucker, Stärke, Zellulose usw., führt.

Eine weitere Analogie ist hier am Platze. Der Weidenbaum erzeugt in seinen Zellen Salizin, das Glukosid des Saligenins; dasselbe Saligenin, welches durch Einwirkung von Formaldehyd in hochmolekulare Harze übergeführt wird.

Zur Gewinnung von Harzen kann man an Stelle von Formaldehyd Trioxymethylen, Hexamethylentetramin und ähnliche Körper anwenden; Phenol kann durch Diphenole, Kresole usw. ersetzt werden.

Die Zahl · der Kondensationsmittel, welche vorgeschlagen worden sind, ist beträchtlich. Die Eigenschaft des entstehenden Harzes wird durch die Natur des Kondensationsmittels wesentlich mitbestimmt. Wir bringen im folgenden eine Anzahl wichtiger Verfahren und Patente, welche wir nach der Art des jeweils vorgeschlagenen Kondensationsmittels in mehrere Gruppen einteilen.

Saure Kondensationsmittel.

Kleeberg[2]) hat als Erster beobachtet, daß Formaldehyd mit Phenol bei Gegenwart starker Salzsäure unter heftiger Reaktion eine unschmelzbare, unlösliche, blasige Masse gibt.

Smith (D.R.P. 112685) verwendet eine Lösung gasförmiger Salzsäure in Methylalkohol.

Luft (D.R.P. 140551 und Franz. Pat. 320991) gebraucht ebenfalls saure Kondensationsmittel, ebenso

---

[1]) Siehe ferner Raschig: Zeitschr. f. angew. Chemie. 1912. S. 1945; Eibner: Ebenda 1923. S. 33.

[2]) Annalen 263, 283.

Pollack (D.R.P. 263109 und Franz. Pat. 520404) bei Anwendung sehr geringer Säuremengen. Weiter verwenden

Friedrich Bayer & Co. (Franz. Pat. 384425) Salzsäure.

Die Chemischen Werke Croissy (Fran. Pat. 390713) vereinigen zunächst Phenol mit Glyzerin in Gegenwart von Salzsäure und lassen dann Formaldehyd einwirken. Nach dem franz. Pat. 392978 erfolgt die saure Kondensation in einer Lösung von Benzol oder Tetrachlorkohlenstoff.

Knoll & Co. (D.R.P. 214194 und Franz. Pat. 397051) setzen dem Reaktionsgemisch Säuren sowie Glyzerin und Alkohol zu.

Berend (D.R.P. 269659) schlägt als Kondensationsmittel Fettsäuren vor.

Aylsworth (Amerik. Pat. 1020594).

Im allgemeinen bewirken saure Kondensationsmittel eine sehr weitgehende Polymerisation, welche zu spröden, unlöslichen, unschmelzbaren Produkten führt. Anderseits kann man bei vorsichtiger Leitung des Kondensationsprozesses in saurer Lösung schellackartige Produkte herstellen, welche als Novolack (Bakelit-G. m. b. H., Berlin) Abalack, (Kunstharzfabrik Dr. Fritz Pollack, G. m b H., Wien) in den Handel kommen.

Basische Kondensationsmittel.

Story (D.R.P. 172990) stellte als Erster Kunstharze durch Kondensation von Phenol mit Formaldehyd bei Gegenwart von Basen technisch her, indem er von roher, Pyridin oder ähnliche Basen enthaltender Karbolsäure ausging.

Baekeland kondensiert in Gegenwart von Alkalien und polymerisiert in der Wärme unter Druck; D.R.P. 226887, 231148, 233714, 233803, 233395, 237790, 237799, 281454.

Franz. Pat. 386627 und Zusatz 11628.

Amerik. Pat. 993966, 942699.

Als basische Kondensationsmittel sind ferner Ammoniak, Ammoniumsalze, Hydroxylamin, Anilin usw. vorgeschlagen worden. Wir erwähnen noch:

Helm (Franz. Pat. 392396 und Zusatz 10415).

Claypoole (Franz. Pat. 394614).

Kunisch (Franz. Pat. 426568).

Behrend (Franz. Pat. 436720).

Aylsworth (Amerik. Pat. 1020593).

Kondensation in Gegenwart von Salzen.

Lebach schlägt als Kondensator vor:

Kalium- oder Natriumkarbonat.

Natrium- oder Ammoniumsulfit.

Natriumazetat (Resinit).

Die Allgemeine Elektrizitäts-Gesellschaft verwendet Zinkchlorid (Franz. Pat. 406686).

Kondensation ohne Kondensationsmittel.

Bei Abwesenheit von Kondensatoren verläuft die Reaktion zwischen Phenol und Formaldehyd im allgemeinen recht langsam.

Stay (D.R.P. 173990).

Story (Franz. Pat. 353995 und Zusatz 9861).

Aylsworth (Engl. Pat. 26029 [1911]).

Franz. Pat. 429292.

Von den Verfahren, welche ohne Kontaktsubstanzen arbeiten, scheint dasjenige von Pollak das aussichtsreichste zu sein (D.R.P. 310894 und andere; Franz. Pat. 447969). Durch Anwendung von Polyoxymethylen erhält Pollak in glatter Reaktion hellfarbige, schellackartige Produkte.

Technische Anwendung.

In großem Maßstabe finden aus Bakelit gepreßte Gegenstände in der Elektrotechnik als Isolatoren Anwendung. Als Ausgangsmaterial zur Herstellung der verschieden geformten Gegenstände dient Bakelit A oder B, welche mit Füllstoffen vermischt werden. Bakelit B z. B. wird zu Pulver gemahlen und mit einem Füllstoff, z. B. Asbest, Holzmehl usw. innig vermischt. Die Mischung wird in eine Form gebracht und in der Wärme gepreßt; Bakelit schmilzt in der Form und bildet sich bei der hohen Temperatur in der Presse in wenigen Minuten zu dem harten, unschmelzbaren Bakelit C um.

Auf diese Weise werden Bürsten für Dynamos, Schalttafeln, Isolatoren der verschiedensten Formen, Unterbrecherknöpfe und viele andere Gegenstände hergestellt. Auch Isolierpapier ist hier zu erwähnen, das durch Zusammenpressen mehrerer Lagen mit einer alkoholischen Bakelitlösung getränkten Papieres bei hoher Temperatur hergestellt wird. — Im folgenden sind einige Versuchsergebnisse über das Isolationsvermögen von Bakelit zusammengestellt (nach The General Bakelite Cy).

Zusammensetzung	Dicke in mm	Durchschlagspannung pro mm Schichtdicke
Bakelit C	1,78	17,000 Volt
Mischung, bestehend aus 70% Asbest und 30% Bakelit	8	8,500 Volt
Mischung, bestehend aus Bakelit und Sägespänen	7,9	11,000 Volt
Mit Bakelit imprägniertes und in der hydraulischen Presse gehärtetes Papier . .	3,66	28,880 Volt

Auch zur Auskleidung von Zellen für die Elektrolyse von Chloriden oder als Innenbelag für Akkumulatorenkästen kann Bakelit vorteilhaft verwendet werden. Mit Bakelit imprägniertes Holz kann zur Herstellung von Gefäßen dienen, welche gegen chemische Agentien widerstandsfähig sind.

Ferner kommt Bakelit in beträchtlicher Menge in Form von Gebrauchsgegenständen und Modeartikeln in den Handel, wie Knöpfen, Griffen für Sonnen- und Regenschirme, Zigarettenspitzen, Pfeifen usw. Eine weniger große Menge wird für die Herstellung von Grammophonplatten verbraucht.

In der Lackindustrie werden alkoholische Lösungen von Bakelit A in der Weise angewandt, daß die zu schützenden Gegenstände mit einer Schicht des Lackes überzogen und dann in einem Autoklaven auf 120—180° erhitzt werden; es bildet sich das widerstandsfähige und unschmelzbare Bakelit C, wodurch die damit eingehüllten Gegenstände dauerhaft gegen äußere Einflüsse geschützt werden. Außer den Harzen nach Art des Bakelit finden andere nicht durch Wärme härtbare Kondensationsprodukte von Phenol und Formaldehyd, welche schon bei Besprechung der sauren Kondensation Erwähnung fanden (Novolack usw.) als Schellackersatz in der Lackindustrie ausgedehnte Anwendung.

Gepreßte Formstücke werden zuweilen zu niedrigeren Preisen verkauft, als solche aus Kautschuk oder Zelluloid; andererseits erzielen Spezialprodukte guter Qualität oft wesentlich höhere Preise als die entsprechenden, aus Zelluloid hergestellten Gegenstände.

Bakelit wird von einer bedeutenden amerikanischen Gesellschaft, The General Bakelite Cy., New York, deren Filialen in Deutschland (Bakelit-Ges., Berlin) und in England (Bakelite Cy, London) hergestellt. Außerdem bringen eine ganze Reihe anderer Fabriken Kondensationsprodukte aus Phenol und Formaldehyd unter verschiedenen Bezeichnungen (Resinit, Zenit usw.) in den Handel.

Die nach den bisher beschriebenen Methoden aus Phenol und Formaldehyd gewonnenen synthetischen Harze sind in fetten Ölen nicht löslich und daher für die Herstellung von fetten Lacken nicht brauchbar. In neuerer Zeit ist es jedoch in Deutschland gelungen, öllösliche Phenolharze herzustellen, welche als Ersatz für Kopal Verwendung finden können. Die Herstellung dieser als Albertole[1]) bezeichneten Harze geschieht im allgemeinen in der Weise, daß einem Phenol-Formaldehydharz Lösungsüberträger, wie natürliche Harze, Öle, Balsame, Kumaronharze usw. zugesetzt werden. Durch diese Zusätze werden die Harze in

---

[1]) D.R.P. 254 411, D.R.P. 269 659, D.R.P. 281 939 [1913] und Zusatz 289 968 [1914] — Chem. Werke Dr. Kurt Albert, Biebrich a. Rh.

fetten Ölen löslich und lassen sich mit Leinöl zu Öllacken verarbeiten, welche mit Terpentinöl usw. verdünnt werden können[1]).

Andere Kunstharze.

Neben den Kondensationsprodukten von Phenolen mit Formaldehyd haben die Kumaronharze große technische und wirtschaftliche Bedeutung erlangt. Die höher siedenden Destillate des Steinkohlenteeres, wie Schwerbenzol und Solventnaphtha enthalten Kumaron und Inden, zyklische ungesättigte Verbindungen, welche bei der Behandlung mit konzentrierter Schwefelsäure, z. B. nach dem Verfahren der Oberschlesischen Kokswerke[2]) harzartige Produkte, die sogennannten Kumaronharze, ergeben. Die Kumaronharzindustrie hat besonders in Deutschland große Bedeutung erlangt; im Jahre 1916 wurde z. B. eine Produktion von 10 000 Tonnen erreicht.

Die Eigenschaften der im Handel befindlichen Produkte sind sehr wechselreich; es gibt Kumaronharze von wasserheller bis schwarzer Färbung, von dünnflüssiger bis springharter Konsistenz. Im allgemeinen lösen sie sich gut in Benzolkohlenwasserstoffen, Äther, Azeton, Trichloräthylen und Terpentin; einige Spezialprodukte lösen sich in Alkohol und fetten Ölen.

Die Kumaronharze finden in der Lack- und Firnisindustrie bei der Herstellung von Polituren, Kitten, Klebemitteln, Druckfarben usw. vielseitige Anwendung.

Literatur.

Worden: Technologie of Cellulose Esters. London: E. u. F. N. Spon. — Derselbe: Nitrocellulose Industry. London: Constable & Co. 1911.
Cross and Bevan: Reseaches on Cellulose, 4 Bände, 1895—1921. London: Longman, Green & Co. — Dieselben: Cellulose. London: Longman, Green & Co. 1903.
Schwalbe: Die Chemie der Zellulose. Berlin: Gebr. Bronträger 1918.
Piest: Die Zellulose. Stuttgart: Ferd. Enke 1910.
Heußer: Lehrbuch der Zellulosechemie. 2. Auflage. Berlin: Bornträger 1923.
Escales: Die Schießbaumwolle. Leipzig: Veit & Co. 1905.
Häußermann: Die Nitrozellulosen. Braunschweig: Friedr. Vieweg u. Sohn 1014.
Abel: Untersuchungen über Schießbaumwolle. Berlin: Friedländer u. Sohn 1907.
Pringsheim: Die Polysaccharide. Berlin: Julius Springer 1919.
Schulz: Zur Kenntnis der Zellulosearten. Berlin: Bornträger 1911.
Dalén: Chemische Technologie des Papieres. Leipzig: Joh. Ambr. Barth 1921.
Kind: Das Bleichen der Pflanzenfasern. Wittenberg: Zinsen 1922.
Herzberg: Papierprüfung. Berlin: Julius Springer.
Dubosc: Les Éthers cellulosiques. Band I. La Nitrocellulose et le Celluloid (1921). Paris: Cillard.

---

[1]) Bottler: Über die Herstellung und Eigenschaften der Kunstharze. München 1919.

[2]) D.R.P. 270 993 [1912] und Zusatz D.R.P. 281 432 [1913].

Piest, Stich und Vieweg: Das Zelluloid. Halle 1913.

Bonwitt: Das Zelluloid. Berlin: Union deutsche Verlagsgesellschaft 1912.

Andés: Zelluloid und seine Verarbeitung. Wien u. Leipzig: Hartleben 1908.

Böckmann: Das Zelluloid. Wien u. Leipzig: Hartleben 1921.

Feitler: Das Zelluloid und seine Ersatzstoffe. Wien 1912.

Robinson: The Recovery of volatile solvents. The chemical catalog company, New York 1922.

Löbel: La Technique cinématographique Projection, Films. Paris: Dunod & Pinat. 2. Auflage. 1922.

Lehmann: Die Kinematographie. Aus Natur und Geisteswelt. Bd. 358. Leipzig: Teubner 1919. 2. Auflage.

Ducom: Le Cinématographie scientifique et industriel. Paris: Geisler 1911.

Liesegang, F. Paul: Handbuch der praktischen Kinematographie. Leipzig: Ed. Liesegangs Verlag M. Eger 1918.

Aktiengesellschaft für Anilinfabrikation „Agfa“, Handbuch für Kinematographie.

Becker: Die Kunstseide. Halle a. d. S.: Knapp 1912.

Süvern: Die künstliche Seide. Berlin: Julius Springer 1921.

Margosches: Die Viskose. Verlag L. A. Klepzig, Leipzig 1906.

Cohnheim: Chemie der Eiweißstoffe. Braunschweig: Friedr. Vieweg u. Sohn 1911.

Bottler: Kunstharze. München: Lehmann 1919.

Wolff: Die Harze, Kunstharze, Firnisse und Lacke. Sammlung Göschen.

Ullmann: Enzyklopädie der technischen Chemie. Berlin: Urban und Schwarzenberg.

Verzeichnis der besprochenen Patente

Deutsche Patente

Pat.-Nr.	Seite	Pat.-Nr.	Seite	Pat.-Nr.	Seite	Pat.-Nr.	Seite
925	170	126614	143	201233	61	245411	270
1694	140. 140	127422	143	201705	213	246657	67
3128	140	127816	40	201907	68. 124	246967	68. 119
4976	158	127942	262	201910	62. 86	248946	137
6472	140	128120	41	202265	178. 264	249535	55
8708	140	132371	40	203178	62. 65	250736	143
9140	141. 141	139669	59	203642	60	251351	68.69.119.
9252	142	140480	40	204368	178	252706	64 [124
10328	140	140551	267	204516	213	254093	53
17677	141	142832	41	204883	213	254385	69. 114
18862	141	149764	110	206471	110	254785	122
19616	140	152111	67	206950	62	255692	40. 68. 69.
23492	143	152743	153	207385	141	258879	63 [124
24177	142	153350	68. 70	207869	260	262289	63
41390	178	154657	213	208472	8	263109	268
45024	109	155745	6	210805	77	265853	54
48154	142	161213	118	212884	52	265911	54
49162	142	163316	10. 60	214194	268	266600	54
49653	142	168397	178	216360	172. 172	267557	54
54214	169	168852	45	217760	126	268627	69
56655	155	171694	110	218010	172	269193	61
56946	109	172941	41	219162	54	269246	45
58508	155	172990	268	219163	54	269659	268. 270
59267	162. 169	173990	269	219918	40	270993	271
63593	77	174914	41. 119	220226	40	272121	62
64425	141	175379	67. 123. 127	221081	106	272695	138
68560	142	176474	41	222236	77	273101	77
70191	140	178133	161	222622	213	275882	6
81599	155	178428	109	223301	207	281432	271
70999	152	179947	83. 156	224330	62. 161	281454	268
85329	58	180280	41	226887	268	281939	270
86368	58	180666	61. 61	228867	67. 157	289968	270
88114	178	180667	61	229204	141	290656	227
88225	264	184201	63. 63	229225	142	295889	84
91819	40	185837	68. 70	229535	142	299036	84
93009	40	186387	8	230522	176	301018	195
104365	178	187947	153	231148	268	310092	227
105347	58	188542	67. 127. 136	231652	8	310894	269
107637	262	189703	67	233395	268	322586	201. 205
108511	152	189836	54	233589	53	332203	205
108667	61	191454	161	233714	268	338437	6
109846	140	193135	67. 157	233803	268	342097	205
110012	109	194506	143	236537	8	343183	205
112685	267	194874	161	237210	67. 157	349868	205
113566	149	195524	60	237599	156	388437	6
113895	143	196730	62. 86	237675	53	353662	6
116446	178	197250	264	237790	268. 268	357010	193
116800	178	197874	141	237816	8	357072	6
117310	178	198482	60	240727	140. 141	358092	195
118538	59	199885	39	241887	262	363192	205
120713	63	200149	83	243068	137	364845	197
123121	12	200334	82	244359	141	368413	205
123122	12	200916	63	244602	77	377081	195

Französische Patente

Verlag von **Julius Springer** in Berlin W 9

Papierprüfung

Eine Anleitung zum Untersuchen von Papier

von

Professor W. Herzberg

Stellvertretender Direktor des Staatl. Materialprüfungsamtes
in Berlin-Dahlem

Fünfte, verbesserte Auflage

Mit 95 Textfiguren und 23 Tafeln

1921.   Gebunden 12 Goldmark / Gebunden 3,60 Dollar

Inhaltsübersicht.

Festigkeitseigenschaften — Quadratmetergewicht — Dicke — Raumgewicht
— Aschengehalt — Mikroskopische Untersuchung — Nachweis verholzter Fasern
— Zellstoffprüfungen — Flecke in Papier — Art der Leimung — Leimfestig-
keit — Fettdichtigkeit — Freies Chlor und freie Säure — Vergilbungsneigung
— Saugfähigkeit von Löschpapier — Filtrierpapierprüfung — Lichtdurchlässig-
keit — Luftdurchlässigkeit — Mahlungszustand von Papierfasern — Verschie-
denes — Anhang.

Aus den zahlreichen Besprechungen:

Wenn ein so bewährter Führer wie das Buch des sein Arbeitsgebiet voll beherrschenden
und an verantwortungsvoller Stelle wirkenden Verfassers in neuer Auflage erscheint, so darf
man von vornherein erwarten, daß alles Neue von Bedeutung berücksichtigt worden ist. Diese
Erwartung ist auch in dem Herzbergschen Buche erfüllt. Freilich hat der Krieg seinen
hemmenden Einfluß auch auf die Entwicklung des Papierprüfungswesen geltend gemacht, so
daß nur wenige wissenschaftliche oder methodisch neue Errungenschaften zu verzeichnen waren.
Immerhin hat die Entwicklung nicht ganz stillgestanden; berücksichtigt wurden Kirchners
Pappenprüfer, Bartschs Verfahren zur Vorbereitung von Pergamentpapier für die mikroskopische
Prüfung mit Kaliumpermanganat und Oxalsäure, Klemms Unterscheidung von Sulfit- und Natron-
zellstoff, verschiedene Vorschläge zur Prüfung der Wasseraufnahmefähigkeit von Spinnpapier...
Das bewährte Buch bietet nach wie vor alles Wesentliche in erschöpfender, klarer und
vortrefflicher Darstellung. Vielfach ist durch Abschnittsüberschriften die Gliederung des Stoffes
noch schärfer als bisher kenntlich gemacht.
Im Anhang sind unter den Normen die noch immer in Kraft befindlichen Kriegspapier-
normalien aufgenommen. Mit der nach dem behandelten Stoff geordneten Übersicht der von
1915 bis 1919 aus dem Materialprüfungsamt hervorgegangenen Arbeiten über Papierprüfung, die
eine Ergänzung der in der vierten Auflage abgedruckten Übersicht über die von 1886 bis 1914
erschienenen Arbeiten bildet, schließt der Textteil ab, dem außer dem Sachregister noch die
23 Tafeln von Faserbildern wie in der vorigen Auflage folgen.   *Wochenblatt für Papierprüfung.*